Springer-Lehrbuch

T0226033

Springer
Berlin
Heidelberg
New York
Barcelona
Budapest
Hongkong
London
Mailand
Paris
Santa Clara
Singapur
Tokio

Hans Kurzweil Bernd Stellmacher

Theorie der endlichen Gruppen

Eine Einführung

Mit 1 Abbildung

 Springer

Prof. Dr. Hans Kurzweil
Universität Erlangen-Nürnberg
Mathematisches Institut
Bismarckstraße 1 1/2
D-91054 Erlangen

Prof. Dr. Bernd Stellmacher
Universität Kiel
Mathematisches Seminar
Ludewig-Meyn-Straße 4
D-24118 Kiel

Mathematics Subject Classification (1991): 20, 20BDE

Die Deutsche Bibliothek - CIP-Einheitsaufnahme

Kurzweil, Hans
Theorie der endlichen Gruppen: eine Einführung/Hans Kurzweil; Bernd Stellmacher. - Berlin;
Heidelberg; New York; Barcelona; Budapest; Hongkong; London; Mailand; Paris; Santa Clara;
Singapur; Tokio: Springer, 1998
(Springer-Lehrbuch)
ISBN 3-540-60331-X

ISBN 3-540-60331-X Springer-Verlag Berlin Heidelberg New York

Reproduktionsfertige Vorlage vom Autor
Einbandgestaltung: *design & production GmbH*, Heidelberg
SPIN: 10500727   44/3143-5 4 3 2 1 0 – Gedruckt auf säurefreiem Papier

Vorwort

Die Theorie der endlichen Gruppen hat sich seit ihren Anfängen im letzten Jahrhundert zu einem umfangreichen und weitverzweigten Teilgebiet der Algebra entwickelt, das Anfang der 80er Jahre mit der Klassifikation der endlichen einfachen Gruppen in eindrucksvoller Weise seine Stärke bewiesen hat.

Unser Buch möchte den Leser — soweit es im Rahmen einer Einführung möglich ist — mit einigen der Entwicklungen bekannt machen, die zum Erfolg dieses Gebietes beitrugen oder für die Zukunft neue Ausblicke eröffnen.

In den ersten acht Kapiteln führen wir den Leser auf möglichst direktem Weg zu den Methoden und Ergebnissen, die jeder kennen sollte, der sich für endliche Gruppen interessiert oder sich mit ihnen beschäftigen will. Einige Teilgebiete, wie zum Beispiel nilpotente und auflösbare Gruppen, behandeln wir dabei nur soweit, wie es für das Studium allgemeiner endlicher Gruppen erforderlich ist.

Zentral in unserer Darstellung ist der Begriff der *Operation*, den wir in seinen verschiedenen Facetten vorstellen: Operation auf Mengen und Gruppen, teilerfremde und quadratische Operation.

In den letzten Kapiteln steht dann das Wechselspiel zwischen der lokalen und globalen Struktur endlicher Gruppen im Mittelpunkt. Dabei haben wir ein konkretes Ziel vor Augen, die Untersuchung nichtauflösbarer Gruppen, deren 2-lokale Untergruppen auflösbar sind. Der Leser wird feststellen, daß fast alle Methoden und Ergebnisse des vorliegenden Buches in diese Untersuchung einfließen.

Mindestens zwei Dinge haben wir ausgespart: Die Darstellungstheorie endlicher Gruppen und — bis auf wenige Ausnahmen — konkrete Beispiele für einfache Gruppen. In beiden Fällen schien es uns unmöglich, diesen Themen im Rahmen dieses Buches gerecht zu werden.

Bei wichtigen Ergebnissen haben wir uns bemüht, die Originalarbeiten zu zitieren, in manchen Fällen auch solche mit alternativen Beweisen. In einem Anhang geben wir den Klassifikationssatz für die endlichen einfachen Gruppen und einige grundlegende Sätze an, die mit den Untersuchungen in den letzten Kapiteln im Zusammenhang stehen.

Die ersten acht Kapitel sind reichlich mit Übungen versehen. Sie sind nicht unbedingt nach dem Schwierigkeitsgrad geordnet, und einige von ihnen erfordern tieferes Eindenken und Beharrlichkeit. Alle sollen dazu anregen, sich mit gruppentheoretischen Fragestellungen zu beschäftigen und die eigenen Fähigkeiten kennenzulernen. Dabei kann es durchaus sinnvoll sein, Aufgaben, die anfangs zu schwierig erscheinen, zurückzustellen, um sie dann im Lichte späterer Kapitel und hinzugewonnener Erfahrung noch einmal anzugehen.

Wir weisen darauf hin, daß wir — mit Ausnahme von Kapitel 1 — unter einer Gruppe immmer eine endliche Gruppe verstehen.

Unser besonderer Dank gilt unserem Kollegen H. BENDER. Ohne ihn wäre dieses Buch nicht zustande gekommen, und ohne seine hilfreiche Unterstützung hätte es ein anderes Aussehen.

Wir danken unseren Doktoranden M. FRÖHLICH, J. PULKUS, J. VOSS, B. DÖRR und insbesondere I. HANSEN für die Durchsicht des ganzen oder von Teilen des Manuskriptes, bei der sie uns auf zahlreiche Fehler und Unstimmigkeiten aufmerksam gemacht haben.

Für die Erstellung der TEX-Version des Manuskriptes bedanken wir uns herzlich bei Herrn Dr. Th. HEMPFLING, der uns auch in Stil- und Notationsfragen unterstützte.

Erlangen, Kiel, November 1997

Hans Kurzweil
Bernd Stellmacher

Inhaltsverzeichnis

Symbole

1. Grundlagen

In diesem Kapitel führen wir die wichtigsten Grundbegriffe ein. Da vieles davon auch für unendliche Gruppen richtig ist, setzen wir hier — anders als in den folgenden Kapiteln — nicht voraus, daß die betrachteten Gruppen endlich sind.

1.1 Gruppen und Untergruppen

Eine nichtleere Menge G heißt **Gruppe**, falls jedem Paar $(x, y) \in G \times G$ ein Element $xy \in G$, das **Produkt** von x und y, zugeordnet ist, so daß folgende Gesetze gelten:

Assoziativität: Für alle $x, y, z \in G$ gilt $x(yz) = (xy)z$.

Existenz des Einselements: Es existiert ein Element $e \in G$ mit $ex = xe = x$ für alle $x \in G$.[1]

Existenz von inversen Elementen: Zu jedem $x \in G$ existiert ein Element $x^{-1} \in G$ mit
$$xx^{-1} = e = x^{-1}x.$$

Eine Gruppe G heißt **abelsch**,[2] falls zusätzlich gilt:

Kommutativität: Für alle $x, y \in G$ gilt $xy = yx$.

Im folgenden sei G stets eine Gruppe. Aus der Assoziativität folgt das **verallgemeinerte Assoziativgesetz**: Jede (sinnvolle) Klammerung eines Ausdrucks $x_1 x_2 \cdots x_n$ von Elementen $x_i \in G$ ergibt dasselbe Element in G. Wir bezeichnen es mit $x_1 x_2 \cdots x_n$.

Das Einselement e von G bezeichnen wir mit 1, im Zweifelsfall mit 1_G, bei additiver Schreibweise (für abelsches G) mit 0. Immer sei

---

[1] Ist auch e' ein Einselement, so gilt $e' = ee' = e$. Das Einselement e ist daher eindeutig bestimmt.

[2] Abelsche Gruppen schreibt man oft *additiv*, d.h. man ordnet jedem Paar (x, y) nicht xy sondern $x + y \in G$ zu, die **Summe** von x und y.

$$G^{\#} := \{x \in G \mid x \neq e\}.$$

Sind y_1 und y_2 zwei zu $x \in G$ inverse Elemente, so gilt

$$y_2 = (y_1 x)y_2 = y_1(xy_2) = y_1;$$

es gibt also nur ein zu x inverses Element. Daraus folgt, daß für $a, b \in G$ die Gleichungen

$$ya = b \quad \text{und} \quad ax = b$$

in G eindeutige Lösungen

$$y = ba^{-1} \quad \text{und} \quad x = a^{-1}b$$

besitzen. Insbesondere bedeutet dies, daß man in einer Gruppe von rechts (bzw. links) *kürzen* kann.

Für $x, a \in G$ sei

$$x^a := a^{-1}xa;$$

x^a heißt zu x **konjugiert**.

1.1.1.   *Für $a \in G$ sind*

$$x \mapsto xa, \quad x \mapsto ax, \quad x \mapsto x^{-1}, \quad x \mapsto x^a$$

bijektive Abbildungen von G auf sich.   □

Für ein Element $x \in G$ definieren wir die **Potenzen** von x durch

$$x^0 := 1, \quad x^1 := x, \ldots, x^{n+1} := (x^n)x \quad \text{für } n \in \mathbb{N} \;^3$$

und

$$x^{-n} := (x^n)^{-1}.$$

Dann gilt

$$x^{-n} = \underbrace{x^{-1} \ldots x^{-1}}_{n-\text{mal}},$$

und vermöge Induktion nach n bestätigt man die **Potenzgesetze**

$$x^{i+j} = x^i x^j \quad \text{und} \quad (x^i)^j = x^{i \cdot j}$$

für alle Zahlen $i, j \in \mathbb{Z}$.

Die Gruppe G heißt **endlich**, falls G nur endlich viele Elemente enthält. Die Anzahl dieser Elemente ist die **Ordnung** $|G|$ von G. Jede endliche Gruppe $G = \{x_1, \ldots, x_n\}$ läßt sich durch ihre **Gruppentafel** $T = (t_{ij})$ beschreiben;

---

[3] $nx = x + \ldots + x$ (n Summanden) für eine additiv geschriebene Gruppe.

dabei ist $t_{ij} = x_i x_j \in G$, also T eine $(n \times n)$-Matrix über G. Zum Beispiel ist

	1	d	d^2	t	td	td^2
1	1	d	d^2	t	td	td^2
d	d	d^2	1	td^2	t	td
d^2	d^2	1	d	td	td^2	t
t	t	td	td^2	1	d	d^2
td	td	td^2	t	d^2	1	d
td^2	td^2	t	td	d	d^2	1

die Gruppentafel einer nichtabelschen Gruppe G der Ordnung 6.[4] Wir empfehlen dem Leser, an diesem Beispiel die Begriffe zu testen, die wir im folgenden einführen werden.

G heißt **zyklisch**, falls alle Elemente von G Potenzen eines einzigen Elements g sind; wir schreiben

$$G = \langle g \rangle.$$

Die Multiplikation in einer zyklischen Gruppe wird durch die Potenzgesetze geregelt; insbesondere ist eine zyklische Gruppe abelsch.

Für $i, j, k \in \mathbb{Z}$ setzen wir $i | j$, falls i ein Teiler von j ist, und

$$i \equiv j \pmod{k}, \quad \text{falls} \quad k | (i - j);$$

man beachte, daß jede ganze Zahl ein Teiler von 0 ist.

1.1.2. *Sei $G = \langle g \rangle$ eine zyklische Gruppe der Ordnung n. Dann ist*

$$G = \{1, g, \ldots, g^{n-1}\},$$

und es gelten:

a) $n = \min\{ m \in \mathbb{N} \mid g^m = 1 \}$.

b)   *Für $z \in \mathbb{Z}$:* $g^z = 1 \iff n | z$.

c)   *Für $i, j, k \in \{0, 1, \ldots, n-1\}$:* $g^i g^j = g^k \iff i + j \equiv k \pmod{n}$.

Beweis.   Wegen $|\langle g \rangle| < \infty$ gibt es Zahlen $a, b \in \mathbb{N}$, $a < b$, mit $g^a = g^b$, also $g^{b-a} = 1$. Demnach existiert

$$l := \min\{ m \in \mathbb{N} \mid g^m = 1 \}.$$

---

[4] Ist $d := \begin{pmatrix} 1 & 2 & 3 \\ 2 & 3 & 1 \end{pmatrix}$ und $t := \begin{pmatrix} 1 & 2 & 3 \\ 2 & 1 & 3 \end{pmatrix}$, so ist G die Menge aller Permutationen von $\{1, 2, 3\}$, also die symmetrische Gruppe S_3 (siehe **4.3**).

Ist $g^i = g^j$ für $0 \leq i < j \leq l - 1$, so ist $g^{j-i} = 1$ entgegen der Wahl von l. Also sind die Elemente $1, g, \ldots, g^{l-1}$ verschieden. Da jede Zahl $z \in \mathbb{Z}$ eine Darstellung

$$z = lt + r \quad \text{mit} \quad t \in \mathbb{Z}, \ r \in \{0, 1, \ldots, l-1\}$$

besitzt, gilt

$$g^z = g^{lt} g^r = (g^l)^t g^r = g^r.$$

Damit ist $G = \{1, g, \ldots, g^{l-1}\}$ und $l = n$. Zugleich folgen a) und b), also auch c). $\qquad\square$

Eine nichtleere Teilmenge U von G heißt **Untergruppe** von G, falls U bezüglich des in G erklärten Produktes ebenfalls eine Gruppe ist. Dies ist sicherlich der Fall, wenn mit $x, y \in U$ auch xy und x^{-1} in U liegen; wir schreiben $U \leq G$. Gilt $U \neq G$, so heißt U **echte** Untergruppe von G; wir schreiben $U < G$.

Jede Gruppe besitzt die **triviale** Untergruppe $U = \{1\}$; statt $U = \{1\}$ schreiben wir $U = 1$.

Offenbar ist der Durchschnitt von Untergruppen eine Untergruppe.

Eine Untergruppe $U \neq 1$ von G heißt **minimale** Untergruppe von G, wenn zwischen 1 und U keine weiteren Untergruppen von G liegen; eine Untergruppe $U \neq G$ von G heißt **maximale** Untergruppe von G, wenn zwischen U und G keine weiteren Untergruppen von G liegen.

Es sei darauf hingewiesen, daß eine endliche Gruppe $G \neq 1$ immer minimale und maximale Untergruppen besitzt.

1.1.3. *Eine nichtleere endliche Teilmenge U von G ist eine Untergruppe von G, wenn mit x, y auch xy in U liegt.*

Beweis. Für $x \in U$ ist die Abbildung $\varphi \colon u \mapsto ux$ von U in sich injektiv, sogar bijektiv, da U endlich ist. Es folgt $1 = x^{\varphi^{-1}} \in U$ und $x^{-1} = 1^{\varphi^{-1}} \in U$. $\qquad\square$

Für eine Teilmenge X von G sei

$$\langle X \rangle := \{x_1^{z_1} \ldots x_j^{z_j} \mid x_i \in X, \ z_i \in \mathbb{Z}, \ j \in \mathbb{N}\}$$

das **Erzeugnis** von X; dabei sei $\langle \varnothing \rangle := 1$ gesetzt. Wir schreiben

$$\langle X \rangle = \langle x_1, \ldots, x_n \rangle \quad \text{für} \quad X = \{x_1, \ldots, x_n\},$$

und für eine Menge $\mathcal{X} = \{X_1, \ldots, X_n\}$ von Teilmengen $X_i \subseteq G$

$$\langle \mathcal{X} \rangle := \langle X_1, \ldots, X_n \rangle := \langle \bigcup_{i=1}^{n} X_i \rangle.$$

1.1.4. *Sei X eine Teilmenge von G. Das Erzeugnis $\langle X \rangle$ ist eine Unter-*
gruppe von G, und zwar die kleinste Untergruppe von G, die X enthält.

Beweis.   Mit $a, b \in \langle X \rangle$ liegen auch ab und a^{-1} in $\langle X \rangle$, also ist $\langle X \rangle$ eine
Untergruppe. Jede Untergruppe von G, die X enthält, enthält auch $\langle X \rangle$. □

Eigenschaften der erzeugenden Menge X bestimmen manchmal schon die
Struktur von $\langle X \rangle$. Gilt zum Beispiel $x_i x_j = x_j x_i$ für alle $x_i, x_j \in X = \{x_1, \ldots, x_n\} \subseteq G$, so ist

$$\langle X \rangle = \{ x_1^{z_1} \cdots x_n^{z_n} \mid z_i \in \mathbb{Z} \}$$

eine abelsche Gruppe.

Sei $g \in G$. Die zyklische Untergruppe $\langle g \rangle$ ist die kleinste Untergruppe von
G, die g enthält. Ist $\langle g \rangle$ eine endliche Gruppe, so ist

$$o(g) := |\langle g \rangle|$$

die **Ordnung** des Elements g. Nach 1.1.2 ist $o(g)$ die kleinste natürliche Zahl
n, für die $g^n = 1$ gilt.

Für zwei nichtleere Teilmengen A, B von G sei

$$AB := \{ab \mid a \in A, b \in B\} \quad \text{und} \quad A^{-1} := \{a^{-1} \mid a \in A\}$$

gesetzt; AB heißt das **Komplexprodukt** von A mit B. Die so auf der Menge
der nichtleeren Teilmengen von G definierte Multiplikation ist, wie die von
G, assoziativ. Außerdem ist

$$(AB)^{-1} = B^{-1} A^{-1}.$$

Im Falle $A = \{a\}$ bzw. $B = \{b\}$ schreiben wir statt AB auch aB bzw. Ab.
Ferner setzen wir für $g \in G$

$$B^g := g^{-1} B g;$$

B^g heißt in G zu B **konjugiert**. Für beliebiges $A \subseteq G$ sei

$$B^A := \{B^a \mid a \in A\}.$$

Wir bemerken, daß eine nichtleere Teilmenge U von G genau dann eine Untergruppe von G ist, wenn $UU = U = U^{-1}$ gilt.

1.1.5. *Seien A und B Untergruppen von G. Genau dann ist AB eine*
Untergruppe von G, wenn $AB = BA$ gilt.

Beweis.   Aus $AB \leq G$ folgt

$$(AB) = (AB)^{-1} = B^{-1}A^{-1} = BA.$$

Gilt umgekehrt $AB = BA$, so erhält man

$$(AB)(AB) = A(BA)B = A(AB)B = AABB = AB$$

und

$$(AB)^{-1} = B^{-1}A^{-1} = BA = AB,$$

also $AB \leq G$. $\square$

1.1.6.   *Für zwei endliche Untergruppen A, B von G gilt*

$$|AB| = \frac{|A|\,|B|}{|A \cap B|}.$$

Beweis.   Definiert man auf dem kartesischen Produkt $A \times B$ die Äquivalenzrelation

$$(a_1, b_1) \sim (a_2, b_2) \iff a_1 b_1 = a_2 b_2,$$

so ist $|AB|$ gleich der Anzahl der Äquivalenzklassen auf $A \times B$. Sei $(a_1, b_1) \in A \times B$. Die Äquivalenzklasse

$$\{\, (a_2, b_2) \mid a_1 b_1 = a_2 b_2 \,\}.$$

enthält wegen

$$a_2 b_2 = a_1 b_1 \iff a_1^{-1} a_2 = b_1 b_2^{-1} \ (\in A \cap B)$$
$$\iff a_2 = a_1 d \quad \text{und} \quad b_1 = d b_2 \quad \text{für ein } d \in A \cap B$$

genau $|A \cap B|$ Elemente. Daraus folgt die Behauptung. $\square$

Sei U eine Untergruppe von G und $x \in G$. Das Komplexprodukt

$$Ux = \{ux \mid u \in U\} \quad \text{bzw.} \quad xU = \{xu \mid u \in U\}$$

heißt **Rechtsnebenklasse** bzw. **Linksnebenklasse** von U in G. Die Abbildung

$$Ux \mapsto (Ux)^{-1} = x^{-1}U$$

ist eine bijektive Abbildung der Rechtsnebenklassen von U auf die Linksnebenklassen von U in G. Also existieren in G genausoviele Rechts- wie Linksnebenklassen von U. Die Anzahl der Rechtsnebenklassen[5] von U in einer endlichen Gruppe G heißt der **Index** von U in G und wird mit $|G : U|$ bezeichnet.

---

[5] Die folgenden Aussagen gelten genauso für Linksnebenklassen an Stelle von Rechtsnebenklassen.

Da $u \mapsto ux$ eine Bijektion von U auf Ux ist (1.1.1), erhalten wir zusätzlich

$$|U| = |Ux| = |xU|$$

für alle $x \in G$. Wegen

$$x = 1_G x \in Ux$$

überdecken die Rechtsnebenklassen von U ganz G. Für $y, x \in G$ gilt

$$Ux = Uy \iff yx^{-1} \in U \iff y \in Ux.$$

Somit sind zwei Rechtsnebenklassen von U entweder gleich oder haben leeren Durchschnitt.[6]

Es folgt:

1.1.7.   Satz von Lagrange.[7] *Sei U eine Untergruppe der endlichen Gruppe G. Dann gilt*

$$|G| = |U| \, |G : U|.$$

Insbesondere sind die Zahlen $|U|$ und $|G : U|$ Teiler von $|G|$.   □

Weil $\langle g \rangle$ für $g \in G$ eine Untergruppe von G ist, erhalten wir aus 1.1.7:

1.1.8.   *In einer endlichen Gruppe G gilt:*

$$o(g) \text{ teilt } |G| \text{ für alle } g \in G.$$ □

Sei U eine Untergruppe von G und $S \subseteq G$. Wir nennen S **Schnitt**[8] von U in G, wenn S aus jeder Rechtsnebenklasse Ux, $x \in G$, genau ein Element enthält. Enthält S aus jeder Linksnebenklasse xU, $x \in G$, genau ein Element, so sprechen wir von einem **Linksschnitt**.

1.1.9.   *Sei $S \subseteq G$. Genau dann ist S ein Schnitt der Untergruppe U, wenn $G = US$ und $st^{-1} \notin U$ für alle $s \neq t$ aus S gilt.*

Ist S ein Schnitt von U in G, so ist die Abbildung

$$\dot{U} \times S \to G \quad \text{mit} \quad (u, s) \mapsto us$$

eine Bijektion.

Beweis. $Us = Ut \iff st^{-1} \in U.$ □

---

[6] Die Rechtsnebenklassen von U sind also die Äquivalenzklassen der Äquivalenzrelation

$$y \sim x \iff yx^{-1} \in U.$$

[7] vergleiche [75] und [42], S. 504.

[8] oder **Rechtsvertretersystem** oder **Transversale**

Ein wichtiger Spezialfall ist:

1.1.10.   *Ist S eine Untergruppe von G mit $G = US$ und $U \cap S = 1$, so ist S ein Schnitt von U in G.*   □

Eine solche Untergruppe S nennt man **Komplement** von U in G.

Hilfreich ist manchmal:

1.1.11.   Dedekindidentität. *Sei $G = UV$ für zwei Untergruppen $U, V \leq G$. Dann besitzt jede Untergruppe H mit $U \leq H \leq G$ die Faktorisierung $H = U(V \cap H)$.*

Beweis.   Jede Nebenklasse von U in G, also auch jede Nebenklasse von U in H, enthält ein Element aus V.   □

Aufgrund des Satzes von LAGRANGE sind die Teiler der Ordnung einer endlichen Gruppe G die zunächst wichtigsten Invarianten von G.

Sei $\mathbb{P}$ die Menge aller Primzahlen und für $n \in \mathbb{N}$

$$\pi(n) := \{p \in \mathbb{P} \mid p \text{ teilt } n\}.$$

Für eine endliche Gruppe G sei

$$\pi(G) := \pi(|G|).$$

Ein Element $x \in G$ heißt p-**Element** $(p \in \mathbb{P})$, wenn $o(x)$ eine Potenz von p ist. G heißt p-**Gruppe**, wenn $\pi(G) = \{p\}$, also $|G|$ eine p-Potenz ist. Man beachte, daß $x = 1$ bzw. $G = 1$ für jedes $p \in \mathbb{P}$ ein p-Element bzw. eine p-Gruppe ist. Eine p-**Untergruppe** ist eine Untergruppe, die p-Gruppe ist.

Aus 1.1.8 folgt , daß in einer p-Gruppe G jedes Element $x \in G$ ein p-Element ist. Die Umkehrung dieser Aussage ist auch richtig; dies ist eine Folgerung des Satzes von CAUCHY (3.2.1 auf Seite 58).

Übungen

Es seien A, B und C Untergruppen der endlichen Gruppe G.

1.   Aus $B \subseteq A$ folgt $|A : B| \geq |C \cap A : C \cap B|$.

2.   Sei $B \subseteq A$. Ist $x_1, \ldots, x_n$ ein Schnitt von A in G, und $y_1, \ldots, y_m$ ein Schnitt von B in A, so ist $\{y_j x_i\}_{\substack{i=1,\ldots,n \\ j=1,\ldots,m}}$ ein Schnitt von B in G.

3. $|G : A \cap B| \leq |G : A| \, |G : B|$.

4. $A \cup B$ ist genau dann eine Untergruppe von G, wenn $A \subseteq B$ oder $B \subseteq A$ gilt.

5. Sei $G = AA^g$ für ein $g \in G$. Dann ist $G = A$.

6. Sei die Ordnung von G eine Primzahl. Dann sind 1 und G die einzigen Untergruppen von G.

7. Genau dann ist die Ordnung von G gerade, wenn die Anzahl der Involutionen[9] in G ungerade ist.

8. Gilt $y^2 = 1$ für alle $y \in G$, so ist G abelsch.

9. Ist $|G| = 4$, so ist G abelsch und besitzt eine Untergruppe der Ordnung 2.

10. Besitzt G genau eine maximale Untergruppe, so ist G zyklisch.

11. Ist $A \neq 1$ und $A \cap A^g = 1$ für alle $g \in G \setminus A$, so ist $|\bigcup_{g \in G} A^g| \geq \frac{|G|}{2} + 1$.

12. Ist $A \neq G$, so ist $G \neq \bigcup_{g \in G} A^g$.

13. Sei $A^G = \{A_1, \ldots, A_n\}$. Dann ist $\langle A_1, \ldots, A_n \rangle = A_1 \cdots A_n$.

1.2 Homomorphismen und Normalteiler

Seien G und H Gruppen. Eine Abbildung

$$\varphi \colon G \to H \quad \text{mit} \quad x \mapsto x^\varphi$$

heißt **Homomorphismus** von G in H, falls

$$(xy)^\varphi = x^\varphi y^\varphi \quad \text{für alle } x, y \in G.$$

1.2.1. *Ist der Homomorphismus $\varphi \colon G \to H$ bijektiv, so ist auch die inverse Abbildung φ^{-1} ein Homomorphismus.*

Beweis. Die Behauptung

$$x^{\varphi^{-1}} y^{\varphi^{-1}} = (xy)^{\varphi^{-1}}, \quad x, y \in H,$$

folgt aus

$$\left(x^{\varphi^{-1}} y^{\varphi^{-1}}\right)^\varphi = \left(x^{\varphi^{-1}}\right)^\varphi \left(y^{\varphi^{-1}}\right)^\varphi = xy.$$

$\square$

---

[9] Involutionen sind Elemente der Ordnung 2, siehe Seite 31.

Sei φ ein Homomorphismus von G in H, und seien $X \subseteq G$ und $Y \subseteq H$. Wir setzen

$$X^\varphi := \{x^\varphi \mid x \in X\}, \quad Y^{\varphi^{-1}} := \{g \in G \mid g^\varphi \in Y\}, \quad \text{und}$$

$$\text{Kern}\,\varphi := \{x \in G \mid x^\varphi = 1_H\} \quad (= 1_H^{\varphi^{-1}}).$$

X^φ ist das **Bild** von X und $Y^{\varphi^{-1}}$ das **Urbild** von Y (unter φ).

φ heißt **Epimorphismus**, falls $G^\varphi = H$, **Endomorphismus**, falls $H = G$, **Monomorphismus**, falls φ injektiv, **Isomorphismus**, falls φ bijektiv, und **Automorphismus**, falls φ ein bijektiver Endomorphismus ist.

Ist φ ein Isomorphismus, so nennen wir G **isomorph** zu H und schreiben $G \cong H$.

Unmittelbar aus den Gruppenaxiomen folgt:

- $(1_G)^\varphi = 1_H$.
- $(x^{-1})^\varphi = (x^\varphi)^{-1}$ für alle $x \in G$.[10]
- Ist U eine Untergruppe von G, so ist U^φ eine Untergruppe von H.
- Ist V eine Untergruppe von H, so ist $V^{\varphi^{-1}}$ eine Untergruppe von G.
- $\langle X \rangle^\varphi = \langle X^\varphi \rangle$ für $X \subseteq G$.

1.2.2. *Sei $N = \text{Kern}\,\varphi$. Dann gilt für alle $x \in G$*

$$Nx = \{y \in G \mid y^\varphi = x^\varphi\} = xN.$$

Beweis. $\quad y^\varphi = x^\varphi \iff y^\varphi (x^\varphi)^{-1} = 1 \iff y^\varphi (x^{-1})^\varphi = 1$
$$\iff (yx^{-1})^\varphi = 1 \iff yx^{-1} \in N$$
$$\iff y \in Nx,$$

und genauso $y^\varphi = x^\varphi \iff (x^\varphi)^{-1} y^\varphi = 1 \iff \ldots \iff y \in xN.$ $\qquad \square$

Eine Untergruppe N von G mit der Eigenschaft

$$Nx = xN \quad \text{für alle } x \in G$$

heißt **Normalteiler** von G (oder auch **normal** in G); wir schreiben $N \trianglelefteq G$. Wegen

$$Nx = xN \iff N = x^{-1}Nx \ (= N^x)$$

folgt:

---

[10] Wir schreiben im folgenden oft $x^{-\varphi}$ anstatt $(x^\varphi)^{-1}$.

1.2.3. *Eine Untergruppe N von G ist genau dann ein Normalteiler von G, wenn mit $y \in N$ auch alle zu y konjugierten Elemente y^x, $x \in G$, in N liegen.* □

Immer besitzt G den **trivialen** Normalteiler 1. Ist $G \neq 1$, und sind 1 und G die einzigen Normalteiler von G, so heißt G eine **einfache** Gruppe. Zum Beispiel ist eine Gruppe von Primzahlordnung eine einfache Gruppe (1.1.7 auf Seite 7).

Folgende Bemerkungen, die sich unmittelbar aus der Definition ergeben, werden ständig benutzt:

- Das Bild (Urbild) eines Normalteilers unter einem Homomorphismus φ ist Normalteiler des Bildes (Urbildes) von φ.

- Das Produkt und der Durchschnitt von zwei Normalteilern von G ist Normalteiler von G.

- Ist U Untergruppe und N Normalteiler von G, so ist $U \cap N$ Normalteiler von U.

- Ist U Untergruppe, so ist

$$U_G := \bigcap_{g \in G} U^g$$

  der größte Normalteiler von G, der in U liegt.

- Ist $X \subseteq G$, so ist $\langle X^G \rangle$ der kleinste Normalteiler von G, der X enthält.

Für zwei Nebenklassen Nx und Ny des Normalteilers N von G gilt

$$(Nx)(Ny) = N(xN)y = N(Nx)y = Nxy,$$

also

(∗) $(Nx)(Ny) = Nxy$ für alle $x, y \in G$.

Das Komplexprodukt definiert daher auf der Menge G/N aller Nebenklassen von N in G eine Multiplikation, die assoziativ ist, da die Komplexmultiplikation assoziativ ist. Offenbar ist $N = N1_G$ ein Einselement in G/N und Nx^{-1} ein zu Nx inverses Element. Also gilt:

1.2.4. *Sei N ein Normalteiler von G. Dann ist G/N eine Gruppe bezüglich des Komplexprodukts. Die Abbildung*

$$\psi \colon G \to G/N \quad mit \quad x \mapsto Nx$$

ist ein Epimorphismus. □

Dabei folgt die zweite Behauptung aus (∗).

Die in 1.2.4 beschriebene Gruppe G/N heißt die **Faktorgruppe** von G nach N (man spricht: G **modulo** N) und ψ der **natürliche** Homomorphismus von G auf G/N.

Mit 1.2.2 folgt, daß die Normalteiler von G genau die Kerne der Homomorphismen von G sind. Zugleich ergibt sich aus 1.2.2 und 1.2.4:

1.2.5.   Homomorphiesatz. *Sei φ ein Homomorphismus von G in H. Dann ist*

$$G/\operatorname{Kern}\varphi \to H \quad mit \quad (\operatorname{Kern}\varphi)x \mapsto x^{\varphi}$$

ein injektiver Homomorphismus; es gilt also

$$G/\operatorname{Kern}\varphi \cong \operatorname{Bild}\varphi. \qquad \square$$

Ist N ein Normalteiler von G und U eine Untergruppe von G, so ist UN nach 1.1.5 eine Untergruppe von G und damit N ein Normalteiler von UN.

Zwei direkte Folgerungen aus 1.2.5 sind die Isomorphiesätze.

1.2.6.   *Sei U Untergruppe und N Normalteiler von G. Dann ist*

$$\varphi\colon U \to UN/N \quad mit \quad u \mapsto uN$$

ein Epimorphismus mit $\operatorname{Kern}\varphi = U \cap N$; es gilt

$$U/U \cap N \cong UN/N. \qquad \square$$

1.2.7.   *Seien N und M Normalteiler von G mit $N \leq M$. Dann ist*

$$\varphi\colon G/N \to G/M \quad mit \quad Nx \mapsto Mx$$

ein Epimorphismus mit $\operatorname{Kern}\varphi = M/N$; es gilt

$$(G/N)/(M/N) \cong G/M. \qquad \square$$

Es ist wichtig sich klarzumachen, daß der Homomorphiesatz eine Bijektion $(U \mapsto U^{\varphi})$ von der Menge aller Untergruppen U von G, die $\operatorname{Kern}\varphi$ enthalten, auf die Menge aller Untergruppen von $\operatorname{Bild}\varphi$ erklärt.

Zweckmäßigerweise verwenden wir oft die **Querstrichkonvention**: Schreiben wir $\overline{G} := G/N$ für eine Faktorgruppe G/N, so sei

$$\overline{U} := UN/N \text{ für } U \leq G \quad \text{und} \quad \overline{x} := xN \text{ für } x \in G.$$

In einer Gruppe G folgt aus $A \trianglelefteq N \trianglelefteq G$ im allgemeinen nicht $A \trianglelefteq G$.

Eine Untergruppe A von G heißt **Subnormalteiler** von G (**subnormal** in G), falls Untergruppen $A_1, \ldots, A_d$ existieren, für die

$$\mathcal{S} \qquad\qquad A = A_1 \trianglelefteq A_2 \trianglelefteq \ldots \trianglelefteq A_{d-1} \trianglelefteq A_d = G$$

gilt; wir schreiben $A \trianglelefteq\trianglelefteq G$, und nennen $\mathcal{S}$ **Subnormalreihe** von G. Offenbar hat man nun

$$A \trianglelefteq\trianglelefteq B \trianglelefteq\trianglelefteq G \quad \Rightarrow \quad A \trianglelefteq\trianglelefteq G.$$

Wegen dieser Transitivität spielt der Begriff des Subnormalteilers bei der Untersuchung endlicher Gruppen eine wichtige Rolle. Wir benutzen ihn erst ab Kapitel 5; hier seien nur die Eigenschaften von Subnormalteilern notiert, die unmittelbar aus der Definition folgen.

1.2.8.   *Seien A und B Subnormalteiler von G.*

a) $U \cap A \trianglelefteq\trianglelefteq U$ *für* $U \le G$.

b) $A \cap B \trianglelefteq\trianglelefteq G$.

c)   *Bild bzw. Urbild eines Subnormalteilers unter einem Homomorphismus φ von G sind Subnormalteiler von G^φ bzw. G.*

Beweis.   a) Hat man eine Subnormalreihe $\mathcal{S}$ von A nach G, so ist

$$U \cap A = U \cap A_1 \trianglelefteq \ldots \trianglelefteq U \cap A_{d-1} \trianglelefteq U \cap A_d = U$$

eine solche von $U \cap A$ nach U.

b) Aus a) folgt $A \cap B \trianglelefteq\trianglelefteq B \trianglelefteq\trianglelefteq G$.

c) Ergibt sich aus den entsprechenden Aussagen über Normalteiler. $\square$

Ist $B \trianglelefteq A \le G$, so nennen wir die Gruppe A/B einen **Abschnitt** von G.

Übungen

Sei G eine Gruppe.

1.   Jede Untergruppe vom Index 2 in G ist normal in G.

2.   Es gibt genau zwei nichtisomorphe Gruppen der Ordnung 4; bestimme ihre Gruppentafeln (verwende Aufg. 9 aus **1.1**).

3.   Sei N ein Normalteiler von G mit $|G : N| = 4$.

    a) G besitzt einen Normalteiler M von G mit $|G : M| = 2$.

    b)   Ist G/N nicht zyklisch, so gibt es Normalteiler A, B und C verschieden von G mit $G = A \cup B \cup C$.

4.   Sei G einfach, $|G| \ne 2$ und φ ein Homomorphismus von G in die Gruppe H. Besitzt H einen Normalteiler A vom Index 2, so liegt G^φ in A.

5.   Sei $x \in G$, $D := \{x^g \mid g \in G\}$ und $U_i \leq G$ für $i = 1, 2$. Es gelte

$$\langle D \rangle = G \quad \text{und} \quad D \subseteq U_1 \cup U_2.$$

Dann ist $U_1 = G$ oder $U_2 = G$.

6.   Sei $G \neq 1$ eine endliche Gruppe, und sei jede echte Untergruppe von G abelsch. Dann besitzt G einen nichttrivialen abelschen Normalteiler.

1.3 Automorphismen

Im folgenden sei G wieder eine Gruppe.

Die Menge $\operatorname{Aut} G$ aller Automorphismen von G ist bezüglich der Multiplikation

$$\alpha\beta \colon x \mapsto (x^\alpha)^\beta \quad (x \in G, \ \alpha, \beta \in \operatorname{Aut} G)$$

eine Gruppe, die **Automorphismengruppe** von G. Dabei ist das Einselement die identische Abbildung und α^{-1} die zu α inverse Abbildung (siehe 1.2.1).

Automorphismen bilden endliche Untergruppen (und Elemente) auf Untergruppen (bzw. Elemente) der gleichen Ordnung ab.

Für $a \in G$ ist

$$\varphi_a \colon G \to G \quad \text{mit} \quad x \mapsto x^a \quad (= a^{-1}xa)$$

nach 1.1.1 bijektiv, also wegen

$$(xy)^a = a^{-1}xaa^{-1}ya = (a^{-1}xa)(a^{-1}ya) = x^a y^a$$

ein Automorphismus von G, der von a induzierte **innere Automorphismus**. Die Abbildung

$$\varphi \colon G \to \operatorname{Aut} G \quad \text{mit} \quad a \mapsto \varphi_a$$

ist wegen

$$x^{ab} = b^{-1}a^{-1}xab = (x^a)^b$$

ein Homomorphismus von G in $\operatorname{Aut} G$. Daher ist die Menge der inneren Automorphismen von G,

$$\operatorname{Inn} G := \{\varphi_a \mid a \in G\},$$

eine Untergruppe von $\operatorname{Aut} G$. Wegen der Beziehung

$$\alpha^{-1}\varphi_a\alpha = \varphi_{a^\alpha} \quad (\alpha \in \operatorname{Aut} G, \ a \in G)$$

ist $\operatorname{Inn} G$ sogar Normalteiler von $\operatorname{Aut} G$. Offenbar gilt:

$$\operatorname{Kern} \varphi = \{x \in G \mid x^a = x \text{ für alle } a \in G\} =: Z(G)$$

und mit dem Homomorphiesatz

$$G/Z(G) \cong \operatorname{Inn} G.$$

$Z(G)$ heißt das **Zentrum** von G.

Für den späteren Gebrauch notieren wir:

1.3.1.   *Ist $G/Z(G)$ zyklisch, so ist G abelsch.*

Beweis.   Nach Voraussetzung existiert ein $g \in G$ mit $G/Z(G) = \langle gZ(G) \rangle$, also $G = Z(G)\langle g \rangle$. Da $\langle g \rangle$ abelsch ist, sind alle Elemente von G miteinander vertauschbar. $\square$

Nach Definition ist eine Untergruppe N von G genau dann ein Normalteiler von G, wenn gilt

$$N^a = N \quad \text{für alle } a \in G.$$

Demnach sind die Normalteiler von G diejenigen Untergruppen, die von inneren Automorphismen von G auf sich abgebildet werden.

Eine Untergruppe U von G heißt **charakteristisch** in G, wenn gilt:

$$U^\alpha = U \quad \text{für alle } \alpha \in \operatorname{Aut} G.$$

Wir schreiben dann $U \operatorname{char} G$.

Charakteristische Untergruppen sind, wie eben gesehen, insbesondere Normalteiler von G. Offenbar sind 1 und G charakteristische Untergruppen von G. Ein weiteres Beispiel ist $Z(G)$, denn für $x \in Z(G)$, $g \in G$, $\alpha \in \operatorname{Aut} G$ gilt

$$x^\alpha g^\alpha = (xg)^\alpha = (gx)^\alpha = g^\alpha x^\alpha,$$

also $x^\alpha \in Z(G)$, da $G = \{g^\alpha \mid g \in G\}$.

Wir notieren zwei Eigenschaften charakteristischer Untergruppen, die sehr häufig benutzt werden.

1.3.2.   *Sei N ein Normalteiler von G und A eine charakteristische Untergruppe von N.*

a)   *A ist Normalteiler von G.*

b)   *Ist N charakteristisch in G, so ist auch A charakteristisch in G.*

Beweis.   a) Sei $a \in G$ und φ_a der von a induzierte innere Automorphismus von G. Dann ist die Einschränkung von φ_a auf N ein Automorphismus von N, da N ein Normalteiler ist. Also ist A unter φ_a für alle $a \in G$ invariant, d.h. A ist Normalteiler von G.

Aussage b) folgt mit dem gleichen Argument, wenn man statt φ_a einen beliebigen Automorphismus α von G verwendet und $N^\alpha = N$ berücksichtigt. $\square$

Die obige Eigenschaft b) besagt, daß *charakteristisch* (wie *subnormal*, siehe Seite 13) eine *transitive* Eigenschaft ist.

Wir führen nun eine bequeme Sprechweise ein, die wir im folgenden häufig benutzen. Sei X eine weitere Gruppe. Existiert ein Homomorphismus

$$\varphi \colon X \to \operatorname{Aut} G,$$

so sagen wir, daß X **auf der Gruppe** G **operiert** (vermöge φ). Setzen wir

$$g^x := g^{x^\varphi},$$

so gilt

$$(gh)^x = g^x h^x \quad \text{und} \quad (g^x)^y = g^{xy}$$

für alle $g, h \in G$ und $x, y \in X$.

Eine Untergruppe U von G heißt X-**invariant**, wenn für alle $x \in X$ gilt:

$$U^x := \{\, u^x \mid u \in U \,\} = U.$$

Ist U eine X-invariante Untergruppe von G, so operiert X auf U vermöge φ. Ist N ein X-invarianter Normalteiler von G, so operiert X auf der Faktorgruppe G/N vermöge

$$(Ng)^x := Ng^x.$$

Jede Untergruppe X von $\operatorname{Aut} G$ operiert auf G (vermöge $\varphi = \operatorname{id}$). Im Falle $X = \operatorname{Aut} G$ bzw. $X = \operatorname{Inn} G$ sind die X-invarianten Untergruppen von G genau die charakteristischen bzw. die normalen Untergruppen von G.

Jede Untergruppe X von G operiert auf G vermöge $\varphi|_X$, wobei φ der auf Seite 14 erklärte Homomorphismus von G in $\operatorname{Inn} G$ ist (*Konjugation*). Sprechen wir von X-invarianten Untergruppen von G — wobei X eine Untergruppe von G ist —, ohne φ zu erwähnen, so ist immer diese Operation durch Konjugation gemeint.

Sei η ein Homomorphismus von G in die Gruppe H. Operiert X auf G und H, so ist η ein X-**Homomorphismus**, wenn gilt

$$(g^x)^\eta = (g^\eta)^x \quad \text{für alle } g \in G, \quad x \in X$$

(genauso: X-Isomorphismus, X-Automorphismus). Ein solcher Homomorphismus bildet X-invariante Untergruppen von G auf X-invariante Untergruppen von H ab. Die Urbilder X-invarianter Untergruppen von H sind X-invariante Untergruppen von G; insbesondere sind Kern η und Bild η X-invariante Untergruppen.

Zum Beispiel operiert $X := G$ durch Konjugation auf G, aber auch auf H vermöge

$$h^x := h^{x^\eta} \quad (h \in H, \quad x \in G).$$

Dies bedeutet

$$(g^x)^\eta = (x^{-1}gx)^\eta = (g^\eta)^{x^\eta} = (g^\eta)^x,$$

η ist also ein G-Homomorphismus. Ist hierbei η surjektiv, so sind die G-invarianten Untergruppen von H genau die Normalteiler von H.

Ist der X-Homomorphismus $\eta \colon G \to H$ ein Isomorphismus, so schreiben wir $G \cong_X H$.

Dieselben Abbildungen, die wir im Homomorphiesatz 1.2.5 und in seinen zwei Folgerungen 1.2.6, 1.2.7, angegeben haben, zeigen:

- Ist η ein X-Homomorphismus von G, so gilt

$$G/\operatorname{Kern}\eta \cong_X \operatorname{Bild}\eta.$$

- Sind U und N zwei X-invariante Untergruppen von G und $N \trianglelefteq G$, so gilt

$$U/U \cap N \cong_X UN/N.$$

- Sind $N \leq M$ zwei X-invariante Normalteiler von G, so gilt

$$(G/N)/(M/N) \cong_X G/M.$$

Übungen

Sei G eine Gruppe.

1. Sei N charakteristisch in G. Dann bilden die Automorphismen α von G mit $\alpha|_N = 1$ einen Normalteiler von $\operatorname{Aut}G$.

2. Die Automorphismen α von G mit $U^\alpha = U$ für jede Untergruppe U von G bilden einen Normalteiler von $\operatorname{Aut}G$.

3. Sei $\alpha \in \operatorname{Aut}G$ und $|\{x \in G \mid x^\alpha = x\}| > \frac{|G|}{2}$. Dann ist $\alpha = 1$.

4. G ist genau dann abelsch, wenn die Abbildung

$$G \to G \quad \text{mit} \quad x \mapsto x^{-1} \quad (x \in G)$$

    ein Automorphismus von G ist.

5. Sei G endlich und $\alpha \in \operatorname{Aut}G$ mit $x^\alpha \neq x = x^{\alpha^2}$ für alle $x \in G^\#$. Dann gilt:

    a) Zu jedem $x \in G$ existiert ein $y \in G$ mit $x = y^{-1}y^\alpha$.

    b) G ist abelsch von ungerader Ordnung.

6. Sei $N \trianglelefteq G$ und $U \leq G$ mit $G = NU$. Dann existiert eine Inklusion-erhaltende Bijektion von der Menge aller Untergruppen X mit $U \leq X \leq G$ auf die Menge aller U-invarianten Untergruppen Y mit $U \cap N \leq Y \leq N$.

7.   Sei G eine endliche Gruppe mit $Z(G) = 1$. Sei $A := \operatorname{Aut} G$ und $I := \operatorname{Inn} G$.

    a) $C_A(I) = 1$.[11]

    b)   Ist I charakteristisch in A, d.h. $I = I^\alpha$ für jedes $\alpha \in \operatorname{Aut} A$, so ist $\operatorname{Aut} A = \operatorname{Inn} A$.

    c)   Ist G einfach, so ist $\operatorname{Aut} A = \operatorname{Inn} A$.

8.   Sei $\operatorname{GL}_2(\mathbb{C})$ die Gruppe aller invertierbaren 2×2-Matrizen über dem komplexen Zahlkörper $\mathbb{C}$, und sei

$$G := \left\langle \begin{pmatrix} i & 0 \\ 0 & -i \end{pmatrix}, \begin{pmatrix} 0 & 1 \\ -1 & 0 \end{pmatrix} \right\rangle \leq \operatorname{GL}_2(\mathbb{C})$$

die **Quaternionengruppe**.

    a) $|G| = 8$.

    b) $|Z(G)| = 2$.

    c) $G \setminus Z(G)$ enthält nur Elemente der Ordnung 4.

    d) G enthält genau ein Element der Ordnung 2.

    e)   Jede Untergruppe von G ist Normalteiler.

    f) G besitzt einen Automorphismus der Ordnung 3.

1.4 Zyklische Gruppen

Eigentlich ist eine endliche zyklische Gruppe schon durch 1.1.2 vollständig beschrieben. Da aber für die Gesamtheit aller zyklischen Gruppen ein „universelles Objekt", nämlich die additive Gruppe $\mathbb{Z}(+)$ der ganzen Zahlen, existiert, nehmen wir hier einen etwas allgemeineren Standpunkt ein.

Die Gruppe $\mathbb{Z}(+)$ ist eine unendliche zyklische Gruppe mit neutralem Element $0 \in \mathbb{Z}$ und erzeugendem Element $1 \in \mathbb{Z}$.

1.4.1.   *Die Untergruppen von $\mathbb{Z}(+)$ sind von der Form*

$$n\mathbb{Z} = \{\, nz \mid z \in \mathbb{Z} \,\}$$

mit $n = 0$ oder $n \in \mathbb{N}$. Dabei gilt $n\mathbb{Z} \leq m\mathbb{Z} \iff m|n$.

Beweis.   Sei $U \neq 0$ eine Untergruppe von $\mathbb{Z}(+)$ und

$$n := \min\{\, i \in \mathbb{Z} \mid 0 < i \in U \,\}.$$

Dann ist $n\mathbb{Z} \leq U$. Sei $k \in U$. Es gibt bekanntlich Zahlen $z, r \in \mathbb{Z}$ mit

$$k = zn + r \quad \text{und} \quad r \in \{0, 1, \dots, n-1\}.$$

---

[11] $C_A(I) = \{\alpha \in \operatorname{Aut} G \mid \alpha\beta = \beta\alpha \text{ für alle } \beta \in I\}$

Dann ist $r = k - zn \in U$, also $r = 0$ wegen der Minimalität von n; es folgt $k = zn \in U$, also $U = n\mathbb{Z}$.

Die zweite Behauptung ist klar. $\qquad\square$

Sei $n \in \mathbb{N}$. Die Faktorgruppe

$$C_n := \mathbb{Z}(+)/n\mathbb{Z} \;^{12}$$

ist eine zyklische Gruppe der Ordnung n und besteht aus den Restklassen modulo n

$$n\mathbb{Z}, \quad 1 + n\mathbb{Z}, \quad \ldots, \quad (n-1) + n\mathbb{Z}.$$

Die Zahlen $0, 1, \ldots, n-1$ bilden einen Schnitt von $n\mathbb{Z}$ in $\mathbb{Z}(+)$.

Sei $G = \langle g \rangle$ eine zyklische Gruppe — nun multiplikativ geschrieben. Die Potenzgesetze in G besagen, daß

$$\varphi \colon \mathbb{Z}(+) \to G \quad \text{mit} \quad z \mapsto g^z$$

ein Epimorphismus ist. Nach 1.4.1 existiert ein $n \geq 0$ mit

$$\operatorname{Kern} \varphi = n\mathbb{Z}.$$

Im Falle $n = 0$ ist G isomorph zu $\mathbb{Z}(+)$ und im Falle $n \geq 1$ zu C_n (Homomorphiesatz 1.2.5 auf Seite 12); also folgt:

1.4.2. *Eine zyklische Gruppe der Ordnung n ist isomorph zu C_n.* $\qquad\square$

Vermöge des Epimorphismus φ folgt weiter aus der zweiten Bemerkung in 1.4.1:

1.4.3. Satz. *Sei $G = \langle g \rangle$ eine zyklische Gruppe der Ordnung n. Seien $l_1, \ldots, l_k \in \mathbb{N}$ sämtliche Teiler von n und*

$$U_i := \langle g^{l_i} \rangle.$$

Dann sind $U_1, \ldots, U_k$ sämtliche Untergruppen von G. Weiter gilt

a) *Ist $n = n_i l_i$, so ist U_i eine Untergruppe der Ordnung n_i $(i = 1, \ldots, k)$.*

b) *Sei $0 \neq z \in \mathbb{Z}$. Ist $i \in \{1, \ldots, k\}$ mit $l_i = (z, n)$ ^{13}, so gilt $\langle g^z \rangle = U_i$.*

---

[12] Also die additive Gruppe des Ringes $\mathbb{Z}/n\mathbb{Z}$; wir werden C_n meistens multiplikativ schreiben.

[13] (z, n) ist der größte gemeinsame Teiler von z und n.

Beweis. Die Untergruppen von G entsprechen (vermöge φ) den Untergruppen von $\mathbb{Z}(+)$, die $n\mathbb{Z}$ enthalten, also wegen 1.4.1 den Teilern von n. Damit sind $U_1 = (l_1\mathbb{Z})^\varphi, \ldots, U_k = (l_k\mathbb{Z})^\varphi$ sämtliche Untergruppen.

a) n_i ist die kleinste der Zahlen $m \in \mathbb{N}$ mit $(g^{l_i})^m = 1$; die Behauptung folgt daher aus 1.1.2 auf Seite 3.

b) Wegen $l_i | z$ gilt zunächst $g^z \in U_i$, d.h. $\langle g^z \rangle \leq U_i$. Bekanntlich existieren Zahlen $z_1, z_2 \in \mathbb{Z}$ mit

$$l_i = nz_1 + zz_2.$$

Es folgt

$$g^{l_i} = g^{l_i}(g^{-n})^{z_1} = (g^z)^{z_2},$$

also auch $U_i \leq \langle g^z \rangle$. $\qquad\square$

Insbesondere existiert in einer endlichen zyklischen Gruppe G zu jedem Teiler m von $|G|$ *genau* eine Untergruppe der Ordnung m. Da ein Automorphismus von G Untergruppen auf Untergruppen der gleichen Ordnung abbildet, folgt:

1.4.4. *Untergruppen von zyklischen Gruppen sind charakteristisch.*[14] $\quad\square$

Offenbar gilt in 1.4.3

$$U_i \leq U_j \iff l_j \,|\, l_i.$$

In einem Spezialfall sei dies genauer ausgeführt.

1.4.5. *Sei* $G = \langle g \rangle$ *eine zyklische Gruppe von Primzahlpotenzordnung* p^n. *Dann sind*

$$1 < \langle g^{p^{n-1}} \rangle < \langle g^{p^{n-2}} \rangle < \ldots < \langle g^p \rangle < G$$

sämtliche Untergruppen von G. *Insbesondere enthält* G *genau eine minimale und genau eine maximale Untergruppe.* $\qquad\square$

Wir bemerken, daß man ohne Schwierigkeit auch eine Umkehrung von 1.4.5 beweisen kann: Eine endliche Gruppe mit genau einer maximalen Untergruppe ist zyklisch von Primzahlpotenzordnung.[15] Eine endliche Gruppe mit genau einer minimalen Untergruppe ist dagegen nicht immer zyklisch; vergleiche 2.1.7 auf Seite 41 und 5.3.7 auf Seite 103.

In einer abelschen Gruppe ist jede Untergruppe Normalteiler. Ist sie zudem eine einfache Gruppe, so ist sie zyklisch, also nach 1.4.3 und 1.4.1 zyklisch von Primzahlordnung p. Umgekehrt ist natürlich C_p eine einfache Gruppe.

---

[14] Dies gilt auch für die unendliche zyklische Gruppe $\mathbb{Z}(+)$, da hier $z \mapsto -z$ der einzige nichttriviale Automorphismus ist.

[15] Siehe Übungsaufgabe 10 auf Seite 9.

1.4.6. *Die abelschen einfachen Gruppen sind genau die zyklischen Gruppen von Primzahlordnung.* $\square$

Übungen

Sei G Gruppe.

1. Aus $U \leq N \trianglelefteq G$ und N zyklisch folgt $U \trianglelefteq G$.

2. Seien p, q zwei Primzahlen und G zyklisch der Ordnung pq. Genau dann besitzt G mehr als drei Untergruppen, wenn $p \neq q$ gilt.

3. Sei G endlich und $|\{x \in G \mid x^n = 1\}| \leq n$ für alle $n \in \mathbb{N}$. Dann ist G zyklisch.

4. Sei G endlich, und seien alle maximalen Untergruppen von G konjugiert. Dann ist G zyklisch.

1.5 Kommutatoren

Für zwei Elemente x, y der Gruppe G setzen wir

$$[x,y] := x^{-1}y^{-1}xy \qquad (= y^{-x}y = x^{-1}x^y)^{\ 16}$$

und nennen wegen

$$xy = yx\,[x,y]$$

das Element $[x,y]$ den **Kommutator** von x und y. Es ist

$$[x,y]^{-1} = [y,x].$$

Die von allen Kommutatoren erzeugte Untergruppe

$$G' := \langle\, [x,y] \mid x,y \in G \,\rangle$$

heißt die **Kommutatorgruppe** von G. Offenbar gilt:

1.5.1. *Sei φ ein Homomorphismus von G. Dann gilt für alle $x,y \in G$*

$$[x,y]^\varphi = [x^\varphi, y^\varphi],$$

also $(G')^\varphi = (G^\varphi)'$. Insbesondere ist G' eine charakteristische Untergruppe von G. □

Die Kommutatorgruppe von G', also $(G')'$, wird mit G'' bezeichnet; sie ist ebenfalls charakteristisch in G (1.3.2).

1.5.2. *Für einen Normalteiler N von G gilt:*

$$G/N \text{ ist abelsch} \iff G' \leq N.$$

Insbesondere ist G' der kleinste Normalteiler von G, dessen Faktorgruppe abelsch ist.

Beweis. Für $x,y \in G$ gilt

$$(xN)(yN) = (yN)(xN) \iff xyN = yxN \iff [x,y] \in N.$$

□

Die Gruppe G heißt **perfekt**, falls $G = G'$ gilt. Wir benötigen in **6.5**:

1.5.3. *Sei N ein abelscher Normalteiler von G. Ist G/N perfekt, so ist G' perfekt.*

---

[16] $y^{-x} := (y^{-1})^x$

Beweis.   Aus 1.5.1, angewandt auf den natürlichen Epimorphismus $\varphi\colon G \to G/N$, folgt

$$G/N = (G/N)' = G'N/N,$$

also $G = G'N$. Da auch $G'/N \cap G'$ ($\cong G/N$) perfekt ist, liefert dasselbe Argument $G' = G''(N \cap G')$. Es folgt $G = G''N$ und $G/G'' \cong N/N \cap G''$. Da N abelsch ist, folgt nun $G' = G''$ aus 1.5.2. $\square$

Die Kommutatorschreibweise ist recht bequem. Dazu sei für $x, y, z \in G$ noch

$$[x, y, z] := [[x, y], z]$$

gesetzt, und für Teilmengen $X, Y, Z \subseteq G$

$$[X, Y] := \langle [x, y] \mid x \in X, \ y \in Y \rangle,$$
$$[X, Y, Z] := [[X, Y], Z].$$

Sehr häufig werden die folgenden elementaren Eigenschaften mit Hilfe von Kommutatoren ausgedrückt.

- Für Teilmengen X, Y von G gilt:

$$[X, Y] = 1 \iff xy = yx \quad \text{für alle } x \in X, y \in Y.$$

- Für Untergruppen X, Y von G gilt:

$$[X, Y] \leq Y \iff Y \text{ ist } X\text{-invariant.}$$

Daraus folgt für Normalteiler N und M von G

- $[N, M] \leq N \cap M.$

Besonders häufig benötigt man folgende Kommutatorbeziehung, die man durch „Ausschreiben" verifiziert:

1.5.4.   *Für $x, y, z \in G$ gilt:*

$$[x, yz] = [x, z]\,[x, y]^z \quad und \quad [xz, y] = [x, y]^z\,[z, y].   \square$$

Zum Beispiel folgt:

1.5.5.   *Für zwei Untergruppen X und Y von G ist $[X, Y]$ ein Normalteiler von $\langle X, Y \rangle$.*

Beweis.   Für $x, z \in X$ und $y \in Y$ gilt nach 1.5.4

$$[x, y]^z = [xz, y]\,[z, y]^{-1} \in [X, Y].$$

Mit dem gleichen Argument folgt auch $[x, y]^z \in [X, Y]$ für $z \in Y$. $\square$

Ebenfalls durch „Ausschreiben" bestätigt man folgende etwas kompliziertere Relation:

$$[x, y^{-1}, z]^y \, [y, z^{-1}, x]^z \, [z, x^{-1}, y]^x = 1 \quad (x, y, z \in G).^{17}$$

Wir benötigen sie in folgender Form:

1.5.6.   Drei-Untergruppen-Lemma. *Seien X, Y, Z Untergruppen von G. Es gelte $[X, Y, Z] = [Y, Z, X] = 1$. Dann ist auch $[Z, X, Y] = 1$.*   □

Übungen

Sei G eine Gruppe, $x \in G$ und $C_G(x) := \{y \in G \mid yx = xy\}$. Offensichtlich ist $C_G(x)$ eine Untergruppe von G.

1.   Sei A ein abelscher Normalteiler von G und $x \in G$.

   a) $A \to A$ mit $a \mapsto [a, x]$ ist ein Homomorphismus.

   b) $[A, \langle x \rangle] = \{[a, x] \mid a \in A\}$.

2.   Seien A und x wie in 1. Es gelte $G = AC_G(ax)$ für alle $a \in A$. Dann ist $[A, G] = [A, \langle x \rangle]$.

3.   Sei $|G| = p^n$, p Primzahl, und sei $|G : C_G(x)| \le p$ für alle $x \in G$.

   a) $C_G(x) \trianglelefteq G$ für alle $x \in G$.

   b) $G' \le Z(G)$.

   c)   (KNOCHE, [74]) $|G'| \le p$.

4.   Sei $\alpha \in \operatorname{Aut} G$. Es gelte $x^{-1} x^\alpha \in Z(G)$ für alle $x \in G$. Dann ist $x^\alpha = x$ für alle $x \in G'$.

5.   (ITO, [70]) Sei $G = AB$ und $A' = 1 = B'$. Dann ist G' abelsch.

6.   (BURNSIDE, [4], S. 90) Sei A ein Normalteiler von G. Hat jedes Element aus $G \setminus A$ Ordnung 3, so gilt $[B, B^x] = 1$ für alle abelschen Untergruppen $B \le A$ und $x \in G \setminus A$.

1.6 Produkte von Gruppen

Produkte von Gruppen sind in zweierlei Hinsicht interessant. Zum einen können damit aus vorgegebenen Gruppen neue Gruppen konstruiert werden (externe Produkte); zum anderen dienen sie zur Beschreibung der Struktur einer Gruppe (interne Produkte). Ein solches internes Produkt haben wir

---

[17] Siehe [99] und [64].

schon mit dem Komplexprodukt zweier Untergruppen A, B kennengelernt, das im Falle $AB = BA$ wieder eine Gruppe liefert (1.1.5 auf Seite 5).

Seien $G_1, \ldots, G_n$ Gruppen. Das kartesische Produkt der Mengen G_i

$$\underset{i=1}{\overset{n}{\times}} G_i := G_1 \times \cdots \times G_n := \{(g_1, \ldots, g_n) \mid g_i \in G_i\}$$

wird durch die komponentenweise Multiplikation

$$(g_1, \ldots, g_n)(h_1, \ldots, h_n) := (g_1 h_1, \ldots, g_n h_n)$$

zu einer Gruppe, dem (externen) **direkten Produkt** der Gruppen $G_1, \ldots, G_n$. Offensichtlich ist für $j = 1, \ldots, n$ die Einbettung

$$\varepsilon_j : G_j \to \underset{i=1,\ldots,n}{\times} G_i \quad \text{mit} \quad g \mapsto \underset{j}{(1, \ldots, 1, g, 1, \ldots, 1)}$$

ein Isomorphismus von G_j auf

$$G_j{}^* := \{(g_1, \ldots, g_n) \mid g_i = 1 \text{ für } i \neq j\}.$$

Für die Untergruppen $G_1{}^*, \ldots, G_n{}^*$ von $G := \underset{i=1,\ldots,n}{\times} G_i$ gilt:

$\mathcal{D}_1$ $\quad G = G_1{}^* \cdots G_n{}^*$,

$\mathcal{D}_2$ $\quad G_i{}^* \trianglelefteq G$, $i = 1, \ldots, n$,

$\mathcal{D}_3$ $\quad G_i{}^* \cap \prod\limits_{j \neq i} G_j{}^* = 1$, $i = 1, \ldots, n$.

Umgekehrt erhält man:

1.6.1. *Sei G eine Gruppe mit Untergruppen $G_1{}^*, \ldots, G_n{}^*$, so daß $\mathcal{D}_1$, $\mathcal{D}_2$ und $\mathcal{D}_3$ gelten. Dann ist die Abbildung*

$$\alpha : \underset{i=1}{\overset{n}{\times}} G_i{}^* \to G \quad \text{mit} \quad (g_1, \ldots, g_n) \mapsto g_1 \cdots g_n$$

ein Isomorphismus.

Beweis. $\mathcal{D}_1$ besagt, daß α surjektiv ist. Aus $\mathcal{D}_2$ folgt für $i \neq k$

$$[G_i{}^*, G_k{}^*] \leq G_i{}^* \cap \prod\limits_{j \neq i} G_j^*,$$

also $[G_i{}^*, G_k{}^*] = 1$ infolge $\mathcal{D}_3$. Deshalb gilt für Elemente $h_i, g_i \in G_i{}^*$, $i = 1, \ldots, n$

$$(g_1 \cdots g_n)(h_1 \cdots h_n) = (g_1 h_1) \cdots (g_n h_n);$$

α ist also ein Homomorphismus. Sei $(g_1, \ldots, g_n) \in \operatorname{Kern} \alpha$, d.h. $g_1 \cdots g_n = 1$. Dann gilt

$$g_i = \prod_{j \neq i} g_j^{-1} \in G_i^* \cap \prod_{j \neq i} G_j^*.$$

Aus $\mathcal{D}_3$ folgt $\operatorname{Kern} \alpha = 1$. Damit ist α ein Isomorphismus.   □

Gelten $\mathcal{D}_1$, $\mathcal{D}_2$ und $\mathcal{D}_3$ für die Gruppe G und die Untergruppen $G_1^*, \ldots, G_n^*$, so nennen wir G wegen 1.6.1 das (interne) **direkte Produkt der Untergruppen** $G_1^*, \ldots, G_n^*$ und schreiben auch in diesem Fall

$$G = G_1^* \times \cdots \times G_n^* = \mathop{\Large\times}_{i=1}^{n} G_i^*.$$

Insbesondere gilt dann $[G_i^*, G_j^*] = 1$ für $i \neq j$, und jedes Element g läßt sich in genau einer Weise als Produkt

$$g = \prod_{i=1}^{n} g_i \quad \text{mit} \quad g_i \in G_i^*$$

schreiben.

Wir haben damit zwei Versionen des direkten Produkts kennengelernt, die externe und interne. Bei der ersten handelt es sich um ein Produkt von — nicht notwendig verschiedenen — Gruppen, bei der anderen um ein Produkt von (verschiedenen) Untergruppen. In dem häufig auftretenden Fall, daß die Faktoren $G_1, \ldots, G_n$ des externen Produktes paarweise verschieden sind, identifiziert man üblicherweise G_j mit G_j^* mittels der Einbettung ε_j und unterscheidet nicht mehr zwischen dem externen und internen direkten Produkt.

1.6.2.   *Sei* $G = G_1 \times \cdots \times G_n$.

a) $Z(G) = Z(G_1) \times \cdots \times Z(G_n)$.

b) $G' = G_1' \times \cdots \times G_n'$.

c)   *Sei* N *ein Normalteiler von* G *und* $N_i = N \cap G_i$ $(i = 1, \ldots, n)$. *Gilt* $N = N_1 \times \cdots \times N_n$, *so ist*

$$\begin{aligned} \alpha: \quad G &= G_1 \times \cdots \times G_n &\to& \quad G_1/N_1 \times \cdots \times G_n/N_n \\ g &= (g_1, \ldots, g_n) &\mapsto& \quad (g_1 N_1, \ldots, g_n N_n) \end{aligned}$$

ein Epimorphismus mit $\operatorname{Kern} \alpha = N$; *insbesondere folgt*

$$G/N \cong G_1/N_1 \times \cdots \times G_n/N_n.$$

d)   *Sind die Faktoren* $G_1, \ldots, G_n$ *charakteristische Untergruppen von* G, *so gilt* $\operatorname{Aut} G \cong \operatorname{Aut} G_1 \times \cdots \times \operatorname{Aut} G_n$.

Beweis.   a) Dies folgt aus der komponentenweisen Multiplikation in G.

b) Dies ergibt sich durch wiederholte Anwendung von 1.5.4: Sei z.B. $n = 2$, also $G = G_1 \times G_2$. Dann ist

$$G' = [G_1 G_2, G_1 G_2] = \prod_{i,j}[G_i, G_j] = G_1' \times G_2'.$$

c) 1.2.4 und 1.2.5.

d) Ist α_i ein Automorphismus von G_i (für $i = 1, \ldots, n$), so wird durch

$$(g_1, \ldots, g_n)^\alpha := (g_1^{\alpha_1}, \ldots, g_n^{\alpha_n})$$

ein Automorphismus von $G = G_1 \times \cdots \times G_n$ erklärt. Damit ist

$$\varphi \colon \operatorname{Aut} G_1 \times \cdots \times \operatorname{Aut} G_n \to \operatorname{Aut} G \quad \text{mit} \quad (\alpha_1, \ldots, \alpha_n) \mapsto \alpha$$

ein Monomorphismus, der surjektiv ist, wenn $G_1, \ldots, G_n$ charakteristische Untergruppen von G sind.   □

1.6.3.   *Sei $G = G_1 \times \cdots \times G_n$ und N ein Normalteiler von G.*

a)   *Ist N perfekt, so gilt $N = (N_1 \cap G_1) \times \cdots \times (N_n \cap G_n)$.*

b)   *Sind $G_1, \ldots, G_n$ nichtabelsche einfache Gruppen, so existiert eine Teilmenge $J \subseteq \{1, \ldots, n\}$ mit*

$$N = \underset{j \in J}{\times} G_j \quad \text{und} \quad G_k \cap N = 1 \text{ für } k \notin J.$$

Beweis.   a) Da G_i und N Normalteiler von G sind, gilt $[N, G_i] \leq N \cap G_i$, also

$$[N, G] \overset{1.5.4}{=} \prod_i [N, G_i] \leq \prod_i (N \cap G_i) =: N_0.$$

Insbesondere folgt $[N, N] \leq N_0$, wegen der Voraussetzung $N' = N$ sogar $N = N_0$.

b) Wir beweisen dies durch Induktion nach n. Ist $n = 1$, so ist wegen der Einfachheit von G_1 entweder $N = 1$ und $J = \emptyset$ oder $N = G_1$ und $J = \{1\}$.

Sei nun $n \geq 2$ und die Behauptung schon gezeigt für $n - 1$. Ist $N \cap G_i = 1$ für alle $i = 1, \ldots, n$, so gilt $[N, G_i] \leq N \cap G_i = 1$, also $[N, G] = 1$ und $N \leq Z(G)$. Aus 1.6.2 a) folgt $N = 1$ und die Behauptung für $J = \emptyset$.

Wir können nun annehmen, daß ein $k \in \{1, \ldots, n\}$ mit $N \cap G_k \neq 1$ existiert. Die Einfachheit von G_k ergibt $G_k \leq N$. Sei $\overline{G} = G/G_k$. Aus 1.6.2 c) (mit $N = G_k$) folgt

$$\overline{G} = \underset{i \neq k}{\times} \overline{G}_i$$

und $\overline{G}_i \cong G_i$ für $i \neq k$. Nach Induktion existiert $J' \subseteq \{1, \ldots, n\}$ mit $k \notin J'$ und

$$\overline{N} = \underset{j \in J'}{\times} \overline{G}_j \quad \text{sowie} \quad \overline{G}_i \cap \overline{N} = 1 \text{ für } i \notin J'.$$

Aber dann ist für $J := J' \cup \{k\}$

$$N = \underset{j \in J}{\times} G_j \quad \text{und} \quad N \cap G_i = 1 \text{ für } i \notin J.$$

$\square$

Sind die Gruppen $G_1, \ldots, G_n$ in 1.6.3 b) abelsche einfache Gruppen, so ist die Aussage 1.6.3 b) falsch. Zum Beispiel besitzt $G := C_2 \times C_2$ drei Untergruppen (Normalteiler) verschieden von 1 und G.

Folgende Aussage, die aus dem Homomorphiesatz 1.2.5 folgt, ist ein Beispiel dafür, daß das externe direkte Produkt auch Aussagen über die Struktur einer Gruppe liefern kann.

1.6.4.   *Seien $N_1, \ldots, N_n$ Normalteiler von G. Dann ist*

$$\begin{aligned} \alpha: \quad G &\to G/N_1 \times \cdots \times G/N_n \\ g &\mapsto (gN_1, \ldots, gN_n) \end{aligned}$$

ein Homomorphismus mit $\operatorname{Kern} \alpha = \bigcap_i N_i$. *Also ist* $G/\bigcap_i N_i$ *isomorph zu einer Untergruppe von* $G/N_1 \times \cdots \times G/N_n$. $\square$

Verzichtet man auf die Bedingung $\mathcal{D}_3$, so hat man:

1.6.5.   *Sei G Produkt von Normalteilern $G_1, \ldots, G_n$. Sei*

$$Z_i := G_i \cap \prod_{j \neq i} G_j, \ i = 1, \ldots, n.$$

Dann gilt

$$G/\bigcap_{i=1}^n Z_i \cong G_1/Z_1 \times \cdots \times G_n/Z_n.$$

Beweis.   Zu $g \in G$ existieren Elemente $g_i \in G_i$ mit

$$g = g_1 \cdots g_n.$$

Da die Untergruppen $G_1, \ldots, G_n$ Normalteiler von G sind, ist für $i = 1, \ldots, n$ die Abbildung

$$\beta_i: G \to G/Z_i \quad \text{mit} \quad g \mapsto g_i Z_i$$

wohldefiniert und ein Homomorphismus mit $\operatorname{Kern} \beta_i = Z_i$. Dann ist auch

$$\alpha \colon G \to G/Z_1 \times \cdots \times G/Z_n \quad \text{mit} \quad g \mapsto (g_1 Z_1, \ldots, g_n Z_n)$$

ein Homomorphismus mit

$$\operatorname{Kern} \alpha = \bigcap_{i=1}^{n} \operatorname{Kern} \beta_i = \bigcap_{i=1}^{n} Z_i.$$

Die Behauptung folgt daher aus dem Homomorphiesatz.   □

Ist G Produkt von Untergruppen $G_1, \ldots, G_n$, für die

$$\mathcal{Z} \qquad [G_i, G_j] = 1 \quad \text{für } i \neq j \text{ aus } \{1, \ldots, n\}$$

gilt, so heißt G ein **zentrales Produkt** von $G_1, \ldots, G_n$. Wegen $\mathcal{Z}$ sind hier die Untergruppen G_i Normalteiler von G, wir können also 1.6.5 anwenden:

$$G / \bigcap_{i=1}^{n} Z_i \cong G_1/Z_1 \times \cdots \times G_n/Z_n.$$

Dabei liegen die in 1.6.5 definierten Untergruppen $Z_1, \ldots, Z_n$ in $Z(G)$.

Eine häufige Situation ist:

1.6.6. *Sei G Produkt von endlichen Normalteilern $G_1, \ldots, G_n$. Ist*

$$(|G_i|, |G_j|) = 1 \quad \text{für} \quad i \neq j \in \{1, 2, \ldots, n\},$$

so gilt $G = G_1 \times \cdots \times G_n$.

Beweis.   Zu zeigen ist

$$D := \left(\prod_{j \neq i} G_j \right) \cap G_i = 1.$$

Nach dem Satz von LAGRANGE ist $|D|$ ein Teiler von $|G_i|$ und von

$$k := \left| \prod_{j \neq i} G_j \right|.$$

Durch wiederholte Anwendung von 1.1.6 erhält man, daß k, also auch $|D|$, ein Teiler von $\prod_{j \neq i} |G_j|$ ist. Damit sind k und $|G_i|$ teilerfremd. Es folgt $|D| = 1$.
                                                                        □

Daraus folgt die grundlegende Bemerkung:

1.6.7. *Seien a, b Elemente der endlichen Gruppe G mit $ab = ba$ und $(o(a), o(b)) = 1$. Dann gilt*

$$\langle ab \rangle = \langle a \rangle \times \langle b \rangle,$$

also $o(ab) = o(a)o(b)$.

Beweis.   Sei $k := o(a)$ und $m := o(b)$. Nach Voraussetzung ist $\langle a, b \rangle$ eine abelsche Gruppe, in der die Untergruppen $\langle a \rangle$ und $\langle b \rangle$ teilerfremde Ordnungen haben. Dann ist

$$H := \langle a, b \rangle = \langle a \rangle \times \langle b \rangle$$

eine Gruppe der Ordnung mk. Sei $g := ab$ ($\in H$). Der Homomorphismus

$$\varphi \colon \langle g \rangle \to H/\langle a \rangle \quad \text{mit} \quad g^i \mapsto \langle a \rangle g^i = \langle a \rangle b^i$$

ist surjektiv, also $|\text{Bild}\,\varphi| = m$ ein Teiler von $|\langle g \rangle|$ (Homomorphiesatz). Genauso ist k ein Teiler von $|\langle g \rangle|$. Aus $(m, k) = 1$ folgt somit $o(g) = mk = |H|$, also $H = \langle g \rangle$. $\qquad\square$

Anders als beim direkten Produkt stellen wir zunächst die interne Version des *semidirekten Produkts* vor.

Sei G eine Gruppe mit Untergruppen X und H. Dann heißt G das (interne) **semidirekte Produkt** von X mit H, wenn gilt:

$\mathcal{SD}_1$ $G = XH$,

$\mathcal{SD}_2$ $H \trianglelefteq G$,

$\mathcal{SD}_3$ $X \cap H = 1$.

Im semidirekten Produkt $G = XH$ ist X also ein Komplement des Normalteilers H. Es wird zu einem direkten Produkt $G = X \times H$, wenn auch X normal in G ist.

1.6.8.   *Seien X und H Untergruppen von G, für die $\mathcal{SD}_1$, $\mathcal{SD}_2$ und $\mathcal{SD}_3$ gelten.*

a)   *Jedes Element $g \in G$ ist auf genau eine Weise Produkt $g = xh$ mit $x \in X$ und $h \in H$.*

b)   *Sind $x_1, x_2 \in X$ und $h_1, h_2 \in H$, so ist*

$$(x_1\, h_1)(x_2\, h_2) = (x_1\, x_2)(h_1^{x_2}\, h_2).$$

Beweis.   a) folgt aus 1.1.9, da X ein Schnitt von H in G ist; und b) wird bestätigt, indem man die rechte Seite der Gleichung ausschreibt. $\qquad\square$

Seien nun X und H Gruppen und $\varphi \colon X \to \text{Aut}\,H$ ein Homomorphismus. Dann operiert X auf der Gruppe H; wir setzen wie in **1.3**

$$h^x := h^{x^\varphi} \quad (x \in X,\ h \in H);$$

also ist

$$(h^x)^y = h^{xy} \quad (h \in H,\ x, y \in X).$$

Definiert man auf dem kartesischen Produkt

$$G := \{(x,h) \mid x \in X, \ h \in H\}$$

eine Multiplikation (wie in 1.6.8 b)

$$(x_1, h_1)(x_2, h_2) := (x_1 x_2, h_1^{x_2} h_2) \quad (x_i \in X, \ h_i \in H),$$

so ist G eine Gruppe:

Das Einselement von G ist $(1_X, 1_G)$, und das zu (x, h) inverse Element ist

$$(x^{-1}, (h^{-1})^{x^{-1}}).$$

Außerdem bestätigt man das Assoziativgesetz durch

$$\begin{aligned}
((x_1, h_1)(x_2, h_2))\,(x_3, h_3) &= (x_1 x_2, h_1^{x_2} h_2)(x_3, h_3) = (x_1 x_2 x_3, (h_1^{x_2} h_2)^{x_3} h_3) \\
&= (x_1 x_2 x_3, h_1^{x_2 x_3} h_2^{x_3} h_3) = (x_1, h_1)(x_2 x_3, h_2^{x_3} h_3) \\
&= (x_1, h_1)\,((x_2, h_2)(x_3, h_3)).
\end{aligned}$$

Die so erklärte Gruppe G heißt das (externe) **semidirekte Produkt** von X mit H (bezüglich φ); wir schreiben $G = X \ltimes_\varphi H$ oder einfach $G = X \ltimes H$ bzw. $G = XH$, wenn die Operation φ auf der Hand liegt.

Ist φ der triviale Homomorphismus, operiert also X trivial auf H, so wird $X \ltimes H$ zum direkten Produkt $X \times H$.

Wie beim direkten Produkt sind die Einbettungen

$$\varepsilon_X : X \to X \ltimes H \quad \text{mit} \quad x \mapsto (x, 1)$$
$$\varepsilon_H : H \to X \ltimes H \quad \text{mit} \quad h \mapsto (1, h)$$

Monomorphismen, und $X \ltimes H$ ist das semidirekte Produkt der Untergruppe X^{ε_X} mit der Untergruppe H^{ε_H}. Es ist üblich, X und X^{ε_X} sowie H und H^{ε_H} anhand von ε_X bzw. ε_H zu identifizieren. Dann wird die Operation von X auf H die Konjugation in $X \ltimes H$.

Elemente der Ordnung 2 einer Gruppe heißen **Involutionen**. Eine Gruppe heißt **Diedergruppe**, wenn sie von zwei Involutionen erzeugt wird. Das folgende Resultat zeigt, daß Diedergruppen semidirekte Produkte sind.

1.6.9. *Sei G eine endliche Gruppe der Ordnung $2n$. Äquivalent sind:*

(i)   *G ist eine Diedergruppe.*

(ii) *G ist ein semidirektes Produkt $X \ltimes H$ zweier zyklischer Untergruppen $X = \langle x \rangle$ und $H = \langle h \rangle$ mit*

(D) $$o(x) = 2, \ o(h) = n \ und \ h^x = h^{-1}.$$

Beweis.   (i) $\Rightarrow$ (ii): Seien x, y Involutionen von G mit $G = \langle x, y \rangle$. Sei

$$X := \langle x \rangle, \quad h := xy \quad \text{und} \quad H := \langle h \rangle.$$

Wegen

$$h^x = xxyx = yx = h^{-1} = yxyy = h^y$$

ist H normal in $G = \langle x, y \rangle$, also $G = XH$. Im Falle $X \cap H \neq 1$ liegt x, also auch y in H. Dann ist $x = y$ und $h = xy = 1$, im Widerspruch zu $x \in H$.

(ii) $\Rightarrow$ (i): Das Element $y := xh$ ist wegen

$$y^2 = (xhx)h = h^{-1}h = 1$$

eine Involution, also $G = \langle x, y \rangle$ eine Diedergruppe. $\square$

Ist G wie in 1.6.9 (ii), so läßt sich mit Hilfe der Relationen in (D) die Gruppentafel von G berechnen. Eine Diedergruppe der Ordnung $2n$ ist daher bis auf Isomorphie eindeutig bestimmt; wir bezeichnen sie mit D_{2n}. Es ist $D_2 \cong C_2$ und $D_4 \cong C_2 \times C_2$. Anhand der Fälle $n = 3$ und $n = 4$ überzeuge sich der Leser, daß D_{2n} für $n \geq 3$ mit der Symmetriegruppe des regulären n-Ecks (im $\mathbb{R}^2$) identifiziert werden kann.

Zum Schluß dieses Abschnitts sei bemerkt, daß wir in **4.4** noch ein drittes Produkt, nämlich das (*verschränkte*) *Kranzprodukt*, vorstellen, das sich mit Hilfe des direkten und semidirekten Produktes konstruieren läßt.

Übungen   Seien A, B und G Gruppen.

1.   a)   Jeder Normalteiler von A ist Normalteiler von $A \times B$.

   b)   Aus $U \leq A \times B$ folgt nicht $U = (A \cap U) \times (B \cap U)$.

   c)   Sind A und B endlich und $(|A|, |B|) = 1$, so sind A und B charakteristische Untergruppen von $A \times B$.

   d) $\text{Aut}(A \times B)$ enthält eine zu $\text{Aut}\, A \times \text{Aut}\, B$ isomorphe Untergruppe.

2.   Sei $G = A \times B$. Genau dann ist $A \cong B$, wenn es eine Untergruppe D von G mit $G = AD = BD$ und $1 = A \cap D = B \cap D$ gibt.

3.   Sei G endlich. Jede maximale Untergruppe von G sei einfach und normal in G. Dann ist G ein abelsche Gruppe, und es gilt $|G| \in \{1, p, p^2, pq\}$; dabei sind p, q Primzahlen.

4.   Eine Gruppe X heißt **halbeinfach**, wenn X direktes Produkt nichtabelscher einfacher Untergruppen ist.
      Sei G eine Gruppe, und seien M, N Normalteiler von G. Sind G/M und G/N halbeinfach, so ist auch $G/M \cap N$ halbeinfach.

5.   Zeige, daß die nichtabelsche Gruppe der Ordnung 6 von Seite 3 die Gruppe D_6 ist.

6. Sei $n \geq 2$. Dann gilt

$$Z(D_{2n}) \neq 1 \iff n \equiv 0 \pmod 2.$$

7. Seien G_1 und G_2 perfekte endliche Gruppen mit $G_1/Z(G_1) \cong G_2/Z(G_2)$. Dann existiert eine perfekte endliche Gruppe G und Untergruppen $Z_1, Z_2 \leq Z(G)$ mit

$$G/Z(G) \cong G_i/Z(G_i) \quad \text{und} \quad G/Z_i \cong G_i, \quad i = 1, 2.$$

Sei im folgenden G eine Diedergruppe und $4 < |G| < \infty$.

8. Man beschreibe alle Untergruppen von G.

9. a) $|Z(G)| \leq 2$.

    b) $C_G(a) = \langle a \rangle Z(G)$ für jede Involution $a \in G \setminus Z(G)$.

    c) $|G : G'| = 2|Z(G)|$.

    d) Zu jeder Involution $a \in G \setminus Z(G)$ existiert eine Involution b mit $G = \langle a, b \rangle$.

10. Sei $Z(G) \neq 1$ und a eine Involution aus $G \setminus Z(G)$. Genau dann sind die Elemente aus $aZ(G)$ konjugiert, wenn 8 Teiler von $|G|$ ist.

11. Die folgenden Aussagen sind äquivalent:

    a) Alle Involutionen in G sind konjugiert.

    b) $Z(G) = 1$.

    c) Es existiert eine Involution $a \in G$ mit $|C_G(a)| = 2$.

    d) $4 \nmid |G|$.

    e) G besitzt eine maximale Untergruppe ungerader Ordnung.

1.7 Minimale Normalteiler

Sei G eine Gruppe. Ein Normalteiler $N \neq 1$ von G heißt **minimaler** Normalteiler von G, wenn 1 und N die einzigen Normalteiler von G sind, die in N liegen. Offensichtlich besitzt jede nichttriviale endliche Gruppe minimale Normalteiler; außerdem ist eine solche Gruppe G entweder einfach, oder sie besitzt einen minimalen Normalteiler $\neq G$. In vielen Induktionsbeweisen nach der Gruppenordnung spielen minimale Normalteiler eine wichtige Rolle.

Wir stellen hier elementare Eigenschaften minimaler Normalteiler von G zusammen. Genauere Untersuchungen, die die Einbettung eines minimalen Normalteilers in G betreffen, finden sich in **6.5** und **6.6**.

1.7.1.   *Sei N ein minimaler Normalteiler von G.*

a)   *Für alle Normalteiler M von G gilt $N \leq M$ oder $N \cap M = 1$. Im zweiten Fall ist $[N, M] = 1$.*

b)   *Ist N abelsch, so ist $N \leq H$ oder $N \cap H = 1$ für alle Untergruppen H von G mit $G = NH$.*

c)   *Ist φ ein Epimorphismus von G auf eine Gruppe H, so ist $N^\varphi = 1$ oder N^φ ein minimaler Normalteiler von H.*

Beweis.   a) folgt direkt aus der Minimalität von N; beachte

$$[N, M] \leq M \cap N \trianglelefteq G.$$

In Aussage b) ist $M := H \cap N$ normal in H, aber auch normal in N, da N als abelsch vorausgesetzt ist. Aus $G = HN$ folgt also $M \trianglelefteq G$, und somit $M \in \{1, N\}$.

c) Sei $A \neq 1$ ein Normalteiler von H, der in N^φ liegt. Dann ist $A^{\varphi^{-1}} \cap N$ ein Normalteiler von G, der in N liegt. Wegen $A \neq 1$ ist $A^{\varphi^{-1}} \cap N \neq 1$ und damit $A^{\varphi^{-1}} \cap N = N$, also $N^\varphi = A$.   □

1.7.2.   *Sei $\mathcal{M}$ eine endliche Menge minimaler Normalteiler von G, und sei $M = \prod\limits_{N \in \mathcal{M}} N$.*

a)   *Ist U ein Normalteiler von G, so existieren $N_1, \cdots, N_n \in \mathcal{M}$ mit*

$$UM = U \times N_1 \times \cdots \times N_n.$$

b)   *Es existieren $N_1, \ldots, N_n \in \mathcal{M}$ mit*

$$M = N_1 \times \cdots \times N_n.$$

Beweis.   a) Für $N \in \mathcal{M}$ mit $N \nleq U$ gilt $U \cap N = 1$ (1.7.1 a), also $UN = U \times N$. Sei $\{N_1, \ldots, N_n\} \subseteq \mathcal{M}$ eine Teilmenge von $\mathcal{M}$, die maximal ist bzgl. der folgenden Eigenschaft:

$$U(\prod_{i=1}^{n} N_i) = U \times N_1 \times \cdots \times N_n =: X.$$

Im Falle $X \neq UM$ existiert ein $N \in \mathcal{M}$ mit $N \nleq X$. Dann folgt (1.7.1 a)

$$XN = X \times N = U \times N_1 \times \cdots \times N_n \times N,$$

entgegen der maximalen Wahl von $\{N_1, \ldots, N_n\}$. Also ist $X = UM$.

b) folgt mit $U = 1$ aus a).   □

1.7.3.   *Sei N ein minimaler Normalteiler von G, sei E ein minimaler Normalteiler von N, und sei $\mathcal{M} = \{E^g \mid g \in G\}$ eine endliche Menge. Dann ist E einfach, und es existieren $E_1, \ldots, E_n$ aus $\mathcal{M}$ mit*

$$N = E_1 \times \cdots \times E_n.$$

Beweis.   Die Untergruppe $\prod\limits_{g \in G} E^g$ ist ein Normalteiler von G, der in N liegt, also gleich N. Damit folgt die Behauptung $N = E_1 \times \cdots \times E_n$ aus 1.7.2 a). Jeder Normalteiler von $E = E_1$ ist dann auch Normalteiler von N. Aus der Minimalität von E ergibt sich daraus die Einfachheit von E.   □

Ist E in 1.7.3 eine abelsche Gruppe, also isomorph zu C_p ($p \in \mathbb{P}$), so folgt:

1.7.4.   *Sei N ein abelscher minimaler Normalteiler der endlichen Gruppe G. Dann existiert ein $p \in \mathbb{P}$, so daß N direktes Produkt von zu C_p isomorphen Gruppen ist.*   □

In der Situation 1.7.4 kennt man die Struktur der Faktoren E_i. Andererseits gibt es im allgemeinen viele verschiedene Möglichkeiten, diese Faktoren in N zu wählen; vergleiche dazu die Bemerkung nach 1.6.3.

Ist der minimale Normalteiler N nicht abelsch, so ist die Situation genau umgekehrt. Man kann über die Struktur der Faktoren E_i keine weiteren elementaren Aussagen machen, aber wegen 1.6.3 b) sind die Faktoren selbst eindeutig bestimmt.

Zusammen mit 1.6.3 b) folgt:

1.7.5.   *Sei N ein nichtabelscher minimaler Normalteiler der endlichen Gruppe G, und sei $\mathcal{K}$ die Menge der minimalen Normalteiler von N.*

a)   *Die Elemente aus $\mathcal{K}$ sind nichtabelsche einfache Gruppen und in G konjugiert.*

b)   *Zu jedem $M \trianglelefteq N$ existiert $\mathcal{K}(M) \subseteq \mathcal{K}$ mit*

$$M = \underset{E \in \mathcal{K}(M)}{\text{\Large X}} E \quad \text{und} \quad \mathcal{K}(M) = \{E \in \mathcal{K} \mid E \leq M\}.$$

c) $N = \underset{E \in \mathcal{K}}{\text{\Large X}} E.$ □

Übungen

Sei G eine endliche Gruppe und L eine maximale Untergruppe von G.

1.   Alle minimalen Normalteiler N von G mit $N \cap L = 1$ sind isomorph.

2. Sei L nichtabelsch und einfach. Dann existieren in G höchstens zwei minimale Normalteiler.

3. Sei L wie in 2. Man gebe ein Beispiel für G an, so daß G zwei minimale Normalteiler besitzt.

4. G besitze zwei minimale Normalteiler, die nicht in L liegen. Dann liegt jeder minimale Normalteiler von L im Erzeugnis der minimalen Normalteiler von G.

5. Wir betrachten die Eigenschaft

    (∗) Jeder minimale Normalteiler liegt im Zentrum.

    a) Seien N und M Normalteiler von G, die (∗) erfüllen. Dann gilt (∗) auch für NM.

    b) Gilt (∗) in G, so gilt (∗) auch in jedem Normalteiler von G.

1.8 Kompositionsreihen

In diesem Abschnitt sei G eine *endliche* Gruppe.

Wir bezeichnen mit $(A_i)_{i=0,\ldots,a}$ eine **Untergruppenreihe**

$$1 = A_0 < A_1 < \ldots < A_{i-1} < A_i < \ldots < A_{a-1} < A_a = G$$

der **Länge** a von G. Die Reihe $(A_i)_{i=0,1,\ldots,a}$ heißt **Normalreihe**, falls $A_i \trianglelefteq G$, und **Subnormalreihe**, falls $A_{i-1} \trianglelefteq A_i$ für $i = 1, \ldots, a$ gilt.

Die Normalreihe $(A_i)_{i=0,\ldots,a}$ heißt **Hauptreihe**, wenn A_{i-1} ein in A_i maximaler Normalteiler von G ist.

Die Subnormalreihe $(A_i)_{i=0,\ldots,a}$ heißt **Kompositionsreihe**, wenn A_{i-1} ein maximaler Normalteiler von A_i ist.

In einer Kompositionsreihe sind die **Kompositionsfaktoren** A_i/A_{i-1} einfache Gruppen. Man erhält immer eine Kompositionsreihe von G, wenn man, ausgehend von G, absteigend A_{i-1} als einen maximalen Normalteiler von A_i wählt. Genauso erhält man aus einer Normalreihe bzw. Subnormalreihe $(A_i)_{i=0,\ldots,a}$ durch Einfügen (man spricht von **verfeinern**) weiterer Normalteiler bzw. Subnormalteiler eine Hauptreihe bzw. eine Kompositionsreihe.

Sei $(A_i)_{i=0,\ldots,a}$ eine Kompositionsreihe. Sind alle Kompositionsfaktoren A_i/A_{i-1} abelsche Gruppen,[18] also zyklisch von Primzahlordnung (1.4.6 auf Seite 21), so ist die Struktur der Kompositionsreihe schon durch die Ordnung von G festgelegt. Ist nämlich

$$|G| = p_1^{e_1} \cdots p_n^{e_n}$$

---

[18] Eine solche Gruppe heißt auflösbar, siehe 6.1 auf Seite 109.

die Primfaktorzerlegung der Zahl $|G|$, so ist wegen

$$|G| = \prod_{i=1}^{a} |A_i/A_{i-1}|$$

$a = e_1 + \ldots + e_n$ und e_j die Anzahl der Faktoren A_i/A_{i-1}, die isomorph zu C_{p_j} sind ($i = 1, \ldots, a$).

Auch für eine beliebige endliche Gruppe ist eine Kompositionsreihe eine Invariante von G — dies besagt der Satz von JORDAN-HÖLDER. Um ihn so zu formulieren, daß er auch in dem eben erwähnten Spezialfall, insbesondere auch für abelsche Gruppen, eine nichttriviale Aussage liefert, verwenden wir die am Ende von **1.3** eingeführte Sprechweise.

Die Gruppe X operiere auf G. Seien A und B zwei X-invariante Untergruppen von G mit $B \trianglelefteq A$. Dann operiert X auch auf A/B; wir nennen A/B einen **X-Abschnitt** von G.

Eine Subnormalreihe $(A_i)_{i=0,\ldots,a}$ nennen wir eine **X-Kompositionsreihe** von G, wenn alle Untergruppen A_i unter X invariant sind und zwischen A_{i-1} und A_i kein weiterer X-invarianter Normalteiler von A_i liegt; die Faktoren A_i/A_{i-1} sind dann **X-einfache** Gruppen ($i = 1, \ldots, a$).

Eine X-Kompositionsreihe ist eine Kompositionsreihe von G, wenn $X = 1$, und eine Hauptreihe von G, wenn $X = G$ ist. Im Falle $X = \operatorname{Aut} G$ besteht eine X-Kompositionsreihe aus charakteristischen Untergruppen von G.

1.8.1.   Satz von Jordan-Hölder.[19] *Die Gruppe X operiere auf der Gruppe G. Seien $(A_i)_{i=0,\ldots,a}$ und $(B_i)_{i=0,\ldots,b}$ zwei X-Kompositionsreihen von G. Dann ist $a = b$ und es existiert eine Permutation π der Menge $\{A_i/A_{i-1} \mid i = 1, \ldots, a\}$ mit*

$$(A_i/A_{i-1})^\pi \cong_X B_i/B_{i-1}.$$

Beweis.   Sei $G \neq 1$. Nach Voraussetzung ist

$$N := B_{b-1}$$

ein maximaler X-invarianter Normalteiler von G. Ist $i \in \{1, \ldots, a\}$ und $A_i \not\leq N$, so gilt

$$N \trianglelefteq A_i N \trianglelefteq A_{i+1} N \trianglelefteq \ldots \trianglelefteq A_{a-1} N \trianglelefteq G,$$

also $G = N A_i$, wegen der Maximalität von N. Für $i = 0, \ldots, a$ ist somit

(1) $A_i \leq N$ oder $G = N A_i$.

Wir setzen

---
[19] Vergleiche [15], S. 42 und [68].

$$A_i^* := A_i \cap N$$

und wählen $j \in \{0, \ldots, a\}$ maximal mit $A_j \leq N$. Dann ist

$$A_j \trianglelefteq A_{j+1}^* < A_{j+1},$$

also $A_j = A_{j+1}^*$ wegen $A_{j+1} \not\leq N$ und der X-Einfachheit von A_{j+1}/A_j. Damit gelten

(2)
$$A_j = A_j^* = A_{j+1}^* \quad \text{und}$$

(3)
$$A_{j+1}/A_j \cong_X G/N,$$

letzteres wegen

$$G/N \stackrel{(1)}{=} A_{j+1}N/N \stackrel{1.2.6}{\cong_X} A_{j+1}/A_{j+1}^*.$$

Nun gilt für $k \geq j + 2$

$$A_k^* \cap A_{k-1} = A_k \cap N \cap A_{k-1} = A_{k-1}^*,$$

und deshalb

$$A_k^*/A_{k-1}^* \stackrel{1.2.6}{\cong_X} A_k^* A_{k-1}/A_{k-1} \trianglelefteq A_k/A_{k-1}.$$

Infolge der X-Einfachheit von A_k/A_{k-1} hat man entweder

(4)
$$A_k^*/A_{k-1}^* \cong_X A_k/A_{k-1}, \quad k \geq j + 2,$$

oder

$$A_k^*/A_{k-1}^* = 1, \quad \text{also} \quad A_k^* = A_{k-1}^*.$$

Im zweiten Fall folgt aus $NA_k = G = NA_{k-1}$

$$A_k/A_k^* \cong_X G/N \cong_X A_{k-1}/A_{k-1}^*$$

und der Widerspruch $A_k = A_{k-1}$.

Demnach sind

$$1 = A_0^* < \ldots < A_j^* < A_{j+2}^* < \ldots < A_a^* = N$$

und

$$1 = B_0 < \ldots < B_{b-1} = N$$

zwei X-Kompositionsreihen von N. Vermöge Induktion nach $|G|$ können wir annehmen, daß es für diese beiden Kompositionsreihen eine Permutation π mit den gewünschten Eigenschaften gibt. Insbesondere ist $a - 1 = b - 1$, also $a = b$. Wir erweitern nun π zu einer Permutation auf $\{A_i/A_{i-1} \mid i = 1, \ldots, a\}$, indem wir definieren:

$$(A_{j+1} / A_j)^\pi := B_b/B_{b-1}.$$

Wegen (3) und (4) gilt dann die Behauptung. $\square$

2. Abelsche Gruppen

In diesem Kapitel bestimmen wir die Struktur der endlichen abelschen Gruppen, ausgehend von der bereits bekannten Struktur der zyklischen Gruppen (**1.4**). Es wird sich zeigen, daß jede endliche abelsche Gruppe direktes Produkt von zyklischen Gruppen ist. Als Beispiele abelscher Gruppen stellen wir anschließend die Automorphismengruppen zyklischer Gruppen vor.

Im Vergleich zur Struktur beliebiger Gruppen ist die von abelschen Gruppen einfach zu klären, da die Kommutativität Verhältnisse schafft, die in nichtabelschen Gruppen im allgemeinen nicht gelten. So ist zum Beispiel in einer abelschen Gruppe jede Untergruppe Normalteiler und das Produkt von Untergruppen wieder eine Untergruppe (1.1.5 auf Seite 5).

In diesem Kapitel, wie auch in allen folgenden, verstehen wir unter einer Gruppe immer eine *endliche* Gruppe.

2.1 Die Struktur der abelschen Gruppen

Ist $G = \langle x \rangle$ eine zyklische Gruppe, so ist $|G| = o(x)$. Aus dem Satz von LAGRANGE folgt

$$o(y) \text{ teilt } o(x) \quad \text{für alle } y \in G,$$

und diese Eigenschaft läßt sich mit Hilfe von 1.6.7 auf Seite 29 auf abelsche Gruppen verallgemeinern.

2.1.1.   *Sei G eine abelsche Gruppe und U eine zyklische Untergruppe maximaler Ordnung von G. Dann gilt*

$$o(y) \text{ teilt } |U| \quad \text{für alle } y \in G.$$

Beweis.   Sei $y \in G$. Wir zeigen, daß jede Primzahlpotenz p^r, die $o(y)$ teilt, auch $|U|$ teilt. Sei $|U| = p^e m$ mit $(p, m) = 1$. Nach 1.4.3 auf Seite 19 existieren Elemente $a \in \langle y \rangle$, $b \in U$ mit

$$o(a) = p^r \quad \text{und} \quad o(b) = m.$$

Aus 1.6.7 auf Seite 29 folgt $o(ab) = p^r m$. Die Maximalität von $|U|$ liefert also $p^r \mid p^e m$. $\qquad\square$

2.1.2.   *Seien G und U wie in 2.1.1. Dann besitzt U ein Komplement V in G. Insbesondere gilt $G = U \times V$ und $|G| = |U|\,|V|$.*

Beweis.   Ist $G = U$, so ist $V = 1$ das gewünschte Komplement. Sei $G \neq U$. Unter allen Elementen $y \in G \backslash U$ wählen wir y so, daß $o(y)$ minimal ist. Dann ist $y \neq 1$ und $\langle y^p \rangle < \langle y \rangle$ für jeden Primteiler p von $o(y)$ (1.4.3 auf Seite 19), also $\langle y^p \rangle \leq U$. Sei $U = \langle u \rangle$. Nach 2.1.1 und 1.4.3 auf Seite 19 besitzt U genau eine Untergruppe der Ordnung $o(y)$; somit liegt eine Untergruppe der Ordnung $\frac{o(y)}{p}$, also $\langle y^p \rangle$, in $\langle u^p \rangle$. Ist deshalb $i \in \mathbb{N}$ mit $u^{pi} = y^p$, so gilt $(yu^{-i})^p = 1$. Da mit y auch yu^{-i} nicht in U liegt, folgt aus der Minimalität von $o(y)$

$$o(y) = p.$$

Damit ist $N := \langle y \rangle$ eine nichttriviale Untergruppe von G mit

$$U \cap N = 1.$$

Sei $\overline{G} := G/N$.[1] Für $\langle \overline{x} \rangle \leq \overline{G}$ gilt

$$o(\overline{x}) = |\langle \overline{x} \rangle| = \min\{n \in \mathbb{N} \mid x^n \in N\} \leq |\langle x \rangle| = o(x).$$

Aufgrund von

$$UN/N \cong U/U \cap N \cong U$$

gilt außerdem $|\overline{U}| = |U|$. Damit ist $\overline{U}$ in $\overline{G}$ eine zyklische Untergruppe maximaler Ordnung. Vermöge Induktion, angewandt auf $\overline{G}$, besitze $\overline{U}$ in $\overline{G}$ ein Komplement $\overline{V}$.
Ist $\overline{V} = V/N$ mit $N \leq V \leq G$, so ist V wegen $U \cap V \leq U \cap N = 1$ das gesuchte Komplement von U in G.   □

Vom Komplement V in 2.1.2 läßt sich wieder eine zyklische Untergruppe maximaler Ordnung abspalten. Durch wiederholte Anwendung von 2.1.2 folgt somit:

2.1.3.   **Satz.** *Jede abelsche Gruppe ist direktes Produkt zyklischer Gruppen.*   □

Bis auf Isomorphie gilt also für eine abelsche Gruppe G

$$G = C_{n_1} \times \cdots \times C_{n_r} \quad \text{und} \quad |G| = n_1 \cdots n_r.[2]$$

Ist m ein Teiler von $|G|$, so existieren Teiler m_i von n_i $(i = 1, \ldots, r)$ mit $m = m_1 \cdots m_r$. Damit ist $C_{m_1} \times \cdots \times C_{m_r}$ isomorph zu einer Untergruppe der Ordnung m von G. Es folgt:

---

[1] Querstrichkonvention auf Seite 12
[2] C_{n_i} ist die zyklische Gruppe der Ordnung n_i; siehe **1.4**.

2.1.4.   *Sei G eine abelsche Gruppe und m ein Teiler von $|G|$. Dann besitzt G eine Untergruppe der Ordnung m.* ☐

Sei p eine Primzahl. Wir setzen

$$G_p := \{x \in G \mid x \text{ ist } p\text{-Element}\}.$$

2.1.5.   *In der abelschen Gruppe G ist G_p eine charakteristische p-Untergruppe der Ordnung $|G|_p$.*[3]

Beweis.   Mit $x, y \in G_p$ ist auch xy ein p-Element; beachte $xy = yx$ und 1.1.2 auf Seite 3. Also ist G_p eine Untergruppe. Sie ist charakteristisch in G, da Automorphismen p-Elemente auf p-Elemente abbilden.

Nach 2.1.4 besitzt G eine Untergruppe P der Ordnung $|G|_p$. Dann ist P eine p-Gruppe, also jedes Element von P ein p-Element, d.h. $P \leq G_p$. Wir zeigen $P = G_p$. Andernfalls ist

$$k := |G_p : P| \neq 1$$

und $(k, p) = 1$ (Satz von LAGRANGE). Nun liefert 2.1.4 eine Untergruppe K der Ordnung k von G_p. Nach 1.1.8 auf Seite 7 ist aber $K \cap G_p = 1$. ☐

2.1.6.   **Satz.** *Sei G eine abelsche Gruppe. Dann ist*

$$G = \underset{p \in \pi(G)}{\bigtimes} G_p.$$

Beweis.   Nach 1.6.6 auf Seite 29 ist das Produkt G_1 der Untergruppen G_p, $p \in \pi(G)$, direkt. Dann gilt wegen 2.1.5

$$|G_1| = \prod_{p \in \pi(G)} |G_p| = \prod_{p \in \pi(G)} |G|_p = |G|,$$

also $G_1 = G$. ☐

Da nach 1.6.7 auf Seite 29 in einer abelschen Gruppe das Produkt von zwei zyklischen Untergruppen teilerfremder Ordnung wieder zyklisch ist, entscheidet sich die Frage, ob eine abelsche Gruppe zyklisch ist, in den Untergruppen G_p, $p \in \pi(G)$.

2.1.7.   *Für eine abelsche Gruppe G sind äquivalent:*

(i)   *G ist zyklisch.*

(ii)   *Für alle $p \in \pi(G)$ existiert genau eine Untergruppe der Ordnung p in G.*

---

[3] Für $n \in \mathbb{N}$ sei n_p die größte p-Potenz, die n teilt.

(iii)   *Für alle $p \in \pi(G)$ ist G_p zyklisch.*

Beweis.   (i) $\Rightarrow$ (ii) folgt aus 1.4.3 auf Seite 19 und (ii) $\Rightarrow$ (iii) aus 2.1.3, angewandt auf G_p. Die Implikation (iii) $\Rightarrow$ (i) schließlich erhält man durch wiederholte Anwendung von 1.6.7 auf Seite 29.   □

Natürlich gilt in 2.1.3 eine Eindeutigkeitsaussage, die wir wegen der eindeutigen Zerlegung 2.1.6 nur für abelsche p–Gruppen formulieren.

Eine abelsche p-Gruppe G heißt **elementarabelsch**, falls $x^p = 1$ für alle $x \in G$ gilt.

2.1.8.   *Sei G eine elementarabelsche p-Gruppe der Ordnung $p^n > 1$.*

a)   *G ist direktes Produkt von n zyklischen Gruppen der Ordnung p.*

b)   *Schreibt man G additiv und definiert für $\overline{k} := k + p\mathbb{Z} \in \mathbb{Z}/p\mathbb{Z}$ und $x \in G$*

$$\overline{k}x := \underbrace{x + \cdots + x}_{k-mal},$$

so ist G ein Vektorraum der Dimension n über dem Primkörper $\mathbb{Z}/p\mathbb{Z}$. Die Untergruppen entsprechen dabei den Unterräumen, und die Automorphismen von G den Automorphismen des Vektorraums.

Beweis.   a) Da jede zyklische Untergruppe $\neq 1$ von G die Ordnung p besitzt, ist G nach 2.1.3 ein direktes Produkt von solchen Gruppen. Aus Ordnungsgründen ist ihre Anzahl gleich n.

b) Hier ist nichts zu beweisen. Natürlich ist die Existenz einer Basis des Vektorraums G der Mächtigkeit n äquivalent zu a).   □

In einer (nicht notwendig abelschen) p-Gruppe ist

$$\Omega_i(G) := \langle\, x \in G \mid x^{p^i} = 1 \,\rangle, \quad i = 0, 1, 2, \ldots$$

eine charakteristische Untergruppe. Offenbar gilt

$$\Omega_{i-1}(G) \subseteq \Omega_i(G), \quad i = 1, 2, \ldots \;\; .$$

Wir setzen

$$\Omega(G) := \Omega_1(G).$$

Ist G abelsch, so gilt

$$\Omega_i(G) = \{\, x \in G \mid x^{p^i} = 1 \,\}$$

und

$$G \text{ elementarabelsch} \iff G = \Omega(G).$$

2.1.9.   *Sei G eine abelsche p-Gruppe und*

(∗) $$G = A_1 \times \cdots \times A_n$$

direktes Produkt von n zyklischen Gruppen $A_i \neq 1$. Dann ist

$$|\Omega(G)| = p^n.$$

Genauer gilt: Ist $n_i \in \mathbb{N}$ für $i = 1, 2, \ldots$ definiert durch

$$|\Omega_i(G)/\Omega_{i-1}(G)| = p^{n_i},$$

so ist $n_i - n_{i+1}$ die Anzahl der Faktoren in (∗), deren Ordnung gleich p^i ist.

Beweis.   Aus
$$\Omega_i(G) = \Omega_i(A_1) \times \cdots \times \Omega_i(A_n)$$
folgt $|\Omega(G)| = p^n = p^{n_1}$. Wegen

$$\Omega_2(G)/\Omega(G) = \Omega(G/\Omega_1(G)) \overset{1.6.2.c}{\cong} \Omega\Big(\underset{i}{\times}(A_i/\Omega(A_i))\Big) = \underset{i}{\times} \Omega(A_i/\Omega(A_i))$$
$$= \underset{i}{\times} \Omega_2(A_i)/\Omega(A_i)$$

ist genauso n_2 die Anzahl der Faktoren in (∗), deren Ordnung mindestens p^2 ist, also $n_1 - n_2$ die Anzahl der Faktoren der Ordnung p. Analoges gilt auch für $n_i - n_{i+1}$, $i = 2, 3, \ldots$.   □

Die minimale Anzahl von Erzeugenden einer Gruppe G heißt der **Rang** $r(G)$ von G. Für eine abelsche p-Gruppe G ist $r(G)$ gleich der Invarianten n in 2.1.9.

Die Sätze 2.1.6 auf Seite 41, 2.1.3 und 2.1.9 gestatten einen vollständigen Überblick über alle endlichen abelschen Gruppen. Eine solche Gruppe ist ein direktes Produkt von zyklischen Gruppen, deren Ordnungen Primzahlpotenzen sind, und ihr Isomorphietyp ist durch die Anzahl der dabei auftretenden Faktoren und deren Ordnungen festgelegt. Zum Beispiel gibt es bis auf Isomorphie genau 9 abelsche Gruppen der Ordnung $1000 = 2^3 \cdot 5^3$, nämlich

$$Z_2 \times Z_2 \times Z_2 \times Z_5 \times Z_5 \times Z_5$$
$$Z_2 \times Z_2 \times Z_2 \times Z_5 \times Z_{5^2}$$
$$Z_2 \times Z_2 \times Z_2 \times Z_{5^3}$$
$$Z_2 \times Z_{2^2} \times Z_5 \times Z_5 \times Z_5$$
$$Z_2 \times Z_{2^2} \times Z_5 \times Z_{5^2}$$
$$Z_2 \times Z_{2^2} \times Z_{5^3}$$
$$Z_{2^3} \times Z_5 \times Z_5 \times Z_5$$
$$Z_{2^3} \times Z_5 \times Z_{5^2}$$
$$Z_{2^3} \times Z_{5^3}$$

Dabei ist nur die letzte zyklisch.

Es sei bemerkt, daß auch die Struktur *endlich erzeugter* abelscher Gruppen bekannt ist: Eine solche ist direktes Produkt einer endlichen abelschen Gruppe mit einem direkten Produkt von zu $\mathbb{Z}(+)$ isomorphen Gruppen; siehe z.B. [19], S. 82.

Übungen

Sei G eine endliche abelsche Gruppe.

1. Sei $e \in \mathbb{N}$ die kleinste Zahl mit $a^e = 1$ für alle $a \in G$ ($\exp G := e$ ist der **Exponent** von G). In G gibt es ein Element a mit $o(a) = e$.

2. Sei $\exp G = e$. Genau dann ist G zyklisch, wenn $|G| = e$ gilt.

3. Sei p eine Primzahl, $C = C_{p^3} \times C_{p^3}$, $B = C_p \times C_p \times C_p$ und $G = C \times B$. Dann besitzt keine Untergruppe von G ein Komplement isomorph zu C_{p^2}.

4. Eine abelsche Gruppe der Ordnung 546 ist zyklisch.

5. Man gebe eine nichtabelsche Gruppe an, die der Aussage von 2.1.4 genügt.

6. Man bestimme $\prod_{g \in G} g$.

7. Zu jeder Untergruppe U von G existiert ein Endomorphismus φ von G mit $\mathrm{Bild}\,\varphi = U$.

8. Ist $\mathrm{Aut}\,G$ abelsch, so ist G zyklisch.

9. Man beweise mit Hilfe von 6:

$$(p-1)! \equiv -1 \bmod p \quad (p\ \text{Primzahl}).[4]$$

10. Seien $a, p \in \mathbb{N}$, p Primzahl und $(a, p) = 1$. Dann ist

$$a^{p-1} \equiv 1 \bmod p.[5]$$

2.2 Automorphismen zyklischer Gruppen

Als Beispiele abelscher Gruppen bestimmen wir die Automorphismengruppen zyklischer Gruppen.

Zunächst ist in einer abelschen Gruppe G für jedes $k \in \mathbb{Z}$ die Abbildung

---

[4] Satz von WILSON.
[5] (Kleiner) Satz von FERMAT.

$$\alpha_k \colon\ G \to G \quad \text{mit} \quad x \mapsto x^k$$

ein Endomorphismus mit

$$\operatorname{Kern}\alpha_k \ = \ \{\, x \in G \mid x^k = 1 \,\},$$

$\operatorname{Kern}\alpha_k$ enthält also alle Elemente aus G, deren Ordnung k teilt.

Wir halten fest:

2.2.1. *Genau dann ist α_k ein Automorphismus der abelschen Gruppe G, wenn $(k, |G|) = 1$ gilt.*

Beweis. Ist $(k, |G|) = 1$, so ist $\operatorname{Kern}\alpha_k = 1$ wegen 1.1.8 auf Seite 7. Ist umgekehrt $(k, |G|) \neq 1$, so existiert ein gemeinsamer Primteiler p von k und $|G|$. Weil dann nach 2.1.6 die p-Untergruppe G_p nicht trivial ist, existiert eine Untergruppe der Ordnung p von G. Diese liegt in $\operatorname{Kern}\alpha_k$. $\square$

Für zyklisches G ergibt sich daraus mit 1.4.3 auf Seite 19:

2.2.2. *Die Automorphismen einer zyklischen Gruppe G der Ordnung n sind von der Form α_k mit $k \in \{1, \ldots, n-1\}$ und $(k, n) = 1$.* $\square$

Aus $\alpha_k \alpha_{k'} = \alpha_{k \cdot k'} = \alpha_{k' \cdot k} = \alpha_{k'} \alpha_k$ für $k, k' \in \mathbb{Z}$ folgt

2.2.3. *Die Automorphismengruppe einer zyklischen Gruppe ist abelsch.*[6]
$\square$

Aufgrund der Zerlegung $G = \underset{p \in \pi(G)}{\times}\, G_p$ in 2.1.6 gilt

$$\operatorname{Aut} G \cong \underset{p \in \pi(G)}{\times}\, \operatorname{Aut} G_p$$

(1.6.2 auf Seite 26). Wir können uns daher bei der Bestimmung der Automorphismengruppe einer zyklischen Gruppe auf zyklische p-Gruppen beschränken.

Ist G eine zyklische Gruppe von Primzahlpotenzordnung $p^e > 1$, so ist $|\operatorname{Aut} G|$ die Anzahl der Zahlen $1 \leq k < p^e$ mit $(k, p) = 1$, also

$$|\operatorname{Aut} G| \ = \ p^{e-1}(p-1).$$

Insbesondere ist $|\operatorname{Aut} G| = p - 1$ im Falle $|G| = p$. Hier gilt:

---

[6] Man kann natürlich genauso einfach eine Verschärfung von 2.2.2 und 2.2.3 beweisen: Der Endomorphismenring der zyklischen Gruppe C_n ist isomorph zum Ring $\mathbb{Z}/n\mathbb{Z}$.

2.2.4.   *Die Automorphismengruppe einer zyklischen Gruppe von Prim-*
zahlordnung ist zyklisch.[7]

Beweis[8].   Sei G eine zyklische Gruppe von Primzahlordnung r. Dann gilt
für $g \in G$, $\alpha \in \operatorname{Aut} G$

(1) $$g^\alpha = g \iff g = 1 \text{ oder } \alpha = 1.$$

Wir nehmen an, daß $\operatorname{Aut} G$ nicht zyklisch ist und führen dies zu einem
Widerspruch. Aus 2.1.7 folgt, daß ein $p \in \pi(\operatorname{Aut} G)$ und eine Untergruppe
$A \leq \operatorname{Aut} G$ existiert mit

$$A \cong C_p \times C_p.$$

Sei $\mathcal{B}$ die Menge aller Untergruppen der Ordnung p von A. Dann gilt

(2) $$|\mathcal{B}| = p + 1 \quad \text{und} \quad B_1 \cap B_2 = 1 \text{ für } B_1 \neq B_2 \text{ aus } \mathcal{B}.$$

Für $1 \neq B \leq A$ und $g \in G^\#$ sei

$$g_B := \prod_{\beta \in B} g^\beta.$$

Für $\alpha \in B^\#$ ist

$$(g_B)^\alpha = \prod_{\beta \in B} g^{\beta\alpha} = g_B,$$

also $g_B = 1$ wegen (1). Aus (2) folgt nun

$$1 = g_A = g^{-p} \prod_{B \in \mathcal{B}} g_B = g^{-p},$$

also $o(g) = p$. Es folgt $p = r$ (1.1.8). Andererseits gilt nach 2.2.2

$$p \text{ teilt } |\operatorname{Aut} G| = r - 1,$$

ein Widerspruch. $\square$

2.2.5.   *Sei G eine zyklische Gruppe von Primzahlpotenzordnung $p^e > 1$*
und $A := \operatorname{Aut} G$. Dann gilt

$$A = S \times T,$$

wobei S eine Gruppe der Ordnung p^{e-1} und T eine zyklische Gruppe der
Ordnung $p - 1$ ist.

---

[7] Dies folgt auch aus der wohlbekannten Aussage, daß die multiplikative Gruppe
eines endlichen Körpers zyklisch ist.

[8] Dieses Argument stellen wir in 8.3.1 auf Seite 170 in einen etwas allgemeineren
Kontext.

Beweis.   Wie weiter oben bemerkt, gilt $|A| = p^{e-1}(p-1)$. Außerdem ist A abelsch (2.2.3). Die direkte Zerlegung 2.1.6 liefert

$$A = S \times T \quad \text{mit} \quad |S| = p^{e-1} \quad \text{und} \quad |T| = p-1.$$

Sei H die (charakteristische) Untergruppe der Ordnung p von G (1.4.3 auf Seite 19) und

$$\varphi \colon A \to \operatorname{Aut} H \quad \text{mit} \quad \alpha \mapsto \overline{\alpha} := \alpha|_H.$$

Dann ist φ ein Epimorphismus, da

$$\operatorname{Aut} H = \{\overline{\alpha_k} \mid 1 \le k \le p-1\}$$

gilt. Aufgrund von $|\operatorname{Aut} H| = p-1$ und $(|S|, p-1) = 1$ ist $S \le \operatorname{Kern} \varphi$ (1.1.8 auf Seite 7), sogar $S = \operatorname{Kern} \varphi$ infolge $|A| = |\operatorname{Bild} \varphi| \, |\operatorname{Kern} \varphi|$. Der Homomorphiesatz liefert nun

$$T \cong A/\operatorname{Kern} \varphi \cong \operatorname{Aut} H;$$

nach 2.2.4 ist somit T zyklisch. $\square$

2.2.6.   *Für $G = \langle x \rangle$, $e \ge 2$, A und S wie in 2.2.5 gilt:*

a)   *Im Falle $p \ne 2$ oder $p = 2 = e$*

$$S = \langle \alpha \rangle \quad \text{mit} \quad x^\alpha = x^{1+p}.$$

Insbesondere ist $\langle \alpha^{p^{e-2}} \rangle$ die einzige Untergruppe der Ordnung p von A. Für $\beta := \alpha^{p^{e-2}}$ ist

$$x^\beta = x^{1+p^{e-1}}.$$

b)   *Im Falle $p = 2 < e$*

$$S = A = \langle \gamma \rangle \times \langle \delta \rangle \quad \text{mit} \quad x^\gamma = x^{-1}, \, x^\delta = x^5.$$

Insbesondere sind γ, $\xi := \delta^{2^{e-3}}$ und $\eta := \gamma\xi$ alle Automorphismen der Ordnung 2. Es ist

$$x^\xi = x^{1+2^{e-1}} \quad \text{und} \quad x^\eta = x^{2^{e-1}-1}.$$

Beweis.   a) Wegen $(p, 1+p) = 1$ definiert α nach 2.2.1 einen Automorphismus von G. Gilt $p = 2 = e$, so ist $x^\alpha = x^{1+p} = x^3 = x^{-1}$ der einzige nichttriviale Automorphismus von G. Sei also im folgenden $p \ne 2$. Die Ordnung von α ist die kleinste Zahl $m \in \mathbb{N}$ mit

$$(1+p)^m \equiv 1 \pmod{p^e}.$$

Entwickelt man $(1+p)^{p^k}$, $k \in \mathbb{N}$, mit Hilfe des Binomialsatzes, so erhält man

$$(1+p)^{p^{e-1}} \equiv 1 \pmod{p^e}$$

und, weil $p \neq 2$,

$$(1+p)^{p^{e-2}} \not\equiv 1 \pmod{p^e}.$$

Es folgt $m = p^{e-1}$. Damit hat $\langle \alpha \rangle$ die Ordnung von S, d.h. $S = \langle \alpha \rangle$. Der Binomialsatz liefert auch die Behauptung über $\beta = \alpha^{p^{e-2}}$.

b) Entwickelt man $(1 + 2^2)^{2^k}$, $k \in \mathbb{N}$, mit Hilfe des Binomialsatzes, so erhält man

$$(1 + 2^2)^{2^{e-2}} \equiv 1 \pmod{2^e}$$

und

$$(1 + 2^2)^{2^{e-3}} \not\equiv 1 \pmod{2^e}.$$

Daraus folgt, ähnlich wie unter a), daß der durch

$$x^\delta = x^5 = x^{1+2^2}$$

erklärte Automorphismus δ die Ordnung 2^{e-2} besitzt. Aus

$$(1 + 2)^k \not\equiv -1 \pmod{2^e} \quad (e \geq 3)$$

für alle $k \in \mathbb{N}$ folgt schließlich, daß keine Potenz von δ dem durch $x^\gamma = x^{-1}$ erklärten Automorphismus γ gleich ist, also $\langle \gamma \rangle$ und $\langle \delta \rangle$ eine Untergruppe der Ordnung $2^{e-2} \cdot 2 = 2^{e-1}$ von $S = A$ erzeugen. Es folgt $A = \langle \gamma \rangle \times \langle \delta \rangle$. Die Gleichung $x^\xi = x^{1+2^{e-1}}$ ergibt sich aus

$$(1 + 2^2)^{2^{e-3}} \equiv 1 + 2^{e-1} \pmod{2^e}.$$

Schließlich gilt wegen

$$x^\eta = x^{\gamma\xi} = (x^{-1})^{1+2^{e-1}} = x^{-1-2^{e-1}} \quad \text{und} \quad x^{-2^{e-1}} = x^{2^{e-1}}$$

auch $x^\eta = x^{2^{e-1}-1}$. $\qquad\qquad\qquad\qquad\qquad\qquad\qquad\qquad\qquad\quad \square$

Wir weisen darauf hin, daß im Falle 2.2.6 b) die Automorphismengruppe A eine Untergruppe isomorph zu $Z_2 \times Z_2$ enthält, sie ist also nicht zyklisch.

Übungen

Sei p eine Primzahl und G eine endliche Gruppe.

1. Sei $q \neq 1$ ein Teiler von $p - 1$. Konstruiere mit Hilfe des semidirekten Produkts eine nichtabelsche Gruppe der Ordnung pq, die einen Normalteiler der Ordnung p besitzt. Konstruiere weiter eine nichtabelsche Gruppe der Ordnung $p^{(e-1)e}$, $e \geq 2$, die einen zyklischen Normalteiler der Ordnung p^e besitzt.

2. Sei p der kleinste Primteiler von $|G|$, und N ein Normalteiler der Ordnung p von G. Dann ist $N \leq Z(G)$.

3. Sei $p \neq 2$ und G eine zyklische p-Gruppe. Dann ist $\operatorname{Aut} G$ zyklisch.

4. Man zeige mit Hilfe der Beweisidee von 2.2.4: Sei K ein Körper und U eine endliche Untergruppe der multiplikativen Gruppe von K. Dann ist U zyklisch.

Im folgenden seien $G, \gamma, \eta, \varepsilon$ wie in 2.2.6 b). Wir setzen

$$D := \langle \gamma \rangle \ltimes G, \quad H := \langle \eta \rangle \ltimes G,^9 \quad M := \langle \varepsilon \rangle \ltimes G.$$

5. D ist Diedergruppe.

6. Alle Involutionen von M liegen in $\langle \epsilon, x^{2^{e-1}} \rangle$.

7. Seien H_1 und H_2 Untergruppen von H definiert durch

$$H_1 := \langle x^2, \eta \rangle \quad \text{und} \quad H_2 := \langle x^2, \eta x \rangle.$$

Dann gilt:

a) $H_1 \cap H_2 = \langle x^2 \rangle$ und $|H : H_i| = 2$, $i = 1, 2$.

b) H_1 ist Diedergruppe und enthält alle Involutionen von H.

c) H_2 enthält genau eine Involution.[10]

---

[9] H heißt Semidiedergruppe; siehe **5.3**.

[10] H_2 heißt (verallgemeinerte) Quaternionengruppe; siehe **5.3**.

3. Operieren und Konjugieren

Der Begriff des Operierens, den wir im ersten Abschnitt dieses Kapitels vorstellen (vergleiche auch **1.3**), ist zentral in der Theorie der endlichen Gruppen. Mit seiner Hilfe beweisen wir in den beiden anderen Abschnitten den Satz von SYLOW sowie Sätze von SCHUR-ZASSENHAUS und GASCHÜTZ.

3.1 Operieren

Sei $\Omega = \{\alpha, \beta, \ldots\}$ eine nichtleere endliche Menge. Die Menge S_Ω aller Permutationen von Ω ist bezüglich des Produkts

$$\alpha^{xy} := (\alpha^x)^y, \quad \alpha \in \Omega \quad \text{und} \quad x, y \in S_\Omega,$$

eine Gruppe, die **symmetrische Gruppe** auf Ω. Mit S_n bezeichnen wir die symmetrische Gruppe auf $\{1, \ldots, n\}$; sie heißt die **symmetrische Gruppe vom Grad** n. Offenbar gilt genau dann $S_n \cong S_\Omega$, wenn $|\Omega| = n$.

Eine Gruppe G **operiert auf** Ω, wenn jedem Paar $(\alpha, g) \in \Omega \times G$ genau ein Element $\alpha^g \in \Omega$ zugeordnet ist,[1] so daß gelten:

$\mathcal{O}_1$ $\alpha^1 = \alpha$ für $1 = 1_G$ und alle $\alpha \in \Omega$,

$\mathcal{O}_2$ $(\alpha^x)^y = \alpha^{xy}$ für alle $x, y \in G$ und alle $\alpha \in \Omega$.

Die Abbildung

$$g^\pi \colon \Omega \to \Omega \quad \text{mit} \quad \alpha \mapsto \alpha^g$$

beschreibt die Operation von $g \in G$ auf Ω. Wegen

$$(\alpha^g)^{g^{-1}} \stackrel{\mathcal{O}_2}{=} \alpha^{gg^{-1}} = \alpha^1 \stackrel{\mathcal{O}_1}{=} \alpha$$

ist $(g^{-1})^\pi$ die zu g^π inverse Abbildung. Deshalb ist g^π eine Bijektion, also eine Permutation auf Ω. Nun besagt $\mathcal{O}_2$, daß

---

[1] Ähnlich wie bei der Definition einer Gruppe verlangen wir die Existenz eines Produktes, schreiben aber α^g statt αg.

$$\pi \colon G \to S_\Omega \quad \text{mit} \quad g \mapsto g^\pi$$

ein Homomorphismus ist. Insbesondere ist nach dem Homomorphiesatz $G/\operatorname{Kern}\pi$ isomorph zu einer Untergruppe von S_Ω und damit auch S_n, $n := |\Omega|$.

Umgekehrt führt jeder Homomorphismus $\pi \colon G \to S_\Omega$ vermöge der Festsetzung $\alpha^g := \alpha^{g^\pi}$ zu einer Operation der Gruppe G auf Ω. Wir nennen deshalb auch jeden Homomorphismus $\pi \colon G \to S_\Omega$ eine **Operation** von G auf Ω.

Ist $\operatorname{Kern}\pi = 1$, so operiert G **treu** auf Ω. Ist $\operatorname{Kern}\pi = G$, so operiert G **trivial** auf Ω.

Offenbar wird jede Operation π von G auf Ω durch die Festsetzung

$$\alpha^{Ng} := \alpha^g, \quad N := \operatorname{Kern}\pi,$$

zu einer treuen Operation von G/N auf Ω.

Im folgenden stellen wir wichtige Operationen vor, die uns immer wieder begegnen werden.

3.1.1.   *Die Gruppe G operiert auf*

a)   *der Menge aller nichtleeren Teilmengen A von G vermöge*

$$A \overset{x}{\mapsto} x^{-1}Ax = A^x,$$

b)   *der Menge aller Elemente g von G vermöge*

$$g \overset{x}{\mapsto} x^{-1}gx = g^x,$$

c)   *der Menge der Rechtsnebenklassen Ug einer Untergruppe U vermöge der Rechtsmultiplikation*

$$Ug \overset{x}{\mapsto} Ugx.$$

Beweis.   In allen Fällen operiert $1 = 1_G$ trivial; dies ist $\mathcal{O}_1$. Die Beziehung $\mathcal{O}_2$ folgt aus dem Assoziativgesetz.   □

Die in a) und b) beschriebene Operation heißt **Konjugation**. Die Permutation x^π ist hier der in 1.3 auf Seite 14 beschriebene zu x gehörende innere Automorphismus von G.

Auch die *Links*multiplikation auf der Menge Ω aller Linksnebenklassen einer Untergruppe U von G führt zu einer Operation $\pi \colon G \to S_\Omega$. Damit π ein Homomorphismus (und kein *Anti*-Homomorphismus) ist, hat man hier

$$x^\pi : G \to S_\Omega \quad \text{mit} \quad gU \mapsto x^{-1}gU$$

zu setzen.[2]

Bezüglich c) sei notiert:

3.1.2. *Sei U eine Untergruppe vom Index n der Gruppe G. Dann ist G/U_G isomorph zu einer Untergruppe der Gruppe S_n.*[3]

Beweis. Sei Ω wie in 3.1.1 c) die Menge der Nebenklassen von U und $\pi : G \to S_\Omega$ die Rechtsmultiplikation wie dort. Dann folgt für $x, g \in G$

$$Ugx = Ug \iff gxg^{-1} \in U \iff x \in U^g,$$

also $x^\pi = 1_{S_\Omega} \iff x \in U_G$, d.h. $U_G = \text{Kern } \pi$. $\qquad\square$

Um die Beispiele in 3.1.1 auswerten zu können, sammeln wir ein paar Aussagen, die sich unmittelbar aus dem Begriff des Operierens ergeben. Im folgenden operiere die Gruppe G auf der Menge Ω. Für $\alpha \in \Omega$ sei

$$G_\alpha := \{x \in G \mid \alpha^x = \alpha\}$$

der **Stabilisator** (auch **Fixpunktgruppe**) von α in G, und das Element $x \in G$ **stabilisiert** (**fixiert**) α, falls $x \in G_\alpha$. Wegen $\mathcal{O}_2$ ist G_α eine Unterguppe von G, für die gilt:

3.1.3. $G_\alpha{}^g = G_{\alpha^g}$ *für $g \in G$, $\alpha \in \Omega$.*

Beweis. $(\alpha^g)^x = \alpha^g \iff \alpha^{gxg^{-1}} = \alpha \iff gxg^{-1} \in G_\alpha \iff x \in (G_\alpha)^g$. $\qquad\square$

Zwei Elemente $\alpha, \beta \in \Omega$ nennen wir äquivalent, wenn es ein $x \in G$ gibt mit $\alpha^x = \beta$. Wegen $\mathcal{O}_1$ und $\mathcal{O}_2$ wird dadurch eine Äquivalenzrelation auf Ω erklärt. Die dazugehörenden Äquivalenzklassen heißen die **Bahnen** (**Transitivitätsgebiete**) von G auf Ω. Für $\alpha \in \Omega$ ist

$$\alpha^G := \{\alpha^x \mid x \in G\}$$

die Bahn, in der α liegt. G operiert **transitiv** auf Ω, falls Ω selbst eine Bahn ist, falls also zu $\alpha, \beta \in \Omega$ stets ein $x \in G$ existiert mit $\alpha^x = \beta$.

3.1.4. Frattiniargument. *Besitzt G eine Untergruppe N, die transitiv auf Ω operiert,*[4] *so gilt $G = G_\alpha N$ für jedes $\alpha \in \Omega$. Insbesondere ist im Falle $N_\alpha = 1$ die Untergruppe G_α ein Komplement von N in G.*

---

[2] Wir benötigen die Linksmultiplikation nur in **3.3**.

[3] $U_G = \bigcap\limits_{g \in G} U^g$

[4] Hier meinen wir nicht irgendeine Operation von N, sondern immer die Operation von N als Untergruppe von G.

Beweis.   Wegen der Transitivität von N auf Ω existiert zu $\alpha \in \Omega$ und $y \in G$ ein $x \in N$ mit $\alpha^y = \alpha^x$. Es folgt $\alpha^{yx^{-1}} = \alpha$, also $yx^{-1} \in G_\alpha$ und somit $y \in G_\alpha x \subseteq G_\alpha N$. $\square$

Grundlegend ist folgende elementare Aussage (vergleiche Satz von LAGRAN- GE).

3.1.5.   *Für $\alpha \in \Omega$ gilt $|\alpha^G| = |G : G_\alpha|$. Insbesondere ist die* **Länge** *$|\alpha^G|$ der Bahn α^G ein Teiler von $|G|$.*

Beweis.   Für $y, x \in G$ gilt

$$\alpha^y = \alpha^x \iff \alpha^{yx^{-1}} = \alpha \iff yx^{-1} \in G_\alpha \iff y \in G_\alpha x.$$

$\square$

Weil Ω die disjunkte Vereinigung der Bahnen von G ist, folgt:

3.1.6.   *Ist n eine Zahl, die $|G : G_\alpha|$ für alle $\alpha \in \Omega$ teilt, so ist $|\Omega|$ durch n teilbar.* $\square$

Für $U \subseteq G$ sei

$$C_\Omega(U) := \{\alpha \in \Omega \mid U \subseteq G_\alpha\}$$

die Menge aller **Fixpunkte** von U.

Offenbar ist $\Omega \setminus C_\Omega(G)$ die Vereinigung aller Bahnen der Länge > 1.

3.1.7.   *Sei G eine p-Gruppe. Dann ist*

$$|\Omega| \equiv |C_\Omega(G)| \pmod{p}.$$

Beweis.   Für $\alpha \in \Omega' := \Omega \setminus C_\Omega(G)$ ist G_α eine echte Untergruppe der p-Gruppe G, also p ein Teiler von $|G : G_\alpha|$ (Satz von LAGRANGE). Somit folgt aus 3.1.6

$$|\Omega'| \equiv 0 \pmod{p},$$

dies ist die Behauptung. $\square$

Wir wenden 3.1.3 und 3.1.5 auf die Beispiele in 3.1.1 an.

Eine Untergruppe H von G operiert durch Konjugation auf der Menge Ω aller nichtleeren Teilmengen von G. Ist $A \in \Omega$, so bilden die zu A unter H konjugierten Teilmengen

$$A^x = x^{-1}Ax \quad (x \in H)$$

eine Bahn von H. Der Stabilisator

$$N_H(A) := \{x \in H \mid A^x = A\}$$

von A in H heißt der **Normalisator** von A in H.

Wegen 3.1.5 ist $|H : N_H(A)|$ gleich der Anzahl der unter H zu A konjugierten Teilmengen.

Eine Teilmenge B von G **normalisiert** A, falls $B \subseteq N_G(A)$.

Nach 3.1.1 b) operiert H auch durch Konjugation auf den Elementen von G. Bei dieser Operation heißt der Stabilisator

$$C_H(g) := \{x \in H \mid g^x = g\}$$

von $g \in G$ der **Zentralisator** von g in H. Diese Untergruppe besteht offenbar genau aus den Elementen $x \in H$, die mit g vertauschbar sind, für die also $xg = gx$ gilt.

Wegen 3.1.5 ist $|H : C_H(g)|$ gleich der Anzahl der unter H zu g konjugierten Elementen.

Für eine nichtleere Teilmenge A von G ist

$$C_H(A) := \bigcap_{g \in A} C_H(g)$$

der **Zentralisator** von A in H. Offenbar besteht $C_H(A)$ genau aus den Elementen von H, die mit jedem Element von A vertauschbar sind. Zum Beispiel gilt $C_G(A) = G$ genau dann, wenn A in $Z(G)$ liegt. Eine Teilmenge $B \subseteq G$ **zentralisiert** A, falls $B \subseteq C_G(A)$ (oder $[A, B] = 1$, siehe 1.5 auf Seite 22) gilt. Aus 3.1.3 folgt für $x \in G$

$$N_G(A)^x = N_G(A^x) \quad \text{und} \quad C_G(A)^x = C_G(A^x),$$

und allgemeiner

$$N_H(A)^x = N_{H^x}(A^x) \quad \text{und} \quad C_H(A)^x = C_{H^x}(A^x).$$

Im Falle $H = G$ heißt die Bahn von G, die g enthält, also die Menge g^G aller zu g konjugierten Elemente, die **Konjugiertenklasse** von g in G. Diese Konjugiertenklasse enthält somit $|G : C_G(g)|$ Elemente. Das Zentrum $Z(G)$ von G enthält genau die Elemente von G, deren Konjugiertenklasse die Länge 1 hat, die also nur zu sich selbst konjugiert sind.

Weil die Konjugiertenklassen die Bahnen von G bezüglich der Operation durch Konjugation auf den Elementen von G sind, ist G disjunkte Vereinigung ihrer Konjugiertenklassen. Diesen Sachverhalt beschreibt:

3.1.8.   Klassengleichung. *Seien $K_1, \ldots, K_h$ die Konjugiertenklassen von G, die nicht einelementig sind, und sei $a_i \in K_i$ für $i = 1, \ldots, h$. Dann gilt*

$$|G| = |Z(G)| + \sum_{i=1}^{h} |G : C_G(a_i)|. \qquad \square$$

Wir notieren:

3.1.9.   *Ist U eine Untergruppe von G, so ist $N_G(U)$ die größte Untergruppe von G, in der U normal ist. Die Abbildung*

$$\varphi \colon N_G(U) \to \operatorname{Aut} U \quad \text{mit} \quad x \mapsto (u \mapsto u^x)$$

ist ein Homomorphismus mit $\operatorname{Kern} \varphi = C_G(U)$. Insbesondere ist die Gruppe $N_G(U)/C_G(U)$ isomorph[5] zu einer Untergruppe von $\operatorname{Aut} U$. $\qquad \square$

Wir beschließen diesen Abschnitt mit zwei zentralen Aussagen über p-Gruppen bzw. p-Untergruppen, die aus 3.1.7 folgen.

3.1.10.   *Sei P eine p-Untergruppe von G. Ist p ein Teiler von $|G : P|$, so gilt $P < N_G(P)$.*

Beweis.   Nach 3.1.1 c) operiert P auf der Menge Ω aller Nebenklassen Pg, $g \in G$, durch Rechtsmultiplikation. Aus 3.1.7 folgt (mit P statt G)

$$|C_\Omega(P)| \equiv |\Omega| \overset{\text{n.V.}}{\equiv} 0 \pmod{p}.$$

Wegen $P \in C_\Omega(P)$ ist $C_\Omega(P) \neq \emptyset$. Daher existiert ein $Pg \in C_\Omega(P)$ mit $P \neq Pg$. Dies bedeutet $g \notin P$ und $PgP = Pg$, also $gPg^{-1} = P$, d.h. $g \in N_G(P)$. $\qquad \square$

3.1.11.   *Sei P eine p-Gruppe und $N \neq 1$ ein Normalteiler von P. Dann ist $Z(P) \cap N \neq 1$. Insbesondere ist $Z(P) \neq 1$.*

Beweis.   Auf $\Omega := N$ operiert P durch Konjugation. Hierbei ist

$$C_\Omega(P) = Z(P) \cap N.$$

Da N ebenfalls eine p-Gruppe ist, folgt mit 3.1.7

$$|C_\Omega(P)| \equiv |\Omega| \equiv 0 \pmod{p}.$$

Wegen $1 \in C_\Omega(P)$ ist daher $|C_\Omega(P)| \geq p$. $\qquad \square$

---

[5] Homomorphiesatz 1.2.5 auf Seite 12.

Übungen

Sei G eine Gruppe.

1. Sei G semidirektes Produkt der Untergruppe K mit dem Normalteiler N von G, und sei $\Omega := N$. Dann definiert

    $$\omega^{kn} := \omega^k n \quad (\omega \in \Omega, \; k \in K, \; n \in N)$$

    eine Operation von G auf Ω.

2. Operiert G transitiv auf der Menge Ω, so operiert $N_G(G_\alpha)$, $\alpha \in \Omega$, transitiv auf $C_\Omega(G_\alpha)$.

3. Sei p der kleinste Primteiler von $|G|$. Jede Untergruppe vom Index p in G ist normal in G.

4. Sei $U \leq G$ und $1 \neq |G:U| \leq 4$. Dann ist G nicht einfach oder $|G| \leq 3$.

5. Ist die Klassengleichung von G

    $$60 = 1 + 15 + 20 + 12 + 12,$$

    so ist G einfach.

6. G operiere treu auf der Menge Ω und A sei eine Untergruppe von G, die transitiv auf Ω operiert. Dann ist $|C_G(A)|$ ein Teiler von $|\Omega|$. Ist zusätzlich A abelsch, so ist $C_G(A) = A$.

7. Für $\emptyset \neq A \subseteq G$ gilt $A \subseteq C_G(C_G(A))$ und $C_G(C_G(C_G(A))) \leq C_G(A)$.

8. Sei A Normalteiler von G und $U \leq C_G(A)$. Dann ist $[U, G] \leq C_G(A)$.

9. a) $A \trianglelefteq G$, $U \leq G$ $\Rightarrow$ $C_U(A) \trianglelefteq U$;

    b) $A \operatorname{char} G$ $\Rightarrow$ $C_G(A) \operatorname{char} G$ und $N_G(A) \operatorname{char} G$.

10. Sei K ein Körper und V ein Vektorraum der Dimension $|G|$ über K. Dann ist G isomorph zu einer Untergruppe von $\mathrm{GL}(V)$.[6]

3.2 Der Satz von SYLOW

In diesem Abschnitt beweisen wir den Satz von SYLOW, der in der Theorie der endlichen Gruppen von grundlegender Bedeutung ist. Eine seiner wesentlichsten Konsequenzen besteht darin, daß er zu jeder Primzahlpotenz p^i von $|G|$ die Existenz einer Untergruppe der Ordnung p^i garantiert.[7] Damit wird

---

[6] $\mathrm{GL}(V)$ ist die Gruppe der bijektiven linearen Abbildungen auf V; siehe **8.6**.

[7] Ist G abelsch, so besitzt G zu *jedem* Teiler n von $|G|$ eine Untergruppe der Ordnung n, dies gilt auch für *nilpotente* Gruppen; siehe 2.1.4 auf Seite 41 und 5.1 auf Seite 91.

der Grundstein gelegt für eine Untersuchungsmethode, die sich als überaus erfolgreich erwiesen hat: Die Beschreibung endlicher Gruppen anhand von Eigenschaften von Normalisatoren nichttrivialer p-Untergruppen.

Der Ausgangspunkt ist ein klassischer Satz aus der ersten Hälfte des vorigen Jahrhunderts.

3.2.1.   Satz von Cauchy.[8] *Teilt die Primzahl p die Ordnung der Gruppe G, so besitzt G ein Element der Ordnung p; insbesondere besitzt G eine p-Untergruppe $\neq 1$.*

Beweis.[9]   Sei

$$\Omega := \{\, \underline{x} := (x_1, \ldots, x_p) \mid x_1, \ldots, x_p \in G \quad \text{und} \quad x_1 x_2 \cdots x_p = 1 \,\}.$$

Da $x_1, \ldots, x_{p-1}$ als Komponenten von $\underline{x} \in \Omega$ beliebig gewählt werden können (x_p ist damit eindeutig bestimmt), gilt

$$|\Omega| = |G|^{p-1} \equiv 0 \pmod{p}.$$

Wegen

$$x_1 x_2 \cdots x_p = 1 \quad \Leftrightarrow \quad x_2 \cdots x_p = x_1^{-1} \quad \Leftrightarrow \quad x_2 \cdots x_p x_1 = 1$$

operiert die zyklische Gruppe $C_p = \langle a \rangle$ auf Ω vermöge

$$(x_1, x_2, \ldots, x_p) \overset{a}{\mapsto} (x_2, \ldots, x_p, x_1).$$

Aus 3.1.7 folgt

$$|C_\Omega(\langle a \rangle)| \equiv |\Omega| \equiv 0 \pmod{p}.$$

Da $\underline{1} = (1, \ldots, 1)$ in $C_\Omega(\langle a \rangle)$ liegt, existiert ein $\underline{x} = (x_1, \ldots, x_p) \neq \underline{1}$ in $C_\Omega(\langle a \rangle)$. Dies bedeutet $x_1 = \ldots = x_p \neq 1$ und $x_1{}^p = 1$.   □

Im folgenden sei p immer eine Primzahl und G eine Gruppe.

Eine p-Untergruppe P von G heißt p-**Sylowuntergruppe** von G, falls keine p-Untergruppe Q von G existiert, für die $P < Q$ gilt. Die p-Sylowuntergruppen sind also die maximalen Elemente der (durch Inklusion teilweise geordneten) Menge aller p-Untergruppen von G. Die Menge aller p-Sylowuntergruppen von G sei mit $\mathrm{Syl}_p\, G$ bezeichnet.

Zum Beispiel gilt $\mathrm{Syl}_p\, G = \{1\}$, wenn p kein Teiler von G ist (Satz von LAGRANGE) und $\mathrm{Syl}_p\, G = \{G\}$, falls G eine p-Gruppe ist.

Da ein Automorphismus p-Sylowuntergruppen auf p-Sylowuntergruppen abbildet, ist

$$O_p(G) := \bigcap_{P \in \mathrm{Syl}_p\, G} P$$

eine charakteristische p-Untergruppe von G. Genauer gilt:

---

[8] Vergleiche [37], S. 291.
[9] nach J.H. MCKAY.

3.2.2. *Sei N ein p-Normalteiler von G.*[10] *Dann ist* $N \leq O_p(G)$.

Beweis. Sei $P \in \mathrm{Syl}_p\, G$. Dann ist NP eine p-Untergruppe (1.1.6). Die Maximalität von P und $P \leq PN$ liefert daher $N \leq P$.   □

Ist insbesondere eine p-Sylowuntergruppe P von G ein Normalteiler von G, so ist $\mathrm{Syl}_p\, G = \{P\}$ und P die Menge aller p-Elemente von G. Eine solche Gruppe G nennen wir p-**abgeschlossen**. Ist hierbei xP, $x \in G$, ein p-Element von G/P, so ist $\langle x \rangle P$ eine p-Gruppe, und deshalb $x \in P$. Aus dem Satz von CAUCHY folgt somit, daß p kein Teiler von $|G/P|$ ist.

Ist P eine p-Untergruppe von G und p kein Teiler von $|G : P|$, so ist aufgrund des Satzes von LAGRANGE $|P|$ die höchste p-Potenz, die $|G|$ teilt, also P eine p-Sylowuntergruppe von G.

Allgemein gilt:

3.2.3. **Satz von Sylow** [89]. *Sei p^e die höchste p-Potenz, die die Ordnung von G teilt.*

a)   *Die p-Sylowuntergruppen von G sind genau die Untergruppen der Ordnung p^e von G.*

b)   *Die p-Sylowuntergruppen von G sind in G konjugiert. Insbesondere gilt für $P \in \mathrm{Syl}_p\, G$*
$$|\mathrm{Syl}_p\, G| = |G : N_G(P)|.$$

c) $|\mathrm{Syl}_p\, G| \equiv 1 \pmod{p}$.

Beweis:[11]   Sei P eine p-Sylowuntergruppe von G. Dann ist P auch eine p-Sylowuntergruppe von
$$U := N_G(P).$$

Es folgt:

(1) U ist p-abgeschlossen   und $|U : P| \not\equiv 0 \pmod{p}$,

letzteres ist — wie vorher bemerkt — eine Folgerung des Satzes von CAUCHY.

Wir behaupten

(2) $|G : U| \equiv 1 \pmod{p}$.

Dazu betrachten wir die Operation von P auf der Menge Ω aller Nebenklassen Ug, $g \in G$. Nach 3.1.7 ist
$$|C_\Omega(P)| \equiv |\Omega| \pmod{p}.$$

---

[10] also ein Normalteiler, der eine p-Gruppe ist.
[11] Weitere Beweise findet man z.B. in [96], [40] und [41].

Wegen $P \leq U$ liegt U in $C_\Omega(P)$. Sei $Ug \in C_\Omega(P)$. Dann ist $UgP = Ug$. Dies bedeutet $gPg^{-1} \leq U$. Da U p-abgeschlossen ist, folgt $gPg^{-1} = P$, also $g \in N_G(P) = U$. Danach ist $C_\Omega(P) = \{U\}$. Dies beweist (2).

Sei S eine weitere p-Sylowuntergruppe. Dann operiert auch S durch Rechtsmultiplikation auf Ω. Wegen (2) liefert 3.1.7 eine Nebenklasse Ug, $g \in G$, mit $UgS = Ug$. Es folgt $gSg^{-1} \leq U$, also $gSg^{-1} = P$ infolge (1). Damit gilt b). Nun folgt c) wegen (2) und

$$|\operatorname{Syl}_p G| = |G : N_G(P)| = |G : U|.$$

Es folgt aber auch a), denn es ist

$$|G| = |P| \cdot |U : P| \cdot |G : U|,$$

wobei der zweite und dritte Faktor nicht durch p teilbar ist ((1) und (2)). $\square$

Wir notieren ein paar Folgerungen.

3.2.4.   *Ist p^i ein Teiler der Ordnung von G, so besitzt G eine Untergruppe U der Ordnung p^i.*

Beweis.   Wegen des Satzes von SYLOW können wir annehmen, daß G eine nichttriviale p-Gruppe ist. Aus 3.1.11 folgt $Z(G) \neq 1$. Sei N eine Untergruppe der Ordnung p in $Z(G)$. Vermöge Induktion, angewandt auf G/N, findet sich eine Untergruppe U/N, $N \leq U \leq G$, mit $|U/N| = p^{i-1}$. Dann ist $|U| = p^i$. $\square$

3.2.5.   *Sei N ein Normalteiler von G und $P \in \operatorname{Syl}_p G$. Dann gilt*

$$PN/N \in \operatorname{Syl}_p G/N \quad \text{und} \quad P \cap N \in \operatorname{Syl}_p N.$$

Beweis.   Dies folgt in beiden Fällen aus dem Kriterium 3.2.3 a): In der Untergruppenreihe

$$1 \leq P \cap N \leq N \leq PN \leq G$$

gilt $|P \cap N| |PN/N| = |P|$ wegen $PN/N \cong P/P \cap N$ (1.2.6 auf Seite 12). Also sind $|N : P \cap N|$ und $|G : PN|$ nicht durch p teilbar. $\square$

3.2.6.   *Ist U eine p-Untergruppe von G, aber keine p-Sylowuntergruppe von G, so gilt $U < R$ für jede p-Sylowuntergruppe R von $N_G(U)$.*

Beweis.   Ist $P \in \operatorname{Syl}_p G$ mit $U < P$, so folgt $U < N_P(U)$ aus 3.1.10. Damit ist U keine maximale p-Untergruppe von $N_G(U)$, liegt aber wegen $U \trianglelefteq N_G(U)$ in jeder p-Sylowuntergruppe von $N_G(U)$ (3.2.2). $\square$

Eine Variante von 3.1.4 auf Seite 53 liefert eine wichtige Faktorisierung:

3.2.7.   Frattiniargument. *Sei N ein Normalteiler von G und $P \in \mathrm{Syl}_p N$. Dann gilt $G = N N_G(P)$.*

Beweis.   Die Gruppe G operiert auf der Menge $\Omega = \mathrm{Syl}_p N$ durch Konjugation. Dabei ist die Operation von N transitiv (3.2.3 b). Für $P \in \Omega$ ist $N_G(P)$ die zu dieser Operation gehörende Fixpunktgruppe; die Behauptung ergibt sich somit aus 3.1.4.   □

Eine Anwendung des Frattiniargumentes ist:

3.2.8.   *Sei N ein Normalteiler von G mit Faktorgruppe[12] $\overline{G} := G/N$, und P eine p-Untergruppe von G. Ist $(|N|, p) = 1$, so gilt*

$$N_{\overline{G}}(\overline{P}) = \overline{N_G(P)} \quad und \quad C_{\overline{G}}(\overline{P}) = \overline{C_G(P)}.$$

Beweis.   Aus der Definition der Faktorgruppe folgt

$$N_{\overline{G}}(\overline{P}) = \overline{N_G(NP)}.$$

Wegen $(|N|, p) = 1$ ist P eine p-Sylowuntergruppe von NP. Da NP ein Normalteiler von $N_G(NP)$ ist, ergibt das Frattiniargument

$$N_G(NP) = NP \, N_{N_G(NP)}(P) = NP \, N_G(P) = N \, N_G(P),$$

also die Behauptung $N_{\overline{G}}(\overline{P}) = \overline{N_G(P)}$.

Offenbar gilt immer $\overline{C_G(P)} \le C_{\overline{G}}(\overline{P})$. Sei $\bar{c} \in C_{\overline{G}}(\overline{P})$. Wegen $C_{\overline{G}}(\overline{P}) \le N_{\overline{G}}(\overline{P})$ findet sich ein $n \in N$ und $y \in N_G(P)$ mit $c = ny$. Es folgt $\bar{c} = \bar{y}$ und

$$Nx = (Nx)^y = Nx^y \quad \text{für alle } x \in P.$$

Dann liegt der Kommutator $y^{-1} x y x^{-1}$ in $N \cap P = 1$. Es folgt $y \in C_G(P)$ und damit auch $C_{\overline{G}}(\overline{P}) = \overline{C_G(P)}$.   □

Daraus ergibt sich ein Argument, das wir erst in Kapitel 11 benötigen:

3.2.9.   *Sei eine Faktorisierung $G = NH$ mit $H \le G$, $N \trianglelefteq G$ und $(p, |N|) = 1$ gegeben. Dann gilt für jede p-Untergruppe P von H*

$$N_G(P) = (N \cap N_G(P))(H \cap N_G(P)).$$

---

[12] Querstrichkonvention von Seite 12.

Beweis.   Sei $\overline{G} := G/N$ und $N_1 := N \cap H$. Aus 3.2.8 folgt

$$N_{H/N_1}(PN_1/N_1) = N_H(P)N_1/N_1.$$

Der Isomorphismus (1.2.6 auf Seite 12)

$$H/N_1 \cong HN/N \quad (= \overline{G})$$

liefert somit

$$\overline{N_G(P)} \leq N_{\overline{G}}(\overline{P}) = \overline{N_H(P)}.$$

Es folgt

$$N_H(P) \leq N_G(P) \leq N N_H(P)$$

und daher aus der Dedekindidentität 1.1.11 die Behauptung. $\square$

Die alternierende Gruppe A_5 ist eine einfache Gruppe der Ordnung

$$60 = 2^2 \cdot 3 \cdot 5$$

(zu Definition, Ordnung und Einfachheit siehe **4.3**). Andererseits läßt sich mit dem Satz von SYLOW zeigen, daß es keine nichtabelsche einfache Gruppe der Ordnung < 60 gibt.

Beispielhaft zeigen wir nun, wie mit Hilfe des Satzes von SYLOW — insbesondere mit 3.2.3 c) — die Struktur einer Gruppe der Ordnung 60, die nicht 5-abgeschlossen ist, untersucht werden kann. Zunächst zwei Vorbemerkungen:

3.2.10. *Sei G nicht 3-abgeschlossen und $|G| = 12$. Dann ist G 2-abgeschlossen.*

Beweis.   Sei $S \in \mathrm{Syl}_3 G$. Dann ist

$$n := |\mathrm{Syl}_3 G| \overset{3.2.3b)}{=} |G : N_G(S)|$$

ein Teiler von $\frac{|G|}{|S|} = 4$. Aus 3.2.3 c) folgt $n = 4$. Da sich verschiedene 3-Sylowuntergruppen ($\cong C_3$) von G trivial schneiden, enthält G

$$4 \cdot (3 - 1) = 8$$

Elemente der Ordnung 3. Die Anzahl der 2-Elemente von G ist damit höchstens 4. Da eine 2-Sylowuntergruppe von G Ordnung 4 hat, besitzt G genau eine 2-Sylowuntergruppe; dies ist die Behauptung. $\square$

3.2.11. *Sei $|G| \in \{5, 10, 15, 20, 30\}$. Dann ist G 5-abgeschlossen.*

Beweis.   Wir behaupten $|\mathrm{Syl}_5 G| = 1$, und dies folgt direkt aus 3.2.3 b), c) im Falle $|G| \neq 30$. Die Annahme $|G| = 30$ und $n := |\mathrm{Syl}_5 G| > 1$ führen wir zu einem Widerspruch: Dann ist $|\mathrm{Syl}_5 G| = 6$, wieder infolge 3.2.3 c). Da sich verschiedene Untergruppen der Ordnung 5 trivial schneiden, liegen daher $6 \cdot 4 = 24$ Elemente der Ordnung 5 in G. Sei t eine Involution in G (3.2.1) und $S \in \mathrm{Syl}_5 G$. Wegen $N_G(S) = S$ ist $|t^S| = 5$. Also existiert kein Element der Ordnung 3 in G, im Widerspruch zu 3.2.1. $\square$

3.2.12.   *Sei G eine Gruppe der Ordnung 60, die nicht 5-abgeschlossen ist.*

a)   *G ist einfach.*

b)   *Ist $\mathcal{M}$ die Menge der maximalen Untergruppen von G, so ist*

$$\mathcal{M} = \{N_G(G_p) \mid G_p \in \mathrm{Syl}_p G, \quad p \in \{2, 3, 5\}\},$$

und es gilt

$$|N_G(G_p)| = \begin{cases} 12, & p = 2 \\ 6, & \text{falls} \quad p = 3 \\ 10, & p = 5 \end{cases}.$$

Beweis.   Im folgenden sei G_p, $p \in \pi(G)$, immer eine p-Sylowuntergruppe von G. Nach Voraussetzung ist $|G : N_G(G_5)| \neq 1$. Aus 3.2.3 folgt

(1) $$|N_G(G_5)| = 10.$$

a) Sei N ein echter, nichttrivialer Normalteiler von G. Im Falle $5 \in \pi(N)$ enthält N eine 5-Sylowuntergruppe von G, die nach 3.2.11 normal in N ist. Dann ist sie charakteristisch in N, also normal in G (1.3.2), entgegen der Voraussetzung. Daher ist $5 \notin \pi(N)$ und somit $5 \in \pi(G/N)$. Aus 3.2.11 folgt

$$1 \neq G_5 N/N \trianglelefteq G/N,$$

also $NG_5 \trianglelefteq G$. Wie eben gesehen, ist dann $NG_5 = G$, d.h. jeder echte nichttriviale Normalteiler von G hat Ordnung 12. Im Widerspruch dazu besitzt N nach 3.2.11 eine normale 3- oder 2-Sylowuntergruppe, die dann auch normal in G ist.

b) Nach a) ist $|G : N_G(G_p)| \neq 1$ für $p \in \{2, 3\}$. Aus 3.2.3 und (1) folgt

(2) $$|N_G(G_3)| = 6$$

und $|N_G(G_2)| \in \{4, 12\}$. Mit (2) und 3.2.10 erhalten wir:

(3)   Eine Untergruppe der Ordnung 12 von G ist 2-abgeschlossen.

Wir zeigen

(4) $$|N_G(G_2)| = 12,$$

indem wir die Annahme $|N_G(G_2)| = 4$ zu einem Widerspruch führen: Dann ist $|\mathrm{Syl}_2 G| = 15$. Als Gruppe der Ordnung 4 ist G_2 abelsch. Seien $S_1, S_2 \in \mathrm{Syl}_2 G$ mit

$$1 \neq S_1 \cap S_2 < S_1.$$

Dann ist

$$\langle S_1, S_2 \rangle \leq N_G(S_1 \cap S_2) =: L$$

und $L \neq G$ wegen a). Ist $5 \in \pi(L)$, so ist L 5-abgeschlossen (3.2.11), also $L \leq N_G(G_5)$ im Widerspruch zu (1). Es folgt $|L| = 12$. Wegen $|\mathrm{Syl}_2 L| \geq 2$ widerspricht dies (3).

Also gilt $S_1 \cap S_2 = 1$ für alle $S_1, S_2 \in \mathrm{Syl}_2 G$ mit $S_1 \neq S_2$. Damit existieren $3 \cdot 15 = 45$ Elemente der Ordnung 2 in G. Andererseits liegen wegen (1) noch $4 \cdot 6 = 24$ Elemente der Ordnung 5 in G. Dieser Widerspruch beweist (4).

Sei nun M eine maximale Untergruppe von G. Wegen (1), (2) und (4) ist M keine Sylowuntergruppe von G. Im Falle $5 \in \pi(M)$ ist M 5-abgeschlossen nach 3.2.10. Dann folgt $M \leq N_G(G_5)$ für $G_5 \leq M$, also $M = N_G(G_5)$. Sei $5 \notin \pi(M)$, also $|M| \in \{6, 12\}$. Im Falle $|M| = 6$ ist M 3-abgeschlossen, also $M = N_G(G_3)$ für $G_3 \leq M$. Im Falle $|M| = 12$ ist M nach (3) 2-abgeschlossen, also $M = N_G(G_2)$ für $G_2 \leq M$. $\qquad\square$

Ist G wie in 3.2.12 und $U := N_G(G_2)$, so ist $|G : U| = 5$. Daher liefert 3.1.2 einen Monomorphismus von G in die symmetrische Gruppe S_5. Die Gruppe G ist daher zur alternierenden Gruppe A_5 isomorph (siehe **4.3**).

Übungen

Sei G eine Gruppe, p Primzahl und $S \in \mathrm{Syl}_p G$.

1.   Sei $N_G(S) \leq U \leq G$. Dann ist $|G : U| \equiv 1 \bmod p$.

2. $|\{g \in G \mid g^p = 1\}| \equiv 0 \bmod p$ für alle Primteiler p von $|G|$.

3.   Wie viele Elemente der Ordnung 7 existieren in einer Gruppe der Ordnung 168?

4.   Jede Gruppe der Ordnung 15 ist zyklisch.

5.   Seien p, q, r verschiedene Primzahlen.

    a)   Eine Gruppe der Ordnung pq besitzt eine normale p-Sylowuntergruppe, falls $p > q$.

    b)   Eine Gruppe der Ordnung pqr besitzt mindestens eine normale Sylowuntergruppe $\neq 1$.

6. Sei $H \leq G$ und $|G : H| = p^n$. Dann gilt:

    a) $O_p(H) \leq O_p(G)$.

    b) Ist $H \cap H^x = 1$ für alle $x \in G \setminus H$, so ist G p-abgeschlossen.

7. Jede nichtabelsche Gruppe der Ordnung kleiner als 60 ist nicht einfach.

8. Eine einfache Gruppe der Ordnung 168 besitzt eine Untergruppe vom Index 7.

9. Sei $S \cap S^g = 1$ für alle $g \in G \setminus N_G(S)$. Dann ist $|\operatorname{Syl}_p G| \equiv 1 \bmod |S|$.

10. Sei $S \neq 1$ und $|G : S| = p+1$. Dann ist $O_p(G) \neq 1$, oder $p+1 = q^r$, $q \in \mathbb{P}$, und es existiert ein elementarabelscher Normalteiler der Ordnung $p+1$ in G.

11. (BRODKEY, [33]) Sei S abelsch und $O_p(G) = 1$. Dann existiert $g \in G$ mit $S \cap S^g = 1$.

12. Für jede maximale Untergruppe M von G gelte $|G : M| \in \mathbb{P}$. Dann besitzt G eine normale maximale Untergruppe.

3.3 Komplemente von Normalteilern

Ähnlich bedeutsam wie die Existenz von Sylowuntergruppen ist die Tatsache, daß gewisse Normalteiler K einer Gruppe G ein Komplement in G besitzen.

Ist zum Beispiel G/K eine p-Gruppe und die Primzahl p kein Teiler von $|K|$, so sind die p-Sylowuntergruppen von G genau die Komplemente von K in G; insbesondere sind dann alle Komplemente von K nach dem Satz von SYLOW konjugiert.

Wir stellen hier eine Methode von H. WIELANDT vor, die auch in allgemeineren Situationen ähnliche Ergebnisse liefert.[13]

Im folgenden sei K eine *abelsche* Untergruppe der Gruppe G und $\mathcal{S}$ die Menge aller Schnitte S von K in G (1.1.9 auf Seite 7). Für $R, S \in \mathcal{S}$ sei

$$R|S := \prod_{\substack{(r,s) \in R \times S \\ Kr = Ks}} (rs^{-1}) \quad (\in K);$$

beachte

$$Kr = Ks \iff rs^{-1} \in K.$$

Die Reihenfolge der Faktoren in diesem Produkt ist unerheblich, da K abelsch ist.

---

[13] Die Idee zum Beweis des Satzes von GASCHÜTZ wurde uns von G. GLAUBERMAN mitgeteilt.

Für $R, S, T \in \mathcal{S}$ notieren wir

(1) $$(R|S)^{-1} = S|R,$$

(2) $$(R|S)(S|T) = R|T.$$

Wir setzen nun zusätzlich voraus, daß K ein *Normalteiler* von G ist. Dann ist jedes $S \in \mathcal{S}$ auch ein Linksschnitt von K in G, d.h.

$$G = \dot{\bigcup_{s \in S}} sK.$$

Die Gruppe G operiert also durch Linksmultiplikation

$$S \overset{x^{-1} \in G}{\longmapsto} xS$$

auf $\mathcal{S}$ (siehe Seite 52). Insbesondere gilt:

(3) $$kR|S = k^{|G:K|}(R|S) \quad \text{für} \quad k \in K.$$

Aus

$$xR \,|\, xS = \prod_{\substack{Kxr=Kxs \\ (r,s) \in R \times S}} x(rs^{-1})x^{-1} = x(R|S)x^{-1}$$

folgt

(4) $$R|S = 1 \quad \Rightarrow \quad xR \,|\, xS = 1.$$

Wir setzen nun weiter voraus, daß die Zahlen $|K|$ und $|G/K|$ teilerfremd sind. Dann ist die Abbildung

$$\alpha \colon K \to K \quad \text{mit} \quad k \mapsto k^{|G/K|}$$

ein Automorphismus von K, da K abelsch ist (siehe 2.2.1 auf Seite 45). Es folgen mit (3)

(5) $$kR|S = 1 \quad \text{für} \quad k := (R|S)^{-\alpha^{-1}}$$

(d.h. $k^{|G/K|} = (R|S)^{-1}$), und

(6) $$R|S = 1 = kR|S \quad \Rightarrow \quad k = 1.$$

Die Aussagen (1)–(6) sind die wesentliche Beweisschritte unseres Hauptergebnisses:

3.3.1.   Satz von Schur-Zassenhaus.[14] *Sei K ein abelscher Normalteiler von G, für den $(|K|, |G : K|) = 1$ gilt. Dann besitzt K ein Komplement in G, und alle Komplemente von K in G sind zueinander konjugiert.*

---

[14] Vergleiche [82] und [19], S. 126.

Beweis.   Durch die Festsetzung

$$R \sim S \iff R|S = 1$$

wird auf $\mathcal{S}$ wegen (1) und (2) eine Äquivalenzrelation erklärt; sei $\tilde{R}$ die Äquivalenzklasse, in der R liegt. Wegen (4) ist durch

$$\tilde{S}^x := \widetilde{x^{-1}S}, \quad x \in G,$$

eine Operation von G auf $\mathcal{S}/\sim$ definiert. Sind $R, S \in \mathcal{S}$, und ist k wie in (5), so gilt $\tilde{R}^k = \tilde{S}$, d.h. K operiert transitiv auf $\mathcal{S}/\sim$. Andererseits ist wegen (6) der Stabilisator von $\tilde{R}$ in K trivial. Deshalb besagt das Frattiniargument, daß der Stabilisator

$$G_{\tilde{R}} = \{ x \in G \mid xR \,|\, R = 1 \}$$

ein Komplement von K in G ist. Ist umgekehrt X ein Komplement von K in G, so gilt $xX = X$ und $xX|X = 1$ für alle $x \in X$, also $X = G_{\tilde{R}}$ für $X = R$. Die Konjugiertheit der Komplemente ergibt sich daher aus 3.1.3 aufgrund der transitiven Operation von K auf $\mathcal{S}/\sim$.   □

Im 6. Kapitel werden wir diesen Satz von SCHUR-ZASSENHAUS auf nichtabelsche Normalteiler K verallgemeinern (siehe 6.2 auf Seite 112).

Wir betrachten nun eine allgemeinere Situation; sei

$$K \leq U \leq G \quad \text{und} \quad K \trianglelefteq G.$$

Ist hier H ein Komplement von K in G, so ist $H \cap U$ ein Komplement von K in U (Dedekindidentität). Die umgekehrte Richtung behandelt ein Satz von GASCHÜTZ, der im Falle $K = U$ mit dem Satz von SCHUR-ZASSENHAUS zusammenfällt. Anders als dieser gilt der Satz von GASCHÜTZ jedoch nur für *abelsches* K.

3.3.2.   Satz von Gaschütz [48]. *Sei K ein abelscher Normalteiler und U eine Untergruppe von G mit*

$$K \leq U \quad \text{und} \quad (|K|, |G:U|) = 1.$$

a)   *Besitzt K in U ein Komplement, so besitzt K auch ein Komplement in G.*

b)   *Seien H_0, H_1 zwei Komplemente von K in G mit*

$$U \cap H_0 = U \cap H_1.$$

Dann sind H_0 und H_1 in G konjugiert.

Beweis.   Zunächst sei bemerkt, daß der folgende Beweis mit dem von 3.3.1 zusammenfällt, wenn $U = K$ ist.

Sei A ein Komplement von K in U, also

(i) $U = KA,\quad K \cap A = 1.$

Sei $\mathcal{L}$ die Menge der Linksschnitte von U in G, und sei S_0 ein fest gewählter Linksschnitt aus $\mathcal{L}$. Dann gilt für jeden Linksschnitt $L \in \mathcal{L}$ und $l \in L$:

(ii) $l = s_l k_l a_l$ mit $s_l \in S_0$, $k_l \in K$, $a_l \in A$ und $s_l U = lU.$

Außerdem ist die Darstellung von l in (ii) wegen (i) eindeutig. Insbesondere existiert zu jedem $l \in L$ genau ein $l_0 \in S_0 K$ mit $lU = l_0 U$, nämlich $l_0 := s_l k_l.$

Durch $L_0 := \{l_0 \mid l \in L\}$ wird dann jedem $L \in \mathcal{L}$ ein Element aus

$$\mathcal{S} := \{L \in \mathcal{L} \mid L \subseteq S_0 K\}$$

zugeordnet, so daß $LA = L_0 A$ gilt. Wegen der Eindeutigkeit der Darstellung in (ii) erhält man sogar:

(iii) L_0 ist das einzige Element aus $\mathcal{S}$ mit $LA = L_0 A.$

Für $x \in G$ und den Linksschnitt $xL \in \mathcal{L}$ gilt

$$(xL)_0 A = xLA = xL_0 A = (xL_0)_0 A$$

und somit wegen (iii)

(iv) $(xL)_0 = (xL_0)_0$ für alle $L \in \mathcal{L}.$

Wir definieren nun

(v) $S^x := (x^{-1}S)_0$ für $S \in \mathcal{S}$ und $x \in G.$

Wegen

$$(S^x)^y = (y^{-1}(x^{-1}S)_0)_0 \overset{\text{(iv)}}{=} (y^{-1}(x^{-1}S))_0 = ((xy)^{-1}S)_0 = S^{(xy)}$$

wird durch (v) eine Operation von G auf $\mathcal{S}$ definiert. Statt $S^{x^{-1}}$ schreiben wir im folgenden immer $(xS)_0$, da wir nun den zu Beginn dieses Abschnitts entwickelten Kalkül für den dort definierten Ausdruck

$$R|S := \prod_{\substack{(r,s) \in R \times S \\ Kr = Ks}} (rs^{-1}) \qquad (R, S \in \mathcal{S})$$

einsetzen wollen.

Wir diskutieren die dort gemachten Aussagen (1)–(6): (1) und (2) folgen wie dort. Zum Beweis von Aussage (3) beachte man, daß für $k^{-1} \in K$ und $S \in \mathcal{S}$

$$kS \subseteq kS_0 K = S_0 K,$$

also wegen (iii) $kS = (kS)_0 \in \mathcal{S}$ gilt. Daraus folgt Aussage (3):

$$(kS)_0 | R = k^{|G:K|}(S|R) \quad \text{für } k \in K \text{ und } S, R \in \mathcal{S}.$$

Zum Beweis von (4) sei $x \in G$ und $(r, s) \in R \times S$ mit $Kr = Ks$, wobei wieder $R, S \in \mathcal{S}$ sind. Wir wenden (ii) mit den dortigen Bezeichnungen an. Dann ist

$$xr = s_{xr} k_{xr} a_{xr} \quad \text{und} \quad xs = s_{xs} k_{xs} a_{xs},$$

und aus $xrK = xsK$ folgt

$$s_{xr} K a_{xr} = s_{xs} K a_{xs}.$$

Also ist $s_{xr} = s_{xs}$ und wegen $K \cap A = 1$ dann auch $a_{xr} = a_{xs}$. Wir erhalten

$$(xr)_0 (xs)_0^{-1} = xra_{xr}^{-1}(xsa_{xs}^{-1})^{-1} = xrs^{-1}x^{-1}$$

und damit

$$(xR)_0 | (xS)_0 = x(R|S)x^{-1} \quad \text{für alle } x \in G \text{ und } R, S \in \mathcal{S}.$$

Nun folgen die Aussagen (4)–(6) wie zu Beginn dieses Abschnittes.

Wie im Beweis des Satzes von SCHUR-ZASSENHAUS erhält man eine Äquivalenzrelation $\sim$ auf $\mathcal{S}$ durch die Festlegung

$$R \sim S \iff R|S = 1.$$

Die Existenz eines Komplements von K erhält man wie dort anhand der Operation von G und K auf $\mathcal{S}/\sim$.

Seien H_0, H_1 wie in b). Dann ist

$$A := U \cap H_0 = U \cap H_1$$

ein Komplement von K in U, und ein Linksschnitt von A in H_i $(i = 0, 1)$ ist auch ein Linksschnitt von U in G. Sei ein Linksschnitt S_0 von A in H_0 fest gewählt und $\mathcal{S}$ wie vorher bezüglich S_0 definiert. Für jedes $s \in S_0$ existiert ein $k_s \in K$ mit $sk_s \in H_1$ $(k_s = 1$ im Falle $s \in H_0 \cap H_1)$. Dann ist

$$S_1 := \{sk_s \mid s \in S_0\}$$

ein Linksschnitt von A in H_1 mit $S_1 \subseteq S_0 K$, also $S_1 \in \mathcal{S}$.

Aus (ii) folgt, daß für jeden Linksschnitt L_i von U in G, der in H_i $(i = 0, 1)$ liegt, $(L_i)_0 = S_i$ gilt. Insbesondere ist $(xS_i)_0 = S_i$ für alle $x \in H_i$. Damit läßt H_i die Äquivalenzklasse aus $\mathcal{S}/\sim$ fest, in der S_i liegt $(i = 0, 1)$. Die Konjugiertheit von H_0 und H_1 ist somit wie im Beweis von 3.3.1 eine Folge der transitiven Operation von G auf $\mathcal{S}/\sim$. $\qquad\square$

Übungen

Sei G eine Gruppe und $\Phi(G)$ der Durchschnitt aller maximalen Untergruppen von G.[15]

1. Sei N ein abelscher minimaler Normalteiler von G. Genau dann besitzt N ein Komplement in G, wenn $N \not\leq \Phi(G)$.

2. Sei N ein abelscher Normalteiler von G mit $N \cap \Phi(G) = 1$. Dann besitzt N ein Komplement in G.

3. Seien N_1, N_2 Normalteiler von G. Besitzt N_i ein Komplement L_i in G ($i = 1, 2$) und ist $N_2 \leq L_1$, so besitzt $N_1 N_2$ ein Komplement in G.

4. Sei $p \in \pi(G)$ und K ein elementarabelscher p-Normalteiler von G mit

$$K = \langle K \cap Z(S) \mid S \in \mathrm{Syl}_p G \rangle.$$

Dann ist $K = [K, G] \, C_K(G)$.

---

[15] $\Phi(G)$ heißt die Frattiniuntergruppe von G, siehe 5.2.3 auf Seite 96.

4. Permutationsgruppen

Sei Ω eine Menge. Eine Gruppe G, die treu auf Ω operiert, heißt **Permutationsgruppe** auf Ω. Dann ist G isomorph zu einer Untergruppe von S_Ω, und umgekehrt ist jede Untergruppe von S_Ω Permutationsgruppe auf Ω.

Permutationsgruppen sind zum einen für sich interessante Objekte, zum anderen dienen sie zur Beschreibung von abstrakt gegebenen Gruppen.

4.1 Transitive Gruppen und Frobeniusgruppen

Im folgenden operiere G auf der Menge Ω. Operiert G auch auf der Menge Ω', so nennen wir die beiden Operationen **äquivalent**, wenn es eine Bijektion $\rho \colon \Omega \to \Omega'$ gibt mit

$$(\beta^x)^\rho = (\beta^\rho)^x \quad \text{für alle } \beta \in \Omega, \ x \in G.$$

G operiere nun transitiv auf Ω. Sei $\alpha \in \Omega$ fest gewählt und

$$U := G_\alpha \quad \text{sowie} \quad \Omega' := \{Ug \mid g \in G\}.$$

Dann operiert G durch Rechtsmultiplikation auf Ω' (3.1.1 c) auf Seite 52). Wie schon im Beweis von 3.1.5 erläutert, gilt für $g \in G$

$$Ug = \{x \in G \mid \alpha^x = \alpha^g\}.$$

Die Abbildung

$$\rho \colon \Omega \to \Omega' \quad \text{mit} \quad \alpha^g \mapsto Ug$$

ist daher eine Bijektion, für die

$$((\alpha^g)^x)^\rho = (\alpha^{gx})^\rho = Ugx$$

gilt. Es folgt:

4.1.1. *Sei $\alpha \in \Omega$ und G transitiv auf Ω. Dann ist die Operation von G auf Ω äquivalent zu der Operation von G auf den Rechtsnebenklassen von G_α durch Rechtsmultiplikation.* $\qquad\Box$

Jede transitive Operation von G läßt sich somit als eine Operation auf den Rechtsnebenklassen einer Untergruppe auffassen. Umgekehrt ist natürlich eine solche Operation transitiv. Damit kann jede Aussage über eine transitive Operation von G auf Ω zu einer Aussage innerhalb der Gruppe G umformuliert werden.

Die Operation von G auf Ω heißt **regulär**, wenn es für jedes Paar $(\alpha, \beta) \in \Omega \times \Omega$ genau ein $g \in G$ gibt mit $\alpha^g = \beta$. Ist N ein Normalteiler von G, der regulär auf Ω operiert, so ist N ein **regulärer Normalteiler** von G.

4.1.2. *Es sind äquivalent:*

(i)   *G operiert regulär auf Ω.*

(ii) *G operiert transitiv auf Ω, und es gilt $G_\gamma = 1$ für ein $\gamma \in \Omega$.*

Beweis.   Die Implikation (i) $\Rightarrow$ (ii) gilt per Definition. Es gelte (ii). Seien $\alpha, \beta \in \Omega$ und $x, y \in G$ mit $\alpha^x = \alpha^y = \beta$; also $xy^{-1} \in G_\alpha$. Da G_α infolge der transitiven Operation von G auf Ω zu G_γ konjugiert ist, folgt $x = y$. $\square$

4.1.3. *Sei G eine transitive abelsche Permutationsgruppe auf Ω. Dann operiert G regulär auf Ω.*

Beweis.   Da G abelsch ist, gilt $(G_\alpha)^g = G_\alpha$ für alle $g \in G$ und $\alpha \in \Omega$. Damit operiert G_α trivial auf $\alpha^G = \Omega$. Es folgt $G_\alpha = 1$ und mit 4.1.2 die Behauptung. $\square$

4.1.4. *Sei $\alpha \in \Omega$ und N ein regulärer Normalteiler von G. Zu $\beta \in \Omega$ existiert also genau ein $x_\beta \in N$ mit $\alpha^{x_\beta} = \beta$. Dann gilt für alle $\beta \in \Omega$ und $g \in G_\alpha$*

$$(x_\beta)^g \; = \; x_{\beta^g}.$$

Die Operation von G_α auf $\Omega \setminus \{\alpha\}$ ist somit äquivalent zur Operation von G_α auf $N^\#$ durch Konjugation.

Beweis. $\beta^g = (\alpha^{x_\beta})^g = (\alpha^g)^{g^{-1} x_\beta g} = \alpha^{(x_\beta)^g}$. $\square$

Wir stellen nun eine Klasse von Permutationsgruppen vor, deren interne Struktur — auf die wir in späteren Kapiteln zurückkommen — recht genau bekannt ist.

Sei G eine Permutationsgruppe auf Ω, $|\Omega| > 1$. Dann heißt G **Frobenius-gruppe** auf Ω, wenn gilt:

- G operiert transitiv auf Ω,

- $G_\alpha \neq 1$ für $\alpha \in \Omega$,

- $G_\alpha \cap G_\beta = 1$ für alle $\alpha, \beta \in \Omega$, $\alpha \neq \beta$.

Sei G eine Frobeniusgruppe auf Ω, $\alpha \in \Omega$ und

$$H := G_\alpha.$$

Infolge der transitiven Operation von G auf Ω ist

$$\{H^g \mid g \in G\} = \{G_\beta \mid \beta \in \Omega\},$$

also $F := G \setminus \bigcup_{g \in G} H^g$ die Menge aller Elemente von G, die keinen Fixpunkt in Ω haben. Sei

$$K := F \cup \{1_G\}.$$

Dann ist

$\mathcal{F}$
$$G^\# = K^\# \;\dot\cup\; \bigcup_{g \in G} (H^g)^\# \quad {}^1$$

eine Partition der Menge $G^\#$.[2]

4.1.5. $|\Omega| = |K| = |G:H| \equiv 1 \pmod{|H|}$.

Beweis. Aus $\mathcal{F}$ folgt

$$|K| = |G| - |G:H|(|H| - 1) = |G:H| = |\Omega|.$$

Für alle $\beta \in \Omega \setminus \{\alpha\}$ gilt nach Voraussetzung $H \cap G_\beta = 1$. Deshalb haben alle Bahnen von H auf $\Omega \setminus \{\alpha\}$ die Länge $|H|$ (3.1.5). Es folgt $|\Omega| \equiv 1 \pmod{|H|}$. □

Die Untergruppe H heißt **Frobeniuskomplement** von G; mit H sind auch alle zu H konjugierten Untergruppen Frobeniuskomplemente von G. Die Menge K ist der **Frobeniuskern** von G.

Die grundlegende Aussage über Frobeniusgruppen ist der Satz von FROBENI-us, den wir hier angeben, aber — bis auf einen Spezialfall — nicht beweisen werden.

4.1.6. **Satz von Frobenius.** *Der Frobeniuskern einer Frobeniusgruppe G ist ein Normalteiler von G.*

---

[1] $K^\# := F$.
[2] Man spricht von einer **Frobeniuspartition** von G.

Danach ist die Frobeniusgruppe G semidirektes Produkt von H mit K. Insbesondere operiert K wegen 4.1.5 transitiv auf Ω, d.h. K ist ein regulärer Normalteiler von G.

Da die Menge K unter der Konjugation mit Elementen aus G invariant ist, genügt es für den Beweis von 4.1.6 zu zeigen, daß K eine Untergruppe von G ist. Dennoch existiert kein elementarer Beweis von 4.1.6; bis heute kann er nur mit Hilfe der Charaktertheorie geführt werden.[3]

Im Falle $|H| \equiv 0 \pmod 2$ führt allerdings nach BENDER eine einfache Rechnung mit Involutionen zum Erfolg — dies führen wir weiter unten vor.

Eine interne Beschreibung von Frobeniusgruppen im Sinne der am Anfang dieses Abschnittes gemachten Bemerkungen ist:

4.1.7.   *Sei G eine Gruppe, H eine nichttriviale echte Untergruppe von G und $\Omega = \{Hg \mid g \in G\}$. Äquivalent sind:*

(i) G *ist eine Frobeniusgruppe auf Ω mit Frobeniuskomplement H.*

(ii) $H \cap H^g = 1$ *für alle $g \in G \setminus H$.*

Beweis.   (i) $\Rightarrow$ (ii): Für $g \in G \setminus H$ und $\alpha := H \in \Omega$ ist $\beta := \alpha^g$ verschieden von α und $G_\beta = H^g$ (3.1.3). Es folgt $H \cap H^g = 1$.

(ii) $\Rightarrow$ (i): G operiert durch Rechtsmultiplikation transitiv auf Ω. Seien $\alpha = Hg_1$ und $\beta = Hg_2$ zwei verschiedene Elemente aus Ω, also $g := g_2 g_1^{-1} \in G \setminus H$. Dann folgt

$$G_\alpha \cap G_\beta = H^{g_1} \cap H^{g_2} = (H \cap H^g)^{g_1} = 1.$$

$\square$

Wir nehmen 4.1.7 zum Anlaß, Frobeniusgruppen neu zu definieren. Eine Gruppe G heißt **Frobeniusgruppe**, wenn sie eine nichttriviale echte Untergruppe H besitzt, für die gilt:

$$H \cap H^g = 1 \quad \text{für alle } g \in G \setminus H.$$

Eine solche Untergruppe H heißt **Frobeniuskomplement** von G, und

$$K := \left(G \setminus \bigcup_{g \in G} H^g \right) \cup \{1\}$$

ist der (zu H gehörende) **Frobeniuskern** von G. Nach 4.1.7 ist G Frobeniusgruppe auf der Menge $\Omega := \{Hg \mid g \in G\}$.

Diese Definition ist scheinbar allgemeiner als die für Permutationsgruppen. Wir werden aber in 8.3.6 auf Seite 174 unter Verwendung von 4.1.6 sehen, daß in einer Frobeniusgruppe alle Frobeniuskomplemente konjugiert sind.

Hier machen wir dazu zwei Bemerkungen, deren Beweis ohne 4.1.6 auskommt.

---

[3] Siehe [46] und moderner z.B. [9].

4.1.8. *Sei G eine Frobeniusgruppe mit Frobeniuskomplement H und Frobeniuskern K.*

a) *Sei U eine Untergruppe von G, die nicht in K liegt und sei $x \in G$ mit $H^x \cap U \neq 1$. Dann ist entweder $U \leq H^x$ oder U Frobeniusgruppe mit Frobeniuskomplement $H^x \cap U$ und Frobeniuskern $U \cap K$.*

b) *Sei H_0 ein weiteres Frobeniuskomplement von G mit $|H_0| \leq |H|$. Dann ist H_0 in G zu einer Untergruppe von H konjugiert.*

Beweis.   Da H Frobeniuskomplement von G ist, gilt

$$\left| \bigcup_{g \in G} H^g \right| = |G : H|(|H| - 1) + 1 = |G| - |G : H| + 1,$$

also

($'$)
$$\left| \bigcup_{g \in G} H^g \right| > \frac{|G|}{2}.$$

a) Wir können $H = H^x$ und $U \cap H \neq U$ annehmen. Für $u \in U \setminus (H \cap U)$ ist $H \neq H^u$, also

$$(H \cap U) \cap (H \cap U)^u \leq H \cap H^u = 1.$$

Deshalb ist $H \cap U$ ein Frobeniuskomplement von U.

Sei $g \in G$ mit $H^g \cap U \neq 1$. Im Falle $U \leq H^g$ folgt $H \cap H^g \neq 1$, also $H = H^g$ im Widerspruch zu $U \cap H \neq U$. Damit ist $1 \neq H^g \cap U \neq U$ und $H^g \cap U$ ebenfalls ein Frobeniuskomplement von U. Aus ($'$), angewandt auf U und die zwei Frobeniuskomplemente $H \cap U$ und $H^g \cap U$, folgt, daß ein $u_1 \in U$ existiert mit

$$(H \cap U) \cap (H^g \cap U)^{u_1} \neq 1.$$

Damit ist $H \cap H^{gu_1} \neq 1$, also $H^{gu_1} = H$ und $(H^g \cap U)^{u_1} = H \cap U$. Wir haben

$$\bigcup_{u \in U} (H \cap U)^u = \bigcup_{g \in G} (H^g \cap U)$$

gezeigt. Also ist $K \cap U$ der Frobeniuskern von U (bzgl. $H \cap U$).

b) Sei $H_0 \not\leq H^x$ für alle $x \in G$ angenommen. Mit $U := H_0$ folgt aus a)

$$m := |H_0^{\#} \cap K| \geq 1.$$

Da H_0 ein Frobeniuskomplement von G und K bezüglich Konjugation in G abgeschlossen ist, folgt

$$|G : H| \overset{4.1.5}{=} |K| \geq \left| \bigcup_{x \in G} (H_0^{\#} \cap K)^x \right| + 1 = m|G : H_0| + 1.$$

Andererseits ist nach Voraussetzung $|H_0| \leq |H|$, also $|G : H_0| \geq |G : H|$, ein Widerspruch. $\qquad\square$

Beispiele für Frobeniusgruppen sind:

- Die Diedergruppen D_{2n} der Ordnung $2n$, $n > 1$, n ungerade. Hier sind die Frobeniuskomplemente die Untergruppen der Ordnung 2 von D_{2n}.

- Ist K ein endlicher Körper, so operiert die multiplikative Gruppe K^* durch Rechtsmultiplikation auf der Gruppe $K(+)$. Das dazu gehörende Produkt $K^* \ltimes K(+)$ ist eine Frobeniusgruppe mit Frobeniuskomplement K^*.

Beweis von 4.1.6 im Falle $|H| \equiv 0 \pmod 2$ (BENDER):

Sei t eine Involution in H und $g \in G \setminus H$. Dann liegt

$$a := tt^g = [t, g]$$

in K, oder es gibt ein $x \in G$ mit $1 \neq a \in H^x$. Im zweiten Fall liegt a wegen $a^t = a^{-1} = a^{t^g}$ in $H^x \cap H^{xt} \cap H^{xt^g}$, und daher folgt aus der Frobeniuseigenschaft die Identität $H^x = H^{xt} = H^{xt^g}$, also $t, t^g \in H^x$ und somit $H^x = H$, im Widerspruch zu $t \in H$, $t^g \notin H$. Es gilt also

$$(*) \qquad tt^g \in K, \quad \text{falls } g \in G \setminus H.$$

Sei $n := |G : H|$ und $\{g_1, \ldots, g_n\}$ ein Schnitt von H in G. Wegen

$$tt^{g_i} = tt^{g_j} \iff t^{g_i} = t^{g_j} \iff t^{g_i g_j^{-1}} = t \iff g_i g_j^{-1} \in H$$

sind $tt^{g_1}, \ldots, tt^{g_n}$ paarweise verschiedene Elemente von K. Es gilt sogar

$$K = \{tt^{g_1}, \ldots, tt^{g_n}\}$$

wegen $|K| = n$. Genauso folgt, indem man oben $a := t^g t$ setzt,

$$K = \{t^{g_1} t, \ldots, t^{g_n} t\}.$$

Es genügt zu zeigen, daß K eine Untergruppe von G ist, also $(tt^{g_i})(tt^{g_j})$ wieder in K liegt: Zu $t^{g_i} t$ gibt es ein g_s mit $t^{g_i} t = tt^{g_s}$. Es folgt

$$(tt^{g_i})(tt^{g_j}) = t(t^{g_i}t)t^{g_j} = t(tt^{g_s})t^{g_j} = t^{g_s} t^{g_j} = (tt^{g_j g_s^{-1}})^{g_s} \stackrel{(*)}{\in} K^{g_s} = K,$$

also die Behauptung. $\qquad\qquad\qquad\qquad\qquad\qquad\qquad\qquad\qquad\qquad\qquad$ $\square$

4.2 Primitive Operation

Die Gruppe G operiere auf der Menge Ω. Eine nichtleere Teilmenge Δ von Ω heißt **Block** (oder **Imprimitivitätsgebiet**), falls für alle $g \in G$ gilt:

$$\Delta^g \neq \Delta \quad \Rightarrow \quad \Delta^g \cap \Delta = \emptyset.^4$$

Mit Δ ist offenbar auch Δ^g, $g \in G$, ein Block. Ist $\alpha \in \Omega$ und $H \leq G$ mit $G_\alpha \leq H$, so ist

$$\Delta := \alpha^H$$

ein Block, denn für alle $g \in G \setminus H$ hat

$$\Delta^g = \alpha^{Hg}$$

trivialen Schnitt mit Δ.

Wir setzen nun voraus, daß die Operation von G auf Ω transitiv ist. Ist $\alpha \in \Omega$ und Δ ein Block mit $\alpha \in \Delta$, so ist

$$\Delta = \alpha^H$$

für

$$H := G_\Delta := \{x \in G \mid \Delta^x = \Delta\}.$$

Damit entsprechen die Blöcke Δ mit $\alpha \in \Delta$ den Untergruppen H von G mit $G_\alpha \leq H \leq G$.

Sei Δ Block und $\Sigma := \{\Delta^g \mid g \in G\}$. Infolge der transitiven Operation von G hat man die disjunkte Zerlegung

$$\Omega = \bigcup_{\Delta^g \in \Sigma} \Delta^g.$$

Die Operation von G auf Ω setzt sich daher zusammen aus einer transitiven Operation von $H = G_\Delta$ auf Δ und einer transitiven Operation von G auf Σ.

Die Operation von G auf Ω heißt **imprimitiv**, wenn ein Block Δ existiert mit

$$1 \neq |\Delta| \neq |\Omega|; \quad {}^5$$

anderenfalls heißt die Operation von G auf Ω **primitiv**.

Wir kommen auf den imprimitiven Fall in **4.4** zurück. In diesem Abschnitt diskutieren wir den primitiven Fall. Aus obiger Diskussion folgt:

4.2.1.   *Sei G transitiv auf Ω und $G \neq 1$. Genau dann operiert G primitiv auf Ω, wenn G_α für $\alpha \in \Omega$ eine maximale Untergruppe von G ist.* $\square$

---

[4] $\Delta^g := \{\alpha^g \mid \alpha \in \Delta\}$.
[5] Dann gilt auch $1 \neq |\Sigma| \neq |\Omega|$;

4.2.2.   *Sei G eine primitive Permutationsgruppe auf Ω. Ist N ein Normalteiler $\neq 1$ von G, so operiert N transitiv auf Ω. Operiert N regulär, so ist N ein minimaler Normalteiler von G.*

Beweis.   Nach 4.2.1 ist G_α, $\alpha \in \Omega$, eine maximale Untergruppe von G. Im Falle $N \leq G_\alpha$ operiert N trivial auf $\Omega = \alpha^G$ (3.1.3 auf Seite 53). Wegen $1 \neq N$ gilt also $G_\alpha < G_\alpha N = G$. Es folgt $\Omega = \alpha^G = \alpha^N$.

Operiert N regulär, so ist G_α ein Komplement von N in G, und es gilt $|N| = |\Omega|$. Jeder Normalteiler $M \neq 1$ von G in N ist ebenfalls regulär, denn es gilt auch $G = G_\alpha M$. Also ist wieder $|\Omega| = |M|$ und damit $M = N$.   □

Für $n \in \mathbb{N}$ und $n \leq |\Omega|$ sei

$$\Omega^{(n)} := \{(\alpha_1, \ldots, \alpha_n) \in \Omega^n \mid \alpha_i \neq \alpha_j \text{ für } i \neq j \in \{1, \ldots, n\}\}.$$

G operiert auf $\Omega^{(n)}$ komponentenweise, d.h.

$$(\alpha_1, \ldots, \alpha_n)^g := (\alpha_1{}^g, \ldots, \alpha_n{}^g) \quad (g \in G).$$

G operiert n-**transitiv** auf Ω, wenn G transitiv auf $\Omega^{(n)}$ operiert, wenn also zu zwei n-Tupeln $(\alpha_1, \ldots, \alpha_n)$, $(\beta_1, \ldots, \beta_n) \in \Omega^{(n)}$ ein $g \in G$ existiert mit

$$\alpha_i{}^g = \beta_i \quad \text{für} \quad i = 1, \ldots, n.$$

Eine auf Ω n-transitive Gruppe ist auch m-transitiv für alle $1 \leq m \leq n$.

G operiere $(n-1)$-transitiv auf Ω ($n \geq 2$). Genau dann operiert G n-transitiv auf Ω, wenn für $(\alpha_1, \ldots, \alpha_{n-1}) \in \Omega^{(n-1)}$ der Stabilisator

$$G_{\alpha_1, \ldots, \alpha_{n-1}} := \bigcap_{i=1}^{n-1} G_{\alpha_i}$$

transitiv auf $\Omega \setminus \{\alpha_1, \ldots, \alpha_{n-1}\}$ operiert. Daraus folgt:

4.2.3.   *G operiere transitiv auf Ω. Sei $\alpha \in \Omega$. Genau dann operiert G 2-transitiv auf Ω, wenn*

$$G = G_\alpha \cup G_\alpha g G_\alpha$$

für alle $g \in G \setminus G_\alpha$ gilt.

Beweis.   Nach 4.1.1 kann Ω mit der Menge der Nebenklassen $G_\alpha g$, $g \in G$, identifiziert werden. Transitive Operation von G_α auf $\Omega \setminus \{\alpha\}$ bedeutet dann für $G_\alpha g \neq G_\alpha$

$$G_\alpha g G_\alpha = G \setminus G_\alpha.$$

□

Aus 4.2.3 folgt zusammen mit 4.2.1:

4.2.4.   *Jede 2-transitive Permutationsgruppe operiert primitiv.*   □

Ein Beispiel für eine n-transitive bzw. $(n-2)$-transitive Gruppe ist die symmetrische Gruppe S_n bzw. die alternierende Gruppe A_n; beide werden wir im nächsten Abschnitt vorstellen. Es sei bemerkt, daß außer diesen für $n \geq 6$ keine weiteren n-transitiven Gruppen existieren.[6]

Hier sei nur festgestellt:

4.2.5.   *Sei G eine n-transitive Permutationsgruppe auf Ω. Besitzt G einen regulären Normalteiler N und ist $|\Omega| \geq 3$, so ist $n \leq 4$. Genauer gilt im Falle*

$n = 2$:   *N ist eine elementarabelsche p-Gruppe.*

$n = 3$:   *N ist eine elementarabelsche 2-Gruppe, oder $N \cong C_3$ und $G \cong S_3$.*

$n = 4$:   *$N \cong C_2 \times C_2$ und $G \cong S_4$.*

Beweis.   Sei $n \geq 2$ und $\alpha \in \Omega$. Dann operiert G_α $(n-1)$-transitiv auf $\Omega \setminus \{\alpha\}$, also auch $(n-1)$-transitiv auf $N^\#$ vermöge Konjugation (4.1.4).

Zu $x, y \in N^\#$ existiert also ein $g \in G_\alpha$ mit $x^g = y$. Damit haben alle Elemente von $N^\#$ dieselbe Ordnung; diese ist eine Primzahl p (1.4.3). Nach dem Satz von CAUCHY ist dann N eine p-Gruppe, wegen $1 \neq Z(N)$ (siehe 3.1.11 auf Seite 56) sogar eine elementarabelsche p-Gruppe.

Sei $n \geq 3$ und damit $|N| \geq 3$. Im Falle $|N| = 3$ gilt $G \cong S_3$. Sei $|N| \geq 4$, und seien x_1, x_2, x_3 drei verschiedene Elemente aus $N^\#$. Da G_α 2-transitiv auf $N^\#$ operiert, existiert ein $g \in G_\alpha$ mit

$$x_1^g = x_1 \quad \text{und} \quad x_2^g = x_3.$$

Im Falle $p \geq 3$ ist $x_1 \neq x_1^{-1}$. Für $x_2 := x_1^{-1}$ folgt $x_2^g = x_2$, ein Widerspruch. Deshalb ist N eine elementarabelsche 2-Gruppe.

Sei $n \geq 4$. Wegen $|\Omega| \geq 4$ ist mit dem eben Gezeigten N eine elementarabelsche 2-Gruppe der Ordnung ≥ 4. Sei $U = \langle x_1 \rangle \times \langle x_2 \rangle$ eine Untergruppe der Ordnung 4 von N. Im Falle $U \neq N$ wähle $x_3 = x_1 x_2$ und $x_4 \in N \setminus U$. Da nun G_α 3-transitiv auf $N^\#$ operiert, existiert ein $g \in G$ mit $x_1^g = x_1$, $x_2^g = x_2$ und $x_3^g = x_4$, im Widerspruch zu

$$x_3^g = (x_1 x_2)^g = x_1^g x_2^g = x_1 x_2 \in U.$$

Daher gilt $|\Omega| = 4$ und $n = 4$.   □

---

[6] Dies folgt aus der Klassifikation der endlichen einfachen Gruppen.

4.3 Die symmetrische Gruppe

Die **symmetrische Gruppe** S_n **vom Grade** n ist die Gruppe aller Permutationen von

$$\Omega := \{1, \ldots, n\}.$$

Sie hat Ordnung $n!$ und operiert per Definition n-transitiv auf Ω. Eine Permutation $z \in S_n$ heißt ein **Zykel der Länge** k, kurz **k-Zykel**, falls k verschiedene Elemente $\alpha_1, \ldots, \alpha_k \in \Omega$ existieren mit

$$\alpha_i{}^z = \alpha_{i+1} \quad \text{für } i = 1, \ldots, k-1, \quad \alpha_k{}^z = \alpha_1,$$

und

$$\beta^z = \beta \quad \text{für alle } \beta \in \Omega \setminus \{\alpha_1, \ldots, \alpha_k\}.$$

Wir bezeichnen z mit $(\alpha_1 \alpha_2 \ldots \alpha_k)$. Für $g \in S_n$ gilt

$$(*) \qquad g^{-1}(\alpha_1 \ldots \alpha_k)g = (\alpha_1 \ldots \alpha_k)^g = (\alpha_1{}^g \ldots \alpha_k{}^g).$$

Ein Zykel $z' = (\beta_1 \ldots \beta_r)$ heißt **disjunkt** zu z, falls

$$\{\beta_1, \ldots, \beta_r\} \cap \{\alpha_1, \ldots, \alpha_k\} = \emptyset.$$

In diesem Fall gilt $zz' = z'z$. Offenbar läßt sich jede Permutation $x \in S_n$ in eindeutiger Weise als Produkt paarweise disjunkter, also miteinander vertauschbarer Zyklen schreiben:

$$(**) \qquad x = (\alpha_{11} \ldots \alpha_{1k_1})(\alpha_{21} \ldots \alpha_{2k_2}) \ldots (\alpha_{s1} \ldots \alpha_{sk_s}).$$

Die Zyklen $(\alpha_{i1} \ldots \alpha_{ik_i})$ entsprechen dabei den Bahnen, in die Ω durch die Operation der zyklischen Gruppe $\langle x \rangle$ zerfällt, erklären also eine Partition von Ω. Ordnet man die Zykellängen k_i, $i = 1, \ldots, s$ durch $k_1 \geq k_2 \geq \ldots \geq k_s$, so ist das Tupel $(k_1, \ldots, k_s)$ der **Typ** von x.[7] Die Zyklen der Länge 1 beschreiben die Fixpunkte von x in Ω. Bei der Darstellung $(**)$ werden sie gewöhnlich weggelassen.

4.3.1. *Zwei Permutationen aus S_n sind genau dann in S_n konjugiert, wenn sie vom gleichen Typ sind.*

Beweis. Mit z ist auch z^a, $a \in S_n$, ein k-Zykel. Demnach sind x und $x^a \in S_n$ vom gleichen Typ. Sei umgekehrt

$$x' = (\alpha'_{11} \ldots \alpha'_{1k_1})(\alpha'_{21} \ldots \alpha'_{2k_2}) \ldots (\alpha'_{s1} \ldots \alpha'_{sk_s})$$

vom gleichen Typ wie x ($x \in S_n$ wie oben) und a die Permutation $\alpha_{ij} \mapsto \alpha'_{ij}$ von S_n. Mit $(*)$ folgt $x^a = x'$. $\qquad\square$

---

[7] Der Typ ist also eine *Zahlpartition* von n: $k_1 + \ldots + k_s = n$.

Die 2-Zykel von S_n heißen **Transpositionen**. Jeder k-Zykel $(\alpha_1 \ldots \alpha_k)$ ist für $k \geq 2$ Produkt von $(k-1)$ Transpositionen:

$$(\alpha_1 \ldots \alpha_k) = (\alpha_1 \alpha_2)(\alpha_1 \alpha_3) \ldots (\alpha_1 \alpha_k).$$

Also läßt sich jede Permutation $x \in S_n$ als ein Produkt von Transpositionen t_i schreiben:[8]

$$x = t_1 t_2 \ldots t_s.$$

Dabei sind die t_i keineswegs in eindeutiger Weise durch x festgelegt, wohl aber die Tatsache, ob ihre Anzahl s gerade oder ungerade ist.[9] Es ist also

$$\text{sgn}: x \mapsto (-1)^s$$

wohldefiniert, und ein Homomorphismus von S_n in die Gruppe $\{1, -1\}$ ($\cong C_2$) der Ordnung 2. Der Kern dieser Abbildung ist die **alternierende Gruppe A_n vom Grade** n; sie besteht aus allen **geraden** Permutationen (die Permutationen aus $S_n \setminus A_n$ heißen **ungerade**). Für $n \geq 2$ ist A_n ein Normalteiler vom Index 2 in S_n. Zum Beispiel liegt ein k-Zykel genau dann in A_n, ist also eine gerade Permutation, wenn k ungerade ist.

4.3.2. A_n *operiert* $(n-2)$-*transitiv auf* Ω $(n \geq 3)$.

Beweis. Das Tupel $T_1 := (3, 4, \ldots, n) \in \Omega^{(n-2)}$ kann mit einer Permutation $x \in S_n$ auf jedes Tupel $T_2 \in \Omega^{(n-2)}$ abgebildet werden. Ist $t = (12)$, so bildet auch tx das Tupel T_1 auf T_2 ab. Es gilt aber $x \in A_n$ oder $tx \in A_n$. $\qquad\square$

4.3.3. *Die Kommutatorgruppe von* S_n *ist* A_n.

Beweis. Sei K die Kommutatorgruppe von S_n. Für $n = 1$ ist $S_n = A_n = 1 = K$. Sei also $n \geq 2$. Wegen $S_n/A_n \cong C_2$ liegt K in A_n (1.5.2). Sei t eine Transposition aus S_n. Dann ist $\langle t \rangle K$ Normalteiler von S_n, da S_n/K abelsch ist. Wegen 4.3.1 sind alle Transpositionen von S_n konjugiert, und wie weiter oben gesehen, ist jedes Element aus S_n Produkt von Transpositionen. Daraus folgt $S_n = \langle t \rangle K$, also $K = A_n$. $\qquad\square$

Für $n = 2$ ist $A_n = 1$ und für $n = 3$ ist $A_n = \langle (123) \rangle$ eine zu C_3 isomorphe Gruppe. Hier ist

$$1 \leq A_3 \leq S_3$$

eine Hauptreihe und gleichzeitig eine Kompositionsreihe von S_3 mit zyklischen Faktoren.[10]

---

[8] Die Eins ist das „leere Produkt" von Transpositionen. Für $n \geq 2$ gilt natürlich auch $1 = t^2$, t Transposition.

[9] Diese nicht ganz triviale Aussage wird meist in einer Anfängervorlesung bei der Einführung von Determinanten bewiesen.

[10] Die Gruppentafel der Gruppe S_3 haben wir auf Seite 2 schon vorgestellt.

Sei $n = 4$. Elemente der Ordnung 2 von S_4 sind entweder Transpositionen oder haben den Typ (2,2). Letztere sind

$$t_1 = (12)(34), \quad t_2 = (13)(24), \quad t_3 = (14)(23).$$

Die Menge

$$N := \{1, t_1, t_2, t_3\}$$

ist eine zu $C_2 \times C_2$ isomorphe Untergruppe; sie liegt in A_4 und ist ein regulärer Normalteiler von S_4. Sei $d = (123)$. Dann ist die Gruppe A_4 das semidirekte Produkt von $\langle d \rangle$ mit N. Dabei ist die Operation von $\langle d \rangle$ auf N durch

$$t_1^d = t_3, \quad t_2^d = t_1, \quad t_3^d = t_2$$

gegeben. Insgesamt ist

$$1 \leq N \leq A_4 \leq S_4$$

eine Hauptreihe von S_4 mit abelschen Faktoren, und

$$1 \leq \langle t_1 \rangle \leq N \leq A_4 \leq S_4$$

eine Kompositionsreihe mit zyklischen Faktoren.

Wir benötigen später folgende Charakterisierung:

4.3.4.   *Sei G eine Gruppe der Ordnung 24, die nicht 3-abgeschlossen ist. Dann ist entweder $G \cong S_4$ oder $G/Z(G) \cong A_4$* [11].

Beweis. G operiert auf

$$\Omega := \mathrm{Syl}_3 G$$

durch Konjugation. Da G nicht 3-abgeschlossen ist, folgt aus dem Satz von SYLOW $|\Omega| = 4$. Deshalb existiert ein Homomorphismus $\varphi \colon G \to S_4$ mit

$$\mathrm{Kern}\, \varphi = \bigcap_{S \in \Omega} N_G(S) =: N.$$

G/N ist isomorph zu einer Untergruppe von S_4 und $|N|$ ist ein Teiler von $\frac{24}{4} = 6$. Im Falle $|N| \in \{3, 6\}$ ist N 3-abgeschlossen, also auch G, entgegen der Voraussetzung. Im Falle $N = 1$ ist $G \cong S_4$ und im Falle $|N| = 2$ ist $G/N \cong A_4$ und $N = Z(G)$. $\square$

Die Untergruppe von S_n, die $n \in \Omega$ festläßt, operiert auf $\{1, \ldots, n-1\}$ als S_{n-1}. In diesem Sinne fassen wir im folgenden Beweis S_{n-1} bzw. A_{n-1} als Untergruppe von S_n auf. Zum Beispiel ist S_4 das semidirekte Produkt der Untergruppe S_3 mit dem vor 4.3.4 eingeführten regulären Normalteiler N.

---

[11] In diesem Fall ist entweder $G \cong A_4 \times C_2$ oder $G \cong SL_2(3)$, siehe 8.6.10 auf Seite 195.

4.3.5.   Satz. *Für $n \geq 5$ ist A_n eine einfache Gruppe.*

Beweis.   Sei $n = 5$. Dann ist $|A_n| = 60$ und A_n nicht 5-abgeschlossen, da die Anzahl der 5-Zykeln in A_5 größer als 5 ist. Aus 3.2.12 auf Seite 63 folgt die Einfachheit von A_5.

Sei $n \geq 6$, und sei N ein Normalteiler von A_n, $1 \neq N \neq A_n$. Per Induktion nach n können wir dann annehmen, daß A_{n-1} (Stabilisator von $n \in \Omega$ in A_n) eine einfache Gruppe ist. Außerdem operiert A_n 4-transitiv und primitiv auf Ω (4.3.2 und 4.2.4). Aus 4.2.1 und 4.2.2 folgt, daß A_{n-1} eine maximale Untergruppe und N ein transitiver Normalteiler von A_n ist. Die Einfachheit von A_{n-1} ergibt $A_{n-1} \cap N = 1$, d.h. N ist sogar regulärer Normalteiler von A_n. Nun folgt aus der 4-Transitivität von A_n und 4.2.5, daß $n = 4$ ist, ein Widerspruch zu $n \geq 6$.   □

4.4 Imprimitive Gruppen und Kranzprodukte

Sei G eine Gruppe und Ω eine Menge, auf der G transitiv und *imprimitiv* operiert. Dann existiert ein Block $\Delta \subseteq \Omega$ mit $1 \neq |\Delta| \neq |\Omega|$, und

$$\Sigma := \{\Delta^g \mid g \in G\}$$

ist eine Partition von Ω.

Sei $\alpha \in \Delta$, $U := G_\alpha$ und $H := G_\Delta$ der Stabilisator von Δ, also

$$U < H < G.$$

Wir beschreiben nun die Operation von G auf Ω an Hand der Operation von G auf Σ und von H auf Δ.

Nach 4.1.1 ist die Operation von G auf Ω äquivalent zu der von G auf den Rechtsnebenklassen von U durch Rechtsmultiplikation. Wir können deshalb

$$\Omega = \{Ug \mid g \in G\}$$

annehmen. Dann ist

$$\Delta^g = \{Uhg \in \Omega \mid h \in H\}.$$

Sei S ein Schnitt von H in G. Zu jedem $x \in G$ und $s \in S$ existieren eindeutig bestimmte Elemente $f_x(s) \in H$ und $s_x \in S$ mit

$$sx = f_x(s)\, s_x.$$

Damit gilt für das Element Uhs aus dem Block Δ^s

(1) $(Uhs)x = Uhf_x(s)s_x.$

Für $x, y \in G$ und $s \in S$ ist

$$f_{xy}(s)\, s_{xy} = s(xy) = f_x(s)\, s_x\, y = f_x(s)\, f_y(s_x)(s_x)_y.$$

Es folgt

(2) $f_{xy}(s) = f_x(s)\, f_y(s_x)$, und

(3) $(s_x)_y = s_{xy}$.

Aussage (3) besagt, daß durch

$$s \mapsto s_x \quad (s \in S,\ x \in G)$$

eine Operation von G auf S definiert ist. Diese Operation ist äquivalent zu der von G auf Σ.

Sei

$$\widehat{H} := \underset{S}{\bigtimes} H$$

das direkte Produkt von $|S|$ Kopien von H. Wir beschreiben die Elemente von $\widehat{H}$ als Funktionen von S in H, also

$$\widehat{H} = \{f \mid f \colon S \to H\};$$

$f \in \widehat{H}$ ist somit das „S-Tupel", welches als „s-te Koordinate" das Element $f(s) \in H$ besitzt. Die Multiplikation ist „komponentenweise", d.h. $(fg)(s) = f(s)g(s)$ für $f, g \in \widehat{H}$. Unsere vorher erklärten Elemente $f_x(s) \in H$ definieren nun ein Element

$$f_x \colon s \mapsto f_x(s)$$

von $\widehat{H}$.

Für $x \in G$ und $f \in \widehat{H}$ definieren wir:

(4) $f^x \in \widehat{H}$ mit $f^x(s) := f(s_{x^{-1}})$, $s \in S$.

Wegen

$$(f^x)^y(s) = f^x(s_{y^{-1}}) = f(s_{y^{-1}x^{-1}}) = f(s_{(xy)^{-1}}) = f^{xy}(s)$$

wird durch (4) eine Operation von G auf der Gruppe $\widehat{H}$ definiert. Diese Operation permutiert die „Koordinaten" des S-Tupels f gemäß der Operation von G auf S; d.h. $f(s)$ ist der Eintrag des S-Tupels f^x in der s_x-Koordinate.

Wir bilden nun das semidirekte Produkt $G \ltimes \widehat{H}$ bezüglich dieser Operation von G auf $\widehat{H}$ und definieren für $(x, f) \in G \ltimes \widehat{H}$ sowie $Uhs \in \Omega$ ($h \in H$, $s \in S$):

(5) $(Uhs)^{(x,f)} := Uhf(s_x)s_x$.

Sind $(x, f), (y, g) \in G \ltimes \widehat{H}$, so ist

$$(x, f)(y, g) = (xy, f^y g),$$

und

$$((Uhs)^{(x,f)})^{(y,g)} = (Uhf(s_x)s_x)^{(y,g)} \stackrel{(3)}{=} Uhf(s_x)g(s_{xy})s_{xy}$$
$$\stackrel{(4)}{=} Uhf^y(s_{xy})g(s_{xy})s_{xy} = (Uhs)^{(xy, f^y g)}.$$

Deshalb erklärt (5) eine Operation von $G \ltimes \widehat{H}$ auf Ω. Bezeichnen wir diese Operation mit ρ' und die Operation von G auf Ω mit ρ, so gilt:

4.4.1.   *Die Abbildung*

$$\eta \colon G \to G \ltimes \widehat{H} \quad mit \quad x \mapsto (x, f_x{}^x)$$

ist ein Monomorphismus, und es ist $\rho = \eta \rho'$.

Beweis.   Für $x, y \in G$ ist

$$x^\eta y^\eta = (x, f_x{}^x)(y, f_y{}^y) = (xy, f_x{}^{xy} f_y{}^y) = (xy, (f_x f_y{}^{x^{-1}})^{xy})$$
$$\stackrel{(2)(4)}{=} (xy, f_{xy}{}^{xy}) = (xy)^\eta.$$

Also ist η Monomorphismus.

Für den Beweis der zweiten Behauptung sei $x \in G$ und $Uhs \in \Omega$ ($h \in H$, $s \in S$). Dann ist

$$(Uhs)^{x^\rho} = Uhsx \stackrel{(1)}{=} Uhf_x(s)s_x \stackrel{(4)}{=} Uhf_x{}^x(s_x)s_x$$
$$\stackrel{(5)}{=} (Uhs)^{(x, f_x{}^x)} = (Uhs)^{x^{\eta\rho'}}.$$

$\square$

Die Gruppe $G \ltimes \widehat{H}$ ist ein Spezialfall des *verschränkten Kranzproduktes*, das wir nun definieren.

Ausgangspunkt ist ein Quadrupel (H, G, A, τ), wobei H und G Gruppen sind, A eine Untergruppe von G und τ ein Homomorphismus von A in $\mathrm{Aut}\, H$ ist. Wir schreiben

$$h^a := h^{a^\tau}, \quad h \in H, \ a \in A.$$

Sei S ein Schnitt von A in G. Wie vorher bilden wir das $|S|$-fache direkte Produkt

$$\widehat{H} := \bigtimes_S H = \{f \mid f \colon S \to H\}$$

und definieren für jedes $(x, s) \in G \times S$ ein $(f_x, s_x) \in A \times S$ durch

$$sx = f_x(s)\, s_x.$$

Wie vorher (nur mit A statt H) gelten dann die Gleichungen (2) und (3). Insbesondere erklärt $s \mapsto s_x$ eine Operation von G auf S, die äquivalent zur Operation von G (durch Rechtsmultiplikation) auf den Nebenklassen Ag, $g \in G$, ist. Für $(x, f) \in G \times \widehat{H}$ sei $f^x \in \widehat{H}$ definiert durch

(6) $f^x(s) := f(s_{x^{-1}})^{f_x(s_{x^{-1}})}, \ s \in S,$

wobei $f_x(s_{x^{-1}})$ mittels τ auf H operiert. Wegen

$$(f^x)^y(s) = f^x(s_{y^{-1}})^{f_y(s_{y^{-1}})} = \left(f(s_{y^{-1}x^{-1}})^{f_x(s_{y^{-1}x^{-1}})}\right)^{f_y(s_{y^{-1}})}$$
$$\overset{(2)}{=} f(s_{(xy)^{-1}})^{f_{xy}(s_{(xy)^{-1}})} = f^{xy}(s)$$

definiert (6) eine Operation von G auf der Gruppe $\widehat{H}$. Sei

$$K_S := G \ltimes \widehat{H}$$

das semidirekte Produkt bezüglich dieser Operation. Der Index S in K_S soll anzeigen, daß die Definition von K_S von der Wahl des Schnittes S abhängt. Wir zeigen aber:

4.4.2.   *Seien S und $\widetilde{S}$ zwei Schnitte von A in G. Dann gilt $K_S \cong K_{\widetilde{S}}$.*

Beweis.   Zu jedem $s \in S$ existiert genau ein Paar $(b_s, \widetilde{s}) \in A \times \widetilde{S}$ mit

(7) $\widetilde{s} = b_s s.$

Für $(x, s) \in G \times S$ sei $(\widetilde{f}_x, \widetilde{s}) \in \widehat{H} \times \widetilde{S}$ definiert durch

$$\widetilde{s}x = \widetilde{f}_x(\widetilde{s}) \, \widetilde{s}_x.$$

Wegen

$$\widetilde{s}x = b_s s x = b_s f_x(s) s_x \overset{(7)}{=} b_s f_x(s) b_{s_x}^{-1} \widetilde{s}_x$$

gilt

(*) $$\widetilde{f}_x(\widetilde{s}) = b_s f_x(s) b_{s_x}^{-1}.$$

Die Abbildung

$$\beta \colon \underset{S}{\times} H \to \underset{\widetilde{S}}{\times} H$$

definiert durch

(8) $f^\beta(\widetilde{s}) = f(s)^{b_s^{-1}}$

ist offenbar ein Isomorphismus. Sei

$$\psi\colon K_S \to K_{\tilde{S}} \quad \text{mit} \quad (x,f) \mapsto (x, f^\beta).$$

ψ ist genau dann ein Isomorphismus, wenn gilt

(+) $\qquad\qquad (f^x)^\beta = (f^\beta)^x, \text{ für alle } f \in \widehat{H}, \ x \in G.$

Nun ist

$$(f^x)^\beta(\tilde{s}) \overset{(8)}{=} f^x(s)^{b_s^{-1}} \overset{(6)}{=} f(s_{x^{-1}})^{f_x(s_{x^{-1}})b_s^{-1}},$$

und

$$(f^\beta)^x(\tilde{s}) = f^\beta(\tilde{s}_{x^{-1}})^{\tilde{f}_x(\tilde{s}_{x^{-1}})} \overset{(8)}{=} f(s_{x^{-1}})^{b_s^{-1}\tilde{f}_x(\tilde{s}_{x^{-1}})}.$$

Damit folgt (+) aus (∗). □

Wegen 4.4.2 ist das aus dem Quadrupel (H, G, A, τ) konstruierte semidirekte Produkt

$$K := G \ltimes \widehat{H}$$

(bis auf Isomorphie) unabhängig von der Wahl des Schnittes. Die Gruppe K heißt **verschränktes Kranzprodukt** von G mit H (bezüglich $A \leq G$ und $\tau\colon A \to \operatorname{Aut} H$). Ist $A = 1$, so heißt K **Kranzprodukt** von G mit H.

Übungen

In den ersten drei Aufgaben ist G eine transitive Permutationsgruppe auf der Menge Ω.

1. Sei N ein Normalteiler von G und Σ die Menge aller Bahnen von N auf Ω. Dann operiert G transitiv auf Σ.[12]

2. (WITT, [100]) Sei G n-transitiv auf Ω, sei $\Sigma \subseteq \Omega$ mit $|\Sigma| \geq n$ und P eine p-Sylowuntergruppe der Untergruppe $\bigcap\limits_{\alpha \in \Sigma} G_\alpha$. Dann operiert $N_G(P)$ n-transitiv auf $C_\Omega(P)$.

3. Operiert G primitiv auf Ω und enthält G eine Transposition, so ist $G = S_\Omega$.

In den folgenden drei Aufgaben sei G eine Frobeniusgruppe mit Frobeniuskomplement H und Frobeniuskern K.

4. Hat H gerade Ordnung, so ist $Z(H) \neq 1$.

5. Enthält jede Restklasse von H in G mindestens ein Element aus K, so ist K eine Untergruppe von G.

---

[12] Die Operation von G auf Ω induziert eine Operation von G auf der Menge aller Teilmengen von Ω.

6. Ist H eine maximale Untergruppe, so ist K eine elementarabelsche p-Gruppe.[13]

7. Sei p Primzahl, $G := S_p$ und $P \in \mathrm{Syl}_p\, G$. Bestimme $N_G(P)$.

8. Sei $x = (1 \ldots n) \in S_m$. Dann ist $C_{S_m}(x) = R \times X$, wobei $R = \langle x \rangle$ und $X \cong S_{m-n}$ ist $(S_0 := 1)$.

9. Seien $H, K \leq S_8$, $H = \langle (123)(456)(78) \rangle$ und $K = \langle (38) \rangle$. Man bestimme die Bahnen von H, K und $\langle H, K \rangle$ auf $\{1, \ldots, 8\}$.

10. Man bestimme die Klassengleichung von A_7.

In den folgenden drei Aufgaben ist $G := S_n$, $n \geq 3$, und T die Konjugiertenklasse der Transpositionen von G.

11.   a) $|T| = \frac{n(n-1)}{2}$ und

$$C_G(d) \cong C_2 \times S_{n-2} \text{ für } d \in T.$$

 b) $o(ab) \in \{1, 2, 3\}$ für alle $a, b \in T$.

12. Sei D eine Konjugiertenklasse von Involutionen von G mit

$$o(ab) \in \{1, 2, 3\} \text{ für alle } a, b \in D.$$

Dann ist $D = T$ oder $n = 6$ und $D = ((12)(34)(56))^G$ oder $n = 4$ und $D = ((12)(34))^G$.

13. Sei $\alpha \in \mathrm{Aut}\, G$ mit $T^\alpha = T$. Dann ist α ein innerer Automorphismus von G.

14. Sei $\widetilde{G}$ eine Gruppe, und seien $d_1, \ldots, d_m$ Involutionen aus G $(m \geq 3)$ mit

 (i) $\widetilde{G} = \langle d_1, \ldots, d_m \rangle$,

 (ii) $o(d_i d_j) = \begin{cases} 2 & \text{falls } |i-j| \geq 2 \\ 3 & \text{falls } |i-j| = 1 \end{cases}$,

 (iii) $\langle d_i, \ldots, d_m \rangle \cong S_{m-i+2}$ für $2 \leq i \leq m$.

Dann gilt für $D := d_1^G$ und $M := \langle d_2, \ldots, d_m \rangle$:

 a) $|d_1^M| = m$, und M operiert 2-transitiv auf d_1^M (durch Konjugation).

 b) $a^b \in M$ für alle $a, b \in d_1^M$ mit $a \neq b$.

 c) $D = d_1^M \cup (D \cap M)$.

 d)   Für $a \in d_1^M$ und $b \in D$ ist $Mab = \begin{cases} M & a = b \\ Ma^b & \text{falls } b \in D \cap M \\ Ma & b \in d_1^M \setminus \{a\} \end{cases}$.

 e) $|\widetilde{G} : M| = m+1$, und d_1 operiert als Transposition auf $\{Mg \mid g \in \widetilde{G}\}$.

---

[13] Hier setze man voraus, daß K ein Normalteiler von G ist, also 4.1.6.

15. Sei $\widetilde{G}$ eine Gruppe, und seien $d_1, \ldots, d_{n-1}$, $n \geq 2$, Involutionen aus $\widetilde{G}$ mit

   (i) $\widetilde{G} = \langle d_1, \ldots, d_{n-1} \rangle$ und

   (ii) $o(d_i d_j) = \begin{cases} 2 & \text{falls } |i - j| \geq 2 \\ 3 & \text{falls } |i - j| = 1 \end{cases}$.

   Dann existiert ein Isomorphismus $\varphi \colon \widetilde{G} \to S_n$, so daß d_1^φ eine Transposition ist.

16. In S_6 existieren zwei nicht konjugierte Untergruppen isomorph zu S_5.

17. $\operatorname{Aut} S_n = \operatorname{Inn} S_n$ oder $n = 6$ und $|\operatorname{Aut} S_n / \operatorname{Inn} S_n| = 2$.

5. p-Gruppen und nilpotente Gruppen

Wie schon in der Einleitung von **3.2** bemerkt, wird durch den Satz von Sy-
LOW der Blick auf die p-Untergruppen einer endlichen Gruppe gelenkt. In
diesem Kapitel werden deshalb einige Eigenschaften von p-Gruppen (und
etwas allgemeiner von nilpotenten Gruppen) vorgestellt, die mit den Untersuchungen in späteren Kapiteln im Zusammenhang stehen. Im zweiten Abschnitt werden dann p-Gruppen mit einer zyklischen maximalen Untergruppe
untersucht.

5.1 Nilpotente Gruppen

Eine Gruppe G heißt **nilpotent**, wenn jede Untergruppe Subnormalteiler von
G ist.[1] Dies ist offenbar genau dann der Fall, wenn gilt:

$$U < N_G(U) \text{ für jede Untergruppe } U < G.$$

Direkt aus der Definition folgt mit 1.2.8 auf Seite 13 und dem Satz von
CAUCHY:

5.1.1. *Untergruppen und homomorphe Bilder von nilpotenten Gruppen
sind nilpotent. Maximale Untergruppen von nilpotenten Gruppen sind Normalteiler von Primzahlindex.* □

5.1.2. *Sei G eine Gruppe und Z eine Untergruppe von $Z(G)$. Genau dann
ist G nilpotent, wenn G/Z nilpotent ist.*

Beweis. Die eine Richtung folgt aus 5.1.1. Sei G/Z nilpotent und $U \leq G$.
Dann ist $UZ/Z \lhd\lhd G/Z$, also auch $UZ \lhd\lhd G$ (1.2.8 auf Seite 13). Wegen
$Z \leq Z(G)$ gilt $U \trianglelefteq UZ$; es folgt $U \lhd\lhd G$. □

Die Aussage 3.1.11 b) auf Seite 56 beschreibt die wichtigste Klasse nilpotenter
Gruppen:

---

[1] Für unendliche Gruppen wird *nilpotent* anders definiert; siehe dazu die Fußnote
auf Seite 93.

5.1.3.   *p-Gruppen sind nilpotent.*   □

In einer Gruppe G ist $O_p(G)$ der größte p-Normalteiler von G (3.2.2 auf Seite 59). G ist also p-abgeschlossen, wenn $O_p(G)$ eine p-Sylowuntergruppe von G ist.

Nilpotente Gruppen sind direkte Produkte von p-Gruppen im folgenden Sinn:

5.1.4.   **Satz.** *Für eine Gruppe G sind äquivalent:*

(i)   *G ist nilpotent.*

(ii)   *Für jedes $p \in \pi(G)$ ist G p-abgeschlossen.*

(iii) $G = \underset{p \in \pi(G)}{\times}\ O_p(G).$

Beweis.   (i) $\Rightarrow$ (ii): Für $p \in \pi(G)$ und $G_p \in \operatorname{Syl}_p G$ sei $U := N_G(G_p)$. Da G_p eine p-Sylowuntergruppe von U ist, ergibt das Frattiniargument

$$N_G(U) = U N_{N_G(U)}(G_p) = U.$$

Aus der Definition der Nilpotenz folgt $U = G$, also $G_p \trianglelefteq G$.

(ii) $\Rightarrow$ (iii): Dies folgt aus 1.6.6 auf Seite 29.

(iii) $\Rightarrow$ (i): Nach 3.1.11 a) auf Seite 56 ist $Z(O_p(G)) \neq 1$, $p \in \pi(G)$, also auch

$$Z(G) = \underset{p \in \pi(G)}{\times}\ Z(O_p(G)) \neq 1$$

(1.6.2 a auf Seite 26). Sei $\overline{G} := G/Z(G)$. Mit 1.6.2 c) folgt

$$\overline{G} = \underset{p \in \pi(\overline{G})}{\times}\ \overline{O_p(G)} = \underset{p \in \pi(\overline{G})}{\times}\ O_p(\overline{G}).$$

Per Induktion nach $|G|$ können wir annehmen, daß $\overline{G}$ bereits nilpotent ist. Dann ist auch G nilpotent (5.1.2).   □

Insbesondere folgt aus 1.6.2 a) und 3.1.11 auf Seite 56:

5.1.5.   *Sei G eine nilpotente Gruppe und $N \neq 1$ ein Normalteiler von G. Dann ist $Z(G) \cap N \neq 1$.*   □

5.1.6.   *Für eine Gruppe G sind äquivalent:*

(i)   *G ist nilpotent.*

(ii)   *Für jeden Normalteiler $N \neq G$ von G gilt $Z(G/N) \neq 1$.*

(iii)   *Für jeden Normalteiler $N \neq 1$ von G gilt $[N, G] < N$.*

Beweis.   (i) $\Rightarrow$ (ii): Da auch Faktorgruppen von G nilpotent sind, folgt dies aus 5.1.5.

(ii) $\Rightarrow$ (iii): Sei $G \neq 1$. Dann ist $Z(G) \neq 1$. Sei $\overline{G} := G/Z(G)$. Da sich (ii) auf Faktorgruppen vererbt, können wir vermöge Induktion nach $|G|$ annehmen, daß $\overline{N} = 1$ oder $[\overline{N}, \overline{G}] < \overline{N}$ gilt. Im ersten Fall ist $N \leq Z(G)$ und $[N, G] = 1 < N$. Im zweiten Fall folgt $[N, G] < N$ aus 1.5.1 auf Seite 22.

(iii) $\Rightarrow$ (i): Sei $G \neq 1$ und M ein minimaler Normalteiler von G. Da auch $[M, G]$ ein Normalteiler von G ist (1.5.5 auf Seite 23), folgt $[M, G] = 1$, also

$$M \leq Z(G).$$

Sei $\overline{G} := G/M$ und $M < N \trianglelefteq G$. Gilt $[\overline{N}, \overline{G}] = \overline{N}$, so ist $N = [N, G]M$ (1.5.1 auf Seite 22), also

$$[N, G] = [[N, G], G].$$

Es folgt $[N, G] = 1$ und damit $N = M$, entgegen der Annahme $N < M$. Damit gilt (iii) auch für $\overline{G}$; vermöge Induktion nach $|G|$ können wir nun annehmen, daß $\overline{G}$ nilpotent ist. Damit ist auch G nilpotent (5.1.2). $\square$

Eine nützliche Eigenschaft von nilpotenten Gruppen ist:

5.1.7.   *Unter den abelschen Normalteilern der nilpotenten Gruppe G sei N maximal. Dann gilt $C_G(N) = N$.*

Beweis.   Gilt $N < C_G(N) =: C$, so ist C/N ein nichttrivialer Normalteiler der nilpotenten Gruppe G/N. Aus 5.1.1 und 5.1.5 folgt

$$Z(G/N) \cap C/N \neq 1.$$

Sei $N < U \leq G$ und U/N eine zyklische Untergruppe von $Z(G/N) \cap C/N$. Dann ist U ein Normalteiler, der abelsch ist (siehe 1.3.1 auf Seite 15), im Widerspruch zur Maximalität von N . $\square$

In einer nilpotenten Gruppe G läßt sich mit Hilfe von 5.1.6 (ii) oder (iii) eine Untergruppenreihe

$$1 = Z_0 \leq Z_1 \leq \cdots \leq Z_{i-1} \leq Z_i \leq \cdots \leq Z_{c-1} \leq Z_c = G$$

konstruieren, in der $Z_i \trianglelefteq G$ und $Z_i/Z_{i-1} \leq Z(G/Z_{i-1})$ gilt $(i = 1, \ldots, c)$.[2]
Umgekehrt folgt aus 5.1.2, daß jede Gruppe mit einer solchen **Zentralreihe** nilpotent ist.[3]

---

[2] und zwar mit Hilfe von (ii) von „unten": $Z_1 := Z(G)$, $Z_2/Z_1 := Z(G/Z_1), \ldots$, und mit Hilfe von (iii) von „oben": $G \geq [G, G] \geq [G, G, G] \geq \ldots$.

[3] Eine unendliche Gruppe heißt **nilpotent**, wenn sie eine Zentralreihe (endlicher Länge) besitzt.

Die kleinstmögliche Länge c einer solchen Zentralreihe ist die **(Nilpotenz-) Klasse** von G; sie wird mit $c(G)$ bezeichnet. Zum Beispiel gilt $c(G) = 1$, wenn $G \neq 1$ abelsch, und $c(G) \leq 2$, wenn $G/Z(G)$ abelsch ist.

Zum Schluß dieses Abschnittes betrachten wir p-Gruppen der Nilpotenzklasse 2 und leiten zwei Aussagen ab, die wir später benötigen.

5.1.8. *Seien A und B Untergruppen der p-Gruppe P mit*

$$[A, B] \leq A \cap B \quad \text{und} \quad |[A, B]| \leq p.$$

Dann gilt

$$|A : C_A(B)| = |B : C_B(A)|.$$

Beweis. $N := [A, B]$ ist nach 1.5.5 auf Seite 23 normal in $\langle A, B \rangle$, und $\langle A, B \rangle/N$ ist ein zentrales Produkt von A/N mit B/N. Infolge $|N| \leq p$ liegt außerdem N im Zentrum von $\langle A, B \rangle$ (3.1.11 auf Seite 56). Es folgt

$$C_B(A) = C_B(AN) \trianglelefteq B.$$

Sei

$$|B/C_B(A)| = p^n,$$

und seien $b_1, \ldots, b_n$ mit

$$B = C_B(A)\langle b_1, \ldots, b_n \rangle.$$

Für $i = 1, \ldots, n$ operiert A auf der Menge Nb_i durch Konjugation; sei A_i der Kern dieser Operation von A. Dann ist

$$C_A(B) = \bigcap_{i=1}^{n} A_i.$$

Aus $|Nb_i| = |N| \leq p$ folgt $|A/A_i| \leq p$, also mit 1.6.4 auf Seite 28

$$|A/C_A(B)| \leq p^n = |B/C_B(A)|.$$

Wenn man die Rollen von A und B vertauscht, erhält man $|B/C_B(A)| \leq |A/C_A(B)|$, und damit die Behauptung. $\qquad\qquad\square$

5.1.9. *Sei P eine p-Gruppe mit $|P'| = p$ und A eine maximale abelsche Untergruppe von P. Dann gilt*

$$|P : A| = |A/Z(P)| \quad \text{und} \quad |P/Z(P)| = |A/Z(P)|^2.$$

Insbesondere haben alle maximalen abelschen Untergruppen von P dieselbe Ordnung.

Beweis. Die Maximalität von A impliziert

$$C_A(P) = Z(P), \quad C_P(A) = A,$$

und $|P'| = p$ impliziert $P' \leq Z(P)$, also $P' \leq A$. Wir können daher 5.1.8 mit $B = P$ anwenden. Es folgt

$$|A/Z(P)| = |P/A|$$

und $|P/Z(P)| = |P/A|\,|A/Z(P)| = |A/Z(P)|^2$. $\qquad\qquad\qquad\square$

Übungen

1. Genau dann ist die Diedergruppe D_{2n} nilpotent, wenn n eine 2-Potenz ist.

Sei P eine p-Gruppe.

2. Sind M_1, M_2 zwei verschiedene maximale Untergruppen von P, so gilt $P = M_1 M_2$ und $P/M_1 \cap M_2 \cong C_p \times C_p$.

3. Sind zwei verschiedene maximale Untergruppen von P abelsch, so ist $P/Z(P)$ abelsch.

4. Seien $U_1, \ldots, U_r$ echte Untergruppen von P, und sei $P = U_1 \cup \ldots \cup U_r$. Dann ist $r \geq p + 1$.

5. Sei A ein maximaler abelscher Normalteiler von P. Ist $|A : C_A(x)| \leq p$ für alle $x \in P$, so ist $P' \leq A$.

6. Sei $|P : C_P(x)| \leq p^2$ für alle $x \in P$. Dann ist P' abelsch.

5.2 Nilpotente Normalteiler

Sei G eine Gruppe und N ein nilpotenter Normalteiler von G. Dann besagt 5.1.4 (iii)

$$N = \underset{p \in \pi(N)}{\bigtimes} O_p(N).$$

Da $O_p(N)$ charakteristisch in N, also normal in G ist, folgt

$$O_p(N) \leq O_p(G).$$

Das Produkt aller nilpotenten Normalteiler von G ist eine charakteristische Untergruppe von G; sie heißt die **Fittinguntergruppe** von G und wird mit $F(G)$ bezeichnet.[4]

Nach dem eben Gesagten liegt $F(G)$ im Produkt der Untergruppen $O_p(G)$, $p \in \pi(G)$. Da dieses Produkt nach 1.6.6 auf Seite 29 direkt, also wegen 5.1.4 ebenfalls ein nilpotenter Normalteiler von G ist, folgt:

---

[4] Siehe [44].

5.2.1.   a)   *$F(G)$ ist nilpotent, also* der *größte nilpotente Normalteiler von G.*

b) $F(G) = \underset{p \in \pi(G)}{\times} O_p(G).$ □

Zu folgender wichtigen Eigenschaft der Fittinguntergruppe vergleiche 6.1.4 auf Seite 110 und die Ausführungen in **6.5**.

5.2.2.   *Sei $C := C_G(F(G))$. Dann gilt für alle $p \in \mathbb{P}$:*

$$O_p(C/C \cap F(G)) = 1.$$

Beweis.   Das Urbild P von $O_p(C/C \cap F(G))$ in C ist zum einen normal in G (1.3.2 auf Seite 15), zum anderen nilpotent, da $C \cap F(G) \leq Z(C)$ (5.1.2). Es folgt $P \leq F(G) \cap C$, also die Behauptung.   □

Der Durchschnitt aller maximaler Untergruppen von G ist eine charakteristische Untergruppe; sie heißt die **Frattiniuntergruppe** von G und wird mit $\Phi(G)$ bezeichnet[5]. Im Falle $G = 1$ ist $\Phi(G) = 1$, da in diesem Fall G keine maximalen Untergruppen besitzt. Die wesentliche Eigenschaft der Frattiniuntergruppe ist:

5.2.3.   *Sei $H \leq G$ mit $G = H\Phi(G)$. Dann ist $G = H$.*

Beweis.   Im Falle $G \neq H$ liegt H in einer maximalen Untergruppe von G, also auch $G = H\Phi(G)$, ein Widerspruch.   □

Eine Anwendung des Frattiniargumentes liefert:

5.2.4.   a)   *$\Phi(G)$ ist nilpotent.*

b)   *Ist $G/\Phi(G)$ nilpotent, so ist G nilpotent.*

Beweis.   a) Nach 5.1.4 (ii) genügt es zu zeigen, daß jede p-Sylowuntergruppe P von $\Phi(G)$ normal in $\Phi(G)$ ist. Aus dem Frattiniargument 3.2.7 folgt $G = N_G(P)\Phi(G)$, also $G = N_G(P)$.

b) Wir zeigen, daß eine p-Sylowuntergruppe P von G normal ist. Nach 3.2.5 auf Seite 60 ist $P\Phi(G)/\Phi(G)$ eine p-Sylowuntergruppe der nilpotenten Gruppe $G/\Phi(G)$, also Normalteiler von $G/\Phi(G)$ (5.1.4 (ii)). Dann ist $N := P\Phi(G)$ normal in G. Wegen $P \in \mathrm{Syl}_p G$ folgt

$$G \overset{3.2.7}{=} N_G(P)N = N_G(P)P\Phi(G) = N_G(P)\Phi(G),$$

also wieder $G = N_G(P)$.   □

---

[5] Siehe [45].

Zum Schluß dieses Abschnitts betrachten wir die Frattiniuntergruppe in p-Gruppen.

5.2.5.   *Sei P eine p-Gruppe.*

a)   *$P/\Phi(P)$ ist eine elementarabelsche p-Gruppe.*

b)   *Ist $|P/\Phi(P)| = p^n$, so existieren $x_1, \ldots, x_n \in P$ mit $P = \langle x_1, \ldots, x_n \rangle$.*

Beweis.   a) Da in einer nilpotenten Gruppe jede maximale Untergruppe ein Normalteiler von Primzahlindex ist, folgt a) aus 1.6.4 auf Seite 28.

b) $|P/\Phi(P)| = p^n$ besagt wegen a) und 2.1.8 a), daß $P/\Phi(P)$ von n Elementen $x_1\Phi(P), \ldots, x_n\Phi(P)$, $x_i \in P$, erzeugt wird. Dann folgt $P = \langle x_1, \ldots, x_n \rangle \Phi(P)$, also $P = \langle x_1, \ldots, x_n \rangle$. $\square$

Eine p-Gruppe P heißt **speziell**, wenn sie nichtabelsch ist, und

$$P' = \Phi(P) = Z(P) = \Omega(Z(P))$$

gilt. Ist zusätzlich $Z(P)$ zyklisch, so heißt P **extraspeziell**.

Aus 5.1.9 folgt:

5.2.6.   *Sei P eine extraspezielle p-Gruppe und A eine maximale abelsche Untergruppe der Ordnung p^n. Dann ist $|P| = p^{2n+1}$.* $\square$

Es sei darauf hingewiesen, daß eine extraspezielle p-Gruppe ein zentrales Produkt von nichtabelschen Untergruppen der Ordnung p^3 ist.[6]

Übungen

Sei G eine Gruppe.

1. $F(G/\Phi(G)) = F(G)/\Phi(G)$.

2.   Ist $F(G)$ eine p-Gruppe, so ist $F(G/F(G))$ eine p'-Gruppe.

3.   Ist G nilpotent, so sind äquivalent:

   (i) G ist zyklisch.

   (ii) G/G' ist zyklisch.

   (iii)   Jede Sylowuntergruppe von G ist zyklisch.

4. G ist genau dann nilpotent, wenn jede maximale Untergruppe von G Normalteiler von G ist.

---

[6] Siehe Übungsaufgabe 4 auf Seite 107.

5. G ist genau dann nilpotent, wenn für jede nichtzyklische Untergruppe $U \leq G$ gilt:
    $$\langle x^U \rangle \neq U \text{ für alle } x \in U.$$

6. $N \trianglelefteq G \;\Rightarrow\; \Phi(N) \leq \Phi(G)$.

7. Sei $p \in \pi(G)$ mit $O_p(G) = 1$, und sei N ein Normalteiler von G, so daß G/N eine p-Gruppe ist. Dann ist $\Phi(G) = \Phi(N)$.

8. Sei N ein Normalteiler von G und G/N nilpotent. Dann existiert eine nilpotente Untergruppe U von G mit $G = NU$.

9. Sei P eine p-Gruppe. Ist $p = 2$, so gilt
    $$\Phi(P) = \langle x^p \mid x \in G \rangle.$$

    Für $p \neq 2$ gebe man ein Gegenbeispiel an.

5.3 p-Gruppen mit zyklischen maximalen Untergruppen

Wir bestimmen hier alle p-Gruppen, welche eine maximale Untergruppe besitzen, die zyklisch ist.

Den einfachsten Fall beschreibt:

5.3.1. *Eine p-Gruppe P der Ordnung p^2 ist abelsch, also isomorph zu C_{p^2} oder $C_p \times C_p$.*

Beweis. Da $Z(P) \neq 1$ gilt, ist $P/Z(P)$ zyklisch; die Behauptung ergibt sich daher aus 1.3.1 auf Seite 15. $\qquad\square$

Eine maximale Untergruppe H der p-Gruppe P ist Normalteiler von P. Besitzt H ein Komplement A in P, so ist dieses zyklisch $\cong C_p$, und P ist ein semidirektes Produkt $P = AH$. Ist nun auch H zyklisch, so ist die Multiplikation in P durch die Operation von A auf dem Normalteiler H festgelegt.

In diesem *semidirekten* Fall folgt:

5.3.2. *Sei P eine nichtabelsche p-Gruppe und $H = \langle h \rangle$ eine zyklische maximale Untergruppe von G der Ordnung p^n. Besitzt H ein Komplement $A = \langle a \rangle$ in P, so gilt eine der folgenden Fälle:*

a) $p \neq 2$ und $h^a = h^{1+p^{n-1}}$ *(bei geeigneter Wahl von $a \in A$).*

b) $p = 2$ und $h^a = h^{-1}$.

c) $p = 2$, $n \geq 3$ und $h^a = h^{-1+2^{n-1}}$.

d) $p = 2$, $n \geq 3$ und $h^a = h^{1+2^{n-1}}$.

Dabei beschreiben diese vier Fälle vier verschiedene Isomorphietypen von P.

Beweis.   Die Aussagen a)–d) folgen aus 2.2.6 auf Seite 47. Es bleibt noch zu zeigen, daß sie verschiedene Isomorphietypen beschreiben. Dabei können wir uns auf die Fälle b), c) und d) beschränken. In diesen Fällen liegt die Involution

$$z := h^{2^{n-1}}$$

in $Z(P)$. Hierbei gilt ($i \in \mathbb{N}$)

$$(h^i)^a = \begin{cases} h^{-i}z^i & \text{im Falle c)} \\ h^i z^i & \text{im Falle d)} \end{cases}.$$

Es folgt

$$Z(P) = \begin{cases} \langle z \rangle & \text{b)} \\ \langle z \rangle & \text{im Falle c)} \\ \langle h^2 \rangle & \text{d)} \end{cases}.$$

Danach ist nur noch der Fall b) und c) zu betrachten. Im Falle b) ist aber jedes Element aus $P \setminus H$ eine Involution, während $ha \in P \setminus H$ im Falle c) ein Element der Ordnung 4 ist.   □

Im Falle b) ist P eine Diedergruppe, siehe 1.6.9 auf Seite 31; im Falle c) heißt P **Semidiedergruppe**.

Wir wenden uns nun dem nicht-semidirekten Fall zu, und stellen zunächst *die* Gruppe vor, die hier auftritt.

Sei $3 \leq n \in \mathbb{N}$, und seien

$$H = \langle h_1 \rangle \cong C_{2^{n-1}} \quad \text{und} \quad A = \langle a_1 \rangle \cong C_4.$$

Dann operiert A auf der Gruppe H vermöge des Automorphismus

$$h_1^{a_1} = h_1^{-1}.$$

Insbesondere operiert $\langle a_1^2 \rangle$ trivial auf H. Sei P das semidirekte Produkt AH bezüglich dieser Operation. Dann ist

$$\langle a_1^2 \rangle \langle h_1^{2^{n-2}} \rangle \quad (\cong C_2 \times C_2)$$

eine Untergruppe von $Z(P)$. Sei

$$N := \langle a_1^2 h_1^{2^{n-2}} \rangle.$$

Die Gruppe P/N (und jede dazu isomorphe Gruppe) heißt **Quaternionengruppe** der Ordnung 2^n. Wir bezeichnen sie mit Q_{2^n}.[7] Sei

---

[7] Für $n > 2$ heißt Q_{2^n} auch die **verallgemeinerte** Quaternionengruppe.

$$a = a_1 N \quad \text{und} \quad h = h_1 N$$

gesetzt. Dann folgt

$$Q_{2^n} = \langle a, h \rangle, \text{ und}$$

$$o(h) = 2^{n-1}, \quad o(a) = 4, \quad h^a = h^{-1}, \quad h^{2^{n-2}} = a^2.$$

Aus diesen Relationen läßt sich die Multiplikationstafel von Q_{2^n} berechnen. Sie bestimmen daher Q_{2^n} bis auf Isomorphie.

Konkret läßt sich die Quaternionengruppe der Ordnung 8 als eine Untergruppe der Gruppe $GL(2, \mathbb{C})$ aller invertierbaren 2×2-Matrizen über den komplexen Zahlkörper $\mathbb{C}$ darstellen: Sei

$$h = \begin{pmatrix} i & 0 \\ 0 & -i \end{pmatrix} \quad \text{und} \quad a = \begin{pmatrix} 0 & 1 \\ -1 & 0 \end{pmatrix}.$$

Dann gilt $h^2 = a^2 = \begin{pmatrix} -1 & 0 \\ 0 & -1 \end{pmatrix}$, und das Erzeugnis $\langle h, a \rangle$ in $GL(2, \mathbb{C})$ ist eine Quaternionengruppe.

Wir notieren die wesentlichen Eigenschaften der Quaternionengruppe $Q := Q_{2^n}$:

$\langle h \rangle$ ist ein Normalteiler vom Index 2 in Q.

Für jedes $x \in Q \setminus \langle h \rangle$ gilt $x^2 = h^{2^{n-2}}$.

$Z(Q) = \langle h^{2^{n-2}} \rangle$.

$Z(Q)$ ist die einzige Untergruppe der Ordnung 2 von Q.

Die Untergruppen von Q sind entweder zyklisch oder ebenfalls Quaternionengruppen.

Hat Q die Ordnung 8, so ist jede Untergruppe von Q Normalteiler von Q.

Wir halten fest:

5.3.3.   Aut $Q_8 \cong S_4$.

Beweis. $A := \operatorname{Aut} Q_8$ operiert auf der Menge Ω aller maximalen Untergruppen von Q_8. Es ist $|\Omega| = 3$, also existiert ein Homomorphismus

$$\varphi \colon A \to S_3.$$

Seien x, y Elemente der Ordnung 4 aus Q_8 mit $y \notin \langle x \rangle$. Dann ist

$$\Omega = \{ \langle x \rangle, \langle y \rangle, \langle xy \rangle \}$$

und

$$x^y = x^{-1}, \quad y^x = y^{-1}, \quad x^2 = y^2.$$

Diese Relationen zeigen, daß A ein Element enthält, welches x und y vertauscht. Danach enthält Bild φ alle Transpositionen, d.h.

$$\text{Bild}\,\varphi = S_3.$$

Es ist

$$N := \text{Inn}\,Q_8 \cong Q_8/Z(Q_8) \cong C_2 \times C_2$$

und $N \leq \text{Kern}\,\varphi$. Wir zeigen

$$(') \qquad\qquad N = \text{Kern}\,\varphi.$$

Sei $a \in \text{Kern}\,\varphi$. Wegen $x^y = x^{-1}$ können wir $x^a = x$ annehmen. Im Falle $y^a = y$ ist dann $a = 1$ und im Falle $y^a = y^{-1}$ ist a gleich dem inneren Automorphismus, der von x induziert wird. Dies beweist $(')$.

Es ist $N \cap \text{Bild}\,\varphi = 1$, also $|A| = 24$. Da eine Untergruppe der Ordnung 3 von Bild φ transitiv auf Ω, also auch auf $N^{\#}$, operiert, ist $Z(A) = 1$ und A nicht 3-abgeschlossen. Die Behauptung folgt daher aus 4.3.4 auf Seite 82. $\quad\square$

Um zu zeigen, daß im nicht-semidirekten Fall nur Quaternionengruppen auftreten, benötigen wir folgende Aussage:

5.3.4. *Seien x, y Elemente der p-Gruppe P, und sei*

$$[x, y] \in \Omega(Z(P)).$$

a) *Ist $p \neq 2$, so gilt $(xy)^p = x^p y^p$.*

b) *Ist $p = 2$, so gilt $(xy)^2 = x^2 y^2 [x, y]$ und $(xy)^4 = x^4 y^4$.*

Beweis. Sei $z := [x, y]$. Dann ist $x^y = xz$ und $x^{y^i} = xz^i$ für $i \geq 1$. Nach Voraussetzung gilt $z^p = 1$, also

$$(x^p)^y = (x^y)^p = x^p z^p = x^p.$$

Sei $p = 2$. Dann ist

$$(xy)^2 = xy\,xy = xy^2 x[x, y] = x^2 y^2 z,$$

und $(xy)^4 = x^2 y^2 z x^2 y^2 z = x^4 y^4$.

Sei $p \neq 2$. Es gilt

$$\begin{aligned}
(xy^{-1})^p &= (xy^{-1})(xyy^{-2})(xy^2 y^{-3}) \cdots (xy^{p-1} y^{-p}) \\
&= x\,xz\,xz^2 \cdots xz^{p-1}\,y^{-p} \\
&= (x^p y^{-p})(z\,z^2 \cdots z^{p-1}).
\end{aligned}$$

Wegen

$$z z^p \cdots z^{p-1} = z^{\frac{p(p-1)}{2}} = 1$$

folgt a). $\qquad\qquad\qquad\qquad\qquad\qquad\qquad\qquad\qquad\qquad\quad\square$

Als eine Folgerung sei notiert:

5.3.5. *Sei P eine p-Gruppe und $p \neq 2$. Ist $P/Z(P)$ abelsch[8], so gilt*

$$\Omega(P) = \{x \in P \mid x^p = 1\}.$$

Beweis. Seien $x, y \in P$ mit $x^p = y^p = 1$. Da $P/Z(P)$ abelsch ist, liegt $z := [x, y]$ in $Z(P)$. Wegen $x^y = xz$ gilt

$$1 = (x^p)^y = (x^y)^p = x^p z^p = z^p,$$

also $z \in \Omega(Z(P))$. Damit folgt die Behauptung aus 5.3.4 a). $\square$

Sei nun P eine p-Gruppe mit einer zyklischen maximalen Untergruppe H, die kein Komplement in P besitzt. Dann gilt $1 \neq x^p \in H$ für alle $x \in P \setminus H$, und $\Omega(H)$ ist die einzige Untergruppe der Ordnung p von P. Ist P abelsch, so folgt aus 2.1.7 auf Seite 41, daß P zyklisch ist. Im nichtabelschen Fall gilt:

5.3.6. *Sei P eine nichtabelsche p-Gruppe mit einer zyklischen maximalen Untergruppe H. Gilt*

$$(*) \qquad\qquad 1 \neq x^p \in H \text{ für alle } x \in P \setminus H,$$

so ist P eine Quaternionengruppe. Insbesondere ist $p = 2$.

Beweis. Sei $H = \langle h \rangle$, $o(h) = p^n$ und $z := h^{p^{n-1}}$. Dann ist

$$\Omega(Z(P)) = \langle z \rangle.$$

Sei $x \in P \setminus H$ so gewählt, daß $o(x)$ minimal ist. Da P nicht zyklisch ist, gilt $\langle x^p \rangle \leq \langle h^p \rangle$. Sei $h_0 \in H$ mit

$$x^p = h_0{}^p.$$

Den Fall $p \neq 2$ führen wir zu einem Widerspruch: Ersetzt man x durch eine geeignete Potenz von x, so hat man nach 2.2.6 a) auf Seite 47

$$h_0{}^x = h_0{}^{1+p^{n-1}},$$

also $[h_0^{-1}, x] \in \Omega(Z(P))$. Aus 5.3.4 folgt $(h_0^{-1}x)^p = h_0^{-p}x^p = 1$, im Widerspruch zu $h_0^{-1}x \in P \setminus H$.

Damit ist $p = 2$. Gemäß 2.2.6 sind folgende Fälle zu diskutieren:

b) $h^x = h^{-1}$, also $[h, x] = h^{-2}$.

c) $n \geq 3$ und $h^x = h^{-1}z$, also $[h, x] = h^{-2}z$.

---

[8] also $c(P) \leq 2$

d) $n \geq 3$ und $h^x = hz$, also $[h, x] = z$.

Zunächst führen wir d) zu einem Widerspruch. Hier hat man für jede Potenz y von h

$$[y, x] \in \langle z \rangle.$$

Mit $y := h_0^{-1}$ folgt aus 5.3.4 b)

$$\left(h_0^{-1}x\right)^2 = h_0^{-2}x^2z = z,$$

also $o(h_0^{-1}x) = 4$. Die minimale Wahl von $o(x)$ liefert nun $o(x) = 4$, also $x^2 = z$. Es folgt $h_0{}^4 = 1$. Andererseits ist $(h^2)^x = h^2z^2 = h^2$, also $C_H(x) = \langle h^2 \rangle$. Im Falle $h_0 \in C_H(x)$ ist $o(h_0^{-1}x) = 2$, im Widerspruch zu $h_0^{-1}x \in P \setminus H$. Damit liegt h_0 in $H \setminus \langle h^2 \rangle$. Es folgt

$$H = \langle h_0 \rangle \cong C_4,$$

im Widerspruch zu $n \geq 3$.

Aus b) oder c) folgt

$$x^2 = (x^2)^x = (h_0^2)^x = h_0^{-2} = x^{-2},$$

also ebenfalls $o(x) = 4$, d.h.

$$x^2 = z.$$

Im Falle c) erhalten wir nun

$$(hx)^2 = hxhx = hx^{-1}hxx^2 = z^2 = 1,$$

im Widerspruch zu $hx \in P \setminus H$.

Im Falle b) ist P wegen $x^2 = z$ eine Quaternionengruppe der Ordnung 2^{n+1}.

$\square$

5.3.7.   Satz. *Sei P eine p-Gruppe mit genau einer Untergruppe der Ordnung p. Dann ist entweder P zyklisch oder $p = 2$ und P eine Quaternionengruppe.*

Beweis.   Wegen 2.1.7 auf Seite 41 können wir annehmen, daß P nicht abelsch ist. Da jede Untergruppe U von P mit $1 \neq U \neq P$ ebenfalls nur eine Untergruppe der Ordnung p besitzt, können wir außerdem per Induktion nach $|P|$ annehmen, daß U zyklisch oder im Falle $p = 2$ eine Quaternionengruppe ist. Sei H ein maximaler abelscher Normalteiler von P. Dann ist H zyklisch und

$$C_P(H) = H$$

(5.1.7). Damit kann $A := P/H$ als Untergruppe von Aut H aufgefaßt werden (3.1.9 auf Seite 56). Sei Q/H, $H \leq Q \leq P$, eine Untergruppe der Ordnung p von A. Dann ist Q nichtabelsch und

$$1 \neq x^p \in H \quad \text{für alle} \quad x \in Q \setminus H,$$

da H die einzige Untergruppe der Ordnung p von P enthält. Somit folgt aus 5.3.6, daß $p = 2$ und Q eine Quaternionengruppe ist. Insbesondere gilt

$$h^a = h^{-1}$$

für jedes $a \in Q \setminus H$. Die 2-Gruppe A besitzt daher nur eine Untergruppe der Ordnung 2. Nach 2.2.6 c) gilt $h^{\alpha^2} \neq h^{-1}$ für alle $\alpha \in \text{Aut}\, H$. Es folgt $|A| = 2$ und $Q = P$. □

Als Korollar erhält man:

5.3.8. *Eine p-Gruppe P ist zyklisch oder eine Quaternionengruppe, wenn jede abelsche Untergruppe zyklisch ist.*

Beweis.   Sei $U \leq P$ mit $|U| = p$. Weil $Z(P)U$ abelsch, also zyklisch ist, ist U die einzige Untergruppe der Ordnung p von $Z(P)U$, wegen $Z(P) \neq 1$ sogar von $Z(P)$, und deshalb von P. Die Behauptung folgt nun aus 5.3.7. □

Im folgenden werden die *nichtabelschen p-Gruppen P der Ordnung p^3* aufgeführt[9]:

Besitzt P ein Element h der Ordnung p^2, so ist $H := \langle h \rangle$ eine zyklische maximale Untergruppe von P, und diesen Fall haben wir in 5.3.2 und 5.3.6 geklärt:

Im Falle $p \neq 2$ existiert ein $a \in P \setminus H$ mit $o(a) = p$ und $h^a = h^{1+p}$.

Im Falle $p = 2$ ist P eine Diedergruppe oder eine Quaternionengruppe der Ordnung 8.

P besitze nun kein Element der Ordnung p^2; es ist also

$$(') \qquad\qquad x^p = 1 \quad \text{für alle} \quad x \in P.$$

Dann ist P nicht isomorph zu einer der eben betrachteten Gruppen. Da im Falle $p = 2$ P abelsch ist (Übungsaufgabe 8 auf Seite 9), ist

$$('') \qquad\qquad p \neq 2.$$

Wir zeigen, daß P bis auf Isomorphie durch $(')$ und $('')$ eindeutig bestimmt ist:

Sei H eine Untergruppe von P der Ordnung p^2, sowie $a \in P \setminus H$. Dann ist $P = \langle a \rangle H$ semidirekt mit

$$(1) \qquad\qquad H \cong C_p \times C_p \quad \text{und} \quad \langle a \rangle \cong C_p$$

---

[9] Diese und andere „kleine" Gruppen wurden zuerst von HÖLDER bestimmt [69].

(5.3.1). Nach 3.1.11 a) auf Seite 56 existiert $1 \neq z \in H$ mit $z^a = z$. Für $h \in H \setminus \langle z \rangle$ ist $h^a \neq h$, da P nicht abelsch ist, und $[h, a] \in \langle z \rangle$, da $P/\langle z \rangle$ abelsch ist (5.3.1). Ersetzt man z durch eine geeignete Potenz, so ist die Operation von a auf H durch

$$(2) \qquad H = \langle z \rangle \times \langle h \rangle, \quad z^a = z, \quad h^a = zh,$$

beschrieben. Durch die Aussagen (1) und (2) ist somit der Isomorphietyp von P festgelegt.

Es sei darauf hingewiesen, daß die Diedergruppe der Ordnung 8 ebenfalls ein semidirektes Produkt $\langle a \rangle H$ wie in (1) und (2) ist.

Wir beenden diesen Abschnitt mit zwei weiteren Charakterisierungen, auf die wir im letzten Kapitel zurückkommen.

5.3.9.   *Sei P eine p-Gruppe, in der jeder abelsche Normalteiler zyklisch ist. Dann ist P zyklisch, oder $p = 2$ und P Quaternionengruppe, Diedergruppe der Ordnung > 8 oder Semidiedergruppe.*

Beweis.   Sei H wie im Beweis von 5.3.7 ein maximaler abelscher Normalteiler von P. Dann ist $C_P(H) = H$ und nach Voraussetzung H zyklisch. Sei $H \neq P$ angenommen. Dann ist

$$(1) \qquad H \neq \Omega(H) = \Omega(Z(P)) \cap H$$

und P/H abelsch, also jede Untergruppe zwischen H und P normal in P. Sei X die maximale Untergruppe von H. Wir zeigen:

$(')$ Ist $a \in P \setminus H$ mit $a^p \in H$, so gilt $x^a = x^{-1}$ für alle $x \in X$; insbesondere ist $p = 2$.

Wir nehmen an, daß $(')$ falsch ist. Dann ist

$$(2) \qquad |H| \geq 2^3, \text{ falls } p = 2,$$

und $H\langle a \rangle$ keine Quaternionengruppe. Wir können daher a so wählen, daß $o(a) = p$. Da a einen nichttrivialen Automorphismus auf H induziert, zeigt die Diskussion in 2.2.6 auf Seite 47 oder 5.3.1

$$[H, a] = \Omega(H) \quad \text{und} \quad [X, a] = 1.$$

Sei $h \in H \setminus X$ und $o(ha) = p$ angenommen. Dann folgt

$$o(h) = o(a^{-1}(ah)) \overset{5.3.4}{=} \begin{cases} p & \text{falls} \quad p \neq 2 \\ \leq 4 & \text{falls} \quad p = 2 \end{cases},$$

im Widerspruch zu (1) bzw. (2). Damit liegt $\Omega(H\langle a \rangle)$ in der nichtzyklischen abelschen Gruppe $X\langle a \rangle$, es ist also

$$C_p \times C_p \cong \Omega(H\langle a\rangle) \text{ char } H\langle a\rangle \trianglelefteq P,$$

entgegen der Voraussetzung. Damit ist (') bewiesen.

In 2.2.6 b) ist $\operatorname{Aut} H$ beschrieben. Somit folgt aus (') $|P/H| = 2$ und dann mit 5.3.2 die Behauptung; dabei beachte man, daß P im Falle $P \cong D_8$ einen nichtzyklischen Normalteiler besitzt. $\qquad\square$

5.3.10. *Sei P eine 2-Gruppe und t eine Involution in P mit*

$$C_P(t) \cong C_2 \times C_2.$$

Dann ist P eine Diedergruppe oder eine Semidiedergruppe.[10]

Beweis. Sei H ein maximaler abelscher Normalteiler von P. Nach 5.1.7 ist

(1) $|P/H| \leq |\operatorname{Aut} H|$.

Wegen 5.3.9 können wir annehmen, daß H nicht zyklisch ist. Dann enthält H eine Untergruppe isomorph zu $C_2 \times C_2$ (2.1.7).

Sei als erstes $t \in H$. Dann ist $H \leq C_P(t)$, also $H \cong C_2 \times C_2$ und wegen (1) $|P/H| \leq 2$. Im Falle $P = H$ ist $P = D_4$ und im Falle $|P| = 8$ ist $P = D_8$.[11]

Sei nun $t \notin H$. Dann ist

(2) $C_2 \cong C_H(t) =: Z$.

Die Menge

$$K := \{[x,t] \mid x \in H\}$$

ist eine Untergruppe von H, da H abelsch ist. Für $x, y \in H$ gilt

$$[x,t] = [y,t] \iff xZ = yZ.$$

Also ist

$$|H : K| = 2.$$

Außerdem ist

$$[x,t]^t = (x^{-1}txt)^t = tx^{-1}tx = [x,t]^{-1},$$

und somit

(3) $k^t = k^{-1}$ für alle $k \in K$.

---

[10] Umgekehrt haben Dieder- und Semidiedergruppen diese Eigenschaft.
[11] Da anderenfalls $P = Q_8$ gilt; aber Q_8 enthält nur eine Involution.

Insbesondere liegen die Involutionen von K in $C_H(t)$. Daher folgt aus (2), daß Z die einzige Untergruppe der Ordnung 2 in K ist. Deshalb ist K zyklisch (2.1.7). Da H nicht zyklisch ist, existiert eine Involution $y \in H \setminus K$. Dann ist auch $[y, t]$ eine Involution, also

$$y^t = yz \quad \text{mit} \quad \langle z \rangle := Z.$$

Im Falle $|H| = 4$ folgt mit (1) $P = \langle y, t \rangle \cong D_8$. Sei $|H| > 4$. Dann ist $|K| \geq 4$, und es existiert $k \in K$ mit $o(k) = 4$. Es ist $k^2 = z$ und

$$k^t \stackrel{(3)}{=} k^{-1} = kz.$$

Es folgt

$$(yk)^t = y^t k^t = yzkz = yk.$$

Wegen $o(yk) = 4$ widerspricht dies (2). $\qquad\square$

Übungen

1. Bestimme $\Omega(P)$ für die p-Gruppen P der Ordnung p^3.

2. Seien A, B zwei nichtabelsche Gruppen der Ordnung p^3, sei $Z(A) = \langle a \rangle$ und $Z(B) = \langle b \rangle$, und sei $P := (A \times B)/\langle ab \rangle$. Dann ist P eine extraspezielle p-Gruppe.

3. Sei P eine extraspezielle p-Gruppe der Ordnung p^3. Dann ist

    $$\text{Inn}\, P = \{\alpha \in \text{Aut}\, P \mid (xZ(P))^\alpha = xZ(P) \text{ für alle } x \in P\}.$$

4. Eine extraspezielle p-Gruppe ist zentrales Produkt von extraspeziellen Gruppen der Ordnung p^3.

5. Sei P eine p-Gruppe. Sei $Z_2(P')$ das Urbild von $Z(P'/Z(P'))$ in P'. Genau dann ist P' zyklisch, wenn $Z_2(P')$ zyklisch ist.

6. In der Gruppe $\text{GL}_2(3)$ aller invertierbaren 2×2-Matrizen über $\mathbb{F}_3$ sei

    $$P := \langle \begin{pmatrix} 0 & -1 \\ 1 & 0 \end{pmatrix}, \begin{pmatrix} -1 & 1 \\ 1 & 1 \end{pmatrix} \rangle.$$

    Dann ist $P \cong Q_8$ und $P \trianglelefteq \text{GL}_2(3)$.

7. $\text{Aut}\, Q_{2^n}$ ist genau dann eine 2-Gruppe, wenn $n \geq 4$.

6. Normal- und Subnormalteilerstruktur

6.1 Auflösbare Gruppen

Eine Gruppe G heißt **auflösbar**[1], wenn gilt:

$$U' \neq U \quad \text{für alle Untergruppen } 1 \neq U \leq G.$$

Beispiele für auflösbare Gruppen sind abelsche und nilpotente Gruppen (5.1.1 auf Seite 91), also auch p-Gruppen.

Ist G eine Diedergruppe, so besitzt G einen zyklischen Normalteiler N mit $G/N \cong C_2$ (1.6.9 auf Seite 31). Für $U \leq G$ gilt also $U' \leq N$ und $U' = 1$ im Falle $U \leq N$. Diedergruppen sind daher auflösbar.

Weitere Beispiele für auflösbare Gruppen sind die symmetrischen Gruppen S_3 und S_4. Für S_3 folgt das aus dem eben gesagten, da S_3 eine Diedergruppe ist. Im Falle S_4 sieht man es ähnlich wie eben für Diedergruppen an Hand der in **4.3** beschriebenen Hauptreihe von S_4.

Nichtabelsche einfache Gruppen sind gleich ihrer Kommutatorgruppe, also nicht auflösbar. Für $n \geq 5$ sind daher die symmetrischen Gruppen S_n nicht auflösbar (4.3.5 auf Seite 83).

Nach einem klassischen Satz von Burnside sind alle Gruppen der Ordnung $p^a q^b$ ($q, p \in \mathbb{P}$) auflösbar; wir beweisen dies in **10.2**.

Einer der berühmtesten Sätze der Gruppentheorie, der Satz von Feit-Thompson [43], besagt, daß jede Gruppe ungerader Ordnung auflösbar ist[2].

6.1.1. *Untergruppen und homomorphe Bilder von auflösbaren Gruppen sind auflösbar.*

Beweis. Für Untergruppen ist dies klar. Sei φ ein Homomorphismus der auflösbaren Gruppe G, $1 \neq V \leq G^\varphi$, und $U \leq G$ minimal bezüglich $U^\varphi = V$. Aus 1.5.1 auf Seite 22 folgt

---

[1] Für unendliche Gruppen wird *auflösbar* anders definiert; siehe dazu die Fußnote auf Seite 110.

[2] Siehe auch [3].

$$(U')^\varphi = V'.$$

Wegen $U' < U$ und der Minimalität von U gilt daher $V' < V$.   □

6.1.2.   *Die Gruppe G ist genau dann auflösbar, wenn sie einen Normalteiler N besitzt, so daß N und G/N auflösbar sind.*

Beweis.   Die eine Richtung folgt aus 6.1.1. Sei N ein Normalteiler von G, so daß N und G/N auflösbar sind. Sei $1 \neq U \leq G$. Im Falle $U \leq N$ folgt $U' < U$ aus der Auflösbarkeit von N. Im Falle $U \nleq N$ ist $V := UN/N$ eine Untergruppe $\neq 1$ der auflösbaren Gruppe G/N. Es folgt

$$U'N/N \overset{1.5.1}{=} V' < V = UN/N,$$

also $U' < U$.   □

6.1.3.   *Jeder minimale Normalteiler N einer auflösbaren Gruppe G ist eine elementarabelsche p-Gruppe.*

Beweis.   1 und N sind die einzigen charakteristischen Untergruppen des minimalen Normalteilers N (1.3.2 auf Seite 15). Es folgt $N' = 1$, $|\pi(N)| = 1$ (2.1.6 auf Seite 41) und $\Omega(N) = N$.   □

In einer auflösbaren Gruppe $G \neq 1$ existiert daher ein $p \in \pi(G)$ mit $O_p(G) \neq 1$. Da mit G auch

$$G_1 := C_G(F(G))/C_G(F(G)) \cap F(G)$$

auflösbar ist (6.1.1), folgt $G_1 = 1$ aus 5.2.2 auf Seite 96. Also gilt:

6.1.4.   *Sei G eine auflösbare Gruppe. Dann ist $C_G(F(G)) \leq F(G)$.*   □

Man vergleiche dazu 6.5.8 auf Seite 130.

In einer Gruppe G bilden die Untergruppen

$$G^1 := G' \geq G^2 := (G^1)' \geq \ldots \geq G^i := (G^{i-1})' \geq \ldots$$

die **Kommutatorreihe** von G; sie besteht aus charakteristischen Untergruppen.

6.1.5.   **Satz.** *Für eine Gruppe G sind äquivalent:*

(i)   *G ist auflösbar.*

(ii)   *Es existiert ein $l \in \mathbb{N}$ mit $G^l = 1$.*[3]

---

[3] Eine *unendliche* Gruppe G heißt **auflösbar**, wenn dies gilt.

(iii)   *G besitzt eine Normalreihe mit abelschen Faktoren.*

(iv)   *G besitzt eine Kompositionsreihe, deren Faktoren Primzahlordnung haben.*

Beweis.   Die Implikation (i) $\Rightarrow$ (ii) folgt direkt aus der Definition der Auflösbarkeit, und die Implikation (ii) $\Rightarrow$ (iii) ist trivial. Gilt (iii), so kann die Normalreihe zu einer Kompositionsreihe mit Faktoren von Primzahlordnung verfeinert werden[4] (siehe **1.8**).

(iv) $\Rightarrow$ (i): In einer Kompositionsreihe $(A_i)_{i=0,\ldots,a}$ ist $N := A_{a-1}$ ein Normalteiler von G mit zyklischer Faktorgruppe G/N. Da $(A_i)_{i=0,\ldots,a-1}$ eine Kompositionsreihe von N ist, können wir per Induktion nach $|G|$ annehmen, daß N bereits auflösbar ist. Die Behauptung folgt also aus 6.1.2.   □

Ähnlich wie wir am Schluß von **5.1** nilpotente Normalteiler einer beliebigen Gruppe betrachtet haben, betrachten wir nun auflösbare Normalteiler.

6.1.6.   *Sind A und B zwei auflösbare Normalteiler der Gruppe G, so ist auch ihr Produkt AB ein auflösbarer Normalteiler von G.*

Beweis.   Wegen $AB/A \cong A/A \cap B$ folgt dies aus 6.1.1 und 6.1.2.   □

Daraus folgt, daß das Produkt

$$S(G) := \prod_{\substack{A \trianglelefteq G \\ A \text{ auflösbar}}} A$$

eine (charakteristische) auflösbare Untergruppe von G ist. $S(G)$ ist also *der* größte auflösbare Normalteiler von G. Insbesondere ist das direkte Produkt von auflösbaren Gruppen wieder auflösbar.

Übungen

Sei G eine Gruppe.

1.   Sei G auflösbar. Dann existiert eine maximale Untergruppe von G, die normal in G ist.

2.   Man bestimme die Kommutatorreihe der symmetrischen Gruppe S_4.

3. G ist auflösbar, wenn eine der folgenden Voraussetzungen gilt:

    a) $|G| = p^n q$ $(p, q \in \mathbb{P})$.

    b) $|G| = pqr$ $(p, q, r \in \mathbb{P})$.

---

[4] übrigens auch zu einer Hauptreihe mit Faktoren, die elementarabelsche p-Gruppen sind, vgl. 6.1.3.

4.   Man bestimme alle nichtauflösbaren Gruppen der Ordnung ≤ 100.

5.   Sei G auflösbar, und seien alle Sylowuntergruppen von G zyklisch. Dann ist G' abelsch.

6.   Sei G auflösbar und $\Phi(G) = 1$. Besitzt G genau einen minimalen Normalteiler N, so ist $N = F(G)$.

7.   Jedes nichttriviale homomorphe Bild von G besitze einen nichttrivialen zyklischen Normalteiler. (G heißt **überauflösbar**.) Dann ist $G/F(G)$ abelsch.

8.   (CARTER, [36]) Sei G auflösbar. Dann besitzt G genau eine Konjugiertenklasse von nilpotenten Untergruppen A mit $N_G(A) = A$.[5]

9.   Sei G auflösbar und $p \in \pi(G)$. Für jede p-Untergruppe $P \neq 1$ von G sei $N_G(P)/C_G(P)$ eine p-Gruppe. Dann besitzt G einen p'-Normalteiler N, so daß G/N eine p-Gruppe ist. (Vergleiche 7.2.4 auf Seite 153 und Übungsaufgabe 6 auf Seite 154.)

10.   Sei jede maximale Untergruppe von G nilpotent. Dann ist G auflösbar.

11.   Seien A, B abelsche Untergruppen von G mit $G = AB$. Dann ist G auflösbar. (Man gebe einen Beweis, der die Aufgabe 5 auf Seite 24 nicht benutzt.)

6.2 Der Satz von SCHUR-ZASSENHAUS

Sei K ein Normalteiler der Gruppe G mit

$$(|K|, |G/K|) = 1.$$

Unter der Voraussetzung, daß K abelsch ist, haben wir in 3.3.1 auf Seite 66 gezeigt, daß K ein Komplement in G besitzt und daß alle Komplemente von K in G konjugiert sind. Der folgende Satz verallgemeinert dieses Ergebnis.

6.2.1.   Satz von Schur-Zassenhaus. *Sei K ein Normalteiler der Gruppe G, für den $(|K|, |G/K|) = 1$ gilt. Dann besitzt K ein Komplement in G. Ist zusätzlich K oder G/K auflösbar, so sind alle Komplemente von K in G konjugiert.*[6]

Beweis.   Sei $U \leq G$. Wegen

$$UK/K \cong U/U \cap K$$

ist $U \cap K$ ein Normalteiler von U mit $(|U \cap K|, |U/U \cap K|) = 1$.

---

[5] A heißt **Carteruntergruppe** von G.

[6] Ist H ein solches Komplement, so zeigt die Faktorisierung $G = KH$, daß alle Komplemente schon unter K konjugiert sind.

Sei $N \trianglelefteq G$. Wegen

$$(G/N)\,/\,(KN/N) \cong G/KN$$

ist KN/N ein Normalteiler von G/N mit $(|KN/N|, |G/KN|) = 1$. Die Voraussetzungen vererben sich also auf Untergruppen und Faktorgruppen.

Sind zusätzlich K oder G/K auflösbar, so vererbt sich auch diese Voraussetzung wegen 6.1.1 auf die entsprechenden Unter- und Faktorgruppen.

Wir führen den Beweis der Existenz eines Komplementes durch Induktion nach $|G|$. Dabei können wir annehmen, daß für jede Gruppe, deren Ordnung kleiner als $|G|$ ist und die die Voraussetzung erfüllt, ein solches Komplement existiert.

Wir können $1 \neq K < G$ voraussetzen. Sei $p \in \pi(K)$, $P \in \mathrm{Syl}_p\,K$ und

$$U := N_G(P).$$

Sei zunächst $U \neq G$. Dann besitzt $U \cap K$ ein Komplement H in U. Das Frattiniargument (3.2.7 auf Seite 61) liefert

$$G = KU = K(U \cap K)H = KH.$$

Wegen $H \cap K = H \cap (U \cap K) = 1$ ist deshalb H ein Komplement von K in G.

Sei nun $U = G$. Dann ist P ein Normalteiler von G, also auch (1.3.2 auf Seite 15)

$$N := Z(P) \overset{3.1.11}{\neq} 1.$$

Sei $\overline{G} := G/N$ und $N \leq V \leq G$, so daß $\overline{V}$ ein Komplement von $\overline{K}$ in $\overline{G}$ ist. Dann ist

$$V \cap K = N \quad \text{und} \quad G = KV.$$

Ein Komplement von N in V ist somit auch ein Komplement von K in G. Im Falle $V \neq G$ existiert ein solches Komplement vermöge unserer Induktionsannahme. Im Falle $V = G$ ist $K = N$, also K abelsch. Nun liefert 3.3.1 auf Seite 66 das gesuchte Komplement.

Unter der Voraussetzung, daß K oder G/K auflösbar ist, zeigen wir nun, wieder mit Induktion nach $|G|$, daß alle Komplemente von K in G konjugiert sind. Dazu seien H und H_1 Komplemente von K in G. Sei N ein minimaler Normalteiler von G, der in K liegt, und sei $\overline{G} := G/N$. Dann sind $\overline{H}$ und $\overline{H_1}$ auch Komplemente von $\overline{K}$ in $\overline{G}$. Es existiert also nach Induktion ein $g \in G$ mit

$$HN = (H_1N)^g = H_1{}^g N.$$

H und $H_1{}^g$ sind somit zwei Komplemente von N in HN. Im Falle $N \neq K$ ist $HN \neq G$. Die Komplemente H und $H_1{}^g$, also auch H und H_1, sind daher nach Induktion konjugiert.

Sei $N = K$. Ist K auflösbar, so ist N als auflösbarer minimaler Normalteiler von G abelsch (6.1.3 auf Seite 110). Damit folgt in diesem Fall die Behauptung aus 3.3.1 auf Seite 66.

Sei K nicht auflösbar, also $\overline{G} = G/K$ auflösbar. In $\overline{G}$ existiert dann ein Normalteiler $\overline{A}$, $K \leq A \trianglelefteq G$, so daß $\overline{G}/\overline{A}$ eine nichttriviale p-Gruppe ist (6.1.5 auf Seite 110). Infolge der Dedekindidentität sind die Untergruppen $H \cap A$ und $H_1 \cap A$ zwei Komplemente von K in A, und daher konjugiert in A. Wir können deshalb (nach einer geeigneten Konjugation)

$$H \cap A = H_1 \cap A := D \trianglelefteq \langle H, H_1 \rangle$$

annehmen. Wegen $H/D \cong G/A \cong H_1/D$ existieren $P \in \mathrm{Syl}_p H$ und $P_1 \in \mathrm{Syl}_p H_1$ mit

$$H = DP \quad \text{und} \quad H_1 = DP_1.$$

Infolge $(|K|, |H|) = 1$ sind P und P_1 auch p-Sylowuntergruppen von G und somit von $N_G(D)$. Wegen des Satzes von SYLOW existiert ein $g \in N_G(D)$ mit $P_1{}^g = P$. Es folgt $H_1{}^g = D^g P_1{}^g = DP = H$.   □

Die zusätzliche Voraussetzung bezüglich der Konjugiertheit im Satz von SCHUR-ZASSENHAUS bedeutet nur scheinbar einen Verlust an Allgemeinheit, denn eine der beiden Gruppen K oder G/K hat wegen der Teilerfremdheit von $|K|$ und $|G/K|$ ungerade Ordnung, ist also nach dem schon erwähnten Satz von FEIT-THOMPSON auflösbar.

Wir werden 6.2.1 in **6.4** anwenden. Hier sei eine Konsequenz erwähnt, die erst für das übernächste Kapitel bedeutsam ist.

6.2.2.   *Die Gruppe G operiere auf der Menge Ω, und K sei ein Normalteiler von G. Es gelte:*

1) $(|K|, |G/K|) = 1$.

2)   *K oder G/K ist auflösbar.*

3)   *K operiert transitiv auf Ω.*

Dann folgt für jedes Komplement H von K in G:

a) $C_\Omega(H) \neq \emptyset$.

b)   *$C_K(H)$ operiert transitiv auf $C_\Omega(H)$.*

Beweis.   a) Sei $\beta \in \Omega$. Infolge 3) ist $|\Omega|$ ein Teiler von $|K|$ (3.1.5 auf Seite 54) und $G = KG_\beta$ (Frattiniargument), also $G/K \cong G_\beta/K \cap G_\beta$. Der Satz von SCHUR-ZASSENHAUS, angewandt auf den Normalteiler $K \cap G_\beta$ von G_β, liefert ein Komplement H_1 von $K \cap G_\beta$ in G_β. Dann ist H_1 auch

Komplement von K in G mit $\beta \in C_\Omega(H_1)$. Da nach SCHUR-ZASSENHAUS alle Komplemente von K in G zu H_1 konjugiert sind, folgt a).

b) Seien $\alpha, \beta \in C_\Omega(H)$, und sei $k \in K$ mit $\alpha^k = \beta$. Dann sind H und H^k zwei Komplemente von $K \cap G_\beta$ in G_β, also wieder nach SCHUR-ZASSENHAUS unter G_β, genauer unter $K \cap G_\beta$, konjugiert. Sei $k' \in K \cap G_\beta$ mit $H^{kk'} = H$. Dann ist $\alpha^{kk'} = \beta$ und

$$[kk', H] \leq H \cap K = 1,$$

d.h. $kk' \in C_K(H)$. $\square$

Ist in 6.2.2 das Komplement H eine p-Gruppe (und dies ist in den meisten Anwendungen der Fall), so erhält man a) schon aus 3.1.7 auf Seite 54 wegen $(|H|, |\Omega|) = 1$. Daß die Komplemente konjugiert sind, folgt hier schon aus dem Satz von SYLOW.

Übungen

1. Man beweise die Konjugiertheitsaussage im Satz von SCHUR-ZASSENHAUS unter folgender Voraussetzung:

    Für jede einfache Gruppe E ist $\operatorname{Aut} E / \operatorname{Inn} E$ eine auflösbare Gruppe.[7]

Sei G eine Gruppe.

2. Sei $p \in \mathbb{P}$. Besitzt $G/\Phi(G)$ einen nichttrivialen Normalteiler, dessen Ordnung nicht durch p teilbar ist, so besitzt auch G einen solchen.

3. Sei A eine nilpotente π-Untergruppe von G; sei $q \in \pi'$. Mit $\mathbb{M}_X(A)$ bezeichnen wir die Menge der A-invarianten q-Untergruppen der Untergruppe $X \leq G$, und mit $\mathbb{M}_X^*(A)$ die Menge der (bzgl. Inklusion) maximalen Elemente von $\mathbb{M}_X(A)$. Es gelte:

    * Für alle $Q \in \mathbb{M}_G(A)$ operiert $O_{\pi'}(C_G(A) \cap N_G(Q))$ transitiv auf $\mathbb{M}_{N_G(Q)}^*(A)$.

    Dann gilt:

    a) Jede nilpotente π-Untergruppe B von G mit $A \leq B$ erfüllt * an Stelle von A.

    b) $\mathbb{M}_G^*(B) \subseteq \mathbb{M}_G^*(A)$, wobei B wie in a) ist.

---

[7] Dies ist die SCHREIERsche Vermutung, die erst mit Hilfe der Klassifikation der einfachen Gruppen bestätigt werden konnte.

6.3 Radikal und Residuum

Einige Argumente des Abschnitts **6.1** stellen wir hier in einen allgemeineren Rahmen und definieren dabei weitere charakteristische Untergruppen.

Sei im folgenden $\mathcal{K}$ immer eine Klasse von Gruppen, die die triviale Gruppe und mit einer Gruppe auch alle dazu isomorphen Gruppen enthält. Dann sind für jede Gruppe G

$$O^{\mathcal{K}}(G) := \bigcap_{\substack{A \trianglelefteq G \\ G/A \in \mathcal{K}}} A \quad \text{und} \quad O_{\mathcal{K}}(G) := \prod_{\substack{A \trianglelefteq G \\ A \in \mathcal{K}}} A$$

charakteristische Untergruppen von G. Wir nennen $O^{\mathcal{K}}(G)$ das $\mathcal{K}$-**Residuum** und $O_{\mathcal{K}}(G)$ das $\mathcal{K}$-**Radikal** von G.

Im allgemeinen liegen $O_{\mathcal{K}}(G)$ und $G/O^{\mathcal{K}}(G)$ nicht in $\mathcal{K}$. Ist zum Beispiel $\mathcal{K}$ die Klasse aller zyklischen Gruppen, so gilt $O^{\mathcal{K}}(G) = 1$ und $O_{\mathcal{K}}(G) = G$ für jede abelsche Gruppe G (2.1.3 auf Seite 40).

Gilt jedoch $O_{\mathcal{K}}(G) \in \mathcal{K}$, so ist $O_{\mathcal{K}}(G)$ *der größte* Normalteiler von G, der in $\mathcal{K}$ liegt.

Gilt $G/O^{\mathcal{K}}(G) \in \mathcal{K}$, so ist $O^{\mathcal{K}}(G)$ *der kleinste* Normalteiler von G, dessen Faktorgruppe in $\mathcal{K}$ liegt.

Wir interessieren uns hier für die Klasse

$\mathcal{A}$ aller abelschen Gruppen,

$\mathcal{N}$ aller nilpotenten Gruppen,

$\mathcal{S}$ aller auflösbaren Gruppen,

$\mathcal{P}$ aller p-Gruppen $(p \in \mathbb{P})$,

Π aller π-Gruppen $(\pi \subseteq \mathbb{P})$.

Dabei heißt eine Gruppe G π-**Gruppe**, wenn $\pi(G) \subseteq \pi$ gilt.

Mit den schon früher eingeführten Bezeichnungen ist

$$O_{\mathcal{N}}(G) = F(G), \quad O_{\mathcal{S}}(G) = S(G), \quad O_{\mathcal{P}}(G) = O_p(G)$$

und

$$O^{\mathcal{A}}(G) = G'.$$

Für $\pi \subseteq \mathbb{P}$ sei

$$O_\pi(G) := O_\Pi(G) \quad \text{und} \quad O^\pi(G) := O^\Pi(G).$$

Immer ist

$$\pi' := \mathbb{P} \setminus \{\pi\};$$

es ist also auch $O_{\pi'}(G)$ und $O^{\pi'}(G)$ definiert. Im Falle $\pi = \{p\}$ schreibt man p bzw. p' für π bzw. π'; damit sind die besonderes wichtigen Untergruppen

$$O_p(G), \quad O^p(G) \quad \text{und} \quad O_{p'}(G), \quad O^{p'}(G)$$

erklärt.

Ist G die Quaternionengruppe der Ordnung 8, so gilt $O_{\mathcal{A}}(G) = G$, also $O_{\mathcal{A}}(G) \notin \mathcal{A}$. Für alle anderen aufgeführten Klassen gilt jedoch

$$O_{\mathcal{K}}(G) \in \mathcal{K}.$$

Dies folgt für $\mathcal{K} = \mathcal{N}, \mathcal{S}, \Pi$ aus 5.2.1, 6.1.6, 1.1.6. Insbesondere ist $O_p(G)$ bzw. $O_{p'}(G)$ der größte p-Normalteiler bzw. p'-Normalteiler von G.

Hierzu sei bemerkt:

6.3.1. *Sei $\mathcal{K} \in \{\mathcal{N}, \mathcal{S}, \Pi\}$. Dann gilt für jede Gruppe G*

$$O_{\mathcal{K}}(G) = \langle A \mid A \trianglelefteq\trianglelefteq G, \quad A \in \mathcal{K} \rangle;$$

$O_{\mathcal{K}}(G)$ ist also auch der größte Subnormalteiler von G, der in $\mathcal{K}$ liegt.

Beweis.   Es ist zu zeigen, daß jeder Subnormalteiler $A \trianglelefteq\trianglelefteq G$ mit $A \in \mathcal{K}$ in $O_{\mathcal{K}}(G)$ liegt. Im Falle $A \trianglelefteq G$ ist dies klar. Andernfalls existiert ein Normalteiler N von G mit

$$A \trianglelefteq\trianglelefteq N < G.$$

Vermöge Induktion nach $|G|$ können wir

$$A \le O_{\mathcal{K}}(N)$$

annehmen. Als charakteristische Untergruppe von N ist $O_{\mathcal{K}}(N)$ normal in G. Da $\mathcal{K} \in \{\mathcal{N}, \mathcal{S}, \Pi\}$ vorausgesetzt ist, gilt, wie oben erwähnt, $O_{\mathcal{K}}(N) \in \mathcal{K}$. Es folgt $O_{\mathcal{K}}(N) \le O_{\mathcal{K}}(G)$. $\square$

Wir nennen eine Klasse $\mathcal{K}$ von Gruppen **abgeschlossen**, wenn gilt:

- Homomorphe Bilder von Gruppen aus $\mathcal{K}$ liegen in $\mathcal{K}$.

- Untergruppen von Gruppen aus $\mathcal{K}$ liegen in $\mathcal{K}$.

- Direkte Produkte von Gruppen aus $\mathcal{K}$ liegen in $\mathcal{K}$.

Alle oben aufgeführten Klassen sind abgeschlossen. Analog zu 1.5.2 und 1.5.1 auf Seite 22 hat man

6.3.2. *Sei $\mathcal{K}$ eine abgeschlossene Klasse von Gruppen. Dann gilt für jede Gruppe G:*

a) $G/O^{\mathcal{K}}(G) \in \mathcal{K}$.

b)   *Für jeden Homomorphismus φ von G ist $(O^{\mathcal{K}}(G))^{\varphi} = O^{\mathcal{K}}(G^{\varphi})$.*

Beweis.   a) folgt aus 1.6.4 auf Seite 28 aufgrund der Definition einer abgeschlossenen Klasse.

b) Ist φ ein Homomorphismus von G, so liegt die Gruppe $G^{\varphi}/(O^{\mathcal{K}}(G))^{\varphi}$ als homomorphes Bild von $G/O^{\mathcal{K}}(G)$ in $\mathcal{K}$, d.h.

$$O^{\mathcal{K}}(G^{\varphi}) \leq (O^{\mathcal{K}}(G))^{\varphi}.$$

Sei ψ ein Homomorphismus von G^{φ} in eine Gruppe X aus $\mathcal{K}$. Dann ist $\varphi\psi$ ein Homomorphismus von G in X; dies bedeutet $O^{\mathcal{K}}(G) \leq \mathrm{Kern}(\varphi\psi)$, also $(O^{\mathcal{K}}(G))^{\varphi} \leq \mathrm{Kern}\,\psi$. Es folgt

$$(O^{\mathcal{K}}(G))^{\varphi} \leq \bigcap_{\psi} \mathrm{Kern}\,\psi = O^{\mathcal{K}}(G^{\varphi}),$$

wobei ψ alle Homomorphismen von G^{φ} in eine Gruppe aus $\mathcal{K}$ durchläuft.   □

Sei $\mathcal{K}$ eine abgeschlossene Klasse von Gruppen. In Analogie zur Definition der Auflösbarkeit nennen wir eine Gruppe G eine $\mathcal{K}$-**Gruppe**, wenn gilt:

$$O^{\mathcal{K}}(U) \neq U \quad \text{für alle Untergruppen } U \neq 1 \text{ von } G.$$

Mit $\widehat{\mathcal{K}}$ bezeichnen wir die Klasse aller $\mathcal{K}$-Gruppen. Dann ist $\mathcal{K} \subseteq \widehat{\mathcal{K}}$. Zum Beispiel gilt per Definition $\widehat{\mathcal{A}} = \mathcal{S}$ und $\widehat{\mathcal{N}} = \widehat{\mathcal{S}} = \mathcal{S}$.

Weil wir über 6.3.2 verfügen, folgt genau wie in 6.1.1, daß Untergruppen und homomorphe Bilder von $\mathcal{K}$-Gruppen wieder $\mathcal{K}$-Gruppen sind.

Nun ergibt der Beweis von 6.1.2 auf Seite 110:

6.3.3.   *Sei $\mathcal{K}$ abgeschlossen. Genau dann gilt $G \in \widehat{\mathcal{K}}$, wenn ein Normalteiler N von G existiert mit $N \in \widehat{\mathcal{K}}$ und $G/N \in \widehat{\mathcal{K}}$.*   □

Als Korollare erhalten wir aus 6.3.3 (vergleiche mit dem Beweis von 6.1.6 auf Seite 111):

6.3.4.   *Sei $\mathcal{K}$ abgeschlossen. Dann gilt $O_{\widehat{\mathcal{K}}}(G) \in \widehat{\mathcal{K}}$.*   □

6.3.5.   *Ist $\mathcal{K}$ abgeschlossen, so ist auch $\widehat{\mathcal{K}}$ abgeschlossen.*   □

6.3.6.   *Sei $\mathcal{K}$ abgeschlossen. Dann sind äquivalent:*

(i) $G \in \widehat{\mathcal{K}}$.

(ii)   *Ist $G^{(0)} = G$, und $G^{(i)} = O^{\mathcal{K}}(G^{(i-1)})$ für $i \geq 1$, so existiert ein ℓ mit $G^{(\ell)} = 1$.*

(iii)   *G besitzt eine Kompositionsreihe, deren Kompositionsfaktoren aus $\mathcal{K}$ sind.*   □

Für die Klasse Π der π-Gruppen ist $\Pi = \widehat{\Pi}$. Anders verhält sich die Klasse der *π-abgeschlossenen* Gruppen:

Eine Gruppe G heißt **π-abgeschlossen**, wenn $G/O_\pi(G)$ eine π'-Gruppe ist, wenn also

$$O_\pi(G) = O^{\pi'}(G).^8$$

Zum Beispiel ist der Satz von SCHUR-ZASSENHAUS 6.2.1 ein Satz über π-abgeschlossene Gruppen, $\pi := \pi(K)$. In seinem Beweis haben wir darauf hingewiesen, daß Unter- und Faktorgruppen von π-abgeschlossenen Gruppen wieder π-abgeschlossen sind. Da auch direkte Produkte von π-abgeschlossenen Gruppen π-abgeschlossen sind, ist die Klasse aller π-abgeschlossenen Gruppen eine abgeschlossene Klasse; wir bezeichnen sie mit Π_c.

Π_c enthält alle π-Gruppen und π'-Gruppen.

Eine Gruppe G heißt **π-separabel**, wenn sie in $\widehat{\Pi}_c$ liegt.[9] Da Π_c eine abgeschlossene Klasse ist, besitzen π-separable Gruppen — wie vorher ausgeführt — dieselben funktoriellen Eigenschaften wie zum Beispiel auflösbare Gruppen.

Übungen

Sei G eine Gruppe.

1.   Sei $\mathcal{C}$ die Klasse aller Gruppen H mit

$$C_H(F(H)) \leq F(H).$$

   Dann gilt:

   a) $O_\mathcal{C}(G) \in \mathcal{C}$ und $G/O^\mathcal{C}(G) \in \mathcal{C}$.

   b)   Sei $N \trianglelefteq G$. Liegen N und G/N in $\mathcal{C}$, so liegt auch G in $\mathcal{C}$.

---

[8] Vergleiche die Bemerkung im Anschluß an 3.2.2 auf Seite 59 über p-abgeschlossene Gruppen.

[9] Der Leser, dem diese Definition zu abstrakt erscheint, sei auf die äquivalenten Aussagen in 6.4.2 verwiesen.

6.4 π-separable Gruppen

Hier untersuchen wir π-separable Gruppen ($\pi \subseteq \mathbb{P}$), d.h. Gruppen G, für die gilt

- Jede nichttriviale Untergruppe von G besitzt eine nichttriviale π-abgeschlossene Faktorgruppe.

Da abelsche Gruppen π-abgeschlossen sind, folgt

6.4.1. *Auflösbare Gruppen sind π-separabel.*   □

Deshalb sind alle Aussagen über π-separable Gruppen auch Aussagen über auflösbare Gruppen. Nach Einführung einer bequemen Sprechweise stellen wir die wichtigsten dieser Aussagen vor. In einem zweiten Teil geht es um eine Charakterisierung der auflösbaren Gruppen innerhalb der Klasse der π-separablen Gruppen. Es wird sich zeigen, daß sich die auflösbaren Gruppen dadurch auszeichnen, daß für sie eine Verallgemeinerung des Satzes von SY-LOW auf Primzahlmengen möglich ist. Diese Beschreibung der auflösbaren Gruppen geht auf Ph. HALL zurück und ist einer der Ausgangspunkte der heute hochentwickelten Theorie auflösbarer Gruppen; wir verweisen auf die Monographie von DOERK-HAWKES [8].

6.4.2. *Genau dann ist eine Gruppe G π-separabel, wenn sie eine Reihe*

$$1 = A_0 < A_1 < \cdots < A_{i-1} < A_i < \cdots < A_n = G$$

von charakteristischen Untergruppen A_i $(i = 1, \ldots, n)$ besitzt, so daß jeder Faktor A_i/A_{i-1} $(i = 1, \ldots, n)$ eine π-Gruppe oder π'-Gruppe ist.

Beweis.   Sei G π-separabel. Dann ist auch $O^{\Pi_c}(G)$ π-separabel[10], und

$$\overline{G} := G/O^{\Pi_c}(G)$$

ist π-abgeschlossen. Also ist $\overline{G}/O_\pi(\overline{G})$ eine π'-Gruppe. Da $O^{\Pi_c}(G)$ charakteristisch in G ist, sind Urbilder charakteristischer Untergruppen von $\overline{G}$ und charakteristische Untergruppen von $O^{\Pi_c}(G)$ auch charakteristische Untergruppen von G. Wegen $O^{\Pi_c}(G) < G$ zeigt nun eine Induktion nach $|G|$, daß G die gewünschte Normalreihe $(A_i)_{i=0,\ldots,n}$ besitzt.

Sei umgekehrt $(A_i)_{i=0,\ldots,n}$ wie angegeben, und sei $G^{(i)}$ wie in 6.3.6. Dann liegt $G^{(1)}$ in A_{n-1} und allgemein $G^{(i)}$ in A_{n-i}. Es ist also $G^{(n)} = 1$. Somit folgt aus 6.3.6, daß G π-separabel ist.   □

---

[10] Π_c ist die Klasse der π-abgeschlossenen Gruppen.

Demnach ist eine Gruppe genau dann π-sparabel, wenn sie π'-separabel ist.

Definiert man in einer Gruppe G die Untergruppe $O_{\pi'\pi}(G)$ durch

$$O_{\pi'\pi}(G)/O_{\pi'}(G) := O_\pi(G/O_{\pi'}(G))$$

und $O_{\pi'\pi\pi'}(G) \leq G$ durch

$$O_{\pi'\pi\pi'}(G)/O_{\pi'\pi}(G) := O_{\pi'}(G/O_{\pi\pi'}(G)),$$

so erhält man in dieser Weise eine Reihe von charakteristischen Untergruppen

$$1 \leq O_{\pi'}(G) \leq O_{\pi'\pi}(G) \leq O_{\pi'\pi\pi'}(G) \leq O_{\pi'\pi\pi'\pi}(G) \leq \cdots,$$

die genau dann in G endet, wenn G π-separabel ist.

Im besonders wichtigen Fall $\pi = \{p\}$ ist die entsprechende Reihe

$$1 \leq O_{p'}(G) \leq O_{p'p}(G) \leq O_{p'pp'}(G) \leq O_{p'pp'p}(G) \leq \cdots.$$

6.4.3.   *Sei G eine π-separable Gruppe mit $O_{\pi'}(G) = 1$. Dann gilt*

$$C_G(O_\pi(G)) \leq O_\pi(G).$$

Beweis.   Sei $C := C_G(O_\pi(G))$ und $K := C \cap O_\pi(G)$ $(= Z(O_\pi(G)))$. Dann ist C/K ein π-separabler Normalteiler von G/K, in dem $O_\pi(C/K) = 1$ gilt, da $O_\pi(G)$ der größte π-Normalteiler von G ist. Sei $K \leq A \leq C$ mit $A/K = O_{\pi'}(C/K)$. Aus dem Satz von SCHUR-ZASSENHAUS folgt die Existenz eines Komplements H von K in A, für das wegen $A \leq C$

$$A = KH = K \times H$$

gilt. Es folgt $H = O_{\pi'}(A)$, also $H \leq O_{\pi'}(G) = 1$. Damit ist $O_{\pi'}(C/K) = 1 = O_\pi(C/K)$, d.h. $C = K$.   □

Oft benutzte Folgerungen sind:

6.4.4.   *Sei G p-separabel für $p \in \pi(G)$ und P eine p-Sylowuntergruppe von $O_{p'p}(G)$.*

a)   *$C_G(P) \leq O_{p'p}(G)$; insbesondere gilt:*

$$O_{p'}(G) = 1 \quad \Rightarrow \quad C_G(O_p(G)) \leq O_p(G).$$

b)   *Ist U eine p'-Untergruppe von G mit $U^P = U$, so liegt U in $O_{p'}(G)$.*

c)   *Besitzt G abelsche p-Sylowuntergruppen, so gilt $G = O_{p'pp'}(G)$.*

Beweis.   a) Infolge 3.2.8 a) auf Seite 61 können wir $O_{p'}(G) = 1$ annehmen. Dann gilt $P = O_p(G)$. Die Behauptung folgt daher aus 6.4.3.

b) Auch hier können wir $O_{p'}(G) = 1$ annehmen. Dann ist $P = O_p(G)$, also $[U, P] \leq U \cap P = 1$. Aus a) folgt $U \leq O_{p'}(G) = 1$.

c) Ist $P \leq S \in \mathrm{Syl}_p\, G$ und S abelsch, so liegt S in $C_G(P)$, also in $O_{p'p}(G)$. $\square$

Eine π-Untergruppe H der Gruppe G heißt π-**Halluntergruppe** von G, falls

$$\pi(|G : H|) \subseteq \pi'.$$

Zum Beispiel sind die p-Halluntergruppen $(p \in \mathbb{P})$ genau die p-Sylowuntergruppen. Analog dazu sei die Menge der π-Halluntergruppen von G mit $\mathrm{Syl}_\pi G$ bezeichnet.

Anders als im Falle $\pi = \{p\}$ existieren für $\pi \subseteq \pi(G)$ im allgemeinen keine π-Halluntergruppen. In der alternierenden Gruppe A_5 gibt es für $\pi = \{2, 3\}$ eine π-Halluntergruppe, aber nicht für $\pi = \{3, 5\}$ und $\pi = \{2, 5\}$ (3.2.12 auf Seite 63).

Analog zu 3.2.2 auf Seite 59 gilt:

$$O_\pi(G) = \bigcap_{H \in \mathrm{Syl}_\pi G} H, \quad \text{sofern } \mathrm{Syl}_\pi G \neq \emptyset.$$

Genau wie 3.2.5 auf Seite 60 folgt:

• Sei $H \in \mathrm{Syl}_\pi G$ und $N \trianglelefteq G$. Dann gilt

$$N \cap H \in \mathrm{Syl}_\pi N \quad \text{und} \quad NH/N \in \mathrm{Syl}_\pi G/N.$$

6.4.5.   *Jede π-separable Gruppe besitzt π-Halluntergruppen.*

Beweis.   Sei $G \neq 1$ eine π-separable Gruppe und $N \neq 1$ ein Normalteiler von G. Per Induktion nach $|G|$, angewandt auf die π-separable Gruppe G/N, können wir annehmen, daß G/N eine π-Halluntergruppe

$$H/N, \quad N \leq H \leq G,$$

besitzt. Ist $O_\pi(G) \neq 1$, so setzen wir $N := O_\pi(G)$. Dann ist H eine π-Halluntergruppe von G.

Im Falle $O_\pi(G) = 1$ ist

$$1 \neq O_{\pi'}(G) =: N.$$

N ist ein Normalteiler von H mit $\pi(N) \subseteq \pi'$ und $\pi(H/N) \subseteq \pi$. Aus dem Satz von SCHUR-ZASSENHAUS folgt somit die Existenz eines Komplements H_1 von N in H. Dann ist H_1 eine π-Halluntergruppe von G. $\square$

Wir sagen, daß in der Gruppe G der π-**Sylowsatz** gilt, wenn jede π-Untergruppe von G in einer π-Halluntergruppe von G liegt und die π-Halluntergruppen von G konjugiert sind.

6.4.6.   *Sei G eine π-separable Gruppe mit der Eigenschaft:*

(*)   *Jeder π-Abschnitt oder jeder π'-Abschnitt von G ist auflösbar.*[11]

Dann gilt in G der π-Sylowsatz.

Beweis.   Sei U eine π-Untergruppe von G und H eine π-Halluntergruppe von G (6.4.5). Wir zeigen, daß eine zu U konjugierte Untergruppe in H liegt. Dazu können wir $G \neq 1$ annehmen. Sei $1 \neq N \trianglelefteq G$. Per Induktion nach $|G|$, angewandt auf $\overline{G} := G/N$, findet sich ein $\overline{g} \in \overline{G}$ mit $\overline{U}^{\overline{g}} \leq \overline{H}$, also $(UN)^g = U^g N \leq HN$. Wir können daher nach geeigneter Konjugation annehmen

$$U \leq HN.$$

Im Falle $O_\pi(G) \neq 1$ sei $N := O_\pi(G)$. Dann gilt $HN = H$, also die Behauptung.

Sei $O_\pi(G) = 1$. Dann ist $N := O_{\pi'}(G) \neq 1$ und die π-Gruppe U ein Komplement von N in NU. Da auch $H \cap NU$ ein solches Komplement ist (1.1.11), folgt aus dem Satz von SCHUR-ZASSENHAUS, daß U zu $H \cap NU$ ($\leq H$) konjugiert ist. $\square$

Da auflösbare Gruppen π-separabel sind, besagt 6.4.6:

6.4.7.   *In einer auflösbaren Gruppe gilt der π-Sylowsatz für jede Primzahlmenge π.* $\square$

Im folgenden zeigen wir, daß auch die Umkehrung davon gilt. Dazu benötigen wir einen Hilfssatz.

6.4.8.   *Seien H, K Untergruppen der Gruppe G mit*

$$(|G : H|, |G : K|) = 1.$$

Dann gilt $G = HK$ und $|G : H \cap K| = |G : H|\,|G : K|$.

Beweis.   Wegen 1.1.6 ist

$$n := \frac{|G|}{|HK|} = \frac{|G|\,|H \cap K|}{|H|\,|K|}.$$

---

[11] Ein π-Abschnitt ist ein Abschnitt, der eine π-Gruppe ist.

Damit ist n ein Teiler von $|G : H|$ und $|G : K|$. Da diese Zahlen nach Voraussetzung teilerfremd sind, folgt $n = 1$, d.h. $G = HK$. Dann ist

$$|G : H|\,|G : K| = \frac{|G|^2}{|H|\,|K|} \overset{1.1.6}{=} \frac{|G|^2}{|G|\,|H \cap K|} = |G : H \cap K|.$$

$\square$

6.4.9. *Seien H_1, H_2, und H_3 auflösbare Untergruppen der Gruppe G mit*

$$G = H_1 H_2 = H_1 H_3 \quad \text{und} \quad (|G : H_2|, |G : H_3|) = 1.$$

Dann ist G auflösbar.

Beweis. Im Falle $H_1 = 1$ ist $G = H_2$ auflösbar. Sei $H_1 \neq 1$ und A ein minimaler Normalteiler von H_1. Dann ist A eine p-Gruppe (6.1.3 auf Seite 110). Wegen $(|G : H_2|, |G : H_3|) = 1$ können wir annehmen, daß p kein Teiler von $|G : H_2|$ ist. H_2 enthält also eine p-Sylowuntergruppe von G. Der Satz von SYLOW liefert somit ein $g \in G$ mit $A \leq H_2^g$. Wegen $G = H_2 H_1$ kann g aus H_1 gewählt werden. Es folgt $A^{g^{-1}} = A \leq H_2$ und

$$N := \langle A^G \rangle = \langle A^{H_1 H_2} \rangle = \langle A^{H_2} \rangle \leq H_2.$$

Damit ist N ein auflösbarer Normalteiler von G. Da sich die Voraussetzungen auf die Faktorgruppe G/N übertragen, können wir per Induktion nach $|G|$ annehmen, daß G/N bereits auflösbar ist. Nun folgt die Behauptung aus 6.1.2. $\square$

Sei G eine Gruppe. Eine Menge $\mathcal{S}$ von Sylowuntergruppen von G heißt **Sylowsystem** von G, falls gilt:

- $|\mathcal{S} \cap \mathrm{Syl}_p\, G| = 1$ für alle $p \in \pi(G)$, und
- $PQ = QP$ für alle $P, Q \in \mathcal{S}$.

Ist $\mathcal{S}$ ein Sylowsystem von G, so folgt mit wiederholter Anwendung von 1.1.5 und 1.1.6, daß für jede nichtleere Teilmenge $\mathcal{S}_0 \subseteq \mathcal{S}$

$$\prod_{P \in \mathcal{S}_0} P$$

eine π-Halluntergruppe von G ist, und zwar für

$$\pi = \{p \in \pi(G) \mid (\mathrm{Syl}_p\, G) \cap \mathcal{S}_0 \neq \emptyset\}.$$

Ist $\pi(G) = \{p, q\}$, so gilt $PQ = QP = G$ für alle $P \in \mathrm{Syl}_p\, G$ und $Q \in \mathrm{Syl}_q\, G$; d.h. zu jedem solchen Paar von Sylowuntergruppen gehört ein Sylowsystem von G. Ein schon erwähnter Satz von BURNSIDE besagt, daß in diesem Fall G auflösbar ist; wir beweisen dies in **10.2**. Der folgende Satz, die angekündigte Charakterisierung auflösbarer Gruppen, zeigt allgemein, daß die Existenz von Sylowsystemen äquivalent zur Auflösbarkeit ist. Im Beweis der Implikation (v) $\Rightarrow$ (i) wird dabei der Satz von BURNSIDE benutzt.

6.4.10.   Satz (Ph. Hall).[12] *Für eine Gruppe G sind äquivalent:*

(i)   *G ist auflösbar.*

(ii)   *G ist π-separabel für jede Primzahlmenge π.*

(iii)   *G besitzt eine π-Halluntergruppe für jede Primzahlmenge π.*

(iv)   *G besitzt eine p′-Halluntergruppe für jede Primzahl p.*

(v)   *G besitzt ein Sylowsystem.*

Beweis.   (i) ⇒ (ii): 6.4.1.

(ii) ⇒ (iii): 6.4.5.

(iii) ⇒ (iv): Trivial.

(iv) ⇒ (v): Für $p \in \pi(G)$ sei H_p eine p'-Halluntergruppe von G, und für $\pi \subseteq \pi(G)$

$$H_\pi := \bigcap_{p \in \pi} H_p.$$

Auch im Fall $|\pi| > 1$ gilt

(′) H_π ist eine π'-Halluntergruppe von G.

Dies folgt aus 6.4.8 vermöge einer Induktion nach $|\pi|$: Sei $p \in \pi$ und $\sigma := \pi \setminus \{p\}$. Dann ist

$$H_\pi = H_\sigma \cap H_p.$$

Da H_σ durch Induktion schon eine σ'-Halluntergruppe ist, können wir 6.4.8 auf die Untergruppen H_σ und H_p anwenden und erhalten (′).

Insbesondere ist für $p_i \in \pi(G)$

$$P_i := \bigcap_{p \in \pi(G) \setminus \{p_i\}} H_p$$

eine p_i-Sylowuntergruppe von G. Seien $p_i, p_j \in \pi(G)$. Dann sind P_i, P_j auch Sylowuntergruppen von

$$H := \bigcap_{p \in \pi(G) \setminus \{p_i, p_j\}} H_p,$$

und H ist nach (′) eine $\{p_i, p_j\}$-Halluntergruppe von G. Es folgt $P_i P_j = P_j P_i = H$. Damit ist $\{P_i \mid p_i \in \pi(G)\}$ ein Sylowsystem von G.

(v) ⇒ (i): Ist $|\pi(G)| = 1$, also G eine p-Gruppe, so ist G auflösbar. Im Falle $|\pi(G)| = 2$ folgt dies aus 10.2.1 auf Seite 246. Sei im folgenden $|\pi(G)| \geq 3$ vorausgesetzt und $\{P_1, \ldots, P_n\}$ ein Sylowsystem von G. Für $i \in \{1, 2, 3\}$ sei

---

[12] Siehe [63], [65], [66].

$$H_i = \prod_{j \neq i} P_j.$$

Dann sind $|G : H_1|$, $|G : H_2|$ und $|G : H_3|$ zueinander teilerfremde Zahlen und

$$G = H_1 H_2 = H_1 H_3 = H_2 H_3.$$

Da außerdem $\{P_1, \ldots, P_n\} \setminus \{P_i\}$ ein Sylowsystem von H_i ist, können wir per Induktion nach $|G|$ annehmen, daß H_1, H_2, und H_3 auflösbar sind. Damit ergibt sich die Behauptung aus 6.4.9.   □

Zum Schluß dieses Abschnitts sei eine Eigenschaft π-separabler Gruppen erwähnt, auf die wir im letzten Kapitel zurückkommen. Im Falle $\pi = \{p\}$ folgt sie aus einem Satz von BAER (6.7.5 auf Seite 144), der auch für nicht p-separable Gruppen gilt.

6.4.11.   *Sei G eine π-separable Gruppe, und sei A eine π-Untergruppe von G. Äquivalent sind:*

(i) $A \not\leq O_\pi(G)$.

(ii)   *Es existiert ein $x \in O_{\pi\pi'}(G)$, so daß $\langle A, A^x \rangle$ keine π-Gruppe ist und $x \in \langle A, A^x \rangle$ gilt.*

Beweis.   Im Falle $A \leq O_\pi(G)$ ist $\langle A, A^x \rangle \leq O_\pi(G)$ für alle $x \in G$; dies beweist (ii) $\Rightarrow$ (i).

(i) $\Rightarrow$ (ii): Sei $\overline{G} := G/O_\pi(G)$. Ist $\langle A, A^x \rangle$ für alle $x \in O_{\pi\pi'}(G)$ eine π-Gruppe, so folgt

$$[O_{\pi'}(\overline{G}), \overline{A}] = 1,$$

also mit 6.4.3 $\overline{A} = 1$, d.h. $A \leq O_\pi(G)$. Deshalb existiert ein $x \in O_{\pi\pi'}(G)$, so daß $\langle A, A^x \rangle$ keine π-Gruppe ist. Sei

$$G_1 := \langle A, A^x \rangle \quad (\leq O_{\pi\pi'}(G)A).$$

Dann ist $A \not\leq O_\pi(G_1)$ oder $A^x \not\leq O_\pi(G_1)$. Im Falle $G_1 < G$ folgt daher die Behauptung, daß x aus $\langle A, A^x \rangle$ gewählt werden kann, durch Induktion nach $|G|$. Im Falle $G = G_1$ ist dies klar.   □

Übungen

1.   Sei G p-separabel und $p \in \pi(G)$. Für alle $q \in \pi(G)$ und $S \in \mathrm{Syl}_q G$ gelte

$$\mathrm{Syl}_p N_G(S) \subseteq \mathrm{Syl}_p G.$$

Dann ist $G = O_{p'p}(G)$.

2. (Beispiel zu 6.4.11) Sei $G := S_5$ und $A := \langle (1\,2) \rangle \leq G$. Dann existiert ein $\pi \subseteq \pi(G)$ mit $A \not\leq O_\pi(G)$ und:

    $$\langle A, A^x \rangle \text{ ist eine } \pi\text{-Untergruppe für alle } x \in G.$$

3. Sei G eine p-separable Gruppe. Die p-**Länge** $\ell_p(G)$ von G ist rekursiv definiert durch:

    $\ell_p(G) := 0$, falls $G = O_{p'}(G)$, und

    $\ell_p(G) := 1 + \ell_p(G/O_{p'p}(G))$, falls $G \neq O_{p'}(G)$.

    Es gilt: $\ell_p(G) \leq c(P)$, $P \in \mathrm{Syl}_p G$.

6.5 Komponenten und die verallgemeinerte Fittinguntergruppe

Die im Titel genannten Begriffe haben sich um 1970 im Rahmen der Klassifikation einfacher Gruppen herausgebildet. Sie sind Beispiele dafür, wie das Wesentliche einer neuen Entwicklung durch geeignete Begriffe erfaßt werden kann und diese Begriffe dann als Sprache auch zum Erfolg dieser Entwicklung beitragen[13].

Eine Gruppe $K \neq 1$ heißt **quasieinfach**, wenn K perfekt und $K/Z(K)$ einfach ist.

Offenbar gilt dann für jeden Normalteiler oder Subnormalteiler N von K

$$N \leq Z(K) \quad \text{oder} \quad N = K.$$

Daraus folgt, daß nichttriviale homomorphe Bilder von quasieinfachen Gruppen wieder quasieinfach sind.

Sei G eine Gruppe. Eine Untergruppe K von G heißt **Komponente** von G, falls K quasieinfach und subnormal in G ist.

Die erste dieser Eigenschaften ist eine interne Eigenschaft von K, die zweite eine Einbettungseigenschaft von K in G. Deshalb besitzen Komponenten K ähnlich gute Vererbungseigenschaften wie Subnormalteiler:

- Ist $K \leq U \leq G$, so ist K Komponente von U.

- Ist $K \not\leq N \trianglelefteq G$, so ist KN/N Komponente von G/N.

- Ist K Komponente eines Subnormalteilers von G, so ist K Komponente von G.

Minimale Subnormalteiler von G sind einfache Gruppen. Sie sind damit Komponenten von G, sofern sie nicht abelsch sind.

---

[13] nämlich der Klassifikation aller einfachen Gruppen

6.5.1. *Seien Z und E Untergruppen von G. Sei $Z \le Z(G)$ und EZ/Z eine Komponente von G/Z. Dann ist E' eine Komponente von G.*

Beweis. Wegen $Z \le Z(G)$ ist $E' = (EZ)'$. Mit EZ ist daher auch E' subnormal in G. Außerdem folgt aus 1.5.3 auf Seite 22, daß E' perfekt ist. Sei N ein Normalteiler von E', und sei $\overline{G} := G/Z$. Nach Voraussetzung gilt

$$\overline{N} = \overline{E} = \overline{E}' \quad \text{oder} \quad \overline{N} \le Z(\overline{E}).$$

Im ersten Fall ist $N \le E' \le NZ$, also $N(Z \cap E') = E'$. Es folgt $N = E'$, da E' perfekt ist. Im zweiten Fall gilt $[E', N] \le Z$, also

$$[E', N, E'] = 1 = [N, E', E'].$$

Das Drei-Untergruppen-Lemma 1.5.6 auf Seite 24 liefert nun $[E', E', N] = 1$, also $[E', N] = 1$, d.h. $N \le Z(E')$. Damit ist $E'/Z(E')$ eine einfache Gruppe.   □

6.5.2. *Sei K eine Komponente von G und U ein Subnormalteiler von G. Dann gilt $K \le U$ oder $[U, K] = 1$.*

Beweis. Im Falle $K = G$ ist, wie oben bemerkt, $U = K$ oder $[U, K] = 1$. Im Fall $U = G$ gilt $K \le U$. Wir können daher annehmen, daß echte Normalteiler N, M von G existieren mit

$$K \le N < G \quad \text{und} \quad U \le M < G.$$

Also gilt

$$U_1 := [U, K] \le N \cap M$$

und $K \le N_N(U_1) =: G_1$ (1.5.5 auf Seite 23). Dann ist K eine Komponente von G_1 und U_1 subnormal (sogar normal) in G_1. Per Induktion nach $|G|$, angewandt auf G_1, folgt

$$[U_1, K] = 1 \quad \text{oder} \quad K \le U_1.$$

Im ersten Fall gilt

$$1 = [U, K, K] = [K, U, K]$$

und wegen des Drei-Untergruppen-Lemmas auch

$$1 = [K, K, U] = [K', U] = [K, U].$$

Im zweiten Fall gilt $K \le M$ wegen $[K, U] \le M$. Die Behauptung folgt durch Induktion nach $|G|$, nun angewandt auf M.   □

6.5.3. *Sind K_1 und K_2 Komponenten von G, so gilt $K_1 = K_2$ oder $[K_1, K_2] = 1$. Insbesondere ist jedes Produkt von Komponenten eine Untergruppe.*

Beweis.   Im Falle $[K_1, K_2] \neq 1$ folgt $K_1 \leq K_2$ aus 6.5.2. Genauso folgt $K_2 \leq K_1$.   □

Wir definieren zwei charakteristische Untergruppen von G.

$$E(G) \quad := \quad \langle K \mid K \text{ Komponente von } G \rangle,$$
$$F^*(G) \quad := \quad F(G)\,E(G).$$

$F^*(G)$ heißt die **verallgemeinerte Fittinguntergruppe** von G. Man beachte, daß nach 6.5.2

$$[F(G), E(G)] = 1.$$

Ein minimaler Subnormalteiler von G liegt in $F(G)$, wenn er abelsch (6.3.1 auf Seite 117), und in $E(G)$, wenn er nicht abelsch ist, also in beiden Fällen in $F^*(G)$. Daraus folgt:

$$G \neq 1 \quad \Rightarrow \quad F^*(G) \neq 1.$$

Jeder nichtabelsche minimale Normalteiler von G ist nach 1.7.3 auf Seite 35 ein direktes Produkt von Komponenten, die einfach sind. Es folgt:

6.5.4.   *$F^*(G)$ enthält alle minimalen Normalteiler von G.*   □

Bezüglich $E(G)$ sei als erstes festgestellt:

6.5.5.   a)   *Ist K eine Komponente von G mit $Z(K) = 1$, so ist $\langle K^G \rangle$ minimaler Normalteiler von G, und somit direktes Produkt von zu K konjugierten Komponenten.*

b)   *Ist $F(G) = 1$, so ist $E(G)$ das Produkt aller minimaler Normalteiler von G.*

Beweis.   a) Nach 6.5.3 ist $\langle K^G \rangle$ ein zentrales Produkt der Komponenten K^g, $g \in G$, also nach 1.6.5 ein direktes Produkt, da K einfach ist. Sei N ein minimaler Normalteiler von G, der in $\langle K^G \rangle$ liegt. Aus 1.6.3 auf Seite 27 folgt, daß ein Faktor K^g in N liegt. Damit ist $N = \langle (K^g)^G \rangle = \langle K^G \rangle$.

b) Nach 6.3.1 auf Seite 117 liegt $Z(K)$ in $F(G)$ für jede Komponente K von G. Die Voraussetzung $F(G) = 1$ besagt also, daß alle Komponenten einfach sind. Die Behauptung ergibt sich damit aus a).   □

Allgemein gilt:

6.5.6.   *Sei $E(G) \neq 1$, seien $K_1, \ldots, K_n$ die Komponenten von G, und sei*

$$Z := Z(E(G)), \quad Z_i := Z(K_i), \quad E_i := K_i Z/Z \quad (i = 1, \ldots, n).$$

a) $E(G)$ *ist zentrales Produkt der Untergruppen $K_1, \ldots, K_n$; insbesonde-re gilt $Z = Z_1 \cdots Z_n$.*

b) $Z_i = Z \cap K_i$, *und E_i ist isomorph zu der nichtabelschen einfachen Gruppe K_i/Z_i $(i = 1, \ldots, n)$.*

c) $E(G)/Z = E_1 \times \cdots \times E_n$.

Beweis.   Sei $Z_0 = \prod\limits_{i=1}^{n} Z_i$. Wegen 6.5.3 ist $E(G)$ Produkt der Normalteiler $K_1 Z_0, \ldots, K_n Z_0$, und es gilt

$$K_i Z_0 \cap \prod_{i \neq j} K_k Z_0 = Z_0.$$

Aus 1.6.2 und 1.6.5 folgen $Z_0 = Z$ und a)–c).   □

6.5.7.   *Sei L ein Subnormalteiler von G.*

a)   *Liegt L in $F^*(G)$, so ist $L = (L \cap F(G))(L \cap E(G))$, und $L \cap E(G)$ ist Produkt von Komponenten von G.*

b) $F^*(L) = F^*(G) \cap L$.

c) $E(L)\,C_{E(G)}(E(L)) = E(G)$. *Insbesondere ist $E(L)$ normal in $E(G)$.*

Beweis.   Jede Komponente von L ist eine solche von G, und $F(L)$ liegt in $F(G)$ (6.3.1 auf Seite 117). Nun beachte man 6.5.6 a).   □

Eine wichtige Verallgemeinerung von 6.1.4 ist:

6.5.8.   **Satz.** *Sei G eine Gruppe. Dann ist $C_G(F^*(G)) \leq F^*(G)$.*

Beweis.   Sei $L := C_G(F^*(G))$, $Z := Z(L)$ und $\overline{L} := L/Z$. Wir zeigen $F^*(\overline{L}) = 1$, woraus $\overline{L} = 1$, also wegen $Z \leq F(G)$ die Behauptung folgt.

Da $F^*(L)$ infolge 6.5.7 in $F^*(G)$ liegt, ist

$$F^*(L) = Z.$$

Nach 5.1.2 auf Seite 91 ist das Urbild von $F(\overline{L})$ in L ein nilpotenter Normalteiler von L, und liegt daher in $F(L)$. Damit ist $F(\overline{L}) = 1$. Im Falle $F^*(\overline{L}) \neq 1$ besitzt $\overline{L}$ eine Komponente $\overline{E}$, $Z < E \leq L$. Dann ist E' eine Komponente von L (6.5.1), im Widerspruch zu $F^*(L) = Z$.   □

Übungen

Sei G eine Gruppe.

1. Man beweise die Aufgabe 2 auf Seite 119 mit Hilfe der verallgemeinerten Fittinguntergruppe.

2. Man bestimme $F^*(C_G(E(G)))$ und $F^*(C_G(F(G)))$.

3. Sei t eine Involution von G und E eine Komponente von $C_G(t)$. Dann normalisiert E jede Komponente von G.

4. Sei $\operatorname{Aut} E / \operatorname{Inn} E$ auflösbar für jede Komponente E von G, und sei $F(G) = 1$. Dann gilt
    $$E(C_G(t)) \leq E(G)$$
    für jede Involution t von G.

5. Für die Untergruppe K von G und für jedes $g \in G$ gelte:

    K ist eine Komponente von $\langle K, K^g \rangle$.

    Dann ist K eine Komponente von G (vergleiche 6.7.4 auf Seite 143).

6.6 Primitive maximale Untergruppen

Wir untersuchen in diesem Abschnitt Einbettungseigenschaften maximaler Untergruppen. Sei M eine maximale Untergruppe der Gruppe G. Enthält M einen Normalteiler N von G, so ist M/N eine maximale Untergruppe von G/N. Daher können wir — nach Übergang zu einer geeigneten Faktorgruppe — annehmen, daß M keinen nichttrivialen Normalteiler von G enthält. Dann besitzt M zwei Eigenschaften:

$(*)$ $\qquad\qquad 1 \neq N \trianglelefteq M \quad \Rightarrow \quad M = N_G(N).$

$(**)$ $\qquad\qquad 1 \neq N \trianglelefteq G \quad \Rightarrow \quad G = MN.$

Da die Einbettungseigenschaft $(*)$ auch für spätere Untersuchungen zentral ist, nennen wir eine echte — nicht notwendig maximale — Untergruppe M von G **primitiv**, wenn $(*)$ für sie gilt.

Es sei darauf hingewiesen, daß Punktstabilisatoren primitiver Permutationsgruppen primitive maximale Untergruppen sind. Umgekehrt ist die Operation von G auf den Nebenklassen einer primitiven maximalen Untergruppe M (durch Rechtsmultiplikation) und auch die Operation von G auf den Konjugierten von M treu und primitiv.

Wir beginnen mit zwei einfachen Eigenschaften von primitiven Untergruppen.

6.6.1. *Sei M eine primitive Untergruppe und N ein Normalteiler von G mit $M \cap N \neq 1$. Dann ist $C_G(N) = 1$.*

Beweis.   Aus $1 \neq N \cap M \trianglelefteq M$ und der Primitivität von M folgt

$$C_G(N) \leq C_G(N \cap M) \leq M,$$

also $C_G(N) = 1$, da $C_G(N)$ Normalteiler von G ist.   □

6.6.2. *Sei M eine primitive Untergruppe von G. Dann enthält M keinen nichttrivialen Subnormalteiler von G. Insbesondere ist $M \cap F(G) = 1$.*

Beweis.   Die Annahme, daß M einen Subnormalteiler $L \neq 1$ von G enthält, führen wir zu einem Widerspruch. Dazu können wir annehmen, daß L ein minimaler Subnormalteiler von G ist, also L in $F^*(G)$ liegt. Mit $N = F^*(G)$ folgt aus 6.6.1

$$1 = Z(F^*(G)) \quad (= Z(F(G)) \, Z(E(G))).$$

Damit ist $F(G) = 1$ (5.1.5 auf Seite 92). Da nun L eine Komponente von G ist, folgt, daß $\langle L^M \rangle$ ($\trianglelefteq M$) ein Normalteiler von $E(G)$ ist (6.5.6 auf Seite 129). Die Primitivität von M erzwingt daher $E(G) \leq M$ und dann $E(G) = 1$, im Widerspruch zu $L \neq 1$.   □

6.6.3. *Sei M eine primitive Untergruppe und N ein Normalteiler von G mit $M \cap N = 1$. Sei $p \in \pi(M)$ mit $O_p(M) \neq 1$.*

a)   *$p \notin \pi(N)$.*

b)   *Zu jedem $q \in \pi(N)$ existiert genau eine M-invariante q-Sylowuntergruppe von N.*

c)   *Ist $|\pi(N)| \geq 2$, so ist M keine maximale Untergruppe von G.*

Beweis.   a) Für $P := O_p(M)$ gilt

$$M = N_G(P),$$

da M primitiv ist.

Insbesondere ist P eine p-Sylowuntergruppe von NP, da $N \cap M = 1$ (3.1.10 auf Seite 56). Es folgt $p \notin \pi(N)$ (3.2.5).

b)[14] P operiert auf $\Omega := \mathrm{Syl}_q N$ durch Konjugation. Da nach dem Satz von SYLOW die Operation von N auf Ω transitiv ist, können wir 6.2.2 auf Seite 114 auf PN anwenden und erhalten eine P-invariante q-Sylowuntergruppe Q von N. Außerdem sind alle solchen P-invarianten q-Sylowuntergruppen

---

[14] Das folgende Argument ist in 8.2.3 auf Seite 165 formuliert.

unter $C_N(P)$ ($\leq M \cap N = 1$) konjugiert (6.2.2 auf Seite 114). Es existiert also genau ein solches Q. Wegen $P \trianglelefteq M$ ist mit Q auch Q^x, $x \in M$, unter P invariant. Es folgt $Q^M = Q$.

c) Hier ist Q wie in b) eine echte Untergruppe von N, also $M < QM < NM \leq G$. $\square$

6.6.4.   *Sei M eine primitive Untergruppe und N ein Normalteiler von G mit*

$$M \cap F^*(N) \neq 1.$$

Dann ist $F(G) = 1$ und $F^*(N) = F^*(G) = E(G)$. Insbesondere liegt jeder minimale Normalteiler von G in N.

Beweis.   Zunächst gilt $F(G) \cap M = 1$ (6.6.2), also wegen 6.6.3

(1) $\qquad\qquad O_p(M) = 1 \quad \text{für alle } p \in \pi(F(G)).$

Da $F^*(N)$ in $F^*(G)$ liegt (6.5.7), ist auch

$$M \cap F^*(G) \neq 1.$$

Im Falle $M \cap E(G) = 1$ ist $M \cap F^*(G)$ ($\trianglelefteq M$) isomorph zu einer Untergruppe der nilpotenten Faktorgruppe $F^*(G)/E(G) \cong F(G)/Z(E(G))$, im Widerspruch zu (1).

Also ist $M \cap E(G) \neq 1$ und somit $F(G) = 1$ (6.6.1). Dann ist $F^*(N) = E(N)$ und

$$F^*(G) \overset{6.5.7}{=} C_{F^*(G)}(E(N))\, E(N).$$

Mit 6.6.1 folgt somit aus der Voraussetzung $M \cap F^*(N) \neq 1$ die Behauptung $F^*(G) = E(N) = F^*(N)$. $\square$

Im folgenden sei M eine primitive maximale Untergruppe von G. Dann gilt

$$G = F^*(G)\, M,$$

und diese Faktorisierung untersuchen wir im folgenden. Die Ergebnisse werden dann im Satz von O'NAN-SCOTT zusammengefaßt.

Wir unterscheiden zunächst drei Fälle:

(F1) $F(G) = F^*(G)$, $F(G)$ ist der einzige minimale Normalteiler von G,[15] und M ist ein Komplement von $F(G)$ in G.

(F2) G besitzt genau zwei minimale Normalteiler N_1 und N_2. Diese sind nichtabelsch, also

$$F^*(G) = N_1 \times N_2.$$

---

[15] $F(G)$ ist somit elementarabelsch.

(F3) $F^*(G)$ ist ein nichtabelscher minimaler Normalteiler von G.

6.6.5.   *Besitzt G eine primitive maximale Untergruppe M, so gilt* (F1), (F2) *oder* (F3).

Beweis.   Sei N_1 ein minimaler Normalteiler von G. Dann gilt

$$(')\qquad\qquad\qquad G = N_1 M.$$

Aus 6.6.1 folgt außerdem $C_G(N_1) \cap M = 1$. Ist N_1 abelsch, so ist mit (')
$N_1 = C_G(N_1)$. Andererseits ist in diesem Fall $N_1 \leq Z(F^*(G))$, also $N_1 = F^*(G)$, und es gilt (F1), denn wegen 6.6.2 ist M Komplement von N_1.

Wir können nun annehmen, daß kein minimaler Normalteiler abelsch ist. Insbesondere ist dann $F(G) = 1$, und $E(G)$ ist das Produkt aller minimalen Normalteiler von G (6.5.5 b). Ist N_1 der einzige minimale Normalteiler von G, so folgt (F3).

Sei nun N_2 ein weiterer minimaler Normalteiler von G und

$$N := N_1 N_2 = N_1 \times N_2.$$

Infolge (') ist $N \cap M \neq 1$. Wegen $F^*(N) = N$ können wir daher 6.6.4 anwenden. Es folgt $E(G) = N$. Damit sind N_1 und N_2 die einzigen minimalen Normalteiler von G (1.6.3 b auf Seite 27). Also gilt (F2).   □

Wir diskutieren nun die Fälle (F1), (F2) und (F3) getrennt.

6.6.6.   *Es gelte* (F1). *Existiert ein $p \in \pi(M)$ mit $O_p(M) \neq 1$, so sind alle primitiven maximalen Untergruppen konjugiert.*[16]

Beweis.   Sei $p \in \pi(M)$ mit $P := O_p(M) \neq 1$ und $F := F^*(G)$. Dann gilt

$$M = N_G(P) \quad \text{und} \quad FP \trianglelefteq G,$$

und wegen 6.6.3 a)

$$\mathrm{Syl}_p M \subseteq \mathrm{Syl}_p G.$$

Sei H eine weitere primitive maximale Untergruppe von G. Dann ist auch H Komplement von F, also $|H| = |M|$. Infolge des Satzes von SYLOW existiert ein $g \in G$ mit $P \leq H^g$. Es folgt

$$P = H^g \cap FP \trianglelefteq H^g,$$

also $H^g = N_G(P) = M$.   □

---

[16] Dies gilt insbesondere für eine auflösbare Gruppe G.

6.6.7.   *Es gelte* (F2). *Dann existiert ein M-Isomorphismus* $\alpha\colon N_1 \to N_2$
mit

$$M \cap F^*(G) = \{xx^\alpha \mid x \in N_1\}.[17]$$

Beweis.   Für $D := M \cap F^*(G)$ folgt aus 6.6.1

$$D \cap N_1 = 1 = D \cap N_2.$$

Wegen $G = N_i M$ ist $F^*(G) = N_i D$. Also existiert zu jedem $x_1 \in N_1$ genau
ein $x_2 \in N_2$ mit $x_1 x_2 \in D$. Dann ist die Abbildung

$$\alpha\colon N_1 \to N_2, \quad x_1 \mapsto x_2,$$

ein Isomorphismus, der mit der Konjugation von M vertauschbar ist, da N_1,
N_2 und D unter M invariant sind.   □

Für die Diskussion von (F3) betrachten wir eine etwas allgemeinere Situation
und beginnen mit der Bemerkung (vergleiche 1.7.1 b auf Seite 34):

6.6.8.   *Sei F ein minimaler Normalteiler der Gruppe G und M eine Untergruppe von G mit $M \neq G$ und $G = FM$.*

a)   *Ist U eine echte M-invariante Untergruppe von F, so ist UM eine
echte Untergruppe von G.*

b)   *Genau dann ist M eine maximale Untergruppe von G, wenn $F \cap M$
die einzige maximale M-invariante Untergruppe von F ist.*

Beweis.   b) folgt aus a). Zum Beweis von a) sei U wie dort und $G = UM$
angenommen. Dann ist U normal in G, also F kein minimaler Normalteiler
von G.   □

Im Falle (F3) ist $F^*(G)$ ein *nichtabelscher* minimaler Normalteiler F. Wir
untersuchen daher folgende Situation:

$\mathcal{F}$ F ist ein nichtabelscher minimaler Normalteiler der Gruppe G,

   M ist eine maximale Untergruppe von G mit $G = FM$,

   K ist eine Komponente von F,

   $M_0 := N_M(K)$,

   $G_0 := KM_0$,

   $\overline{G_0} := G_0/C_{G_0}(K)$.

---

[17] $M \cap F^*(G)$ ist also eine „Diagonale" von $N_1 \times N_2$.

Dann ist K eine nichtabelsche einfache Gruppe und F ein direktes Produkt von Konjugierten von K, die wegen $G = FM$ unter M konjugiert sind. Da M keinen nichttrivialen Subnormalteiler enthält (6.6.2), liegt K nicht in M.

Man beachte, daß $\overline{K}$ ($\leq \overline{G_0}$) zu K isomorph ist, also ein nichtabelscher minimaler Normalteiler von

$$\overline{G_0} = \overline{K}\,\overline{M_0}$$

ist.

6.6.9.   *Es gelte $\mathcal{F}$.*

a)   *M_0 ist eine maximale Untergruppe von G_0.*

b)   *Sei $\overline{M_0} \neq \overline{G_0}$. Dann ist $\overline{M_0}$ eine primitive maximale Untergruppe von $\overline{G_0}$.*

c)   *$\overline{M_0} \cap \overline{K} \in \{\overline{M \cap K}, \overline{K}\}$.*

Beweis.   a) Da K ein minimaler Normalteiler von G_0 ist, genügt es wegen 6.6.8 a) zu zeigen, daß eine echte M_0-invariante Untergruppe V von K in $K \cap M_0$ liegt. Sei $U := \langle V^M \rangle$. Da V^x für $x \in M \setminus M_0$ in der von K verschiedenen Komponente K^x liegt, ist U eine echte Untergruppe von F. Aus $U^M = U$ und der Maximalität von M folgt nun $U \leq F \cap M$ (6.6.8), also auch $V \leq K \cap M_0$.

b) Die Maximalität von $\overline{M_0}$ in $\overline{G_0}$ folgt aus a), da $\overline{M_0} \neq \overline{G_0}$. Für die Primitivität von $\overline{M_0}$ genügt es zu zeigen, daß $\overline{M_0}$ keinen Normalteiler $\neq 1$ von $\overline{G_0}$ enthält. Sei $C_{M_0}(K) \leq N \leq M_0$ mit $\overline{N} \trianglelefteq \overline{G_0}$. Dann ist $[N, K] = 1$ wegen $\overline{K} \not\leq \overline{M_0}$. Da die Abbildung

$$K \to \overline{K}, \quad x \mapsto \overline{x},$$

ein N-Isomorphismus ist, folgt $N \leq C_{G_0}(K)$, also $\overline{N} = 1$.

c) Sei $V := \{x \in K \mid \overline{x} \in \overline{M_0} \cap \overline{K}\}$. Dann ist $\overline{V} = \overline{M_0} \cap \overline{K}$ und V eine M_0-invariante Untergruppe von K, die $M_0 \cap K$ enthält. Die Behauptung folgt somit aus a) und 6.6.8.   □

6.6.10.   *Es gelte $\mathcal{F}$.*

a)   *Ist $K \cap M \neq 1$, so ist $\overline{M_0}$ eine primitive maximale Untergruppe von $\overline{G_0}$.*

b)   *Ist $K \cap M = 1$, so gilt b1) oder b2):*

   b1)   *$\overline{K} \leq \overline{M_0} = \overline{G_0}$.*

   b2)   *$\overline{M_0} \cap \overline{K} = 1$, und $\overline{M_0}$ ist eine primitive maximale Untergruppe von $\overline{G_0}$.*

Beweis.   a) Im Falle $\overline{M_0} \neq \overline{G_0}$ folgt dies aus 6.6.9 b). Sei $\overline{M_0} = \overline{G_0}$ angenommen. Dann ist $\overline{K} \leq \overline{M_0}$, also $M \cap K = M_0 \cap K$ unter K invariant. Dies widerspricht der Einfachheit von K.

b) Dies folgt aus 6.6.9 c) und b).   □

Mit Hilfe der Klassifikation der endlichen einfachen Gruppen läßt sich folgende Vermutung verifizieren:

Schreiersche Vermutung:
Sei E eine einfache Gruppe. Dann ist $\mathrm{Aut}\,E/\mathrm{Inn}\,E$ eine auflösbare Gruppe.

Unter Verwendung dieser „Vermutung" folgt, daß der Fall b2) in 6.6.10 nicht auftreten kann:

Faßt man nämlich $\overline{G_0}$ als Untergruppe von $\mathrm{Aut}\,K$ auf (3.1.9 auf Seite 56), so gilt $\overline{K} = \mathrm{Inn}\,K$ und

$$\overline{G_0}/\overline{K} \leq \mathrm{Aut}\,K/\mathrm{Inn}\,K.$$

Dann ist $\overline{G_0}/\overline{K}$ und damit auch $\overline{M_0}$ auflösbar. Außerdem ist $|\pi(\overline{K})| \geq 2$, da K eine nichtabelsche einfache Gruppe ist. Nun widersprechen sich b2) und 6.6.3 c).

Es sei $\mathcal{K}(X)$ die Menge aller Komponenten der Gruppe X. Sei F wie in $\mathcal{F}$. Ist N ein Normalteiler von F, so gilt (siehe 1.7.5)

$$N = \underset{E \in \mathcal{K}(N)}{\times}\, E \quad \text{und} \quad F = N \times \left(\underset{E \in \mathcal{K}(F)\backslash\mathcal{K}(N)}{\times}\, E \right).$$

Für $E \in \mathcal{K}(F)$ sei

$$\pi_E \colon F \to E$$

die Projektion von F auf E (ausnahmsweise schreiben wir $\pi_E(x)$ für das Bild von $x \in F$ unter der Abbildung π_E).

6.6.11.   *Es gelte $\mathcal{F}$, und es sei*

$$1 = K \cap M \neq F \cap M.$$

Dann existieren Normalteiler $N_1, \ldots, N_r$ von F, so daß gilt:

a)   *$F = N_1 \times \cdots \times N_r$, und M operiert transitiv auf $\{N_1, \ldots, N_r\}$.*

b)   *$F \cap M = \overset{r}{\underset{i=1}{\times}} (N_i \cap M).$*

c)   *Für jedes E aus $\mathcal{K}(N_i)$ ist die Abbildung*

$$N_i \cap M \to E \quad \text{mit} \quad x \mapsto \pi_E(x)$$

ein $N_M(E)$-Isomorphismus $(i = 1, \ldots, r)$.[18]

---

[18] $N_i \cap M$ ist also eine „Diagonale" des direkten Produktes $N_i = \underset{E \in \mathcal{K}(N_i)}{\times}\, E.$

d) $\overline{M}_0 = \overline{G}_0$.

Beweis.   Sei $D := F \cap M$ und

$$F_0 := \underset{E \in \mathcal{K}(F)}{\times} \pi_E(D).$$

Wegen $F \cap M \neq 1$ ist auch $F_0 \neq 1$, und wegen $K \cap M = 1$ ist $F_0 \not\leq M$, da alle Komponenten von F unter M konjugiert sind. Aus 6.6.8 b) folgt $F_0 = F$, also

(1) $\pi_E(D) = E$ für alle $E \in \mathcal{K}(F)$.

Sei $a \in D^\#$ so gewählt, daß die Anzahl der Komponenten E von F mit $\pi_E(a) \neq 1$ minimal ist, und sei N das Produkt dieser Komponenten; es ist also

$$\mathcal{K}(N) = \{E \in \mathcal{K}(F) \mid \pi_E(a) \neq 1\}.$$

Sei

$$C := D \cap N;$$

man beachte $a \in C^\#$ und $C \trianglelefteq D$. Dann ist auch $1 \neq \pi_E(C) \trianglelefteq \pi_E(D)$ für $E \in \mathcal{K}(N)$, also $\pi_E(C) = E$ wegen (1) und der Einfachheit von E. Da infolge der Minimalität von a die Abbildung $\pi_E|_C$ injektiv ist, gilt

(2)   Für jedes $E \in \mathcal{K}(N)$ ist die Abbildung

$$C \to E \quad \text{mit} \quad x \mapsto \pi_E(x)$$

ein D-Isomorphismus,

letzteres wegen $C^D = C$ und $E^D = E$. Dies ist übrigens die Behauptung c) für $N_i = N$.

Wir zeigen nun

(3)   Seien $d \in D$ und $c \in C$ mit

$$\pi_{E_0}(d) = \pi_{E_0}(c) \quad \text{für ein } E_0 \in \mathcal{K}(N).$$

Dann ist $[N, dc^{-1}] = 1$.

Zum Beweis sei $x \in C$. Dann folgt mit (2)

$$\pi_{E_0}(x^d) = \pi_{E_0}(x)^d = \pi_{E_0}(x)^{\pi_{E_0}(d)} = \pi_{E_0}(x)^{\pi_{E_0}(c)} = \pi_{E_0}(x^c),$$

also $x^d = x^c$ wegen der Injektivität von $\pi_{E_0}|_C$. Dann ist $[C, f] = 1$ für $f = dc^{-1}$. Für alle $E \in \mathcal{K}(N)$ gilt nun

$$1 = \pi_E([C, f]) = [\pi_E(C), \pi_E(f)] \overset{(2)}{=} [E, \pi_E(f)],$$

und daher $\pi_E(f) = 1$, da $Z(E) = 1$. Es folgt (3).

Die Aussagen (2) und (3) gelten natürlich genauso für N^m, $m \in M$, an Stelle von N.

Sei $E_0 \in \mathcal{K}(N) \cap \mathcal{K}(N^m)$ und $d := a^m$. Wegen (2) existiert $c \in C$ mit $\pi_{E_0}(d) = \pi_{E_0}(c)$. Aus (3), angewandt auf N und N^m, folgt $[NN^m, dc^{-1}] = 1$. Zusammen mit $dc^{-1} \in NN^m$ erhalten wir daraus $d = c \in N \cap N^m$, und die Minimalität von a ergibt $N = N^m$. Wir haben gezeigt:

(4) $N \cap N^m = 1$ oder $N = N^m$ für $m \in M$. Insbesondere ist $N_M(E) \leq N_M(N)$ für alle $E \in \mathcal{K}(N)$.

Die zweite Aussage von (4) besagt, daß die Abbildung in (2) für alle $E \in \mathcal{K}(N)$ sogar ein $N_M(E)$-Isomorphismus ist. Mit dieser Bemerkung folgen (a) und (c) aus (2) und (4), wobei die N_i die Konjugierten von N sind. Außerdem ist wegen (3)

$$D = (D \cap N) \times C_D(N)$$

und dann nach wiederholter Anwendung von (3)

$$D = \underset{m \in M}{\text{\Large X}} (N^m \cap D).$$

Dies ist (b). Schließlich folgt (d) aus (c). $\qquad\qquad\qquad\qquad\qquad$ $\square$

Wir fassen zusammen:

6.6.12. Satz von O'Nan-Scott.[19] *Sei M eine primitive maximale Untergruppe der Gruppe G. Dann gilt einer der folgenden Fälle:*

a) *$F^*(G) = F(G)$, und $F(G)$ ist der einzige minimale Normalteiler von G.*

b) *$F(G) = 1$, und $F^*(G) = N_1 \times N_2$; dabei sind N_1 und N_2 die einzigen minimalen Normalteiler von G. Es existiert ein Isomorphismus $\alpha \colon N_1 \to N_2$ mit $F^*(G) \cap M = \{xx^\alpha \mid x \in N_1\}$.*

c) *$F(G) = 1$, und $F^*(G)$ ist der einzige minimale Normalteiler von G. Hierbei gilt einer der folgenden Fälle[20]:*

   c1) *$\overline{M}_0$ ist eine primitive maximale Untergruppe von $\overline{G}_0$ (und $K \cap M \neq 1$)[21].*

   c2) *$\overline{M}_0 = \overline{G}_0$ und $M \cap F = 1$.*

---

[19] Siehe [81] und [35].
[20] mit den Bezeichnungen wie in $\mathcal{F}$
[21] wenn mann die Schreiersche Vermutung benutzt

c3) $\overline{M}_0 = \overline{G}_0$, $1 = K \cap M \neq F \cap M$, und F ist wie in 6.6.11 beschrieben.   □

Zum Schluß belegen wir jeden der auftretenden Fälle durch Beispiele.

a) $G = S_3$ und $M = S_2$ ($\leq G$) oder $G = S_4$ und $M = S_3$ ($\leq G$). Allgemein gilt a) für jede auflösbare Gruppe G, sofern sie genau einen minimalen Normalteiler besitzt, und $\Phi(G) = 1$ ist.

In den anderen Fällen ist $F^*(G)$ direktes Produkt seiner Komponenten. In den Fällen b), c1) und c3) sei

$$K \cong A_5 \quad \text{und} \quad H := K \times K,$$

sowie $t \in \operatorname{Aut} H$ mit

$$(k_1, k_2)^t = (k_2, k_1) \quad \text{für alle } (k_1, k_2) \in H.$$

Daraus konstruieren wir die jeweilige Gruppe G (und die primitive maximale Untergruppe M von G), so daß $F^*(G) = H$ gilt.

b) $G := H$ und $M := \{(k, k) \mid k \in K\}$.

c1) Sei $G = \langle t \rangle H$ das semidirekte Produkt von H und $\langle t \rangle$ und M_1 eine maximale Untergruppe von K. Sei $M_2 := \{(k_1, k_2) \mid k_1, k_2 \in M_1\}$ und $M := M_2 \langle t \rangle$.

c3) Sei G wie in Beispiel c1), aber $M_2 := \{(k, k) \mid k \in K\}$ und $M := M_2 \langle t \rangle$.

c2) In der alternierenden Gruppe $M := A_6$ ist der Stabilisator

$$M_0 := \{x \in A_6 \mid 6^x = 6\}$$

eine zu A_5 isomorphe Gruppe. Sei G das verschränkte Kranzprodukt

$$(A_5, \ M, \ M_0, \ \tau),$$

wobei $\tau \colon M_0 \to \operatorname{Aut} A_5$ die Konjugation ist, also Bild $\tau = \operatorname{Inn} A_5$ (siehe 4.4). Dann ist G ein semidirektes Produkt eines Normalteilers

$$\widehat{A}_5 = A_5 \times A_5 \times A_5 \times A_5 \times A_5 \times A_5$$

mit der Gruppe M, und es ist $F^*(G) = \widehat{A}_5$. Außerdem ist M primitiv, weil A_6 eine einfache Gruppe ist. Da M_0 auf der ersten Komponente $K \cong A_5$ von $\widehat{A}_5$ wie die Gruppe $\operatorname{Inn} A_5$ operiert, sind 1 und K die einzigen A-invarianten Untergruppen von K. Daraus folgt mit 6.6.8, daß M eine maximale Untergruppe von G ist (vergleiche Beweis von 6.6.9 a).

Übungen

Sei G eine auflösbare Gruppe.

1. Sei U eine primitive Untergruppe und N ein minimaler Normalteiler von G. Sei $\overline{G} := G/N$. Dann ist $\overline{U} = \overline{G}$ oder $\overline{U}$ eine primitive Untergruppe von $\overline{G}$.

2. Seien U_1 und U_2 primitive Untergruppen von G mit $|U_1| \leq |U_2|$. Dann ist U_1 zu einer Untergruppe von U_2 konjugiert.

6.7 Subnormalteiler

Im letzten Abschnitt dieses Kapitels stellen wir zwei Sätze von WIELANDT über Subnormalteiler vor. Vor allem 6.7.6 (Satz von BAER) ist eine oft benutzte Aussage.

6.7.1.   Satz (Wielandt [97]). *Sind A und B zwei Subnormalteiler der Gruppe G, so ist auch $\langle A, B \rangle$ ein Subnormalteiler von G.*

Beweis.   Sei G ein minimales Gegenbeispiel[22] und $\mathcal{S}$ die Menge aller Subnormalteiler von G. Dann existieren $A, B \in \mathcal{S}$ mit $\langle A, B \rangle \notin \mathcal{S}$. Wir fixieren ein solches B und wählen $A \in \mathcal{S}$ maximal mit $\langle A, B \rangle \notin \mathcal{S}$, verfügen also über

(1)   Ist $A < X \in \mathcal{S}$, so gilt $\langle X, B \rangle \in \mathcal{S}$.

Im Falle $A \trianglelefteq G$ folgt mit 1.2.8 auf Seite 13 auch $AB/A \trianglelefteq\trianglelefteq G/A$, also $\langle A, B \rangle = AB \in \mathcal{S}$. Daher gilt:

(2) A ist kein Normalteiler von G.

Wegen $A \in \mathcal{S}$ existieren demnach Untergruppen X und G_1 von G mit

(3) $A \trianglelefteq X \trianglelefteq\trianglelefteq G_1 \trianglelefteq G$ und $A \neq X$, $G_1 \neq G$.

Wegen $G_1 \trianglelefteq G$ ist A^b für jedes $b \in B$ ein Subnormalteiler von G_1. Aus der minimalen Wahl von G folgt daher

$$A \leq \langle A^B \rangle \trianglelefteq\trianglelefteq G_1.$$

Damit gilt $\langle A^B \rangle \in \mathcal{S}$. Im Falle $A < \langle A^B \rangle$ folgt aus (1)

$$\langle A, B \rangle = \langle \langle A^B \rangle, B \rangle \trianglelefteq\trianglelefteq G.$$

---

[22] Wir nehmen also an, der Satz wäre falsch. Dann existieren Gruppen G, für die die Voraussetzungen, nicht aber die Behauptung des Satzes zutreffen. Unter diesen Gruppen sei G so gewählt, daß $|G|$ minimal ist.

Daher gilt $\langle A^B \rangle = A$, d.h.

$$B \le N_G(A).$$

Nach (1) ist auch

$$G_2 := \langle X, B \rangle \trianglelefteq\trianglelefteq G.$$

Im Falle $G_2 \ne G$ ist $\langle A, B \rangle \trianglelefteq\trianglelefteq G_2$ aufgrund der minimalen Wahl von G, also $\langle A, B \rangle \in \mathcal{S}$. Es folgt

$$G = G_2 = \langle X, B \rangle \le N_G(A),$$

im Widerspruch zu (2). $\square$

Der folgende Hilfssatz beschreibt eine typische Eigenschaft von Subnormalteilern, vergleiche 3.2.6 auf Seite 60:

6.7.2.   *Sei Σ eine Menge von Subnormalteilern der Gruppe G mit $\Sigma^G = \Sigma$. Sei Σ_0 eine echte Teilmenge von Σ. Dann existiert ein $X \in \Sigma \setminus \Sigma_0$ mit $\langle \Sigma_0 \rangle^X = \langle \Sigma_0 \rangle$.*

Beweis.   Nach 6.7.1 ist $\langle \Sigma_0 \rangle$ ein Subnormalteiler von G. Da wir $\langle \Sigma_0 \rangle \ne G$ annehmen können, liegt $\langle \Sigma_0 \rangle$ in einem echten Normalteiler G_1 von G. Per Induktion nach $|G|$, angewandt auf G_1, folgt die Behauptung im Falle

$$\Sigma_1 := \{U \in \Sigma \mid U \le G_1\} \ne \Sigma_0.$$

Sei $\Sigma_0 = \Sigma_1$. Wegen $G_1^G = G_1$ und $\Sigma^G = \Sigma$ ist $(\Sigma_1)^G = \Sigma_1$. Dann ist $\langle \Sigma_0 \rangle = \langle \Sigma_1 \rangle$ sogar normal in G. $\square$

Im Beweis des nächsten Satzes geht an einer zentralen Stelle ein, daß eine gewisse Menge von Untergruppen genau ein maximales Element[23] besitzt. Solche Eindeutigkeitsaussagen sind ein oft benutztes Hilfsmittel bei Strukturuntersuchungen endlicher Gruppen. Da wir dieses Argument[24] nochmals im letzten Kapitel benötigen, sei es gesondert formuliert:

6.7.3.   *Sei A eine Untergruppe der Gruppe G, $\mathcal{U}$ eine nichtleere Menge von Untergruppen von G und für $U \in \mathcal{U}$*

$$\Sigma_U := \{A^g \mid g \in G, \; A^g \trianglelefteq\trianglelefteq U\}.$$

Für alle $U, \widetilde{U} \in \mathcal{U}$ gelte:

1) $A \in \Sigma_U$.

2) $\{B \in \Sigma_{\widetilde{U}} \mid B \le U\} \subseteq \Sigma_U$.

---

[23] bzgl. Inklusion

[24] Eine Version dieses Arguments nennt WIELANDT *Zipper-Lemma* — nach der hierbei verwandten Beweismethode; siehe [98], S. 586.

3)   *Es existiert ein* $\widehat{U} \in \mathcal{U}$ *mit* $N_G(\langle \Sigma_U \cap \Sigma_{\widetilde{U}} \rangle) \leq \widehat{U}$.

Dann besitzt $\mathcal{U}$ genau ein maximales Element.

Beweis.   Wir setzen

$$\Sigma := \bigcup_{U \in \mathcal{U}} \Sigma_U.$$

Wegen 2) ist daher für $U \in \mathcal{U}$

$$\Sigma_U = \{B \in \Sigma \mid B \leq U\}.$$

Ist die Behauptung falsch, so existieren zwei verschiedene maximale Elemente U_1, U_2 von $\mathcal{U}$. Seien sie so gewählt, daß

$$\Sigma_0 := \Sigma_{U_1} \cap \Sigma_{U_2}$$

maximal ist. Nach 3) liegt $N_G(\langle \Sigma_0 \rangle)$ in einem maximalen Element U_3 von $\mathcal{U}$. Nach Definition von Σ_{U_i} gilt $\langle \Sigma_{U_i} \rangle \trianglelefteq U_i$, wegen der Maximalität von U_i und 3) sogar

(1) $U_i = N_G(\langle \Sigma_{U_i} \rangle), \quad i = 1, 2, 3.$

Insbesondere ist $\Sigma_{U_1} \neq \Sigma_{U_2}$.

Sei $i \in \{1, 2\}$, so daß $\Sigma_0 \subsetneqq \Sigma_{U_i}$ gilt. Dann existiert wegen 6.7.2 ein $X \in \Sigma_{U_i} \setminus \Sigma_0$ mit $\langle \Sigma_0 \rangle^X = \langle \Sigma_0 \rangle$. Es folgt $X \in \Sigma_{U_3}$, also $\Sigma_0 \subsetneqq \Sigma_{U_3} \cap \Sigma_{U_i}$ und damit $U_i = U_3$ infolge der maximalen Wahl von Σ_0. Wir können daher die Bezeichnungen so wählen, daß $U_2 = U_3$ und $U_1 \neq U_3$ gilt. Dann ist $\Sigma_0 = \Sigma_{U_1}$ und damit wegen (1)

$$U_1 = N_G(\langle \Sigma_{U_1} \rangle) \leq U_3,$$

also $U_1 = U_3$, ein Widerspruch. $\square$

6.7.4.   Satz (Wielandt [97]). *Sei A eine Untergruppe der Gruppe G. Es gelte*

$$A \trianglelefteq\trianglelefteq \langle A, A^g \rangle \quad \text{für alle } g \in G.$$

Dann ist A Subnormalteiler von G.

Beweis.   Wir bemerken zunächst, daß die Voraussetzung über A sich auf jede zu A konjugierte Untergruppe A^x, $x \in G$, überträgt:

$$A \trianglelefteq\trianglelefteq \langle A, A^{gx^{-1}} \rangle \quad \Rightarrow \quad A^x \trianglelefteq\trianglelefteq \langle A^x, A^g \rangle.$$

Wir nehmen an, daß A kein Subnormalteiler von G ist, und führen dies zu einem Widerspruch.

Sei $\mathcal{U}$ die Menge aller Untergruppen $U < G$ mit $A \leq U$. Insbesondere ist $\langle A, A^g \rangle \in \mathcal{U}$ für alle $g \in G$, da A kein Subnormalteiler von G ist. Per Induktion nach $|G|$, angewandt auf $U \in \mathcal{U}$, ist jede Untergruppe aus

$$\Sigma_U := \{ A^x \mid A^x \leq U, \ x \in G \}$$

subnormal in U. Außerdem gilt für $\Sigma_0 \subseteq \Sigma_U$, $A \in \Sigma_0$

$$A \trianglelefteq\trianglelefteq \langle \Sigma_0 \rangle.$$

Deshalb ist $\langle \Sigma_0 \rangle$ kein Normalteiler von G. Es folgt $N_G(\langle \Sigma_0 \rangle) \in \mathcal{U}$. Damit erfüllt $\mathcal{U}$ die Voraussetzungen von 6.7.3. Es existiert also eine maximale Untergruppe M von G, die alle Untergruppen A^g, $g \in G$, enthält. Es folgt

$$A \trianglelefteq\trianglelefteq \langle \Sigma_M \rangle \trianglelefteq G, \text{ also } A \trianglelefteq\trianglelefteq G$$

entgegen unserer Annahme. $\square$

In einer nilpotenten Gruppe ist jede Untergruppe Subnormalteiler. Deshalb folgt als Korollar:

6.7.5.   *Sei A eine nilpotente Untergruppe der Gruppe G, so daß auch $\langle A, A^g \rangle$ für jedes $g \in G$ nilpotent ist. Dann ist A ein Subnormalteiler von G, liegt also in $F(G)$.* $\square$

Da p-Gruppen nilpotent sind, folgt als Korollar:

6.7.6.   Satz von Baer [24]. *Ist x ein p-Element von G, so daß für jedes $g \in G$ die Untergruppe $\langle x, x^g \rangle$ eine p-Gruppe ist, so liegt x in $O_p(G)$.* $\square$

Speziell für $p = 2$ folgt:

6.7.7.   *Sei t eine Involution von G, die nicht in $O_2(G)$ liegt. Dann existiert ein Element $y \in G^\#$, dessen Ordnung ungerade ist, mit $y^t = y^{-1}$.*

Beweis.   Sei $g \in G$, so daß $\langle t, t^g \rangle$ keine 2-Gruppe ist. Dann besagt 1.6.9 auf Seite 31, daß $d := t t^g$ kein 2-Element ist. Es existiert also ein $y \in \langle d \rangle$ von ungerader Ordnung $\neq 1$. Mit 1.6.9 auf Seite 31 folgt $y^t = y^{-1}$. $\square$

Ein Lemma, ähnlicher wie 6.7.5, benötigen wir in den Kapiteln 10 und 11.

6.7.8.   Lemma von MATSUYAMA [80]. *Seien Z, Y Untergruppen von G, und sei $p \in \pi(G)$. Es gelte:*

$$\langle (Z^g)^Y \rangle \text{ ist eine p-Untergruppe für alle } g \in G.[25]$$

---
[25] Daraus folgt $Z^g \trianglelefteq\trianglelefteq \langle Z^g, Y \rangle$ für alle $g \in G$.

Dann existiert eine p-Sylowuntergruppe P von G, so daß die Untergruppe

$$\langle Z^g \mid g \in G, \ Z^g \leq P \rangle \ ^{26}$$

von Y normalisiert wird.

Beweis. Sei $\mathcal{M}$ die Menge aller Y-invarianten p-Untergruppen Q von G mit folgender Eigenschaft:

$$Z \leq Q \quad \text{und} \quad Q = \langle Z^g \mid g \in G, \ Z^g \leq Q \rangle.$$

Da nach Voraussetzung $\langle Z^Y \rangle$ in $\mathcal{M}$ liegt, ist $\mathcal{M}$ nichtleer. Sei im folgenden Q ein maximales Element von $\mathcal{M}$ und

$$Q \leq P \in \mathrm{Syl}_p\, G,$$

sowie

$$\Sigma := \{Z^g \mid g \in G, \ Z^g \leq P\} \quad \text{und} \quad \Sigma_0 := \{Z^g \mid g \in G, \ Z^g \leq Q\}.$$

Dann ist $Q = \langle \Sigma_0 \rangle$; im Falle $\Sigma_0 = \Sigma$ folgt daher die Behauptung.

Sei $\Sigma_0 \subsetneq \Sigma$ angenommen. Da alle Untergruppen von P subnormal in P sind, können wir 6.7.2 anwenden. Danach existiert ein $Z^g \in \Sigma \setminus \Sigma_0$ mit $Z^g \leq N_G(Q)$. Wegen $Q^Y = Q$ liegt auch die Y-invariante p-Untergruppe $\langle Z^{gY} \rangle$ in $N_G(Q)$. Es folgt

$$Q \langle Z^{gY} \rangle \in \mathcal{M},$$

im Widerspruch zur maximalen Wahl von Q. $\qquad\square$

Übungen

Sei G eine Gruppe.

1. Sei $H \trianglelefteq\trianglelefteq G$. Dann ist $H \cap S \in \mathrm{Syl}_p\, H$ für alle $p \in \mathbb{P}$ und $S \in \mathrm{Syl}_p\, G$.

2. Sei H eine auflösbare Untergruppe von G mit

   $$S \cap H \in \mathrm{Syl}_p\, H \text{ für alle } p \in \mathbb{P} \text{ und } S \in \mathrm{Syl}_p\, G.$$

   Dann ist H subnormal in G.

Sei D eine Konjugiertenklasse von p-Elementen von G, $p \in \mathbb{P}$.

3. Ist $\langle D \rangle$ keine p-Gruppe, so existieren $x, y \in D$ mit $x \neq y$, so daß x in $\langle x, y \rangle$ zu y konjugiert ist.

---

[26] Diese Untergruppe wird auf Seite 152 mit $\mathrm{wcl}_G(Z, P)$ bezeichnet.

4. Sei $E \subseteq D$ und $|E|$ maximal mit

    (∗) E ist Konjugiertenklasse von $\langle E \rangle$.

    Dann ist $\langle E \rangle \triangleleft\triangleleft G$.

5. Sei $G = \langle D \rangle$, $E \subseteq D$ und $|E|$ maximal mit

    (∗∗) $E \neq D$ und E ist Konjugiertenklasse von $\langle E \rangle$.

    Dann besitzt die Menge aller $U \leq G$ mit $E \subseteq U$ und $U = \langle U \cap D \rangle$ genau ein maximales Element.

6. (BAUMANN, [25]) Sei $G = \langle D \rangle$ und $D \subseteq U_1 \cup \ldots \cup U_r$ für echte Untergruppen $U_1, \ldots, U_r$ von G. Dann ist $r \geq p + 1$.

7. Verlagerung und p-Faktorgruppen

7.1 Die Verlagerungsabbildung

Die Frage nach nichttrivialen echten Normalteilern einer Gruppe ist ein wichtiger Schritt bei der Untersuchung endlicher Gruppen. Besitzt zum Beispiel die Gruppe G einen solchen Normalteiler N, so erhält man in Induktionsbeweisen häufig Informationen über N und G/N, die das gewünschte Resultat für G liefern (vergleiche zum Beispiel 6.1.2 auf Seite 110).

Da Normalteiler Kerne von Homomorphismen sind, liegt es nahe, Homomorphismen von G zu konstruieren. Die Schwierigkeit liegt dann darin zu erkennen, ob der Kern eines solchen Homomorphismus eine nichttriviale echte Untergruppe ist.

Im folgenden sei P eine Untergruppe der Gruppe G. In diesem Kapitel geben wir einen Homomorphismus τ von G in die abelsche Gruppe P/P' an, dessen Kern und Bild mit Hilfe der Konjugierten von p-Elementen beschrieben werden können, wenn P eine p-Sylowuntergruppe von G ist. Dies entspricht der schon früher erwähnten Philosophie, daß sich die Struktur einer Gruppe aus ihrer p-Struktur erschließen sollte.

Ist G nichtabelsch, so ist sicherlich Kern τ nichttrivial, da $G/$ Kern τ abelsch ist. Somit erhält man entweder einen nichttrivialen echten Normalteiler oder $G =$ Kern τ. Im zweiten Fall gibt die Beschreibung von Kern τ einschränkende Bedingungen für die Struktur von G.

Sei

$$\overline{P} := P/P'$$

die Kommutatorfaktorgruppe von P und

$$P \to \overline{P} \quad \text{mit} \quad x \mapsto \overline{x}$$

der kanonische Epimorphismus auf die *abelsche* Gruppe $\overline{P}$.

Sei S die Menge aller Schnitte von P in G; für $R, S \in S$ sei (vergleiche mit der Definition auf Seite 65)

$$R|S := \prod_{\substack{(r,s)\in R\times S \\ Pr=Ps}} \overline{rs^{-1}} \quad (\in \overline{P}).$$

Da die Faktoren in der abelschen Gruppe $\overline{P}$ liegen, ist auch hier ihre Reihenfolge unerheblich. Wie in **3.3** gelten für $R, S, T \in \mathcal{S}$

(1)
$$(R|S)^{-1} = S|R$$

(2)
$$(R|S)\,(S|T) = R|T.$$

Wir nutzen nun aus, daß G durch *Rechts*multiplikation

$$S \xmapsto{g \in G} Sg$$

auf $\mathcal{S}$ operiert. Hierbei gilt

(3)
$$Rg \,|\, Sg = R|S$$

und

(4)
$$Rg|R = Sg|S.$$

Zum Beweis von (4) sei bemerkt:

$$
\begin{aligned}
(Rg|R)\,(Sg|S)^{-1} &= (Rg|R)\,(R|Sg)\,(R|Sg)^{-1}\,(Sg|S)^{-1} \\
&= (Rg|R)\,(R|Sg)\,((R|Sg)\,(Sg|S))^{-1} \\
&\overset{(2)}{=} (Rg|Sg)\,(R|S)^{-1} \overset{(3)}{=} 1.
\end{aligned}
$$

7.1.1.   Verlagerungsabbildung. *Sei $S \in \mathcal{S}$. Die Abbildung*

$$\tau_{G \to P} \colon G \to \overline{P} \quad \text{mit} \quad g \mapsto Sg|S$$

ist ein Homomorphismus, der unabhängig von der Wahl von $S \in \mathcal{S}$ ist.

Beweis.   Die Unabhängigkeit von S ist (4). Für $x, y \in G$ gilt

$$Sxy|S \overset{(2)}{=} (Sxy|Sy)\,(Sy|S) = ((Sx)y|Sy)\,(Sy|S) \overset{(3)}{=} (Sx|S)\,(Sy|S).$$

Also ist $\tau_{G \to P}$ Homomorphismus. $\square$

Um für $x \in G$ die Verlagerung $x^{\tau_{G \to P}}$ zu berechnen, lassen wir die zyklische Gruppe $\langle x \rangle$ durch Rechtsmultiplikation auf der Menge Ω aller Nebenklassen Pg, $g \in G$, operieren. Dabei zerfällt Ω in die $\langle x \rangle$-Bahnen $\Omega_1, \ldots, \Omega_k$. Aus jeder Bahn Ω_i sei ein Element Pg_i fest gewählt. Der Teiler n_i von $o(x)$ sei so gewählt, daß $\langle x^{n_i} \rangle$ der Kern der Operation von $\langle x \rangle$ auf Ω_i ist. Dann folgen für $i = 1, \ldots, k$:

- $n_i = |\Omega_i|$ und $\displaystyle\sum_{i=1}^{k} n_i = |G : P|$,

- $\Omega_i = \{Pg_i, Pg_i x, \ldots, Pg_i x^{n_i - 1}\}$,

- $Pg_i\, x^{n_i} = Pg_i,\quad$ also $\quad g_i x^{n_i} g_i^{-1} \in P.$

Insbesondere liegt

$$S := \dot{\bigcup_{i=1,\dots,k}} \{g_i x^j \mid j = 0, \dots, n_i - 1\}$$

in S. Für diesen Schnitt S gilt

$$Sx \cap Pg_i\, x^j = \begin{cases} \{g_i x^j\} & \text{für} \quad j = 1, \dots, n_i - 1 \\ \{g_i x^{n_i}\} & \text{für} \quad j = 0, \end{cases}$$

also

(5) $$x^{\tau_{G \to P}} = \prod_{i=1}^{k} \overline{g_i x^{n_i} g_i^{-1}}.$$

Wir setzen nun

$$P^* := \langle\, y^{-1} y^g \mid y, y^g \in P,\ g \in G \,\rangle;$$

dabei beachte man $y^{-1} y^g = [y, g]$, also

$$P' \leq P^* \leq P \cap G'.$$

Mit diesen Bezeichnungen folgt

7.1.2. *Für $x \in P$ gilt* $\quad \left(x^{\tau_{G \to P}}\right) \overline{P^*} = \overline{x}^{|G:P|}\, \overline{P^*}.$

Beweis. Für einen Faktor in (5) ist

$$g_i x^{n_i} g_i^{-1} = x^{n_i}\left(x^{-n_i} g_i x^{n_i} g_i^{-1}\right) \in x^{n_i} P^*,$$

also

$$x^{\tau_{G \to P}} \equiv \overline{x}^{\sum_i n_i} = \overline{x}^{|G:P|} \quad (\text{mod } \overline{P^*}).$$

$\square$

Sei nun π eine nichtleere Primzahlmenge und P eine π-Halluntergruppe von G. Dann ist $PG'/G' = O_\pi(G/G')$, also (2.1.6 auf Seite 41)

$$G/G' = PG'/G' \times O_{\pi'}(G/G').$$

Wir bezeichnen das Urbild von $O_{\pi'}(G/G')$ in G mit $G'(\pi)$. Dann ist $G'(\pi)$ der kleinste Normalteiler von G mit abelscher π-Faktorgruppe.[1] Wegen $G = PG'(\pi)$ folgt

(6) $$P \cap G'(\pi) = P \cap G' \quad \text{und} \quad P/P \cap G' \cong G/G'(\pi).$$

In dieser Situation gilt:

---

[1] In der Terminologie von **6.3** ist $G'(\pi) = O^{\mathcal{K}}(G)$, wobei $\mathcal{K}$ die Klasse aller abelschen π-Gruppen ist.

7.1.3.   **Satz.** *Sei P eine π-Halluntergruppe von G. Dann ist*

$$P^* = P \cap G'(\pi) = P \cap G', \quad \text{also} \quad P/P^* \cong G/G'(\pi).$$

Genauer gilt: $\operatorname{Kern} \tau_{G \to P} = G'(\pi)$ *und* $\overline{P} = \overline{P^*} \times \operatorname{Bild} \tau_{G \to P}.$

Beweis.   Aufgrund der Voraussetzung $(|P|, |G : P|) = 1$ folgt aus 7.1.2 für $\tau := \tau_{G \to P}$

$$\langle x^\tau \overline{P^*} \rangle = \langle \overline{x} \rangle \overline{P^*}$$

für alle $x \in P$ (1.4.3 b), also $\overline{P \cap \operatorname{Kern} \tau} \leq \overline{P}^*$ und wegen $P' \leq P^*$ dann

$$P \cap \operatorname{Kern} \tau \leq P^* \quad \text{und} \quad \overline{P} = \overline{P^*} \operatorname{Bild} \tau.$$

Umgekehrt gilt $G'(\pi) \leq \operatorname{Kern} \tau$, da τ ein Homomorphismus von G in die abelsche π-Gruppe $\overline{P}$ ist. Es folgt

$$P^* \leq P \cap G' \overset{(6)}{=} P \cap G'(\pi) \leq P \cap \operatorname{Kern} \tau,$$

also $P^* = P \cap \operatorname{Kern} \tau = P \cap G'(\pi) = P \cap G'$. Dann hat man

$$|G/G'(\pi)| \geq |G/\operatorname{Kern} \tau| = |\operatorname{Bild} \tau| \geq |P/P^*| = |P/P \cap G'| \overset{(6)}{=} |G/G'(\pi)|,$$

woraus $\operatorname{Kern} \tau = G'(\pi)$ und $|\operatorname{Bild} \tau| = |P/P^*|$ folgt. Wegen $\overline{P} = \overline{P^*} \operatorname{Bild} \tau$ gilt nun $\overline{P} = \overline{P^*} \times \operatorname{Bild} \tau$. $\square$

Als Korollar sei festgehalten

7.1.4.   *Sei P eine π-Halluntergruppe von G und $P \neq P^*$. Dann ist $G \neq O^\pi(G)$.* $\square$

Die Bedeutung von 7.1.3 und 7.1.4 besteht darin, daß die Untergruppe $P \cap G'$ [2] in P berechnet werden kann, wenn man weiß, welche Elemente von P in G konjugiert sind. Im Falle $\pi = \{p\}$ kann dies nach einem Satz von ALPERIN allein aus der Kenntnis der Normalisatoren gewisser nichttrivialer p-Untergruppen entschieden werden [20]. In einem Spezialfall reduziert sich ALPERINs Satz auf einen schon lange bekannten Sachverhalt.

7.1.5.   **Lemma von Burnside** ([4], S. 155). *Sei P eine p-Sylowuntergruppe von G, und seien A_1, A_2 normale Teilmengen von P.[3] Sind A_1 und A_2 in G konjugiert, so sind sie auch in $N_G(P)$ konjugiert.*

Beweis.   Sei $g \in G$ mit $A_1^g = A_2$. Aus $P \leq N_G(A_1)$ folgt $P^g \leq N_G(A_1^g) = N_G(A_2)$. Somit sind P und P^g zwei p-Sylowuntergruppen von $N_G(A_2)$, also in $N_G(A_2)$ konjugiert. Ist $z \in N_G(A_2)$ mit $P^{gz} = P$, so ist $y := gz \in N_G(P)$ und $A_1{}^y = A_2$. $\square$

---

[2] genannt die **fokale** Untergruppe von P in G
[3] d.h. $A_i = A_i^x$ für alle $x \in P$.

In einer *abelschen* p-Sylowuntergruppe P gilt 7.1.5 für alle Teilmengen, insbesondere für die einelementigen Teilmengen, d.h.

$$x, x^g \in P, \ g \in G \ \Rightarrow \ x^g = x^y \ \text{für ein} \ y \in N_G(P).$$

Dies hat $P^* = \{ x^{-1} x^y \mid y \in N_G(P), \ x \in P \}$ zur Folge. Aus 7.1.3 folgt:

7.1.6.   Satz. *Sei P eine abelsche p-Sylowuntergruppe von G und $H :=$ $N_G(P)$. Dann gilt $P \cap G' = P \cap H'$, also*

$$P/P \cap H' \cong G/G'(p) \cong H/H'(p). \qquad \square$$

Sind $Z \leq P \leq G$ Untergruppen von G, so heißt Z **schwach abgeschlossen** in P (bezüglich G), falls gilt:

$$Z^g \leq P, \ g \in G \ \Rightarrow \ Z^g = Z.$$

7.1.7.   Sei $P \in \mathrm{Syl}_p G$ *und Z eine Untergruppe von $Z(P)$, die schwach abgeschlossen in P ist. Ist $y \in P$ und $g \in G$ mit $y^g \in P$, so existiert ein $g' \in N_G(Z)$ mit $y^g = y^{g'}$.*

Beweis.   Wegen $y, y^g \in P$ gilt $y^g \in P \cap P^g$ und $\langle Z, Z^g \rangle \leq C_G(y^g)$. Nach dem Satz von SYLOW findet sich ein $c \in C_G(y^g)$, so daß $\langle Z^g, Z^c \rangle$ eine p-Gruppe ist. Dann existiert ein $h \in G$, so daß

$$\langle Z^{gh}, Z^{ch} \rangle = \langle Z^g, Z^c \rangle^h \leq P.$$

Da Z schwach abgeschlossen in P ist, folgt $Z^{gh} = Z^{ch} (= Z)$, also

$$g' := gc^{-1} \in N_G(Z).$$

Infolge $c \in C_G(y^g)$ ist $y^{g'} = y^g$. $\qquad \square$

Mit 7.1.3 folgt aus 7.1.7:

7.1.8.   Satz von Grün [62]. *Sei P eine p-Sylowuntergruppe von G und Z eine Untergruppe von $Z(P)$, die schwach abgeschlossen in P ist. Sei $H :=$ $N_G(Z)$. Dann gilt $P \cap G' = P \cap H'$, also*

$$P/P \cap G' \cong G/G'(p) \cong H/H'(p).$$

Insbesondere gilt

$$G \neq O^p(G) \Longleftrightarrow H \neq O^p(H). \qquad \square$$

Zum Schluß dieses Abschnittes noch eine Bemerkung zum Begriff „schwach abgeschlossen":

7.1.9.   *Sei P eine p-Sylowuntergruppe von G und Z eine Untergruppe von P, die normal in $N_G(P)$ ist. Äquivalent sind:*

(i)   *Z ist schwach abgeschlossen in P bezüglich G.*

(ii)   *$Z \leq R \in \mathrm{Syl}_p G \quad \Rightarrow \quad Z \trianglelefteq R$.*

Beweis.   (i) $\Rightarrow$ (ii): Ist $Z \leq R = P^{g^{-1}}$, $g \in G$, so gilt $Z^g \leq P$, also $Z^g = Z$, und damit $Z^R = Z^{P^{g^{-1}}} = Z$.

(ii) $\Rightarrow$ (i): Sei $Z^g \leq P$. Da die Aussage (ii) unter Konjugation invariant ist, hat man auch $Z^g \trianglelefteq P$. Nach 7.1.5 existiert ein $y \in N_G(P)$ mit $Z^y = Z^g$. Es folgt $Z^g = Z^y = Z$.   □

Sind $Z \leq P \leq G$ Untergruppen, so heißt die Untergruppe

$$\mathrm{wcl}_G(Z, P) := \langle\, Z^g \mid g \in G,\ Z^g \leq P \,\rangle$$

der **schwache Abschluß** von Z in P.[4][5]

Offenbar ist der schwache Abschluß $\mathrm{wcl}_G(Z, P)$ ein Normalteiler von $N_G(P)$ und schwach abgeschlossen in P. Man hat also eine zu 7.1.9 (ii) analoge Aussage:

$$\mathrm{wcl}_G(Z, P) \leq R \in \mathrm{Syl}_p G \quad \Rightarrow \quad \mathrm{wcl}_G(Z, P) = \mathrm{wcl}_G(Z, R).$$

7.2 Normale p-Komplemente

Ein Normalteiler N der Gruppe G heißt **normales p-Komplement** von G, wenn G das semidirekte Produkt von N mit einer p-Sylowuntergruppe P von G ist. Dies ist genau dann der Fall, wenn

$$O_{p'}(G) = N = O^p(G)$$

gilt. Die Existenz eines normalen p-Komplementes bedeutet also, daß G p'-abgeschlossen ist. Wie schon in **6.3** ausgeführt, folgt daraus, daß Unter- und Faktorgruppen von Gruppen mit einem normalen p-Komplement wieder ein normales p-Komplement besitzen.

Zunächst ergibt sich mit 7.1.6

7.2.1.   Satz (Burnside ([4], S. 327)). *Sei P eine abelsche p-Sylowuntergruppe von G und $N_G(P) = C_G(P)$. Dann besitzt G ein normales p-Komplement.*

---

[4] wcl = weakly closed.
[5] Vergleiche 6.7.8 auf Seite 144.

Beweis.   Nach 3.3.1 auf Seite 66 existiert ein Komplement A von P in $H := N_G(P)$. Aus der Voraussetzung $P \le Z(H)$ folgt $H = P \times A$, also $H' \cap P = 1$. Nun ergibt sich die Behauptung aus 7.1.6. $\square$

Ist P in 7.2.1 zyklisch und p der kleinste Primteiler von $|G|$, so gilt $N_G(P) = C_G(P)$ aufgrund von 3.1.9 auf Seite 56 und 2.2.5 a) auf Seite 46. Damit folgt das Korollar:

7.2.2.   *Seien die p-Sylowuntergruppen für den kleinsten Primteiler p von $|G|$ zyklisch. Dann besitzt G ein normales p-Komplement.* $\square$

Folgende allgemeine Bemerkung ist hilfreich für den Beweis des nächsten Satzes.

7.2.3.   *Sei G das semidirekte Produkt eines Normalteilers N mit einer Untergruppe P. Ist $Z \le P$ und $g \in G$ mit $Z^g \le P$, so existiert ein $x \in P$ mit $Z^g = Z^x$. Insbesondere ist eine in P normale Untergruppe Z schwach abgeschlossen in P.*

Beweis.   In $G = NP$ hat g die Form $g = yx$ mit $y \in N$ und $x \in P$. Wegen $Z^g \le P$ gilt auch $Z^y \le P$. Es folgt für alle $z \in Z$

$$[z, y] = z^{-1} y^{-1} z y \in N \cap P = 1,$$

also $y \in C_G(Z)$, und damit $Z^g = Z^x$. $\square$

7.2.4.   Der p-Komplementsatz von Frobenius [47]. *Sei P eine p-Sylowuntergruppe von G. Besitzt $N_G(U)$ für jede Untergruppe $U \ne 1$ von P ein normales p-Komplement, so besitzt G ein normales p-Komplement.*

Beweis.   Für $P = 1$ ist G das normale p-Komplement von P. Sei $P \ne 1$. Dann ist

$$Z := Z(P) \ne 1.$$

Somit besitzt $H := N_G(Z)$ nach Voraussetzung ein normales p-Komplement. Insbesondere ist $O^p(H) \ne H$. Wir zeigen

$(')$ Z ist schwach abgeschlossen in P.

Aus $(')$ und dem Satz von GRÜN folgt $O^p(G) \ne G$. Da sich die Voraussetzung des Satzes auf Untergruppen vererbt, können wir per Induktion nach $|G|$ annehmen, daß $O^p(G)$ ein normales p-Komplement K besitzt. Dann ist $K \trianglelefteq G$ und G/K eine p-Gruppe, also K ein normales p-Komplement von G.

Für den Beweis von $(')$ genügt es nach 7.1.9 die Implikation

$$Z \le R \in \mathrm{Syl}_p\, G \quad \Rightarrow \quad Z \trianglelefteq R$$

zu zeigen. Wir nehmen deshalb an, daß ein $R \in \mathrm{Syl}_p G$ existiert mit $Z \leq R$ und $Z \ntrianglelefteq R$. Sei R außerdem so gewählt, daß

$$S := N_R(Z)$$

maximal ist, und sei $S \leq T \in \mathrm{Syl}_p N_G(Z)$. Wegen $S < R$ und $T \in \mathrm{Syl}_p G$ gilt auch $S < T$ und daher

$$S < N_R(S) \quad \text{und} \quad S < N_T(S).$$

Sei $M := N_G(S)$ und $N_T(S) \leq T_1 \in \mathrm{Syl}_p M$. Infolge $S < N_T(S)$ und der Maximalität von S ist Z normal in T_1. Da nach Voraussetzung M ein normales p-Komplement besitzt, besagt 7.2.3, daß Z schwach abgeschlossen in T_1 bezüglich M ist. Nach 7.1.9 ist dann Z normal in jeder p-Sylowuntergruppe von M, die Z enthält. Es folgt $Z \trianglelefteq N_R(S)$, im Widerspruch zu $S < N_R(S)$. Damit ist $(')$ gezeigt. $\square$

Für $p \neq 2$ wurde der Satz von FROBENIUS von THOMPSON wesentlich verschärft. Eine Version dieses THOMPSONschen Satzes stellen wir in 9.4.7 auf Seite 228 vor. Danach besitzt die Gruppe G schon dann ein normales p-Komplement $(p \neq 2)$, wenn $N_G(U)$ für eine bestimmte charakteristische Untergruppe U von P ein normales p-Komplement besitzt[6].

Übungen

Sei G eine Gruppe und P eine Untergruppe von G.

1. Sei $P \leq Z(G)$. Dann ist $x^{\tau_{G \to P}} = x^{|G:P|}$ für alle $x \in G$.

2. Ist P eine abelsche Halluntergruppe von G, so ist $P \cap G' \cap Z(G) = 1$.

3. Sind alle Sylowuntergruppen von G abelsch, so ist $G' \cap Z(G) = 1$.

4. Sei P eine abelsche p-Sylowuntergruppe. Dann besitzt G eine Faktorgruppe, die zu $Z(N_G(P)) \cap P$ isomorph ist.

5. Sei P eine Halluntergruppe von G und $H \leq Z(N_G(H))$. Dann besitzt H ein normales Komplement in G.

6. Ist $N_G(P)/C_G(P)$ eine p-Gruppe für jede p-Untergruppe $P \neq 1$ von G, so besitzt G ein normales p-Komplement.

7. (IWASAWA [71]) Ist jede echte Untergruppe von G nilpotent, so ist G auflösbar.[7]

8. Besitzt G eine nilpotente π-Halluntergruppe $(\pi \subseteq \pi(G))$, so gilt in G der π-Sylowsatz.

---

[6] $U = W(P)$ in der Bezeichnung von **9.4**.
[7] Vergleiche mit Aufgabe 10 auf Seite 112.

9. Sei $S \in \mathrm{Syl}_2\, G$ und $S = H\langle a \rangle$ wie in 5.3.2 d) auf Seite 98. Dann ist $G \neq O^2(G)$.

10. Sei $G = O^2(G)$. Hat G eine Dieder- oder Semidiedergruppe als 2-Sylowuntergruppe, so sind alle Involutionen von G konjugiert.

11. Sei G eine perfekte Gruppe mit einer Quaternionengruppe der Ordnung ≥ 16 als 2-Sylowuntergruppe. Dann ist $C_G(t)$ für jede Involution $t \in G$ eine nicht auflösbare Gruppe.

12. Man beweise den Satz von FROBENIUS 4.1.2 für Frobeniusgruppen mit auflösbarem Frobeniuskomplement.

Seien p und q verschiedene ungerade Primzahlen. Mit $\mathbb{Z}_p^*$ bezeichnen wir die multiplikative Gruppe des Körpers $\mathbb{Z}/p\mathbb{Z}$ und schreiben $\mathbb{Z}_p^* = \{\overline{1}, \dots, \overline{p-1}\}$, wobei $\overline{z} = z + p\mathbb{Z}$ ist. Weiter seien

$$R := \{1, \dots, \tfrac{p-1}{2}\},$$

$$S := \{1, \dots, \tfrac{q-1}{2}\},$$

$$F(z,p) := \{r \in R \mid (-rz + p\mathbb{Z}) \cap R \neq \emptyset\},$$

$$F(z,q) := \{s \in S \mid (-sz + q\mathbb{Z}) \cap S \neq \emptyset\},$$

$$M := \{(a,b) \in R \times S \mid -\tfrac{q-1}{2} \leq bp - aq \leq \tfrac{p-1}{2}\}.$$

13. Sei $H := \{\overline{1}, \overline{p-1}\} \leq \mathbb{Z}_p^*$ und $\overline{R} = \{\overline{x} \mid x \in R\}$. Dann gilt für alle $\overline{x} \in \mathbb{Z}_p^*$:

   a) $\overline{R}$ ist ein Schnitt von H in $\mathbb{Z}_p^*$.

   b) $\overline{x}^{\tau_{\mathbb{Z}_p^*} \to H} = \overline{x}^{\frac{p-1}{2}} = (\overline{-1})^{|F(x,p)|}$.

   c) $\overline{x}$ ist genau dann ein Quadrat in $\mathbb{Z}_p^*$, wenn $|F(x,p)|$ gerade ist.

14. a) $|M| = |F(q,p)| + |F(p,q)|$.

   b) Die Abbildung

   $$\varepsilon \colon R \times S \to R \times S \quad \text{mit} \quad (a,b) \mapsto (\tfrac{p+1}{2} - a, \tfrac{q+1}{2} - b)$$

   ist eine involutorische Bijektion auf $R \times S$ mit

   i. $M^\varepsilon = M$,

   ii. $y^\varepsilon \neq y$ für alle $y \in (R \times S) \setminus M$.

   c) $\tfrac{p-1}{2} \tfrac{q-1}{2} \equiv |F(q,p)| + |F(p,q)| \pmod 2$.

15. Man beweise das quadratische Reziprozitätsgesetz von GAUSS mit Hilfe von 13. und 14.

8. Operation von Gruppen auf Gruppen

Eine Operation der Gruppe A auf einer Menge G wird durch einen Homomorphismus

$$\pi\colon A \to S_G$$

beschrieben (**3.1**). Ist hierbei G ebenfalls eine Gruppe und damit $\mathrm{Aut}\,G \leq S_G$, so beschreibt π die Operation von A auf der *Gruppe G*, falls Bild π eine Untergruppe von $\mathrm{Aut}\,G$ ist. Dies bedeutet, daß die Operation von A auf G mit der Multiplikation in G verträglich ist. Es gilt also neben $\mathcal{O}_1$ und $\mathcal{O}_2$ noch für alle $g, h \in G$ und $a \in A$

$\mathcal{O}_3$ $\qquad\qquad\qquad\qquad (gh)^a = g^a h^a.$

Das wichtigste Beispiel für die Operation einer Gruppe auf einer Gruppe ist die Konjugation, z.B. wenn G Normalteiler und A Untergruppe einer Gruppe H sind und A durch Konjugation auf G operiert. In der Tat wird jede Operation von A auf der Gruppe G im semidirekten Produkt $A \ltimes_\pi G$ durch Konjugation realisiert (Seite 31).

Bei den Untersuchungen in diesem Kapitel wird es manchmal zweckmäßig sein, dieses semidirekte Produkt zu betrachten; zum Beispiel, um den Satz von SYLOW oder den Satz von SCHUR-ZASSENHAUS benutzen zu können. Wir schreiben dann statt $A \ltimes_\pi G$ einfach AG.

8.1 Operation auf Gruppen

Sei A eine Gruppe, die auf der Gruppe G operiert. Wir führen zunächst eine Reihe von Bezeichnungen ein, die mit schon früher eingeführten zusammenfallen, wenn man A und G in das semidirekte Produkt AG einbettet.

Für $U \subseteq G$ und $B \subseteq A$ sei

$$N_B(U) := \{b \in B \mid U^b = U\},$$
$$C_B(U) := \{b \in B \mid u^b = u \text{ für alle } u \in U\},$$
$$C_U(a) := \{u \in U \mid u^a = u\} \quad (a \in A),$$

$$C_U(B) := \bigcap_{b \in B} C_U(b).$$

Die Untergruppe $C_G(A)$ ist die **Fixpunktgruppe** von A in G, und die Untergruppe $C_A(G)$ ist der Kern der Operation von A auf G.

Die Faktorgruppe $A/C_A(G)$ operiert vermöge

$$g \overset{aC_A(G)}{\longmapsto} g^a \quad (g \in G, \ a \in A)$$

treu auf G.

Wir übernehmen auch die Kommutatorschreibweise:

$$[g, a] := g^{-1}g^a \quad (g \in G, \ a \in A),$$
$$[U, a] := \langle [g, a] \mid g \in U \rangle \quad (a \in A, \ U \subseteq G),$$
$$[U, B] := \langle [U, a] \mid a \in B \rangle \quad (B \subseteq A).$$

Genauso definiert man $[a, g] := g^{-a}g$, und dann $[a, U]$ und $[B, U]$.

Hierbei gelten die Kommutator-Beziehungen aus **1.5**:

$$[U, B]^a = [U^a, B^a] \quad (a \in A),$$
$$[A, G] = [G, A],$$
$$U \le C_G(A) \iff [U, A] = 1.$$

Insbesondere steht das Drei-Untergruppen-Lemma zur Verfügung:

$$[X, Y, Z] = [Y, Z, X] = 1 \quad \Rightarrow \quad [Z, X, Y] = 1,$$

wobei X, Y, Z nun Untergruppen von G oder A sind.

Die Regel 1.5.4 auf Seite 23 liest sich:

$$[gx, a] = [g, a]^x [x, a] \quad (g, x \in G, \ a \in A).$$

Aus ihr folgt, daß $[G, A]$ ein (A-invarianter) Normalteiler von G ist.

8.1.1. $[G, A]$ ist die *kleinste A-invariante Untergruppe U von G mit* $(Ug)^a = Ug$ *für alle $g \in G$ und $a \in A$.*

Beweis. Für $a \in A$ und $g \in G$ gilt

$$(Ug^{-1})^a = Ug^{-1} \iff Ug^{-a} = Ug^{-1} \iff [g, a] \in U.$$

$\square$

8.1.2. *Sei N ein A-invarianter Normalteiler von G.*

a)   *Operiert A trivial auf G/N, so ist $[G, A] \leq N$.*

b)   *Operiert A trivial auf N, so operiert A trivial auf $G/C_G(N)$.*

c)   *Operiert A trivial auf N und G/N, so gilt $[G, A] \leq Z(N)$ und $A' \leq C_A(G)$.*

Beweis.   a) folgt aus 8.1.1.

b) Sei $[N, A] = 1$. Dann ist

$$[N, A, G] = 1 = [G, N, A],$$

also nach dem Drei-Untergruppen-Lemma auch $[A, G, N] = 1$.

c) Wegen a) und b) gilt

$$[G, A] \leq N \cap C_G(N) = Z(N),$$

und damit $[G, A, A] = 1 = [A, G, A]$. Das Drei-Untergruppen-Lemma liefert die Behauptung $[A', G] = [A, A, G] = 1$. $\square$

8.1.3.   *Ist A eine p-Gruppe, so existiert eine A-invariante p-Sylowuntergruppe P von G.*

Beweis.   In AG sei $\widehat{P}$ eine p-Sylowuntergruppe, die A enthält. Dann ist $P := \widehat{P} \cap G$ die gesuchte p-Sylowuntergruppe (3.2.5 auf Seite 60). $\square$

8.1.4.   *Sei A eine p-Gruppe.*

a)   *Ist $p \in \pi(G)$, so ist $C_G(A) \neq 1$.*

b)   *Ist G p-Gruppe, so ist $[G, A] < G$.*

Beweis.   a) Nach 8.1.3 existiert eine A-invariante p-Sylowuntergruppe P von G. Dann ist P ein nichttrivialer Normalteiler des semidirekten Produkts AP. Da AP nach Voraussetzung eine p-Gruppe ist, folgt die Behauptung aus 3.1.11a) auf Seite 56.

b) Dies ist 5.1.6 (iii) auf Seite 92. $\square$

8.1.5.   *Sei K ein A-Kompositionsfaktor von G. Ist K eine p-Gruppe, so gilt $[K, O_p(A)] = 1$.*

Beweis.   Die p-Gruppe $B := O_p(A)$ operiert auf der p-Gruppe K; nach 8.1.4 ist somit $C_K(B) \neq 1$. Da $C_K(B)$ ein A-invarianter Subnormalteiler des A-Kompositionsfaktors K ist, folgt $C_K(B) = K$. $\square$

G gestatte nun eine direkte Zerlegung

$$G = E_1 \times \cdots \times E_n,$$

die unter der Operatorgruppe A *invariant* ist, d.h.

$$E_i{}^a \in \{E_1, \ldots, E_n\} \text{ für alle } a \in A \text{ und } i \in \{1, \ldots, n\}.$$

Wir vergleichen die Fixpunktgruppe $C_G(A)$ mit der Fixpunktgruppe von $N_A(E_i)$ in E_i, und nehmen dazu an, daß A transitiv auf $\{E_1, \ldots, E_n\}$ operiert. Sei $E \in \{E_1, \ldots, E_n\}$,

$$B := N_A(E)$$

und S ein Schnitt von B in A. Dann ist

$$(+) \qquad\qquad G = \langle E^A \rangle = \underset{s \in S}{\times} E^s.$$

Unter diesen Voraussetzungen gilt:

8.1.6.   a) $C_G(A) = \{ \prod\limits_{s \in S} e^s \mid e \in C_E(B) \}.$

b)[1]   *Operiert B trivial auf E und ist P eine Untergruppe von E mit $\langle P^E \rangle = E$, so gilt*

$$G = \langle C_G(A), \prod_{s \in S} P^s \rangle.$$

Beweis.   a) Sei $g \in G$ und

$$F := \{ \prod_{s \in S} e^s \mid e \in C_E(B) \}.$$

Da S ein Schnitt von B in A ist, existiert zu jedem $(s, a) \in S \times A$ genau ein $(b(s, a), s_a) \in B \times S$ mit

$$sa = b(s, a)s_a.$$

Man beachte, daß dabei die Abbildung $s \mapsto s_a$ eine Bijektion auf S ist.

Sei $g = \prod\limits_{s \in S} e^s \in F$. Dann gilt für alle $a \in A$

$$g^a = \prod_{s \in S} e^{sa} = \prod_{s \in S} e^{b(s,a)s_a} = \prod_{s \in S} e^{s_a} = g,$$

da $e \in C_G(B)$. Also ist $F \leq C_G(A)$.

Sei $g \in C_G(A)$. Wegen $(+)$ besitzt g die eindeutige Darstellung

$$g = \prod_{s \in S} e_s \qquad (e_s \in E^s).$$

Für alle $a \in A$ ist

$$\prod_{s \in S} e_s = g = g^a = \prod_{s \in S} e_s{}^a,$$

und die Eindeutigkeit der Darstellung ergibt

$$\{e_s \mid s \in S\} = \{e_s{}^a \mid s \in S\}.$$

Sei $s_0 \in B \cap S$ und $e := e_{s_0}$. Dann ist $e^b = e$ für alle $b \in B$ und $g = \prod_{s \in S} e^s \in F$, also $C_G(A) \le F$.

b) Nach a) ist

$$C_G(A) = \{ \prod_{s \in S} e^s \mid e \in E\},$$

und für $s \in S$ gilt

$$\langle (P^s)^{C_G(A)} \rangle = \langle (P^s)^{E^s} \rangle = \langle P^E \rangle^s = E^s.$$

Daraus folgt die Behauptung. $\square$

Zum Schluß dieses Abschnittes betrachten wir zyklische Operatorgruppen.

8.1.7.   *Sei $A = \langle a \rangle$ zyklisch. Dann gilt für $x, y \in G$*

$$[x, a] = [y, a] \iff xy^{-1} \in C_G(a).$$

Insbesondere ist die Anzahl der Kommutatoren $[x, a]$, $x \in G$, gleich $|G : C_G(a)|$.[2]

Beweis. $x^{-1}x^a = y^{-1}y^a \iff yx^{-1} = y^a x^{-a} \iff yx^{-1} = (yx^{-1})^a$
$\iff yx^{-1} \in C_G(a)$. $\square$

8.1.8.   *Sei G eine Gruppe ungerader Ordnung mit einer zyklischen Operatorgruppe $A = \langle a \rangle$. Sei $[G, a^2] = 1$. Dann ist*

$$\{x \in G \mid x^a = x^{-1}\} = \{[x, a] \mid x \in G\},$$

und jede Nebenklasse von $C_G(a)$ in G enthält genau einen Kommutator $[x, a]$.

Beweis.   Zunächst gilt für einen Kommutator $[x, a]$ wegen $[G, a^2] = 1$

$$[x, a]^a = (x^{-1}x^a)^a = x^{-a}x^{a^2} = x^{-a}x = [x, a]^{-1}.$$

Die Behauptung folgt also aus 8.1.7, wenn wir zeigen, daß jede Nebenklasse von $C_G(a)$ in G höchstens ein Element x mit $x^a = x^{-1}$ besitzt: Seien x und xf, $f \in C_G(a)$, zwei solche Elemente, also

---

[2] Diese Anzahl ist gleich $|a^S|$ im semidirekten Produkt $S := \langle a \rangle G$.

$$x^a = x^{-1}, \quad (xf)^a = f^{-1}x^{-1} \quad \text{und} \quad f^a = f.$$

Dann folgt

$$f^{-1}x^{-1} = (xf)^a = x^a f^a = x^{-1}f,$$

also $f^x = f^{-1}$ und damit $f^{x^2} = f$. Weil x nach Voraussetzung von ungerader Ordnung ist, gilt $\langle x^2 \rangle = \langle x \rangle$. Es folgt $f = f^{-1}$ und dann $f = 1$, da f ungerade Ordnung hat. □

Die Operatorgruppe A operiert **fixpunktfrei** auf G, falls

$$C_G(A) = 1.$$

Analog operiert $a \in A$ **fixpunktfrei** auf G, wenn $C_G(a) = 1$ gilt.

Aus 8.1.4 folgt:

8.1.9. *A operiere fixpunktfrei auf G. Ist A eine p-Gruppe, so ist G eine p'-Gruppe.* □

Daraus folgt mit 8.1.8:

8.1.10. *Sei a ein fixpunktfreier Automorphismus der Ordnung 2 von G. Dann gilt für alle $x \in G$*

$$x^a = x^{-1}.$$

Insbesondere ist G abelsch.[3] □

Auch für beliebiges $p \in \mathbb{P}$ hat die Existenz eines fixpunktfreien Automorphismus der Ordnung p Konsequenzen für die Struktur von G. Nach einem Satz von THOMPSON ist eine solche Gruppe G nilpotent. Dies beweisen wir erst in 9.5.1 auf Seite 229, da wir dazu einen weiteren grundlegenden Satz von THOMPSON (9.4.7 auf Seite 228) benötigen. Dort findet man auch eine ausführlichere Diskussion der fixpunktfreien Operation. Hier sei nur noch bemerkt, daß ein fixpunktfreier Automorphismus ein gutes „Induktionsverhalten" besitzt.

8.1.11. *Sei a ein fixpunktfreier Automorphismus von G.*

a) $G = \{x^{-1}x^a \mid x \in G\} = \{[x,a] \mid x \in G\}$.

b)   *Für jedes $p \in \pi(G)$ existiert eine a-invariante[4] p-Sylowuntergruppe von G.*

c)   *Ist N ein a-invarianter Normalteiler von G, so operiert a auch fixpunktfrei auf G/N.*

---

[3] Dies ist Übungsaufgabe 10 auf Seite 9.
[4] a-invariant $= \langle a \rangle$-invariant

Beweis.   a) ist 8.1.7. Zum Beweis von b) sei $P \in \mathrm{Syl}_p G$ und $g \in G$ mit $P^a = P^g$. Wegen a) ist $g = x^{-1}x^a$ für ein $x \in G$. Es folgt

$$(P^{x^{-1}})^a = P^{ax^{-a}} = P^{gx^{-a}} = P^{x^{-1}x^a x^{-a}} = P^{x^{-1}},$$

also b).

c) Sei $(xN)^a = xN$ für $x \in G$, also $x^{-1}x^a \in N$. Dann folgt aus a), angewandt auf $(N, a|_N)$, die Existenz eines $y \in N$ mit $x^{-1}x^a = y^{-1}y^a$. Dies ergibt

$$yx^{-1} = y^a x^{-a} = (yx^{-1})^a,$$

also $x = y$ und somit $xN = yN = N$. $\square$

Frobeniusgruppen liefern Beispiele für fixpunktfreie Operationen:

8.1.12.   *G sei das semidirekte Produkt eines Normalteilers K mit einer nichttrivialen Untergruppe H. Äquivalent sind:*

(i)   *G ist Frobeniusgruppe mit Frobeniuskern K und Frobeniuskomplement H.*

(ii) $C_K(h) = 1$ *für alle* $h \in H^\#$.[5]

Beweis.   Aus 4.1.7 auf Seite 74 folgt zusammen mit der Faktorisierung $G = HK$:

$$\text{(i)} \iff H \cap H^x = 1 \text{ für alle } x \in K^\#.$$

Andererseits gilt wegen $H \cap K = 1$ für alle $h \in H^\#$ und $x \in K^\#$

$$h^x \in H \cap H^x \iff x^{-1}h^{-1}xh = [x, h] \in H \cap K \iff x \in C_K(h)^\#.$$

Daraus folgt die Äquivalenz von (i) und (ii). $\square$

Übungen

Die Gruppe A operiere auf der Gruppe G, und AG sei das semidirekte Produkt von A mit G.

1. A operiere treu auf G. Beschreibt $\varphi \colon A \to S_G$ die Operation von A auf G und $\rho \colon G \to S_G$ die Operation von G durch Rechtsmultiplikation auf der Menge G, so gilt

$$AG \cong A^\varphi G^\rho.$$

2.   Sei G auflösbar, A nilpotent und N ein A-invarianter Normalteiler von G. Operiert A fixpunktfrei auf G, so operiert A fixpunktfrei auf G/N (vergleiche Übungsaufgabe 8 auf Seite 112).

---

[5] D.h. h operiert durch Konjugation fixpunktfrei auf K.

Es sei $[G, A; 1] := [G, A]$ und für $n \geq 2$

$$[G, A; n] := [[G, A; n - 1], A].$$

A **operiert nilpotent** auf G, wenn es ein $n \in \mathbb{N}$ gibt mit $[G, A; n] = 1$.

3. Sind A und G p-Gruppen, so operiert A nilpotent auf G.

4. Genau dann operiert A nilpotent auf G, wenn A ein Subnormalteiler von AG ist.

5. Seien A_1 und A_2 zwei Normalteiler von A. Operieren A_1 und A_2 nilpotent auf G, so operiert auch $A_1 A_2$ nilpotent auf G.

6. Sei $C_A^*(G)$ das Erzeugnis aller Subnormalteiler von A, die nilpotent auf G operieren. Dann operiert $C_A^*(G)$ nilpotent auf G.

In den beiden folgenden Aufgaben operiert G durch Konjugation auf G.

7. $C_G^*(G) = F(G)$.

8. Sei $\mathcal{F}$ die Menge aller Normalteiler N von G mit

$$C_G^*(N) \leq N.$$

Dann ist

$$F^*(G) = \bigcap_{N \in \mathcal{F}} N.$$

8.2 Teilerfremde Operation

Wie in **8.1** sei A eine Gruppe, die auf der Gruppe G operiert. Wir nennen die Operation von A auf G **teilerfremd**, wenn gilt:

1) $(|A|, |G|) = 1$,

2) A oder G ist auflösbar.[6]

Im semidirekten Produkt AG ist A ein Komplement des Normalteilers G. Bei teilerfremder Operation verfügen wir also über die Konjugiertheits-Aussage des Satzes von SCHUR-ZASSENHAUS: Jede Untergruppe der Ordnung $|A|$ ist in AG zu A konjugiert.

Die erste Anwendung dieses Sachverhaltes ist:[7]

---

[6] Wieder sei hier bemerkt, daß wegen 1) eine der Gruppen A und G ungerade Ordnung hat, also 2) aus 1) mit Hilfe des schon früher erwähnten Satzes von FEIT-THOMPSON folgt.

[7] Die folgende Aussage gilt auch entsprechend für Linksnebenklassen.

8.2.1.   *Sei U eine A-invariante Untergruppe von G, und sei $g \in G$ mit $(Ug)^A = Ug$. Operiert A teilerfremd auf U, so existiert ein $c \in C_G(A)$ mit $Ug = Uc$.*

Beweis. $U^A = U$ und $(Ug)^A = Ug$ bedeutet $g^a g^{-1} \in U$ für alle $a \in A$. Im semidirekten Produkt AG gilt dann $a^{-1}gag^{-1} \in U$, d.h.

$$A^{g^{-1}} \leq AU.$$

A und $A^{g^{-1}}$ sind somit Komplemente von U in AU, also nach dem Satz von SCHUR-ZASSENHAUS (6.2.1 auf Seite 112) in AU zueinander konjugiert. Ist $u \in U$ mit $A^u = A^{g^{-1}}$, so folgt für $c := ug$

$$c \in N_{AG}(A) \cap Ug,$$

und $[A, c] \leq A \cap G = 1$. $\square$

Sei Ug wie in 8.2.1. Dann operiert A auf der *Menge* $\Omega := Ug$. Ist A eine p-Gruppe, so folgt die Existenz eines $c \in \Omega$ mit $c^A = c$ schon aus dem Abzählargument 3.1.6 b) auf Seite 54.

8.2.2.   *Sei N ein A-invarianter Normalteiler von G, auf dem A teilerfremd operiert.*

a) $C_{G/N}(A) = C_G(A)N/N.$ [8] [9]

b)   *Operiert A trivial auf N und G/N, so operiert A trivial auf G.*[10]

Beweis.   b) ist eine Folgerung aus a), und a) ergibt sich mit $U = N$ aus 8.2.1. $\square$

Eine zweite wichtige Konsequenz des Satzes von SCHUR-ZASSENHAUS ist eine zum Satz von SYLOW analoge Aussage, die — wie 8.2.1 — schon aus dem einfachen Zählargument 3.1.6 auf Seite 54 folgt, wenn A eine p-Gruppe ist:

8.2.3.   *A operiere teilerfremd auf G, und p sei ein Primteiler von $|G|$.*

a)   *Es existiert eine A-invariante p-Sylowuntergruppe von G.*

b)   *Die A-invarianten p-Sylowuntergruppen sind unter $C_G(A)$ konjugiert.*

c)   *Jede A-invariante Untergruppe von G liegt in einer A-invarianten p-Sylowuntergruppe von G.*

---

[8] Im Allgemeinen gilt $C_G(A)N/N \leq C_{G/N}(A)$.
[9] Vergleiche 3.2.8 a) auf Seite 61.
[10] Vergleiche 8.1.2.

Beweis.   Auf der Menge $\Omega := \mathrm{Syl}_p\, G$ operiert das semidirekte Produkt AG durch Konjugation. Aufgrund des Satzes von SYLOW ist dabei die Operation des Normalteilers G transitiv. Also folgen a) und b) aus 6.2.2 auf Seite 114 mit (G, A) an Stelle von (K, A).

c) Sei U eine maximale A-invariante p-Untergruppe von G. Wir zeigen, daß U eine p-Sylowuntergruppe von G ist. Im Falle $U \notin \mathrm{Syl}_p\, G$ ist U auch keine p-Sylowuntergruppe von $G_1 := N_G(U)$ (3.2.6 auf Seite 60). Da auch G_1 unter A invariant ist, folgt die Existenz einer A-invarianten p-Sylowuntergruppe von G_1 aus a). Dies widerspricht der maximalen Wahl von U.   □

Wir ziehen zunächst einige Folgerungen aus 8.2.3.

Der Durchschnitt $O_p(G)$ aller p-Sylowuntergruppen von G ist der größte p-Normalteiler von G. Analoges gilt auch in unserer Situation.

8.2.4.   *A operiere teilerfremd auf G, und p sei aus $\pi(G)$. Dann ist der Durchschnitt aller A-invarianten p-Sylowuntergruppen von G die größte A-invariante p-Untergruppe von G, die von $C_G(A)$ normalisiert wird.*

Beweis.   Nach 8.2.3 a) existiert ein $S \in \mathrm{Syl}_p\, G$ mit $S^A = S$, und nach b) gilt

$$\{P \in \mathrm{Syl}_p\, G \mid P^A = P\} = \{S^c \mid c \in C_G(A)\}.$$

Der Durchschnitt dieser p-Sylowuntergruppen ist daher unter $C_G(A)$ invariant. Eine A-invariante p-Untergruppe U liegt in einer A-invarianten p-Sylowuntergruppe S von G (8.2.3 c). Wird U überdies von $C_G(A)$ normalisiert, so liegt U nach dem oben Gezeigten in jeder A-invarianten p-Sylowuntergruppe von G, also in deren Durchschnitt.   □

8.2.5.   *A operiere teilerfremd auf G, und P sei eine A-invariante p-Sylowuntergruppe von G. Ist H eine unter A und $C_G(A)$ invariante Untergruppe von G, so ist $P \cap H$ eine p-Sylowuntergruppe von H.*

Beweis.   Nach 8.2.3 a), c) existiert eine A-invariante p-Sylowuntergruppe R von H mit $P \cap H \leq R$ und eine A-invariante Sylowuntergruppe S von G mit $R \leq S$, also

$$H \cap S = R.$$

Wegen 8.2.3 b) findet sich ein $c \in C_G(A)$ mit $S^c = P$. Nach Voraussetzung gilt $H^c = H$. Es folgt

$$H \cap P = H \cap S^c \in \mathrm{Syl}_p\, H.$$

□

In Kapitel 10 benötigen wir eine Variante von 8.2.3, 8.2.4 und 8.2.5 für *auflösbare* Gruppen G. Dazu sei bemerkt, daß wir in den bisherigen Beweisen — neben dem Satz von SCHUR-ZASSENHAUS, den wir infolge der teilerfremden Operation von A auf G anwenden konnten — nur den Satz von SYLOW für die Primzahl p benutzt haben.

Liegt nun eine nichtleere Menge $\pi \subseteq \pi(G)$ vor, für die der π-Sylowsatz gilt (siehe 6.4.7 auf Seite 123), so führen die gleichen Schlüsse wie vorher zu analogen Aussagen, wenn man den Begriff der *p-Sylowuntergruppe* durch den Begriff der *π-Halluntergruppe* ersetzt.

Da in einer auflösbaren Gruppe der π-Sylowsatz gilt (6.4.7 auf Seite 123), sei festgehalten:

8.2.6.   *A operiere teilerfremd auf der auflösbaren Gruppe G.*

a)   *Es existieren A-invariante π-Halluntergruppen von G.*

b)   *Die A-invarianten π-Halluntergruppen sind unter $C_G(A)$ zueinander konjugiert.*

c)   *Jede A-invariante π-Untergruppe von G liegt in einer A-invarianten π-Halluntergruppe von G.*

d)   *Der Durchschnitt aller A-invarianten π-Halluntergruppen von G ist die größte A-invariante π-Untergruppe von G, die von $C_G(A)$ normalisiert wird.*

e)   *Ist P eine A-invariante π-Halluntergruppe von G und H eine unter A und $C_G(A)$ invariante Untergruppe von G, so ist $P \cap H$ eine π-Halluntergruppe von H.*   □

Aus der in 8.2.2 a) beschriebenen Vererbung der Fixpunktgruppe von A auf Faktorgruppen von G ergeben sich ein paar wichtige Folgerungen, die wir als nächstes angeben.

8.2.7.   *A operiere teilerfremd auf G.*

a) $G = [G, A] \, C_G(A)$,

b) $[G, A] = [G, A, A]$.

Beweis.   a) folgt aus 8.2.2 a) mit $N := [G, A]$, beachte 8.1.1 a). Mit der Kommutatorformel 1.5.4 auf Seite 23 folgt b) aus a).   □

8.2.8. $P \times Q$ **-Lemma von Thompson.** *Es sei $A = P \times Q$ das direkte Produkt einer p-Gruppe P mit einer p′-Gruppe Q. Ist G eine p-Gruppe, für die*

$$C_G(P) \leq C_G(Q)$$

gilt, so operiert Q trivial auf G.

Beweis.   Da auch $C_U(P) \leq C_U(Q)$ für alle A-invarianten Untergruppen U von G gilt, können wir mit Hilfe einer Induktion $[U, Q] = 1$ annehmen, sofern $U \neq G$. Insbesondere gilt dies für die A-invariante Untergruppe $U = [G, P]$ (8.1.4 b). Wir haben also

$$[G, P, Q] = 1.$$

Im Falle $[G, Q] \neq G$ folgt gleichermaßen $[G, Q, Q] = 1$, also $[G, Q] = 1$ (8.2.7 b). Wir können daher

$$G = [G, Q]$$

annehmen. Wegen $A = P \times Q$ hat man auch $[P, Q, G] = 1$. Aus dem Drei-Untergruppen-Lemma folgt

$$[G, P] = [G, Q, P] = 1,$$

also $C_G(P) = G$, und deshalb auch $C_G(Q) = G$.   □

8.2.9.   *Es operiere A trivial auf der Frattini-Faktorgruppe $G/\Phi(G)$.*

a)   *Operiert A teilerfremd auf $\Phi(G)$, so operiert A trivial auf G.*

b)   *Ist $\Phi(G)$ eine p-Gruppe, so ist $A/C_A(G)$ eine p-Gruppe.*

Beweis.   a) Hier folgt $G = \Phi(G) C_G(A)$ aus 8.2.2 a), also $G = C_G(A)$ (5.2.3).

b) Nach a) operiert jede p'-Untergruppe von A trivial auf G.   □

8.2.10.   *A operiere teilerfremd auf der p-Gruppe G. Sei $\mathcal{K}$ die Menge aller A-Kompositionsfaktoren von G. Dann ist*

$$\bigcap_{K \in \mathcal{K}} C_A(K)/C_A(G) = O_p(A/C_A(G)).$$

Beweis.   Wir können annehmen, daß A treu auf G operiert. Nach 8.1.5 operiert $O_p(A)$ trivial auf jedem A-Kompositionsfaktor $K \in \mathcal{K}$. Andererseits operiert eine p'-Gruppe $B \leq A$ nach 8.2.2 b) trivial auf G, wenn sie trivial auf jedem A-Kompositionsfaktor $K \in \mathcal{K}$ operiert. Daraus folgt die Behauptung.   □

In Kapitel 11 benötigen wir folgende Aussage:

8.2.11.   *A operiere teilerfremd auf G, und G sei das Produkt zweier A-invarianter Untergruppen X und Y. Dann gilt $C_G(A) = C_X(A) C_Y(A)$.*

Beweis. Für $g = xy \in C_G(A)$, $x \in X$, $y \in Y$, gilt $xy = (xy)^a = x^a y^a$, also

$$x^{-1} x^a = y\, y^{-a} \in X \cap Y =: U$$

für alle $a \in A$. Dies bedeutet $(xU)^A = xU$ und $(Uy)^A = Uy$. Nach 8.2.1 existieren daher Elemente $c \in C_X(A)$, $d \in C_Y(A)$ und $u, w \in U$ mit

$$x = cu \quad \text{sowie} \quad y = wd.^{11}$$

Wegen $cuwd = xy \in C_G(A)$ liegt dann auch uw in $C_G(A) \cap X \cap Y$. Es folgt $xy \in C_X(A)\, C_Y(A)$. □

Wir beenden diesen Abschnitt mit einer besonders wichtigen Anwendung des $P \times Q$-Lemmas:

8.2.12. *Sei $p \in \pi(G)$ und $\overline{G} := G/O_{p'}(G)$. Es gelte*

$$(*) \qquad C_{\overline{G}}(O_p(\overline{G})) \leq O_p(\overline{G}).$$

Dann gilt für jede p-Untergruppe P von G

$$O_{p'}(N_G(P)) = O_{p'}(G) \cap N_G(P).$$

Beweis. Wegen $C_G(P) \trianglelefteq N_G(P)$ gilt

$$O_{p'}(N_G(P)) = O_{p'}(C_G(P)),$$

es genügt also

$$O_{p'}(G) \cap C_G(P) = O_{p'}(C_G(P))$$

zu zeigen. Die Inklusion $O_{p'}(G) \cap C_G(P) \leq O_{p'}(C_G(P))$ ist trivial. Für den Beweis der anderen Inklusion können wir $O_{p'}(G) = 1$ annehmen (3.2.8 auf Seite 61). Sei

$$G_1 := O_p(G) \quad \text{und} \quad Q := O_{p'}(C_G(P)).$$

Nach Voraussetzung ist $C_G(G_1) \leq G_1$, und $PQ = P \times Q$ operiert auf der p-Gruppe G_1. Da $C_{G_1}(P)$ ein p-Normalteiler von $C_G(P)$ ist, operiert Q trivial auf $C_{G_1}(P)$. Mit dem $P \times Q$-Lemma 8.2.8 folgt $Q \leq C_G(G_1) \leq G_1$. Somit ist $Q = 1$. □

Die Voraussetzung $(*)$ in 8.2.12 ist in p-separablen Gruppen, also insbesondere in auflösbaren Gruppen immer erfüllt (siehe 6.4.3 und 6.4.1).

Eine praktische Umformulierung von 8.2.12 ist

8.2.13. *Sei P eine p-Untergruppe von G und $U \leq O_{p'}(N_G(P))$. Liegen U und P in einer auflösbaren Untergruppe $L \leq G$, so folgt $U \leq O_{p'}(L)$.*

---

[11] Siehe Fußnote 7.

Beweis.   Es gilt $U \leq O_{p'}(N_L(P))$; die Behauptung folgt also aufgrund der Auflösbarkeit von L aus 8.2.12 (mit L statt G). $\qquad\square$

Übungen

Die Gruppe A operiere auf der Gruppe G.

1.   Operiert A nilpotent und treu auf G (siehe Seite 164), so ist $\pi(A) \subseteq \pi(G)$.

2.   Es sei $U \leq C_G(A)$ und $x \in G$ mit $U^x \leq C_G(A)$. Operiert A teilerfremd auf $C_G(U)$, so existiert ein $y \in C_G(A)$ mit $U^x = U^y$.

3.   (ZASSENHAUS [101]) Sei $|A| = 2 = |C_G(A)|$. Dann existiert ein abelscher Normalteiler N von G mit

    a) $x^a = x^{-1}$ für $a \in A^{\#}$.

    b)   Ist $|G/N| \neq 2$, so ist $N = Z(G)$ und $G/N \cong A_4$.

4.   Sei G π-separabel. Dann gilt in G der $\pi \cup \{p\}$-Sylowsatz für jedes $p \in \pi'$. (Man benutze, daß jeder π- oder π'-Abschnitt von G auflösbar ist.)

8.3 Operation auf abelschen Gruppen

In diesem Abschnitt beginnen wir mit der Untersuchung der Operation von Gruppen auf abelschen Gruppen. Im folgenden sei A eine Gruppe, die auf der abelschen Gruppe V operiert. Die Notation soll daran erinnern, daß in vielen Anwendungen V eine elementarabelsche p-Gruppe ist und daher als Vektorraum über $\mathbb{F}_p$ aufgefaßt werden kann.

Die Operation von A auf V heißt **irreduzibel**, wenn $V \neq 1$ und 1 und V die einzigen A-invarianten Untergruppen von V sind. Dies bedeutet, daß V im semidirekten Produkt AV ein minimaler Normalteiler und A eine maximale Untergruppe ist.

Folgende Bemerkung ist in diesem Abschnitt grundlegend:

8.3.1.   *Sei $\mathcal{A}$ eine nichtleere Menge echter Untergruppen von A mit*

$$(\#) \qquad\qquad A^{\#} = \overset{\textstyle\cdot}{\bigcup_{B \in \mathcal{A}}} B^{\#}, \quad {}^{12}$$

und sei $k := |\mathcal{A}| - 1$. Ist

$$(k, |V|) = 1$$

und $V \neq 1$, so existiert ein $B \in \mathcal{A}$ mit $C_V(B) \neq 1$.

---

[12] Man nennt $\mathcal{A}$ eine **Partition** von A. Eine schöne Behandlung von Gruppen mit Partition findet man in [16].

Beweis.   Für $v \in V$ und $B \leq A$ sei

$$v_B := \prod_{a \in B} v^a = v \prod_{a \in B^\#} v^a.$$

Für jedes $b \in B$ ist dann

$$(v_B)^b = \prod_{a \in B} v^{ab} = v_B,$$

also $v_B \in C_V(B)$. Weil $\mathcal{A}$ eine Partition von A ist, gilt

$$v_A = \Big(\prod_{B \in \mathcal{A}} v_B \Big) v^{-k}.$$

Die Annahme $1 = C_V(B)$ ($\geq C_V(A)$) für alle $B \in \mathcal{A}$ hat $v_B = v_A = 1$, also $v^{-k} = 1$ für jedes $v \in V$, zur Folge. Aus der Voraussetzung $(k, |V|) = 1$ folgt nun $V = 1$, im Widerspruch zu $V \neq 1$ (vergleiche 2.2.1 auf Seite 45). $\square$

8.3.2.   Satz. *Sei $V \neq 1$ und*

(+) $\qquad\qquad\qquad C_V(a) = 1$ *für alle $a \in A^\#$.*

Dann ist A zyklisch, falls zusätzlich eine der vier folgenden Voraussetzungen gilt:

a)   *A ist abelsch.*

b)   *A ist eine p-Gruppe mit $p \neq 2$.*

c)   *A ist eine 2-Gruppe, aber keine Quaternionengruppe[13].*

d)   *$|A| = pq$, wobei p, q Primzahlen sind (nicht notwendigerweise verschieden).*

Beweis.   Wir bemerken zunächst, daß die Voraussetzung (+) auch für jede Untergruppe A_1 von A anstelle von A gilt.

Ist nun $p \in \pi(A)$ und $A_1 \in \mathrm{Syl}_p A$, so operiert A_1 auf der p-Sylowuntergruppe V_p von V (siehe 2.1.6 auf Seite 41). Im Falle $V_p \neq 1$ hat A_1 nach 8.1.4 einen nichttrivialen Fixpunkt auf V_p. Also ist $V_p = 1$; die Operation von A auf V ist demnach teilerfremd.

Wir nehmen nun an, daß A nicht zyklisch ist. Dann besitzt A in den Fällen a), b), c) wegen 2.1.7 und 5.3.8 eine elementarabelsche Untergruppe A_1 der Ordnung p^2. Mit Induktion nach $|A|$ können wir $A = A_1$ annehmen. Im Fall d) ist A — wieder wegen 2.1.7 — nichtabelsch der Ordnung pq, $p \neq q$, oder elementarabelsch der Ordnung p^2 und $p = q$.

---

[13] Bezüglich einer „solchen Operation" der Quaternionengruppe siehe **8.6**.

Sei $\mathcal{A}$ die Menge aller Untergruppen von A, die Primzahlordnung haben. Wegen $|A| = pq$ bildet $\mathcal{A}$ eine Partition von A wie in 8.3.1.

Ist A elementarabelsch, so ist

$$|\mathcal{A}| = \frac{p^2 - 1}{p - 1} = p + 1.$$

Sei A nichtabelsch der Ordnung pq und $p < q$. Aus dem Satz von SYLOW folgt, daß $\mathcal{A}$ die Menge der Sylowuntergruppen von A ist, und zwar existieren genau q Sylowuntergruppen zur Primzahl p und genau eine Sylowuntergruppe zur Primzahl q. Insgesamt hat man wie vorher $|\mathcal{A}| = p + 1$.

Aufgrund der teilerfremden Operation von A auf V ist $(p, |V|) = 1$. Aus 8.3.1 folgt nun ein Widerspruch zur Voraussetzung $(+)$. $\square$

Zu folgender Aussage vergleiche 8.6.1 auf Seite 188.

8.3.3.   *A sei abelsch und operiere irreduzibel auf V. Dann ist $A/C_A(V)$ zyklisch.*

Beweis.   Wir können $C_A(V) = 1$ annehmen. Dann ist $C_V(a) \neq V$ für alle $a \in A^\#$. Da A abelsch ist, gilt für alle $x \in A$

$$C_V(a)^x = C_V(a^x) = C_V(a).$$

Die irreduzible Operation von A auf V erzwingt daher $C_V(a) = 1$ für alle $a \in A^\#$. Deshalb folgt die Behauptung aus 8.3.2. $\square$

Eine besonders wichtige Folgerung aus 8.3.3 ist:

8.3.4.   Erzeugungssatz. *Die abelsche Gruppe A operiere teilerfremd auf der Gruppe G.*

a) $G = \langle\, C_G(B) \mid B \leq A$ und $r(A/B) \leq 1 \,\rangle$.[14]

b)   *Ist A nicht zyklisch, so gilt $G = \langle\, C_G(a) \mid a \in A^\# \,\rangle$.*

c) $[G, A] = \langle\, [C_G(B), A] \mid B \leq A$ und $r(A/B) \leq 1 \,\rangle$.

Beweis.   Sei $\mathcal{B}$ die Menge aller Untergruppen B von A, für die A/B zyklisch ist.

a) Sei zunächst G abelsch. Operiert A irreduzibel auf G, so liegt $B := C_A(G)$ nach 8.3.3 in $\mathcal{B}$, und es gilt sogar $G = C_G(B)$. Wir können also annehmen, daß A nicht irreduzibel auf G operiert; es existiert also eine A-invariante Untergruppe W von G mit $1 \neq W \neq G$. Per Induktion nach $|G|$, angewandt auf die Paare (W, A) und $(G/W, A)$, folgt

---

[14] $r(A/B) \leq 1$ bedeutet, daß A/B zyklisch ist; siehe Seite 43.

$$W = \langle C_W(B) \mid B \in \mathcal{B} \rangle \quad \text{und} \quad G/W = \langle C_{G/W}(B) \mid B \in \mathcal{B} \rangle.$$

Wegen der teilerfremden Operation von A auf G und 8.2.2 gilt

$$C_{G/W}(B) = C_G(B)W/W,$$

also

$$G = \langle C_G(B)W \mid B \in \mathcal{B} \rangle = \langle C_G(B) \mid B \in \mathcal{B} \rangle.$$

Ist G eine p-Gruppe, so operiert A auf der abelschen Gruppe $G/\Phi(G)$. Aus dem schon Bewiesenen und 8.2.2 a) folgt

$$G = \langle C_G(B) \mid B \in \mathcal{B} \rangle \Phi(G),$$

also mit 5.2.3 die Behauptung.

Sei nun G beliebig. Nach 8.2.3 a) läßt A für jedes $p \in \pi(G)$ eine p-Sylowuntergruppe G_p von G fest. Nach dem Vorigen gilt die Behauptung für das Paar (G_p, A) und wegen $G = \langle G_p \mid p \in \pi(G) \rangle$ dann auch für (G, A).

b) folgt aus a).

c) Für $B \in \mathcal{B}$ ist $G_B := C_G(B)$ unter A invariant, da A abelsch ist. Somit gilt wegen 8.2.7

$$G_B = [G_B, A] C_{G_B}(A) = [G_B, A] C_G(A).$$

Für $G_1 := \langle [G_B, A] \mid B \in \mathcal{B} \rangle$ folgt nun

$$G_1 C_G(A) = \langle [G_B, A] C_G(A) \mid B \in \mathcal{B} \rangle = \langle G_B \mid B \in \mathcal{B} \rangle \overset{\text{a)}}{=} G.$$

Man hat also $[G, A] \leq G_1$. Die umgekehrte Inklusion ist trivial. $\square$

Zum Schluß dieses Abschnitts diskutieren wir Frobeniusgruppen und setzen dabei voraus, daß der Frobeniuskern eine Untergruppe ist (4.1.6 auf Seite 73).

8.3.5. *Sei G eine Frobeniusgruppe mit Frobeniuskomplement H und Frobeniuskern K, und G operiere auf der abelschen Gruppe V. Es gelte*

$$(|V|, |K|) = 1 \quad \text{und} \quad C_V(K) = 1.$$

Dann ist $C_V(H) \neq 1$.

Beweis. Wir setzen $A := G$ in 8.3.1. Dann ist

$$\mathcal{A} := \{K\} \cup \{H^a \mid a \in A\}$$

eine Partition von A wie (#) in 8.3.1. Zudem gilt nach 4.1.5 auf Seite 73

$$|\mathcal{A}| - 1 = |\{H^a \mid a \in A\}| = |K|.$$

Wegen 8.3.1 existiert ein $B \in \mathcal{A}$ mit $C_V(B) \neq 1$. Da nach Voraussetzung $C_V(K) = 1$ ist, liegt B in $\{H^a \mid a \in A\}$. Es folgt $C_V(H) \neq 1$. $\square$

Mit Hilfe von 8.3.5 kann die in **4.1** gestellte Frage nach der Eindeutigkeit von Frobeniuskomplementen beantwortet werden:

8.3.6.   *Sei G eine Frobeniusgruppe. Dann sind die Frobeniuskomplemente von G konjugiert.*

Beweis.   Seien H und H_0 Frobeniuskomplemente von G. Die Annahme

$$H_0 \notin \{H^g \mid g \in G\}$$

führen wir zu einem Widerspruch. Wegen 4.1.8 b) können wir $H_0 < H$ annehmen. H ist nach 4.1.8 a) eine Frobeniusgruppe mit Frobeniuskomplement H_0 (setze H für U in 4.1.5 a). Sei K der Frobeniuskern von G bezüglich des Frobeniuskomplementes H und K_0 der Frobeniuskern von H bzgl. H_0.
Sei $p \in \pi(K)$, $P \in \mathrm{Syl}_p K$ und

$$V := Z(P), \quad \text{sowie} \quad G_1 := N_G(P).$$

Das Frattiniargument besagt

$$(') \qquad\qquad\qquad G = KG_1.$$

Wegen $G_1 \nleq K$ können wir nach einer geeigneten Konjugation $H \cap G_1 \neq 1$ annehmen. Im Falle $H \nleq G_1$ ist G_1 nach 4.1.5 a) eine Frobeniusgruppe mit Frobeniuskomplement $H \cap G_1$ und Frobeniuskern $K \cap G_1$. Dann ist $|G_1| = |K \cap G_1||H \cap G_1|$. Aus $(')$ folgt $|H \cap G_1| = |G : K| = |H|$, was $H \nleq G_1$ widerspricht.

Also ist $H \leq G_1$. Die Frobeniusgruppe H (bzgl. H_0) operiert auf V. Dabei gilt $C_V(K_0) = 1$ und $(|V|, |K_0|) = 1$; beachte 8.1.12 und 4.1.5. Wir können somit 8.3.5 mit $A := H$ anwenden und erhalten $C_V(H_0) \neq 1$, im Widerspruch zu 8.1.12. □

Sei G eine Frobeniusgruppe mit Frobeniuskern K und Frobeniuskomplement H; nach 4.1.5 auf Seite 73 ist $(|K|, |H|) = 1$. Wir werden in **9.5** zeigen, daß K nilpotent, also insbesondere auflösbar ist (9.5.2 auf Seite 230); die Operation von H auf K ist daher teilerfremd. Sei $Q \neq 1$ eine H-invariante Sylowuntergruppe von K (8.2.3) und $V := Z(Q)$. Dann ist V eine abelsche Gruppe $\neq 1$, und für die Operation von H auf V gilt infolge 8.1.12

$$C_V(h) = 1 \quad \text{für alle } h \in H^{\#}.$$

Mit H und K an Stelle von A und V liefert deshalb 8.3.2 einschneidende Bedingungen für die Struktur des Frobeniuskomplementes H. Das Komplement H ist z.B. zyklisch, wenn H abelsch ist. Daraus folgt, daß die multiplikative Gruppe eines endlichen Körpers zyklisch ist; siehe Bemerkung nach 4.1.7 auf Seite 74 und auch 2.2.4 auf Seite 46.

Übungen

Die Gruppe A operiere auf der Gruppe G.

1. Sei G abelsch und $A_1, \ldots, A_{n+1}$ eine Partition von A. Ist

$$G_0 := \langle C_G(A_i) \mid i = 1, \ldots, n+1 \rangle,$$

   so hat G/G_0 Exponent $\leq n$.

2. A operiere teilerfremd auf G, und G sei nilpotent. Ist A abelsch und $r(A) \geq 2$, so ist

$$G = \prod_{a \in A^{\#}} C_G(a).$$

3. Sei G eine auflösbare Frobeniusgruppe. Dann ist der Frobeniuskern K von G nilpotent und $F(G) = K$.[15]

4. G sei p-separabel ($p \in \mathbb{P}$), und es sei $A = \langle a \rangle \cong C_p$. Für alle $x \in G$ gelte

$$x x^a \cdots x^{a^{p-1}} = 1.$$

   Sei $H := AG$ das semidirekte Produkt von A mit G.

   a) Die Elemente $y \in H \setminus G$ operieren fixpunktfrei auf jedem H-invarianten p'-Abschnitt von G.

   b) G ist p-abgeschlossen.

   c) $o(y) = p$ für alle $y \in H \setminus G$.

8.4 Zerlegung einer Operation

Wie in **8.3** ist A eine Gruppe, die auf der *abelschen* Gruppe V operiert. Jetzt nutzen wir aus, daß die Endomorphismen von V bezüglich der Hintereinanderausführung und der Addition

$$v^{\alpha + \beta} := v^{\alpha} v^{\beta} \quad (\alpha, \beta \text{ Endomorphismen}, v \in V)$$

einen Ring bilden, den *Endomorphismenring* $\operatorname{End} V$ von V.

Da für jedes $a \in A$ die Abbildung

$$v \mapsto v^a \quad (v \in V)$$

ein Endomorphismus von V ist, können wir die Endomorphismen von V und die Elemente aus A in ihrer Operation auf V verknüpfen:

$$v^{a+\beta} := v^a v^\beta, \quad v^{\beta a} := (v^\beta)^a \quad \text{und} \quad v^{a\beta} := (v^a)^\beta \quad (a \in A, \ \beta \in \operatorname{End} V).$$

---

[15] Man setze voraus, daß K Normalteiler von G ist.

Mit anderen Worten, wir fassen die Elemente aus A als Elemente von End V auf.

Zum Beispiel ist für $a \in A$ die **Kommutatorabbildung**

$$\kappa\colon v \mapsto [v,a] = v^a v^{-1} = v^{a-\mathrm{id}} \quad (v \in V)$$

der Endomorphismus $a - \mathrm{id}$. Hierbei ist Kern $\kappa = C_V(a)$ und

$$\mathrm{Bild}\,\kappa = \{[v,a] \mid v \in V\} = [V,a].^{16}$$

Da $[V,a]$ unter $\langle a \rangle$ invariant ist, wird $V/[V,a]$ von $\langle a \rangle$ zentralisiert; es gilt also

$$\mathrm{Bild}\,\kappa = [V,\langle a \rangle].$$

Aus dem Homomorphiesatz folgt:

8.4.1. $V/C_V(a) \cong [V,\langle a \rangle]$.   □

Die nächste Aussage und 8.4.5 sind Korollare des Satzes von GASCHÜTZ (3.3.2 auf Seite 67), waren aber schon lange vor diesem Satz bekannt und besitzen kurze, elementare Beweise, die wir hier wiedergeben.

8.4.2.   *A operiere teilerfremd auf V. Dann gilt*

$$V = C_V(A) \times [V,A].$$

Beweis.   Wegen 8.2.7 a) genügt es $C_V(A) \cap [V,A] = 1$ zu zeigen. Dazu betrachten wir den Endomorphismus

$$\varphi\colon V \to V \quad \text{mit} \quad v \mapsto \prod_{x \in A} v^x.$$

Für einen Kommutator $v = [w,a] \in [V,A]$ gilt

$$v^\varphi = (w^a)^\varphi w^{-\varphi} = \Big(\prod_{x \in A} w^{ax}\Big)\Big(\prod_{x \in A} w^{-x}\Big) = 1,$$

also $[V,A] \le \mathrm{Kern}\,\varphi$. Für $v \in C_V(A)$ ist andererseits $v^\varphi = v^{|A|}$ und

$$v^{|A|} = 1 \iff v = 1,$$

aufgrund der teilerfremden Operation von A auf V. Also ist $v = 1$ für $v \in C_V(A) \cap [V,A]$.   □

Ein Korollar ist:

8.4.3.   *A operiere teilerfremd auf V. Operiert A trivial auf $\Omega(V)$, so operiert A trivial auf V.*

---

[16] Zur Erinnerung: $[V,a] = \langle [v,a] \mid v \in V \rangle$.

Beweis.   Im Falle $[V, A] \neq 1$ hat man

$$1 \neq \Omega([V, A]) \leq C_V(A) \cap [V, A],$$

im Widerspruch zur Zerlegung in 8.4.2. $\square$

Eine Folgerung aus 8.4.2, die wir in Kapitel 10 benötigen, sei hier eingefügt:

8.4.4.   *Die Gruppe A operiere teilerfremd auf der Gruppe G, und es gelte $|G : C_G(A)| = p$, $p \in \mathbb{P}$. Dann hat $[G, A]$ Ordnung p, und $A/C_A(G)$ ist zyklisch.*

Beweis.   Für $G_1 := [G, A]$ gilt nach 8.2.7

$$G = G_1 C_G(A) \quad \text{und} \quad G_1 = [G_1, A],$$

also $|G_1 : C_{G_1}(A)| = p$ und $C_A(G_1) = C_A(G)$. Im Falle $G_1 < G$ folgt daher vermöge einer Induktion nach $|G|$ die Behauptung. Sei

$$G = [G, A]$$

und G_p eine A-invariante p-Sylowuntergruppe von G (8.2.3 a). Nach Voraussetzung gilt $G = G_p C_G(A)$, also $G = [G, A] = [G_p, A]$.

Daher ist G eine p-Gruppe. Für $\overline{G} := G/\Phi(G)$ ist ebenfalls

$$[\overline{G}, A] = \overline{G}.$$

Da $\overline{G}$ abelsch ist (5.2.5 auf Seite 97), haben wir nach 8.4.2 die Zerlegung

$$\overline{G} = [\overline{G}, A] \times C_{\overline{G}}(A);$$

es folgt $C_{\overline{G}}(A) = 1$. Die Voraussetzung $|G : C_G(A)| = p$ impliziert nun $|\overline{G}| = p$. Aber dann ist G zyklisch (5.2.5 b auf Seite 97), und nach 8.4.3 gilt $|G| = p$. Nun ergibt 2.2.4 die Behauptung. $\square$

Eine ähnliche Rechnung wie in 8.4.2 liefert:

8.4.5.   *A operiere teilerfremd auf V. Sei U eine A-invariante Untergruppe von V. Besitzt U ein Komplement in V, so existiert ein Komplement von U in V, das unter A invariant ist.*

Beweis.   Sei W ein Komplement von U in V; es gelte also

$$V = U \times W.$$

Im Falle $V = U$ ist $W = 1$ unter A invariant; sei $V \neq U$. Die Projektion

$$\eta \colon V \to U \quad \text{mit} \quad uw \mapsto u$$

ist ein Endomorphismus von V, also auch

$$\eta_A : V \to V \quad \text{mit} \quad v \mapsto \prod_{x \in A} v^{x^{-1}\eta x}.$$

Aus $U^A = U$ folgt

$$u^{\eta_A} = \prod_{x \in A} u^{x^{-1}x} = u^{|A|} \quad \text{für} \quad u \in U,$$

also wie in 8.4.2, aufgrund der teilerfremden Operation

$$\text{Kern}\,\eta_A \cap U = 1.$$

Andererseits gilt Bild $\eta_A \leq U$. Wegen

$$|\text{Kern}\,\eta_A|\,|\text{Bild}\,\eta_A| = |V|$$

(1.2.5 auf Seite 12) ist daher $\text{Kern}\,\eta_A$ ein Komplement von U in V, das wegen[17] $(a \in A)$

$$\eta_A\,a = \sum_{x \in A}(x^{-1}\eta x)a = \sum_{x \in A} aa^{-1}x^{-1}\eta x a = a\sum_{x \in A}(xa)^{-1}\eta(xa) = a\,\eta_A$$

unter A invariant ist.   □

Die Operation von A auf V heiße **halbeinfach**, wenn jede A-invariante Untergruppe U von V ein A-invariantes Komplement in V besitzt.

Operiert A zum Beispiel irreduzibel auf V, so ist die Operation trivialerweise halbeinfach.

Ist V eine abelsche p-Gruppe und $V \neq \Omega(V)$, so besitzt $\Omega(V)$ kein Komplement in V. Im Falle $V = \Omega(V)$ ist V eine elementarabelsche p-Gruppe, und jede Untergruppe U von V besitzt ein Komplement in V (siehe 2.1.2 auf Seite 40).[18] Deshalb folgt aus 8.4.5:

8.4.6.   Satz von Maschke.[19] *A operiere teilerfremd auf der elementarabelschen p-Gruppe V. Dann ist die Operation von A auf V halbeinfach.*   □

Minimale A-invariante Untergruppen von V sind die minimalen Normalteiler des semidirekten Produktes AV, die in V liegen. Eine Umformulierung von 1.7.2 auf Seite 34 ist:

8.4.7.   *Sei $\mathcal{M}$ die Menge aller minimaler A-invarianter Untergruppen von V. Äquivalent sind:*

---

[17] Wir rechnen im Endomorphismenring.

[18] Vermöge der Identifikation in 2.1.8 auf Seite 42 ist dies die wohlbekannte Tatsache, daß ein Unterraum eines endlich dimensionalen Vektorraumes ein Komplement besitzt.

[19] Vergleiche [76].

(i)   *A operiert halbeinfach auf V*.

(ii) *Es existieren* $U_1, \ldots, U_n \in \mathcal{M}$ *mit* $V = U_1 \times \cdots \times U_n$.

(iii) $V = \prod\limits_{U \in \mathcal{M}} U$.

Beweis.   Die Implikation (ii) $\Rightarrow$ (iii) ist trivial, und die Implikation (i) $\Rightarrow$ (ii) folgt mit Hilfe einer offensichtlichen Induktion.

(iii) $\Rightarrow$ (i): Sei U_1 eine A-invariante Untergruppe von V. Nach 1.7.2a) auf Seite 34 existieren $U_2, \ldots, U_n \in \mathcal{M}$ mit $V = U_1 \times U_2 \times \cdots \times U_n$. Danach ist $U_2 \times \cdots \times U_n$ ein A-invariantes Komplement von U_1 in V. $\square$

Eine halbeinfache Operation von A auf V impliziert auch eine halbeinfache Operation von A auf jeder A-invarianten Untergruppe von V.

Dagegen impliziert eine halbeinfache Operation von A im allgemeinen nicht, daß die Operation — eingeschränkt auf eine Untergruppe von A — halbeinfach bleibt. Für in A normale Untergruppen ist dies jedoch richtig. Diese elementare Tatsache diskutieren wir zum Schluß dieses Abschnittes. Dem Leser sei empfohlen, das folgende mit dem Begriff einer A-Kompositionsreihe von V zu vergleichen, den wir in 1.8 auf Seite 36 vorgestellt haben.

Im folgenden operiere die Gruppe A auf der abelschen Gruppe $V \neq 1$; wie oben sei $\mathcal{M}$ die Menge aller minimalen A-invarianten Untergruppen von V.

Für $U, W \in \mathcal{M}$ sei

$$U \sim W \iff U \text{ ist } A\text{-isomorph zu } W.$$

Dann ist $\sim$ eine Äquivalenzrelation auf $\mathcal{M}$. Seien $\mathcal{M}_1, \ldots, \mathcal{M}_n$ die Äquivalenzklassen von $\sim$ und für $i = 1, \ldots, n$

$$V_i := \prod\limits_{U \in \mathcal{M}_i} U.$$

Die Untergruppen V_i, $i = 1, \ldots, n$, von V heißen die **homogenen A-Komponenten** von V. Sei

$$V_0 := \prod\limits_{i=1}^{n} V_i.$$

Aus 1.7.2 auf Seite 34 und 8.4.7 folgt:

8.4.8.   a) V_i *ist direktes Produkt von Gruppen aus* $\mathcal{M}_i$ $(i = 1, \ldots, n)$.

b) $V_0 = \bigtimes\limits_{i=1}^{n} V_i$.

c)   *A operiert halbeinfach auf* V_0. $\square$

Offenbar ist die Operation von A auf V genau dann halbeinfach, wenn $V = V_0$ gilt.

8.4.9.   Satz von Clifford.[20] *Sei H eine Gruppe, die halbeinfach auf der abelschen Gruppe V operiert, und sei A ein Normalteiler von H. Dann operiert auch A halbeinfach auf V. Operiert H irreduzibel auf V, so operiert H transitiv auf der Menge der homogenen A-Komponenten von V, und der Kern dieser Operation enthält $AC_H(A)$.*

Beweis.   Wir benutzen die vorher eingeführten Bezeichnungen bezüglich der Operation von A auf V. Da A ein Normalteiler von H ist, operiert H auf der Menge $\mathcal{M}$. Wir zeigen, daß diese Operation mit der Äquivalenzrelation $\sim$ auf $\mathcal{M}$ verträglich ist:

Seien $U, W \in \mathcal{M}$ und $U \sim W$; es existiert also ein A-Isomorphismus $\varphi \colon U \to W$. Sei $h \in H$. Dann ist

$$\varphi^h := h^{-1}\varphi h \quad {}^{21}$$

ein Isomorphismus von U^h auf W^h. Aus $A^h = A$ folgt

$$\varphi^h a = h^{-1}\varphi h a = h^{-1}\varphi a^{h^{-1}} h = h^{-1}a^{h^{-1}}\varphi h = ah^{-1}\varphi h = a\varphi^h.$$

Damit ist φ^h ein A-Isomorphismus von U^h auf W^h, also $U^h \sim W^h$.

H operiert somit auf den Äquivalenzklassen von $\sim$, damit auch auf der Menge der homogenen A-Komponenten $V_1, \ldots, V_n$. Der Kern dieser Operation enthält $AC_H(A)$.

$V_0 = \prod_{i=1}^{n} V_i$ ist H-invariant, und jede H-invariante Untergruppe von V enthält eine minimale A-invariante Untergruppe. Aus der halbeinfachen Operation von H auf V folgt

$$(+) \qquad\qquad V = \underset{i=1}{\overset{n}{\times}} V_i,$$

d.h. auch A operiert halbeinfach auf V (8.4.7).

Operiert H irreduzibel auf V, so ist $V = \langle V_1{}^H \rangle$. Da H auf $\{V_1, \ldots, V_n\}$ operiert, folgt mit $(+)$

$$V_1{}^H = \{V_1, \ldots, V_n\},$$

d.h. H operiert transitiv auf $\{V_1, \ldots, V_n\}$. $\square$

Übungen

Die Gruppe A operiere auf der elementarabelschen p-Gruppe V.

---

[20] Vergleiche [39].
[21] Wir bilden die Produkte in End V.

1. Operiert jede Untergruppe halbeinfach auf V, so ist $p \notin \pi(A/C_A(V))$.

2. Sei die Operation von A auf V halbeinfach. Ist U eine A-invariante Untergruppe von V, so ist die Operation von A auf U ebenfalls halbeinfach.

3. Sei $S \in \mathrm{Syl}_p A$ und $L \trianglelefteq\trianglelefteq A$. Ist $[C_V(S), A] = 1$, so ist auch

    $$[C_V(S \cap L), L] = 1.$$

4. Sei $V = \langle v_1, \dots, v_n \rangle$ ein n-dimensionaler Vektorraum über $\mathbb{F}_2$. Die symmetrische Gruppe S_n operiert auf V vermöge

    $$v_i{}^g := v_{i^g} \quad (g \in S_n, \ i \in \{1, \dots, n\}).$$

    Für welche n ist diese Operation von S_n auf V halbeinfach?

8.5 Minimale nichttriviale Operation

In diesem Abschnitt untersuchen wir eine Situation, die häufig in Induktionsbeweisen auftritt.

Operiert eine Gruppe A nichttrivial auf einer Gruppe G, aber trivial auf jeder echten A-invarianten Untergruppe von G, so kann die Struktur von G recht genau beschrieben werden, sofern A teilerfremd auf G operiert. Da in diesem Fall A für jedes $p \in \pi(G)$ eine p-Sylowuntergruppe von G normalisiert (8.2.3 auf Seite 165), ist G sicherlich eine p-Gruppe. Die Analyse dieser Situation, welche in der Literatur HALL-HIGMAN-Reduktion genannt wird, ist der Inhalt von 8.5.1.[22]

Das zweite Resultat dieses Abschnitts (8.5.3) ist eine Verallgemeinerung des $P \times Q$-Lemmas, die wie das $P \times Q$-Lemma von THOMPSON stammt. Unser Beweis folgt dem von BENDER, der einen wunderschönen „Trick" benutzt, der auf BAER zurückgeht.

Außerdem stellen wir in diesem Abschnitt einige speziellere Ergebnisse bereit, die wir später benutzen werden.

Die HALL-HIGMAN-Reduktion formulieren wir praktischerweise ein wenig allgemeiner:

8.5.1. *Die Gruppe B operiere auf der p-Gruppe P, und B besitze einen p'-Normalteiler A, der nichttrivial auf P, aber trivial auf jeder echten B-invarianten Untergruppe von P operiert. Dann gilt $P = [P, A]$, und P ist entweder eine elementarabelsche oder spezielle p-Gruppe. Außerdem operiert B irreduzibel auf $P/\Phi(P)$. Im Falle $p \neq 2$ gilt überdies $x^p = 1$ für alle $x \in P$.*

---

[22] Siehe [67].

Beweis.   Die Untergruppe $[P, A]$ ist B-invariant, da $A \trianglelefteq B$. Nach 8.2.7 gilt $[P, A, A] = [P, A]$. Es folgt

(1) $$P = [P, A].$$

Jede charakteristische Untergruppe C von P ist B-invariant; also gilt entweder $[C, A] = 1$ oder $C = P$. Insbesondere folgt

$$[P', A] = 1 = [\varPhi(P), A].$$

Sei $\overline{P} := P/P'$. Aufgrund der teilerfremden Operation von A auf P folgt aus 8.4.2

$$\overline{P} = [\overline{P}, A] \times C_{\overline{P}}(A) = \overline{[P, A]} \times C_{\overline{P}}(A),$$

also $C_{\overline{P}}(A) = 1$ wegen (1). Die triviale Operation von A auf jeder echten B-invarianten Untergruppe von $\overline{P}$ impliziert nun, daß B irreduzibel auf $\overline{P}$ operiert. Insbesondere gilt $\overline{C} = 1$ für jede charakteristische Untergruppe $C \neq P$. Wegen $P' \leq \varPhi(P)$ ist dann

$$P' = \varPhi(P).$$

Im Falle $P' = 1$ ist P elementarabelsch. Sei $P' \neq 1$. Dann ist $Z(P) \neq P$ und wie eben gesehen $Z(P) \leq P'$, da $Z(P)$ charakteristisch in P ist. Die Inklusion $P' \leq Z(P)$ ergibt sich aus dem Drei-Untergruppen-Lemma:

$$[P, P', A] = 1 = [P', A, P],$$

also

$$[P, P'] = [P, A, P'] = 1.$$

Es folgt $Z(P) = P'$.

Da $P/Z(P)$ elementarabelsch ist, gilt für $x, y \in P$

$$1 = [x^p, y] \overset{1.5.4}{=} [x, y]^p.$$

Es folgt $Z(P) = P' = \Omega(Z(P))$. Daher ist P eine spezielle p-Gruppe.

Sei $p \neq 2$. Nach 5.3.4 a) auf Seite 101 ist für $x \in P$ und $a \in A$

$$[x, a]^p = (x^{-1}x^a)^p = x^{-p}(x^p)^a = x^{-p}x^p = 1,$$

also $P = [P, A] = \Omega(P)$; nun beachte man 5.3.5 auf Seite 102. $\square$

Folgende Situation kommt in Kapitel 10 des öfteren vor:

8.5.2.   *Die abelsche p-Gruppe A operiere auf der p'-Gruppe G. Es gelte $[G, A] \neq 1$, aber $[U, A] = 1$ für jede A-invariante Untergruppe $U \neq G$ von G. Sei $A_0 := C_A(G)$.*

a) $r(A/A_0) = 1$.

b)   *Operiert das semidirekte Produkt AG auf der elementarabelschen p-Gruppe V und ist $C_G(V) = 1$, so operiert AG/A_0 treu auf $C_V(A_0)$.*

Beweis.   a) Wie schon in der Einleitung zu diesem Abschnitt erwähnt, ist G eine q-Gruppe ($q \in \mathbb{P}$). Nach 8.5.1 operiert A, also auch A/A_0, irreduzibel und treu auf $G/\Phi(G)$ (8.2.9 auf Seite 168). Damit folgt die Behauptung aus 8.3.3 auf Seite 172.

b) Sei $K := C_{AG}(C_V(A_0))$. Nach dem $P \times Q$-Lemma 8.2.8 (setze $P = A_0$) ist K eine p-Gruppe. Dann ist $KG = K \times G$, also $K = A_0$. $\square$

Eine wichtige Verallgemeinerung des $P \times Q$-Lemmas für $p \neq 2$ ist:

8.5.3.   Satz (Thompson [92]). *Sei $p \neq 2$ und A semidirektes Produkt eines p'-Normalteilers Q mit einer p-Untergruppe P. Operiert A auf einer p-Gruppe G, so daß*

$(')$ $$C_G(P) \leq C_G(Q)$$

gilt, so operiert Q trivial auf G.

Beweis (BENDER [27]).   Wir können $[G, Q] \neq 1$ annehmen. Da sich die Voraussetzung $(')$ auf jede echte A-invariante Untergruppe von G vererbt, können wir vermöge Induktion nach $|G|$ außerdem annehmen, daß Q trivial auf jeder solchen Untergruppe operiert. Deshalb folgt aus 8.5.1

$$G = [G, Q] \quad \text{und} \quad G' \leq Z(G).$$

Ist G abelsch, so ist $C_G(Q) = 1$ wegen (1) und 8.4.2, also auch $C_G(P) = 1$ infolge der Voraussetzung $(')$. Aus 8.1.4 folgt $G = 1$ im Widerspruch zu $[G, Q] \neq 1$.

Den nichtabelschen Fall führen wir mit Hilfe eines „Tricks"[23] auf den abelschen zurück:

Da G von ungerader Ordnung ist, gilt $\langle x^2 \rangle = \langle x \rangle$ für jedes $x \in G$. Daraus folgt für $x, y \in G$

$$x^2 = y^2 \iff x = y,$$

denn $x^2 = y^2$ ergibt $(xy^{-1})^2 = 1$, also $xy^{-1} = 1$, da $\langle xy^{-1} \rangle$ ungerade Ordnung hat. Zu jedem $g \in G$ existiert daher genau ein $x \in G$ mit $x^2 = g$. Wir setzen

$$\sqrt{g} := x.$$

Dabei gilt:

---

[23] der von R. BAER stammt und von H. BENDER auf diese Situation angewandt wurde ([24], [27]).

$$g \in Z(G) \quad \Rightarrow \quad \sqrt{g} \in Z(G);$$
$$g \in G,\ a \in A \quad \Rightarrow \quad \sqrt{g}^{\,a} = \sqrt{g^a};$$
$$g \in G \quad \Rightarrow \quad g^{-1}\sqrt{g} = \sqrt{g^{-1}}.$$

Wir erklären auf der Menge G eine neue Verknüpfung durch

$$(+) \qquad\qquad\qquad g + h := gh\sqrt{[h,g]}.$$

Aus der Kommutatorformel $[g,h]^{-1} = [h,g]$ folgt

$$g + h = gh\sqrt{[h,g]} = hg[g,h]\sqrt{[h,g]} = hg[g,h]\sqrt{[g,h]^{-1}} = hg\sqrt{[g,h]}$$
$$= h + g,$$

die Verknüpfung $+$ ist also kommutativ. Zum Beweis der Assoziativität von $+$ benutzen wir $G' \leq Z(G)$. Dann gelten für $g, h, f \in G$ die Kommutatorformeln (1.5.4 auf Seite 23)

$$[f, g+h] = [f, gh] = [f,g][f,h] \quad \text{und}$$
$$[h+f, g] = [hf, g] = [h,g][f,g].$$

Daraus folgt

$$(g+h)+f = ghf\sqrt{[h,g]}\sqrt{[f,g]}\sqrt{[f,h]} = g + (h+f).$$

Offenbar ist 1 ein neutrales Element von $G(+)$ und $-g := g^{-1}$ ein zu g inverses Element bezüglich $+$. Damit ist $G(+)$ eine abelsche Gruppe.

Die Gruppe A operiert wegen

$$(g+h)^a = g^a h^a \sqrt{[h^a, g^a]} = g^a + h^a$$

auch auf der abelschen Gruppe $G(+)$, wobei die Operation von A auf der *Menge* G die gleiche wie vorher ist. Nach dem im abelschen Fall Bewiesenen operiert Q trivial auf $G(+)$, also insbesondere trivial auf der Menge G. $\quad\square$

Die folgenden zwei Aussagen gehen in den Beweis von 8.5.6 ein und dieses Resultat wiederum in den Beweis des Vollständigkeitssatzes von GLAUBERMAN, den wir in Kapitel 11 beweisen.

8.5.4. *Sei P eine spezielle 2-Gruppe mit $\Omega(P) = Z(P)$ und $|Z(P)| = 4$. Dann ist $2^3 \leq |P/Z(P)| \leq 2^4$.*

Beweis. Sei $Z := Z(P)$ und $|P/Z| = 2^n$. Im Fall $n = 1$ ist P abelsch. Im Fall $n = 2$ existieren $x, y \in P$ mit $P = \langle x, y, Z(P) \rangle$. Dann ist $P' = \langle [x, y] \rangle \cong C_2$ entgegen der Voraussetzung. Also ist $n \geq 3$.

$\Omega(P) = Z = \Phi(P)$ bedeutet, daß alle Elemente $a \in P \setminus Z$ die Ordnung 4 haben. Sei $a \in P \setminus Z$ und

$$C := C_P(a), \quad \overline{C} := C/\langle a \rangle.$$

Sei $x \in C$, so daß $\overline{x}$ eine Involution in $\overline{C}$ ist. Im Falle $\langle \overline{x} \rangle \neq \overline{Z}$ ist dann $o(x) = 4$ und $x^2 \in \langle a \rangle$, also $x^2 = a^2$. Dann folgt $o(xa) = 2$, im Widerspruch zu $\Omega(P) = Z$.

Demnach ist $\overline{Z}$ die einzige Untergruppe der Ordnung 2 von $\overline{C}$; nach 5.3.7 auf Seite 103 ist daher $\overline{C}$ entweder zyklisch (der Ordnung ≤ 4) oder eine Quaternionengruppe der Ordnung 8. Es folgt

$$|C| \in \{8, 16, 32\}.$$

Da $\langle a \rangle Z$ normal in P ist, liegt a^P in aZ. Es folgt

$$|P/C| = |a^P| \leq |aZ| = 4,$$

also $|P| \leq 2^7$, d.h. $|P/Z| \leq 2^5$.

Im Falle $|P/C| \leq 2$ haben wir $|P| \leq 2^6$, also $|P/Z| \leq 2^4$ und die Behauptung.

Die Annahme

$$(+) \qquad |P : C_P(a)| = 4 \quad \text{für alle } a \in P \setminus Z \text{ und } |P/Z| = 2^5$$

führen wir zu einem Widerspruch: Sei $z \in Z^\#$ und $\widetilde{P} := P/\langle z \rangle$.[24] Dann gilt

$$\Phi(\widetilde{P}) = \widetilde{P}' = \widetilde{Z} \cong C_2.$$

Im Falle $\widetilde{Z} = Z(\widetilde{P})$ ist $\widetilde{P}$ extraspeziell, also $|\widetilde{P}/\widetilde{Z}|$ ein Quadrat (5.2.6), im Widerspruch zu $(+)$.

Sei $\widetilde{Z} \neq Z(\widetilde{P})$. Dann existiert ein $a \in P \setminus Z$ mit $\widetilde{a} \in Z(\widetilde{P})$, also

$$\{x^{-1} x^a \mid x \in P\} = \{1, z\}.$$

Mit 8.1.7 folgt $|P : C_P(a)| = 2$, ebenfalls im Widerspruch zu $(+)$. $\qquad \square$

8.5.5. *Die zyklische 3-Gruppe $\langle d \rangle$ operiere treu und fixpunktfrei auf der 2-Gruppe P. Es gelte*

$$(+) \qquad r(V) \leq 2 \text{ für jede abelsche Untergruppe } V \leq P.$$

Dann ist $o(d) = 3$.

---

[24] Schlange- statt Querstrichkonvention

Beweis. Sei $o(d) = 3^n$. Per Induktion nach $|P|$ können wir annehmen, daß $\langle d^3 \rangle$ trivial auf jeder $\langle d \rangle$-invarianten echten Untergruppe von P operiert. Dann besagt 8.5.1, daß P entweder elementarabelsch oder eine spezielle p-Gruppe ist. Außerdem operiert $\langle d \rangle$ irreduzibel auf

$$\overline{P} := P/\Phi(P).$$

Da $\langle d \rangle$ auch treu auf $\overline{P}$ operiert (8.2.2 auf Seite 165), folgt $C_{\overline{P}}(x) = 1$ für alle $1 \neq x \in \langle d \rangle$. Jede Bahn von $\langle d \rangle$ auf $\overline{P}^{\#}$ hat daher die Länge $o(d) = 3^n$. Es folgt

(1) $|\overline{P}| \equiv 1 \pmod{3^n}$.

$Z := Z(P)$ ist elementarabelsch. Da $\langle d \rangle$ fixpunktfrei auch auf Z operiert, ist $|Z| \geq 4$. Nun erzwingt die Voraussetzung (+)

(2) $|Z| = 4$ und $\Omega(P) = Z$.

Im Falle $P' = 1$ hat $P = Z$ Ordnung 4; es gilt also $o(d) = 3$ infolge der treuen Operation von $\langle d \rangle$ auf P.

Ist P speziell, so ist wegen (2) und 8.5.4 $|\overline{P}| = 2^3$ oder $|\overline{P}| = 2^4$. Aus (1) folgt $|\overline{P}| = 2^4$ und $n = 1$. $\square$

8.5.6. *Sei $d \neq 1$ ein 3-Element der Gruppe G. Es gelte:*

1) $C_G(O_2(G)) \leq O_2(G)$.

2)   *Es existiert ein Element der Ordnung 6 in G.*

3)   *Es existiert eine $\langle d \rangle$-invariante elementarabelsche 2-Untergruppe W von G mit*
$$C_W(d) = 1 \neq W.$$

Dann besitzt G eine elementarabelsche Untergruppe der Ordnung 8.

Beweis. Sei

$$P := O_2(G), \quad Z := \Omega(Z(P)) \quad \text{und} \quad C := C_G(Z).$$

Wir nehmen an, die Behauptung ist falsch. Dann erfüllt P die Eigenschaft (+) in 8.5.5. Wegen $C_W(d) = 1$ ist $W \cong C_2 \times C_2$. Da $WC_Z(W)$ elementarabelsch ist und d sowohl W wie auch Z normalisiert, folgt aus der irreduziblen Operation von $\langle d \rangle$ auf W

$$W = Z \cong C_2 \times C_2 \quad \text{und} \quad C_Z(d) = 1.$$

Sei $D \in \mathrm{Syl}_3 G$ mit $d \in D$. Für $x \in D$ mit $[Z, x] \neq 1$ gilt $C_Z(x) = 1$ wegen $|Z| = 4$. Doch dann ist infolge (+) auch $C_P(x) = 1$. Mit 8.5.5 und der Voraussetzung folgt

(1) $C_P(x) = 1$ und $o(x) = 3$ für alle $x \in D$ mit $[Z, x] \neq 1$.

Sei zunächst D zyklisch. Dann ergibt (1) $D = \langle d \rangle \cong C_3$. Wegen Voraussetzung 2) und des Satzes von SYLOW existiert eine Involution $t \in G$ mit $[t, d] = 1$. Da $Z\langle t \rangle$ nilpotent ist, gilt $|[Z, t]| \leq 2$ (5.1.6 auf Seite 92). Außerdem ist $[Z, t]$ unter $\langle d \rangle$ invariant. Es folgt

$$[Z, t] \leq C_Z(d) = 1.$$

Wegen $t \in C_G(d)$ liegt t nicht in Z, und $Z\langle t \rangle$ ist eine elementarabelsche Untergruppe der Ordnung 8, im Widerspruch zu (+).

Sei D nicht zyklisch. Wegen $C_Z(d) = 1$ ist $C_D(Z)$ ein nichttrivialer Normalteiler der 3-Gruppe D. Sei b ein Element der Ordnung 3 aus $C_D(Z) \cap Z(D)$ und $E := \langle b, d \rangle$. Da d nach (1) die Ordnung 3 hat, ist E eine elementarabelsche Gruppe der Ordnung 9. Nach dem Zerlegungssatz 8.3.4 gilt

$$P = \langle C_P(x) \mid x \in E^\# \rangle.$$

Wegen (1) ist $C_P(x) = 1$ für alle $x \in E \setminus \langle b \rangle$. Es folgt $P = C_P(b)$, im Widerspruch zur Voraussetzung 1). $\square$

Übungen

1.   Die Gruppe G sei nicht nilpotent, aber jede echte Untergruppe von G. Dann existiert ein $a \in G$ und verschiedene Primzahlen p, r mit

$$G = F(G)\langle a \rangle \quad \text{und} \quad F(G) = \langle a^p \rangle \times R;$$

dabei ist R eine elementarabelsche oder spezielle r-Gruppe und a ein p-Element.

8.6 Lineare Operation und die zweidimensionalen linearen Gruppen

In diesem Abschnitt stellen wir zunächst die Operation einer Gruppe auf einem Vektorraum vor. Anschließend diskutieren wir die Gruppen $GL_2(q)$, $SL_2(q)$, $PGL_2(q)$ und $PSL_2(q)$, zum einen als Beispiele operierender Gruppen, zum anderen, weil wir eine wichtige Eigenschaft der Gruppe $SL_2(q)$ im nächsten Kapitel benötigen.

Im folgenden sei p eine Primzahl. Bekanntlich existiert zu jeder Primzahlpotenz

$$q = p^m \quad (m \in \mathbb{N})$$

bis auf Isomorphie genau ein endlicher Körper $\mathbb{F}_q$ mit q Elementen. Wir setzen

$$K := \mathbb{F}_q.$$

Die additive Gruppe $K(+)$ ist eine elementarabelsche p-Gruppe und die multiplikative Gruppe K^* eine zyklische Gruppe; siehe Bemerkung nach 8.3.2 auf Seite 171. Sei V ein n-dimensionaler Vektorraum über K. Dann ist die additive Gruppe $V(+)$ eine elementarabelsche p-Gruppe der Ordnung p^{nm}.

Sei $\mathrm{GL}(V)$ die Gruppe aller Automorphismen des Vektorraums V, d.h.

$$\mathrm{GL}(V) = \{x \in \mathrm{Aut}\, V(+) \mid \lambda v^x = (\lambda v)^x \text{ für alle } v \in V \text{ und } \lambda \in K\}.$$

Eine Gruppe G **operiert auf dem Vektorraum** V, wenn G auf der abelschen Gruppe $V(+)$ operiert, also $\mathcal{O}_1$–$\mathcal{O}_3$ gelten und außerdem:

$\mathcal{O}_4 \quad (\lambda v)^g = \lambda v^g \quad (\lambda \in K,\ v \in V,\ g \in G).$

Dann existiert ein Homomorphismus von G in die Gruppe $\mathrm{GL}(V)$, der die Operation von G auf V beschreibt.

Die Operation von G auf V heißt **irreduzibel**, wenn $V \neq 0$ und 0 und V die einzigen G-invarianten *Unterräume* von V sind.[25]

8.6.1.   Lemma von Schur. *Die Gruppe G operiere irreduzibel und treu auf dem K-Vektorraum V.*

a) $Z(G)$ *ist zyklisch.*

b)   *Ist $|Z(G)| = p^e n$ mit $n \mid (q-1)$, so existiert ein Monomorphismus $\varphi\colon Z(G) \to K^*$ mit*

$$v^z = z^\varphi v \quad \text{für alle } z \in Z(G),\ v \in V.\text{[26]}$$

Beweis.   Sei $Z := Z(G)$. Da $C_V(z)$ für $z \in Z^\#$ ein echter G-invarianter Unterraum ist, gilt $C_V(z) = 0$ für alle $z \in Z^\#$. Damit folgt a) aus 8.3.2.

b) Sei $x \in Z$ ein p-Element. Wegen 8.1.4 ist $C_V(x) \neq 0$. Da $C_V(x)$ unter G invariant ist, folgt $C_V(x) = V$ und $x = 1$. Deshalb gilt $p \nmid |Z|$ und nach Voraussetzung

$(')$ \qquad\qquad\qquad $|Z|$ teilt $|K^*|$.

Für $\lambda \in K^*$ liegt die Abbildung

$$z_\lambda\colon V \to V \quad \text{mit} \quad v \mapsto \lambda v$$

in $Z(\mathrm{GL}(V))$, und $M := \{z_\lambda \mid \lambda \in K^*\}$ ist eine zu K^* isomorphe Untergruppe von $Z(\mathrm{GL}(V))$. Infolge der treuen Operation von G auf V können wir G,

---

[25] Dies impliziert im Allgemeinen nicht eine irreduzible Operation von G auf $V(+)$.
[26] z operiert also durch *Skalarmultiplikation*.

also auch Z, als Untergruppe von $\mathrm{GL}(V)$ auffassen. Dann ist $H := MZ$ ($\leq \mathrm{GL}(V)$) eine abelsche Gruppe, für die aufgrund der irreduziblen Operation von G auf V gilt:

$$C_V(h) = 0 \text{ für alle } h \in H^\#.$$

Wie eben folgt, daß H zyklisch ist. Deshalb enthält H nur eine Untergruppe der Ordnung $|Z|$ (1.4.3 auf Seite 19), und diese liegt nach $(')$ in M ($\cong K^*$). Es folgt $Z \leq M$. $\qquad\qquad\qquad\qquad\qquad\qquad\qquad\qquad\qquad\qquad\Box$

Es sei darauf hingewiesen, daß die Zerlegungssätze in **8.4**, also insbesondere der Satz von MASCHKE und der Satz von CLIFFORD mit denselben Beweisen auch für die Operation von G auf einem Vektorraum V gelten. Eine teilerfremde Operation von G auf dem K-Vektorraum V bedeutet hierbei, daß G eine p'-Gruppe ist, wenn p die Charakteristik von K ist.[27]

Die Abbildung

$$\det\colon \mathrm{GL}(V) \to K^*,$$

die jedem $x \in \mathrm{GL}(V)$ seine Determinante $\det x$ zuordnet, ist bekanntlich ein Epimorphismus. Demzufolge ist

$$\mathrm{SL}(V) := \{x \in \mathrm{GL}(V) \mid \det x = 1\}$$

ein Normalteiler von $\mathrm{GL}(V)$ mit

$$\mathrm{GL}(V)/\mathrm{SL}(V) \cong K^*.$$

Wegen $(q-1, p) = 1$ folgt daraus, daß alle p-Elemente von $\mathrm{GL}(V)$ schon in $\mathrm{SL}(V)$ liegen; eine Bemerkung, von der wir oft Gebrauch machen werden.

Wählt man eine Basis $v_1, \ldots, v_n$ des Vektorraums V, so entspricht jedem $x \in \mathrm{GL}(V)$ eine invertierbare Matrix

$$A(x) = \begin{pmatrix} \lambda_{11} & \cdots & \lambda_{1n} \\ \vdots & & \vdots \\ \lambda_{n1} & \cdots & \lambda_{nn} \end{pmatrix},$$

wobei die $\lambda_{ij} \in K$ durch die Gleichungen

$$v_i{}^x = \sum_{j=1}^n \lambda_{ij} v_j, \quad i = 1, \ldots, n,$$

gegeben sind. Dabei ist die Abbildung $x \mapsto A(x)$ ein Isomorphismus von $\mathrm{GL}(V)$ in die Gruppe $\mathrm{GL}_n(q)$ aller invertierbaren $n \times n$-Matrizen über K; insbesondere wird die Gruppe $\mathrm{SL}(V)$ auf die Gruppe $\mathrm{SL}_n(q)$ aller Matrizen der Determinante 1 abgebildet.

---

[27] Auch im Falle char $K = 0$ gelten diese Sätze mit (fast) denselben Beweisen.

Wir werden die Abbildungen $x \in \mathrm{GL}(V)$ oft durch die Matrizen $A(x)$ beschreiben, wobei eine Basis von V fest gewählt ist, und schreiben dann einfach

$$x \equiv A(x).$$

Obwohl vieles von dem folgenden auch für einen n-dimensionalen Vektorraum V gilt, sei von nun an vorausgesetzt, daß V ein 2-dimensionaler K-Vektorraum ist.

Die Ordnung von $\mathrm{GL}(V)$ ist gleich der Anzahl der geordneten Paare (v, w), wobei v, w eine Basis von V ist, also

$$|\mathrm{GL}_2(q)| = |\mathrm{GL}(V)| = (q^2 - 1)(q^2 - q),$$

und somit

$$|\mathrm{SL}_2(q)| = |\mathrm{SL}(V)| = (q - 1)q(q + 1).$$

Für $\lambda \in K^*$ ist die *skalare Multiplikation*

$$z_\lambda \colon V \to V \quad \text{mit} \quad v \mapsto \lambda v$$

ein Element aus $Z(\mathrm{GL}(V))$, für welches

$$z_\lambda \equiv \begin{pmatrix} \lambda & 0 \\ 0 & \lambda \end{pmatrix}$$

bezüglich jeder Basis von V gilt. Wir setzen

$$Z := \{ z_\lambda \mid \lambda \in K^* \} \quad (\leq Z(\mathrm{GL}(V)));$$

Z ist eine zu K^* isomorphe Gruppe. Nur für $\lambda = \pm 1$ gilt $z_\lambda \in \mathrm{SL}(V)$; sei

$$z := z_{-1}.$$

Im Falle $p = 2$ ist $z = 1$, und im Falle $p \neq 2$ ist z eine Involution, die in $\mathrm{SL}(V)$ liegt.

8.6.2.   *Sei $p \neq 2$. Dann ist z die einzige Involution in $\mathrm{SL}(V)$.*

Beweis.   Sei $t \in \mathrm{SL}(V)$ eine Involution. Dann ist für alle $v \in V$

$$v + v^t \in C_V(t).$$

Ist $C_V(t) = 0$, so folgt $v^t = -v$, also $t = z$. Sei $C_V(t) \neq 0$ und v, w eine Basis von V mit $v \in C_V(t)$. Bzgl. dieser Basis ist

$$t \equiv \begin{pmatrix} 1 & 0 \\ * & -1 \end{pmatrix},$$

also $\det t = -1$ im Widerspruch zu $p \neq 2$ und $t \in \mathrm{SL}(V)$. $\square$

Sei $V^\# := \{v \in V \mid v \neq 0\}$ und für $v \in V^\#$

$$Kv := \{\lambda v \mid \lambda \in K\}$$

der von v aufgespannte Unterraum. Sei v, w eine Basis von V, also $Kv \neq Kw$. Wir setzen:

$$\widehat{S}(v) \quad := \quad \{x \in \mathrm{GL}(V) \mid (Kv)^x = Kv\}$$
$$\equiv \quad \left\{ \begin{pmatrix} \delta_1 & 0 \\ \lambda & \delta_2 \end{pmatrix} \,\middle|\, \delta_1, \delta_2 \in K^*, \ \lambda \in K \right\},$$

$$\widehat{P}(v) \quad := \quad \{x \in \mathrm{GL}(V) \mid v^x = v\}$$
$$\equiv \quad \left\{ \begin{pmatrix} 1 & 0 \\ \lambda & \delta_2 \end{pmatrix} \,\middle|\, \delta_2 \in K^*, \ \lambda \in K \right\},$$

$$\widehat{D}(v,w) \quad := \quad \widehat{S}(v) \cap \widehat{S}(w) \equiv \left\{ \begin{pmatrix} \delta_1 & 0 \\ 0 & \delta_2 \end{pmatrix} \,\middle|\, \delta_1, \delta_2 \in K^* \right\},$$

$$S(v) \quad := \quad \widehat{S}(v) \cap \mathrm{SL}(V) \equiv \left\{ \begin{pmatrix} \delta & 0 \\ \lambda & \delta^{-1} \end{pmatrix} \,\middle|\, \delta \in K^*, \ \lambda \in K \right\},$$

$$P(v) \quad := \quad \widehat{P}(v) \cap \mathrm{SL}(V) \equiv \left\{ \begin{pmatrix} 1 & 0 \\ \lambda & 1 \end{pmatrix} \,\middle|\, \lambda \in K \right\},$$

$$D(v,w) \quad := \quad \widehat{D}(v,w) \cap \mathrm{SL}(V) \equiv \left\{ \begin{pmatrix} \delta & 0 \\ 0 & \delta^{-1} \end{pmatrix} \,\middle|\, \delta \in K^* \right\}.$$

Offenbar sind diese Mengen Untergruppen der Gruppe $\mathrm{GL}(V)$. Wir klären zunächst ihre Struktur:

8.6.3. a) $\widehat{D}(v,w) \cong K^* \times K^*$ *und* $D(v,w) \cong K^*$. *Insbesondere ist* $D(v,w)$ *eine zyklische Gruppe der Ordnung* $q - 1$.

b) $P(v) \cong K(+)$.

c) $P(v)$ *ist ein Normalteiler von* $\widehat{S}(v)$. *Die Gruppe* $\widehat{S}(v)$ *resp.* $S(v)$ *ist ein semidirektes Produkt von* $P(v)$ *mit* $\widehat{D}(v,w)$ *resp.* $D(v,w)$. *Insbesondere sind* $\widehat{S}(v)$ *und* $S(v)$ *auflösbare Gruppen.*

d) *Für* $x \in D(v,w) \setminus \langle z \rangle$ *gilt* $C_{P(v)}(x) = 1$ *und* $[P(v), x] = P(v)$.[28]

Beweis. Die meisten Behauptungen ergeben sich unmittelbar aus den angegebenen Matrixdarstellungen. In c) beachte man, daß $\widehat{P}(v)$ der Kern der Operation von $\widehat{S}(v)$ auf der Menge Kv ist. Also ist $\widehat{P}(v) \trianglelefteq \widehat{S}(v)$ und $P(v) \trianglelefteq S(v)$. Die Aussage d) bestätigt man durch die Rechnung

---

[27] bzgl. der Basis v, w

[28] Damit ist $S(v)/\langle z \rangle$ eine Frobeniusgruppe, siehe 8.1.12 auf Seite 163.

$$\begin{pmatrix} \delta^{-1} & 0 \\ 0 & \delta \end{pmatrix}^{-1} \begin{pmatrix} 1 & 0 \\ \lambda & 1 \end{pmatrix} \begin{pmatrix} \delta^{-1} & 0 \\ 0 & \delta \end{pmatrix} = \begin{pmatrix} 1 & 0 \\ \delta^{-2}\lambda & 1 \end{pmatrix};$$

dabei beachte man: $\delta^{-2} = 1 \iff \delta = \pm 1$. □

Im Hinblick auf das nächste Kapitel sei notiert:

8.6.4. $[V, P(v)] = Kv$ und $[V, P(v), P(v)] = 0$ für $v \in V^{\#}$.

Beweis.   Die Matrixdarstellung von $P(v)$ zeigt, daß $P(v)$ trivial auf V/Kv operiert. Daher gilt

$$0 \ne [V, P(v)] \subseteq Kv.$$

Es folgt $[V, P(v), P(v)] = 0$. Da $[V, P(v)]$ ein Unterraum von V ist, gilt auch $[V, P(v)] = Kv$. □

Die p-Sylowstruktur der Gruppe $GL(V)$ und damit auch der Gruppe $SL(V)$ beschreibt:

8.6.5.   a) $\mathrm{Syl}_p \, GL(V) = \{P(v) \mid v \in V^{\#}\}$. *Dabei gilt*

$$P(v) = P(u) \iff Kv = Ku.$$

Insbesondere ist $|\mathrm{Syl}_p \, GL(V)| = q + 1$.

b) $N_{GL(V)}(P(v)) = \widehat{S}(v),\ v \in V^{\#}$.

c) $P(v) \cap P(u) = 1$, *falls* $Kv \ne Ku,\ v, u \in V^{\#}$.

d) $\mathrm{Syl}_p \, GL(V) = \{P(u)\} \cup \{P(v)^x \mid x \in P(u)\}$ *für* $v, u \in V^{\#}$ *mit* $Kv \ne Ku$.

Beweis.   Zunächst ist $P(v)$, $v \in V^{\#}$, wegen $|P(v)| = q = p^m$ eine p-Sylowuntergruppe von $GL(V)$. Eine p-Sylowuntergruppe P von $GL(V)$ operiert auf der *Menge* V. Wegen $0^P = 0$ folgt aus 3.1.7 auf Seite 54 die Existenz eines $v \in V^{\#}$ mit $v^P = v$; dies bedeutet $P \le P(v)$, also $P = P(v)$.

Seien $v, u \in V^{\#}$. Da v, u im Falle $Kv \ne Ku$ eine Basis von V ist, gilt

$$P(v) \ne P(u) \iff Kv \ne Ku \iff P(v) \cap P(u) = 1.$$

Daraus folgt c) und auch a); dabei beachte man, daß $\frac{q^2-1}{q-1} = q+1$ die Anzahl der verschiedenen Unterräume Kv, $v \in V^{\#}$, ist. Wegen $P(v)^x = P(v^x)$, $x \in GL(V)$, folgt auch b).

d) $P(u)$ operiert auf $\mathrm{Syl}_p \, GL(V)$ durch Konjugation. Im Falle $P(v)^x = P(v)$, $x \in P(u)$, folgt $x = 1$ aus b) und c). Damit hat man $q = |P(u)|$ viele p-Sylowuntergruppen der Form $P(v)^x$, $x \in P(u)$. Mit $P(u)$ erhält man $q+1$ p-Sylowuntergruppen; die Behauptung ergibt sich daher aus a). □

In der folgenden Aussage sammeln wir einige Bemerkungen über Beziehungen zwischen den anfangs eingeführten Untergruppen. Wie vorher sei v, w eine Basis von V; bzgl. dieser Basis sei $t \in \mathrm{SL}(V)$ mit

$$t \equiv \begin{pmatrix} 0 & -1 \\ 1 & 0 \end{pmatrix}.$$

8.6.6.   a)   *Für $u \in V \setminus (Kv \cup Kw)$ gilt*

$$\widehat{S}(v) \cap \widehat{S}(w) \cap \widehat{S}(u) = Z.$$

Insbesondere folgt $Z(\mathrm{GL}(V)) = Z$ und $Z(\mathrm{SL}(V)) = \langle z \rangle$.

b) $N_{\mathrm{GL}(V)}(\widehat{D}(v,w)) = \langle t \rangle \widehat{D}(v,w)$.

c) $N_{\mathrm{SL}(V)}(D(v,w)) = \langle t \rangle D(v,w)$ *oder* $q \leq 3$ *und* $\dot{D}(v,w) = \langle z \rangle$.

d) $[\widehat{D}(v,w), x] = D(v,w)$ *für alle* $x \in \widehat{D}(v,w)t$.

e) $C_{\mathrm{GL}(V)}(a) = P(v) Z(\mathrm{GL}(V))$ *für alle* $a \in P(v)^{\#}$.

Beweis.   a) Wegen

$$Z \leq \widehat{S}(v) \cap \widehat{S}(w) \cap \widehat{S}(u) =: H$$

genügt es $H \leq Z$ zu zeigen. Seien $\lambda_1, \lambda_2 \in K^*$ mit

$$u = \lambda_1 v + \lambda_2 w.$$

Zu $h \in H$ existieren $\mu_1, \mu_2, \mu_3 \in K^*$ mit $v^h = \mu_1 v$, $w^h = \mu_2 w$ und $u^h = \mu_3 u$. Es folgt

$$\mu_3 \lambda_1 v + \mu_3 \lambda_2 w = \mu_3 u = u^h = \lambda_1 v^h + \lambda_2 w^h = \lambda_1 \mu_1 v + \lambda_2 \mu_2 w,$$

also, da v, w eine Basis ist,

$$\mu_3 \lambda_1 = \lambda_1 \mu_1 \quad \text{und} \quad \mu_3 \lambda_2 = \lambda_2 \mu_2,$$

d.h. $\mu_3 = \mu_1 = \mu_2$. Damit gilt $h = z_{\mu_1} \in Z$.

b) und c) Für $x \in N_{\mathrm{GL}(V)}(\widehat{D}(v,w))$ ist

$$\widehat{D}(v,w) = (\widehat{D}(v,w))^x = \widehat{D}(v^x, w^x).$$

Aus a) folgt $\{Kv, Kw\} = \{Kv^x, Kw^x\}$ oder $\widehat{D}(v,w) = Z(\mathrm{GL}(V))$. Im ersten Fall gilt für $x \notin \widehat{D}(v,w)$

$$(Kv)^x = Kw, \quad (Kw)^x = Kv,$$

also $tx \in \widehat{D}(v,w)$. Der zweite Fall ist wegen

$$\widehat{D}(v,w) \cong K^* \times K^* \quad \text{und} \quad Z(\mathrm{GL}(V)) \cong K^*$$

unmöglich.

Mit $D(v,w)$ anstelle von $\widehat{D}(v,w)$ erhält man im Falle $D(v,w) = Z(\mathrm{SL}(V))$ keinen Widerspruch. Doch dann ist nach a)

$$q - 1 = |D(v,w)| = |\langle z \rangle| \leq 2,$$

also $q \leq 3$.

d) Da $\widehat{D}(v,w)$ abelsch ist, können wir $x = t$ annehmen. Für $d \equiv \begin{pmatrix} \delta_1 & 0 \\ 0 & \delta_2 \end{pmatrix}$ gilt

$$
\begin{aligned}
d^{-1}t^{-1}dt &\equiv \begin{pmatrix} \delta_1^{-1} & 0 \\ 0 & \delta_2^{-1} \end{pmatrix} \begin{pmatrix} 0 & 1 \\ -1 & 0 \end{pmatrix} \begin{pmatrix} \delta_1 & 0 \\ 0 & \delta_2 \end{pmatrix} \begin{pmatrix} 0 & -1 \\ 1 & 0 \end{pmatrix} \\
&= \begin{pmatrix} \delta_1^{-1}\delta_2 & 0 \\ 0 & \delta_2^{-1}\delta_1 \end{pmatrix};
\end{aligned}
$$

es folgt die Behauptung.

e) Es ist $Z(\mathrm{GL}(V))P(v) \leq C_{\mathrm{GL}(V)}(a)$. Andererseits gilt $C_V(a) = Kv$, also $C_{\mathrm{GL}(V)}(a) \leq \widehat{S}(v)$. Damit folgt die Behauptung mit einer einfachen Rechnung aus 8.6.3 c).   □

8.6.7. *Seien P_1, P_2 zwei verschiedene p-Sylowuntergruppen von* $\mathrm{GL}(V)$. *Dann gilt*

$$\mathrm{SL}(V) = \langle P_1, P_2 \rangle.$$

Beweis.   Nach 8.6.5 a) haben P_1, P_2 die Form $P_1 = P(v)$, $P_2 = P(w)$, wobei v, w eine Basis von V ist. Die Gruppe

$$G := \langle P_1, P_2 \rangle \quad (\leq \mathrm{SL}(V))$$

ist nach 8.6.5 d) das Erzeugnis aller p-Sylowuntergruppen von $\mathrm{SL}(V)$, also normal in $\mathrm{GL}(V)$. Das Frattiniargument ergibt wegen $N_{\mathrm{GL}(V)}(P(v)) = P(v)\widehat{D}(v,w)$

$$\mathrm{GL}(V) = G\,\widehat{D}(v,w).$$

Da $\widehat{D}(v,w)$ abelsch ist, operiert t auf $\mathrm{GL}(V)/G$ trivial. Aus 8.6.6 d) folgt daher $D(v,w) \leq G$ und

$$N_G(P(v)) = N_{\mathrm{SL}(V)}(P(v)).$$

Da G alle p-Sylowuntergruppen von $\mathrm{SL}(V)$ enthält, ist

$$|G : N_G(P(v))| = q + 1 = |\mathrm{SL}(V) : N_{\mathrm{SL}(V)}(P(v))|.$$

Damit gilt $G = \mathrm{SL}(V)$.   □

Ist $x \in \mathrm{SL}(V)$ und $v \in V^{\#}$ mit $v^x = v$, so ist x ein p-Element (8.6.3 b). Also gilt:

8.6.8. *Ist R eine p'-Untergruppe von $\mathrm{SL}(V)$, so ist $C_V(x) = 0$ für alle $x \in R^{\#}$.* □

8.6.9. *Sei $r \in \mathbb{P}$ mit $r \neq p$ und R eine r-Sylowuntergruppe von $\mathrm{SL}(V)$. Im Falle $r \neq 2$ ist R zyklisch und im Falle $r = 2$ ist R eine Quaternionengruppe.*

Beweis. Wegen 8.6.8 können wir 8.3.2 anwenden. Danach ist R zyklisch oder eine Quaternionengruppe. Wir müssen daher den Fall ausschließen, daß $r = 2$ und R zyklisch ist. In diesem Fall besitzt $\mathrm{SL}(V)$ ein normales 2-Komplement (7.2.2). Dieses enthält alle p-Sylowuntergruppen, im Widerspruch zu 8.6.7 und $R \neq 1$. □

$\mathrm{SL}_2(2)$ ist eine nichtabelsche Gruppe der Ordnung 6, also isomorph zu S_3.

$\mathrm{SL}_2(3)$ ist eine Gruppe der Ordnung 24, die nicht 3-abgeschlossen ist (8.6.5); sie besitzt eine 2-Sylowuntergruppe Q, die eine Quaternionengruppe ist (8.6.9), und ihr Zentrum hat Ordnung 2 (8.6.6 a). Daher folgt aus 4.3.4 auf Seite 82, daß Q ein Normalteiler von $\mathrm{SL}_2(3)$ ist.

Wir fassen zusammen:

8.6.10. $\mathrm{SL}_2(2)$ *und* $\mathrm{SL}_2(3)$ *sind auflösbare Gruppen. Die Gruppe* $\mathrm{SL}_2(2)$ *ist zu S_3 isomorph und die Gruppe* $\mathrm{SL}_2(3)$ *ist semidirektes Produkt einer zyklischen Gruppe der Ordnung 3 mit einer Quaternionengruppe der Ordnung 8, welches nicht direkt ist. Umgekehrt ist dadurch $SL_2(3)$ bis auf Isomorphie eindeutig bestimmt.*

Beweis. Nur die letzte Behauptung ist noch zu begründen: Seien A, B zwei Gruppen der Ordnung 3, die nicht trivial auf Q_8 operieren. Wir behaupten

$$A \ltimes Q_8 \cong B \ltimes Q_8.$$

Doch dies folgt aus 5.3.3 auf Seite 100, da wir A und B als Untergruppen von $\mathrm{Aut}\, Q_8$ auffassen können — als 3-Sylowuntergruppen sind sie in $\mathrm{Aut}\, Q_8$ konjugiert. □

Sei nun $q \geq 4$. Dann ist $D(v, w) \neq \langle z \rangle$. Sei $x \in D(v, w) \setminus \langle z \rangle$. Aus 8.6.3 d) folgt

$$P(v) = [P(v), x] \leq \mathrm{SL}(V)',$$

und somit $P \leq \mathrm{SL}(V)'$ für jede p-Sylowuntergruppe P von $\mathrm{SL}(V)$. Wir erhalten daher aus 8.6.7:

8.6.11.   *Für $q \geq 4$ ist die Gruppe* $\mathrm{SL}(V)$ *perfekt.* $\square$

Da $GL(V)/\mathrm{SL}(V)$ $(\cong K^*)$ abelsch ist, liegt die Kommutatorgruppe von $GL(V)$ in $\mathrm{SL}(V)$. Für $q \geq 4$ folgt somit aus 8.6.11

$$GL(V)' = \mathrm{SL}(V).\text{[29]}$$

Folgende Strukturaussage ist für das nächste Kapitel wesentlich.

8.6.12.   *Sei $p \neq 2$, sei a ein p-Element und R eine $\langle a \rangle$-invariante p'-Untergruppe von $\mathrm{SL}_2(V)$ mit $1 \neq [R,a]$. Dann ist $p = 3$, R eine Quaternionengruppe der Ordnung 8 und $R\langle a \rangle \cong \mathrm{SL}_2(3)$.*

Beweis.   Nach 8.2.7 auf Seite 167 haben wir

$$R = [R,a]\, C_R(a) \quad \text{und} \quad [R,a,a] = [R,a].$$

Dabei gilt $C_R(a) \leq \langle z \rangle$ infolge 8.6.6 e). Wir zeigen:

(1) $[R,a]$ ist eine Quaternionengruppe.

Aus (1) folgt $\langle z \rangle = Z([R,a])$ (8.6.2), also $R = [R,a]$, und R ist eine Quaternionengruppe Q_{2^n}. Im Fall $n \geq 4$ besitzt R eine zyklische charakteristische Untergruppe vom Index 2; dann operiert a trivial auf R (8.2.2 b auf Seite 165). Also ist $R = Q_8$, und die Behauptung folgt aus 8.6.10.

Wir beweisen nun (1) durch Induktion nach $|R|$. Deshalb können wir $R = [R,a]$ annehmen, aufgrund von 8.2.3 auf Seite 165 sogar, daß R eine r-Gruppe ist; dabei ist r eine Primzahl $\neq p$.

Ist R nicht zyklisch, so folgt (1) aus 8.6.9 b). Die Annahme, daß R zyklisch ist, führen wir zu einem Widerspruch:

Wegen $R = [R,a]$ induziert a einen Automorphismus der Ordnung p auf der zyklischen Gruppe R. Aus 2.2.5 auf Seite 46 folgt

(2) p teilt $(r-1)$.

Damit ist $r \neq 2$. Wegen $|\mathrm{SL}(V)| = (q-1)q(q+1)$ hat man nun

(3)   entweder r teilt $(q-1)$ oder r teilt $(q+1)$.

Ist $q = p$, so widersprechen sich (2) und (3).

Auch der Fall $r|(q-1)$ ist elementar. Nach dem Satz von SYLOW können wir hier $R \leq D(v,w)$ annehmen, wobei v,w eine Basis von V ist (8.6.3 c). Da nun Kv und Kw die einzigen R-invarianten Unterräume von V sind (8.6.6

---

[29] Dies gilt auch für $q = 3$.

a), folgt aus $R^a = R$, daß $\langle a \rangle$ entweder trivial oder transitiv auf der Menge $\{Kv, Kw\}$ operiert. Dies widerspricht $a \neq 1$ (8.6.5 c) bzw. $p \neq 2$.

Den Fall $r|(q+1)$ führen wir auf den eben behandelten zurück. Wir benötigen dazu die elementare Aussage, daß eine Zahl $\ell \in \mathbb{N}$ existiert mit

$$r \text{ teilt } (q^\ell - 1).^{30}$$

Zum anderen benötigen wir die aus der Theorie endlicher Körper wohlbekannte Tatsache, daß ein Erweiterungskörper L von $K = \mathbb{F}_q$ mit $L \cong \mathbb{F}_{q^\ell}$ existiert. Dann ist die Gruppe $SL_2(q)$, also auch $R\langle a \rangle$, isomorph zu einer Untergruppe der Gruppe $SL_2(q^\ell)$. Wegen $r|(q^\ell - 1)$ ergibt sich nun ein Widerspruch aus dem bereits Bewiesenen. $\square$

8.6.13.   *Sei $p \neq 2$ und G eine Untergruppe von $SL(V)$, die nicht p-abgeschlossen ist. Dann sind die 2-Sylowuntergruppen von G Quaternionengruppen.*

Beweis.   Sei $G \leq SL(V)$ ein kleinstes Gegenbeispiel. Da $O^{p'}(G)$ genau dann p-abgeschlossen ist, wenn G es ist, folgt

$$(') \qquad\qquad O^{p'}(G) = G.$$

Wegen 8.6.9 können wir annehmen, daß für alle Primteiler $r \neq p$ von $|G|$ die r-Sylowuntergruppen von G zyklisch sind. Sei r der kleinste solche Primteiler. Da G nach $(')$ kein normales p-Komplement besitzt, erhalten wir mit 7.2.1 für $R \in \mathrm{Syl}_r G$

$$C_G(R) \neq N_G(R).$$

Deshalb existiert ein Primteiler s von $|N_G(R)|$ (und damit auch von $|G|$) und ein s-Element $a \in N_G(R) \setminus C_G(R)$. Da R zyklisch ist, folgt aus 2.2.5

$$s \text{ teilt } r - 1.$$

Die minimale Wahl von r ergibt $s = p$. Aber nun erhalten wir aus 8.6.12, daß R nicht zyklisch ist, ein Widerspruch. $\square$

Ein bekannter Satz von DICKSON besagt, daß G wie in 8.6.13 eine Untergruppe isomorph zu $SL_2(p)$ enthält.[31]

Sei Ω die Menge der 1-dimensionalen Unterräume von V, d.h.

---

[30] Die Menge

$$\{m \in \mathbb{N} \mid 1 \leq m < r \quad \text{und} \quad m \equiv q^i \pmod{r} \quad \text{für ein } i \in \mathbb{N}\}$$

ist endlich. Also existieren Zahlen i, j mit $j > i$, so daß $q^j \equiv q^i \pmod{r}$, also $q^\ell \equiv 1 \pmod{r}$ für $\ell = j - i$.

[31] Siehe [6], Kap. 8 und moderner [12], S. 44.

$$\Omega := \{Kv \mid v \in V^{\#}\}. \quad {}^{32}$$

Dann operiert $GL(V)$ auf der Menge Ω vermöge

$$(Kv)^x = Kv^x, \quad x \in \mathrm{GL}(V);$$

dabei ist $\widehat{S}(v)$ der Stabilisator des Punktes Kv,

$$\widehat{D}(v,w) = \widehat{S}(v) \cap \widehat{S}(w) \quad (Kv \neq Kw)$$

der Stabilisator von zwei Punkten, und

$$Z = Z(\mathrm{GL}(V)) \overset{8.6.6a)}{=} \{z_\lambda \mid \lambda \in K^*\}$$

der Kern dieser Operation. Demnach ist

$$\langle z \rangle = Z \cap \mathrm{SL}(V) \overset{8.6.6a)}{=} Z(\mathrm{SL}(V))$$

der Kern der Operation von $\mathrm{SL}(V)$ auf Ω.

$P(v)$ ist ein Normalteiler von $\widehat{S}(v)$, der regulär auf $\Omega \setminus \{Kv\}$ operiert (beachte $|P(v)| = q = |\Omega \setminus \{Kv\}|$ und 8.6.5 c). Deshalb operiert $GL(V)$ und auch $\mathrm{SL}(V)$ $(P(v) \le \mathrm{SL}(V))$ 2-transitiv auf Ω. Die Gruppe $\widehat{D}(v,w)/Z$ hat Ordnung $q-1$ und operiert somit regulär auf $\Omega \setminus \{Kv, Kw\}$ (8.6.6 a). Die Operation von $\mathrm{GL}(V)$ auf Ω ist somit 3-transitiv.

Im Falle $p = 2$ ist $z = 1$. Dann operiert $D(v,w)$ regulär auf $\Omega \setminus \{Kv, Kw\}$. In diesem Fall operiert $\mathrm{SL}(V)$ ebenfalls 3-transitiv auf Ω.

Im Falle $p \neq 2$ ist $z \neq 1$. Dann operiert $D(v,w)/\langle z \rangle$ nicht transitiv auf $\Omega \setminus \{Kv, Kw\}$. Die Operation von $\mathrm{SL}(V)$ ist hier somit nicht 3-transitiv.

Unsere Diskussion zeigt, daß die Gruppe $\widehat{S}(v)/Z$ (bzw. $S(v)/\langle z \rangle$) eine Frobeniusgruppe in ihrer Operation auf $\Omega \setminus \{Kv\}$ ist. Dabei ist $P(v)$ $(\cong K(+))$ der Frobeniuskern und $\widehat{D}(v,w)/Z$ $(\cong K^*)$ (bzw. $D(v,w)/\langle z \rangle$) das Frobeniuskomplement.

Es sei darauf hingewiesen, daß nach 8.6.5 a) die Abbildung

$$\rho: \Omega \to \mathrm{Syl}_p \, GL(V) \quad \text{mit} \quad Kv \mapsto P(v)$$

eine Bijektion ist, für die

$$((Kv)^x)^\rho = ((Kv)^\rho)^x$$

gilt. Damit sind die Operationen von G auf Ω und auf $\mathrm{Syl}_p \, GL(V)$ (durch Konjugation) äquivalent.

Die Faktorgruppen

---

^{32} Ω ist der 1-dimensionale **projektive Raum**, also die **projektive Gerade** über K.

$$PGL(V) := GL(V)/Z(GL(V)) \quad \text{und} \quad PSL(V) := SL(V)/Z(SL(V))$$

heißen die **projektive lineare Gruppe** und die **spezielle projektive lineare Gruppe**. Man beachte, daß

$$Z(GL(V)) = \{z_\lambda \mid \lambda \in K^*\} \cong K^* \quad \text{und} \quad Z(SL(V)) = \langle z \rangle$$

gilt. Genauso definiert man

$$PGL_2(q) := GL_2(q)/Z(GL_2(q)) \quad \text{und} \quad PSL_2(q) := SL_2(q)/Z(SL_2(q)).^{33}$$

Aus 8.6.11 folgt:

8.6.14.   Satz. *Für $q \geq 4$ ist $PSL(V)$ eine nichtabelsche einfache Gruppe.*

Beweis.   Andernfalls existiert ein Normalteiler N von $G := SL(V)$ mit

$$\langle z \rangle < N < G.$$

Da G 2-transitiv auf Ω operiert, operiert N transitiv auf Ω (4.2.2 auf Seite 78 und 4.2.4 auf Seite 79). Das Frattiniargument liefert nun $G = N S(v)$, $v \in V^{\#}$. Es ist also

$$1 \neq G/N \cong S(v)/S(v) \cap N.$$

Die Auflösbarkeit von $S(v)$ (8.6.3 c), also von G/N, ergibt nun $(G/N)' \neq G/N$, also $G' \neq G$ (1.5.1 auf Seite 22) im Widerspruch zu 8.6.11.   □

Übungen

1. $PSL_2(3) \cong A_4$ und $PSL_2(4) \cong PSL_2(5) \cong A_5$.

2.   Die Gruppen A_6 und $PSL_2(9)$ sind isomorph.

3. $PSL_2(9)$ besitzt genau eine Konjugiertenklasse von Involutionen.

4.   Eine nichtauflösbare Gruppe der Ordnung 120 ist entweder zu S_5 oder $SL_2(5)$ oder $A_5 \times C_2$ isomorph.

5.   Für $q \equiv 3 \pmod 8$ und $q \equiv 5 \pmod 8$ sind die 2-Sylowuntergruppen von $PSL_2(q)$ isomorph zu $C_2 \times C_2$.[34]

---

[33] Eine Liste aller Untergruppen von $PSL_2(q)$ wurde von DICKSON angegeben ([6]); siehe [13], II.2.8.

[34] Nach dem Satz von GORENSTEIN-WALTER sind dies alle einfachen Gruppen mit einer 2-Sylowuntergruppe isomorph zu $C_2 \times C_2$, siehe Anhang auf Seite 327.

9. Quadratische Operation

9.1 Quadratische Operation

Im folgenden sei p eine Primzahl und G eine Gruppe, die auf der elementar-abelschen p-Gruppe V operiert. Ein Element $a \in G$ operiert **quadratisch** auf V, wenn

$$[V, a, a] = 1,$$

wenn also a, und damit auch $\langle a \rangle$, trivial auf $V/[V, a]$ und $[V, a]$ operiert. Insbesondere ist dann $\langle a \rangle C_G(V)/C_G(V)$ eine p-Gruppe (siehe 8.2.2 b) auf Seite 165).

Im Endomorphismenring von V bedeutet die quadratische Operation von a

$$v^{(a-1)(a-1)} = 1 \text{ für alle } v \in V,$$

also $(a - 1)^2 = 0$.[1] Danach operiert a entweder trivial auf V oder besitzt ein *quadratisches* Minimalpolynom.

G operiert **quadratisch** auf V, wenn

$$[V, G, G] = 1.$$

In den folgenden Beispielen ist die Operation von G auf V quadratisch:

a) G operiert trivial auf V.

b) $|G| = 2 = p$: Für $a \in G$ und $v \in V$ gilt

$$[v, a]^a = [v, a]^{-1} = [v, a].$$

c) G ist p-Gruppe mit $|V/C_V(G)| = p$: Siehe 8.1.4 auf Seite 159.

d) V ist die additive Gruppe eines 2-dimensionalen Vektorraums W über $\mathbb{F}_{p^m}$, und G ist eine p-Sylowuntergruppe von $\mathrm{SL}(W)$: Siehe 8.6.4 auf Seite 192.

---

[1] Da wir V multiplikativ schreiben, bildet die Null in $\mathrm{End}\, V$ alles auf 1_V ab.

e) V und G sind Normalteiler einer Gruppe H, und G ist abelsch:

$$[V, G, G] = [[V, G], G] \leq [V \cap G, G] = 1.$$

Die Operation von G auf V heißt p-**stabil**, wenn für alle $a \in G$ gilt:

$$[V, a, a] = 1 \quad \Rightarrow \quad a\, C_G(V) \in O_p(G/C_G(V)).$$

Da im Falle $p = 2$ jedes Element a der Ordnung 2 quadratisch auf V operiert (Beispiel b), ist p-Stabilität eine nur für $p \neq 2$ interessante Voraussetzung.

Zunächst seien ein paar elementare Eigenschaften zusammengestellt.

9.1.1.   *G operiere quadratisch auf V.*

a) $[v, a^n] = [v^n, a] = [v, a]^n$ *für alle* $v \in V$, $a \in G$, $n \in \mathbb{N}$.

b) $|V| \leq |C_V(a)|^2$ *für alle* $a \in G$.

c) $G/C_G(V)$ *ist eine elementarabelsche p-Gruppe.*

Beweis.   a) folgt aus 1.5.4 auf Seite 23 unter Beachtung von $[v, a]^a = [v, a]$. Wegen $v^p = 1$ und a) ist insbesondere $[v, a^p] = 1$, also

$$a^p \in C_G(V) \quad \text{für alle } a \in G.$$

Aus der quadratischen Operation von G auf V folgt mit dem Drei-Untergruppen-Lemma $[V, G'] = 1$. Danach ist $G/C_G(V)$ abelsch; es folgt c).

Schließlich gilt (8.4.1 auf Seite 176)

$$V/C_V(a) \cong [V, a] \leq C_V(a),$$

also auch b).   □

Folgendes Beispiel zeigt, daß man nicht immer quadratisch und nichttrivial operierende Elemente finden kann.

Sei $G = S_4$ und V ein 4-dimensionaler Vektorraum über $\mathbb{F}_3$ mit Basis $v_1, \ldots, v_4$, auf dem G mittels

$$v_i^g := v_{i^g}, \quad i = 1, \ldots, 4 \quad (g \in G)$$

treu operiert. Nach 9.1.1 c) können nur 3-Elemente quadratisch auf V operieren.

Sei $g := (123)$. Dann ist

$$[v_1, g, g] = [-v_1 + v_2, g] = v_1 + v_2 + v_3 \neq 0.$$

Also operiert kein nichttriviales 3-Element quadratisch. Insbesondere ist die Operation von G auf V 3-stabil.

Obwohl es auch für das Folgende fast immer genügt, V als Vektorraum über dem Primkörper $\mathbb{F}_p = \mathbb{Z}/p\mathbb{Z}$ zu betrachten (2.1.8 auf Seite 42), ist es für den Beweis von 9.1.4 zweckmäßig, die Operation von G auf einem $\mathbb{F}_q$-Vektorraum W zu betrachten, wobei $\mathbb{F}_q$ die Charakteristik p hat[2]. Dabei operiert G quadratisch auf W, wenn $[W, G, G] = 0$ gilt; dies ist gleichbedeutend zur quadratischen Operation von G auf der additiven Gruppe von W.

9.1.2.   *Die Gruppe G operiere auf dem $\mathbb{F}_q$-Vektorraum $W \neq 0$, $q = p^m$. Es gelte:*

1) $G = \langle a, b \rangle$, *und a, b operieren quadratisch auf W.*

2) $G/C_G(W)$ *ist keine p-Gruppe.*

3) $o(ab) = p^e k$ *mit $k | (q - 1)$.*

Dann existiert ein Homomorphismus

$$\varphi \colon G \to \mathrm{SL}_2(q),$$

so daß G^φ keine p-Gruppe ist.

Beweis.   Wir beweisen dies durch Induktion nach der Dimension von W. Sei W_1 ein maximaler G-invarianter Unterraum von W. Ist $G/C_G(W_1)$ keine p-Gruppe, so folgt für das Paar (G, W_1), also auch für das Paar (G, W), die Behauptung aus der Induktionsannahme. Ist $G/C_G(W_1)$ eine p-Gruppe, so ist $G/C_G(W/W_1)$ nach Voraussetzung 2) und 8.2.2 auf Seite 165 keine p-Gruppe. Im Falle $W_1 \neq 0$ liefert also wieder die Induktionsannahme die Behauptung.

Daher können wir annehmen, daß G irreduzibel und auch treu auf W operiert. Dann sind a und b p-Elemente, da sie quadratisch operieren. Aus der Voraussetzung 2) folgt daher, daß G nicht abelsch ist.

Wegen Voraussetzung 3) und des Lemmas von SCHUR (8.6.1 auf Seite 188) operiert die zyklische Gruppe $\langle ab \rangle$ per Skalarmultiplikation auf einem minimalen $\langle ab \rangle$-invarianten Unterraum von W. Demnach findet sich ein Vektor $w \neq 0$ aus W und ein $\lambda \in \mathbb{F}_q^*$ mit

$$w^{ab} = \lambda w, \quad \text{also} \quad w^a = \lambda w^{b^{-1}}.$$

Im Falle $w^a \in \mathbb{F}_q w$ ist $\mathbb{F}_q w$ unter G invariant, also gleich W. Dann ist G abelsch, ein Widerspruch.

Damit ist $W_1 := \mathbb{F}_q w + \mathbb{F}_q w^a$ 2-dimensional. Es gilt

$$w^a - w = [w, a] \in C_{W_1}(a), \quad \text{und}$$
$$w^{b^{-1}} - w = \lambda^{-1} w^a - w \in C_{W_1}(b),$$

---

[2] Alle betrachteten Vektorräume haben endliche Dimension

da a und b quadratisch operieren. Es folgt $(w^a)^a \in W_1$, $w^b \in W_1$ und natürlich auch $(w^a)^b \in W_1$. Damit ist W_1 unter G invariant, also gleich W. Es folgt $G \leq \mathrm{SL}(W) \cong \mathrm{SL}_2(q)$, da G von den p-Elementen a, b erzeugt wird. $\qquad\square$

9.1.3.   *Sei $p \neq 2$, und G operiere treu auf V. Es gelte:*

1) $G = \langle a, b \rangle$, *und a, b operieren quadratisch auf V.*

2)   *G ist keine p-Gruppe.*

Dann folgt:

a)   *Die 2-Sylowuntergruppen von G sind nicht abelsch.*

b)   *Ist Q ein p'-Normalteiler von G mit $[Q, a] \neq 1$, so ist $p = 3$ und die Gruppe $\mathrm{SL}_2(3)$ isomorph zu einem Abschnitt von G.*

Beweis.   Sei $o(ab) = p^e k$ mit $(p, k) = 1$, und sei q eine Potenz von p, für die $k | (q - 1)$ gilt (siehe Fußnote auf Seite 197). Wir schreiben V additiv als Vektorraum über $\mathbb{F}_p$ ($\leq \mathbb{F}_q$), und wählen eine Basis $v_1, \ldots, v_n$ von V. Sei W ein $\mathbb{F}_q$-Vektorraum mit Basis $v_1, \ldots, v_n$; es ist also $V \subseteq W$. Die Operation von G auf V ist in eindeutiger Weise durch die Wirkung von G auf der Basis $v_1, \ldots, v_n$ festgelegt. Somit läßt sich diese Operation zu einer Operation von G auf dem Vektorraum W fortsetzen.[3] Damit erfüllen G und W die Voraussetzungen von 9.1.2; es existiert also ein Homomorphismus $\varphi\colon G \to \mathrm{SL}_2(q)$, so daß

$$G^\varphi = \langle a^\varphi, b^\varphi \rangle$$

keine p-Gruppe ist. Dann ist G^φ nicht p-abgeschlossen, da a^φ, b^φ p-Elemente sind. Die Behauptung a) folgt somit aus 8.6.13 auf Seite 197. In Behauptung b) ist Q^φ eine a^φ-invariante p'-Untergruppe mit $[Q^\varphi, a^\varphi] \neq 1$. Deshalb ergibt sich b) aus 8.6.12 auf Seite 196. $\qquad\square$

Betrachtet man in 9.1.3 b) die Operation von a auf a-invariante Sylowuntergruppen (8.2.3 auf Seite 165) von Q, so lassen sich schärfere Aussagen gewinnen. Ähnliches machen wir in 9.3.4, benötigen dort aber keinen Erweiterungskörper von $\mathbb{F}_p$ wie in der Argumentation von 9.1.3.

9.1.4.   Satz. *Sei $p \neq 2$ und die Operation von G auf V treu und nicht p-stabil. Dann gilt:*

a)   *Die 2-Sylowuntergruppen von G sind nicht abelsch.*

b)   *Ist G p-separabel, so ist $p = 3$ und $\mathrm{SL}_2(3)$ isomorph zu einem Abschnitt von G.*

---

[3] In Matrizen: G „$\leq$" $\mathrm{GL}_n(p) \leq \mathrm{GL}_n(q)$.

Beweis.   Da G nicht p-stabil auf V operiert, existiert ein $a \in G \setminus O_p(G)$ mit $[V, a, a] = 1$. Sei $\mathcal{K}$ die Menge der G-Kompositionsfaktoren von V. Wegen 8.2.10 ist $\bigcap_{W \in \mathcal{K}} C_G(W)$ eine p-Gruppe und

$$O_p(G) = \bigcap_{W \in \mathcal{K}} C_G(W).$$

Deshalb existiert $W \in \mathcal{K}$ mit $a \notin C_G(W)$, also

$$aC_G(W) \notin O_p(G/C_G(W)) = 1.$$

Nun erfüllen $G/C_G(W)$ und W die Voraussetzungen, und mittels Induktion nach $|G| + |V|$ können wir $W = V$ und $O_p(G) = 1$ annehmen. Nach einem Satz von BAER (6.7.6) existiert ein $b \in a^G$, so daß

$$G_1 := \langle a, b \rangle$$

keine p-Gruppe ist; mit a operiert auch b quadratisch auf W. Nun ergibt sich die Behauptung a) aus 9.1.3 a) (mit G_1 anstelle von G).

Sei G p-separabel und $Q := O_{p'}(G)$. Dann gilt $[Q, a] \neq 1$ (6.4.3 auf Seite 121). Das Element b läßt sich also in a^Q finden. Damit folgt die Behauptung b) aus 9.1.3 b). $\square$

Benutzt man den auf Seite 197 erwähnten Satz von DICKSON, so zeigt der Beweis von 9.1.4, daß G für alle $p \neq 2$ einen Abschnitt isomorph zu $SL_2(p)$ besitzt.

Umgekehrt operiert $SL_2(p)$ auf einem 2-dimensionalen Vektorraum V über $\mathbb{F}_p$ mittels des Isomorphismus $SL_2(p) \cong SL(V)$ nicht p-stabil, denn $O_p(SL(V)) = 1$ (siehe Beispiel d).

Zum Schluß dieses Abschnitts sei noch ein Lemma vorgestellt, das wir später benötigen. Der Beweis beschreibt eine Situation, in der quadratische Operation in natürlicher Weise vorkommt.

9.1.5.   *G operiere treu auf V. Sind E_1, E_2 zwei Subnormalteiler von G mit $[V, E_1, E_2] = 1$, so gilt $[E_1, E_2] \leq O_p(G)$.*

Beweis.   Nach Voraussetzung ist $V_1 := [V, E_1]$ unter $E := \langle E_1, E_2 \rangle$ invariant; daher sind

$$E_0 := C_E(V_1) \quad \text{und} \quad E^0 := C_E(V/V_1)$$

Normalteiler von E. Da $E_0 \cap E^0$ quadratisch auf V operiert, ist $E_0 \cap E^0$ eine p-Gruppe (9.1.1 c), also $E_0 \cap E^0 \leq O_p(E)$. Aus $E_1 \leq E^0$ und $E_2 \leq E_0$ folgt nun

$$[E_1, E_2] \leq [E^0, E_0] \leq E_0 \cap E^0 \leq O_p(E).$$

Nach 6.7.1 auf Seite 141 ist E, also auch $O_p(E)$, subnormal in G; es gilt also $O_p(E) \leq O_p(G)$ (6.3.1 auf Seite 117). $\square$

9.2 Die THOMPSON-Untergruppe

Wie im ersten Abschnitt dieses Kapitels ist G eine Gruppe, die auf der elementarabelschen p-Gruppe V operiert. In diesem Abschnitt beschäftigen wir uns mit der Frage, wie man Untergruppen A in G finden kann, die auf V quadratisch *und* nichttrivial operieren.

Für jede Untergruppe $A \leq G$ operiert die Untergruppe

$$A^* := C_A([V, A])$$

quadratisch auf V; in den meisten Fällen ist aber $A^* = C_A(V)$. Einen ersten Hinweis, welche Bedingungen an die Operation von A die Aussage $C_A(V) < A^*$ garantieren, gibt das nächste Lemma. Das entscheidende Argument im Beweis stammt von THOMPSON.

9.2.1. *Die Gruppe A operiere auf der elementarabelschen p-Gruppe V, und $A/C_A(V)$ sei abelsch. Sei U eine Untergruppe von V. Dann existiert eine Untergruppe A^* von A, für die eine der folgenden Aussagen gilt:*

a) $|A|\,|C_V(A)| < |A^*|\,|C_V(A^*)|$ *oder*

b) $A^* = C_A([U, A])$, $C_V(A^*) = [U, A]C_V(A)$ *und*

$$|A|\,|C_V(A)| = |A^*|\,|C_V(A^*)|.$$

Beweis.   Wir können annehmen, daß für alle Untergruppen B von A

$$(*) \qquad |A|\,|C_V(A)| \geq |B|\,|C_V(B)|$$

gilt, und verifizieren die Gleichungen in b) für

$$A^* := C_A([U, A]).$$

Es ist $[U, A, A^*] = 1$. Da $A/C_A(V)$ abelsch ist, gilt auch $[A, A^*, U] = 1$, und aus dem Drei-Untergruppen-Lemma folgt $[U, A^*, A] = 1$, d.h.

(1) $\qquad\qquad [U, A^*] \leq C_V(A).$

Wir behaupten

(2) $\qquad\qquad |A|\,|C_V(A)| \leq |A^*|\,|[U, A]C_V(A)|$

und zeigen zunächst, daß daraus b) folgt. Denn dann gilt

$$|A^*|\,|C_V(A^*)| \overset{(*)}{\leq} |A|\,|C_V(A)| \overset{(2)}{\leq} |A^*|\,|[U, A]C_V(A)|$$
$$\leq |A^*|\,|C_V(A^*)|,$$

also $|A^*|\,|C_V(A^*)| = |A|\,|C_V(A)|$ und $|[U,A]C_V(A)| = |C_V(A^*)|$. Letzteres impliziert $C_V(A^*) = [U,A]C_V(A)$ wegen $[U,A] \le C_V(A^*)$.

Für den Beweis von (2) können wir $U \ne 1$ annehmen. Sei

$$Y := C_V(A) \quad \text{und} \quad X := [U,A].$$

Wir behandeln zuerst den Fall $|U| = p$; den allgemeinen Fall führen wir induktiv auf diesen zurück. Sei also zunächst $U = \langle u \rangle$ angenommen. Dann ist die Abbildung

$$\varphi \colon A/A^* \to XY/Y \quad \text{mit} \quad aA^* \mapsto [u,a]Y$$

wohldefiniert, denn für $a^* \in A^*$ ist wegen (1)

$$[u, a^*a] = [u,a]\,[u,a^*]^a \in [u,a]Y.$$

Ist φ injektiv, so hat man

$$|A/A^*| \le |XY/Y|,$$

und (2) folgt. Seien daher $a_1, a_2 \in A$ mit $[u,a_1]Y = [u,a_2]Y$, d.h. $[u,a_1][u,a_2]^{-1} = u^{a_1}u^{-a_2} \in Y$. Dann gilt

$$[u, a_1 a_2^{-1}] = u^{-1}u^{a_1 a_2^{-1}} = (u^{-a_2}u^{a_1})^{a_2^{-1}} = u^{a_1}u^{-a_2} \in Y,$$

also

$$[u, a_1 a_2^{-1}, A] = 1 = [a_1 a_2^{-1}, A, u]$$

und damit auch $[u, A, a_1 a_2^{-1}] = 1$, d.h. $a_1 a_2^{-1} \in C_A([U,A]) = A^*$. Deshalb ist φ injektiv.

Sei nun $|U| > p$ und U_1 eine Untergruppe vom Index p in U, also $U = U_1 \langle u \rangle$ für ein geeignetes $u \in U$. Seien

$$\begin{aligned}
X_1 &:= [U_1, A], & A_1 &:= C_A(X_1) \quad \text{und} \\
X_2 &:= [\langle u \rangle, A], & A_2 &:= C_A(X_2).
\end{aligned}$$

Man beachte

$$X_1 X_2 \, C_V(A) = X \, C_V(A), \quad A^* = A_1 \cap A_2$$

und

$$X_1 \, C_V(A) \cap X_2 \, C_V(A) \le C_V(A_1 A_2).$$

Per Induktion nach $|U|$ können wir für $i = 1, 2$

$$|A|\,|C_V(A)| = |A_i|\,|X_i \, C_V(A)|$$

annehmen. Es folgt

$$|A||C_V(A)| \overset{(*)}{\geq} |A_1 A_2||C_V(A_1 A_2)|$$
$$\geq |A_1 A_2||X_1 C_V(A) \cap X_2 C_V(A)|$$
$$\overset{1.1.6}{=} \frac{|A_1||A_2|}{|A_1 \cap A_2|} \frac{|X_1 C_V(A)||X_2 C_V(A)|}{|X_1 C_V(A) X_2 C_V(A)|}$$
$$= \frac{|A|^2 |C_V(A)|^2}{|A^*||X C_V(A)|}$$

und wegen $(*)$ dann (2). □

Im Hinblick auf 9.2.1 sind Kandidaten für quadratische Operation Untergruppen A von G, für die gilt

$\mathcal{Q}_1$ $|A||C_V(A)| \geq |A^*||C_V(A^*)|$ für alle Untergruppen A^* von A.

$\mathcal{Q}_2$ $A/C_A(V)$ ist eine abelsche p-Gruppe.

Man beachte dabei, daß nach 9.1.1 c) quadratisch operierende Untergruppen A immer $\mathcal{Q}_2$ erfüllen. Die Eigenschaft $\mathcal{Q}_2$ ist deshalb keine wesentliche Einschränkung.

Sei $\mathcal{A}_V(G)$ die Menge der Untergruppen A von G, die $\mathcal{Q}_1$ und $\mathcal{Q}_2$ erfüllen. Für ein solches A gilt Alternative b) in 9.2.1. Setzt man dort $U = V$, so folgt:

9.2.2.   *Für $A \in \mathcal{A}_V(G)$ sei $A^* := C_A([V, A])$. Dann gilt:*

$$|A/A^*| = |C_V(A^*)/C_V(A)| \quad \text{und} \quad C_V(A^*) = [V, A] C_V(A). \qquad \square$$

9.2.3.   Timmesfeld Replacement Theorem [94][4]. *Sei $A \in \mathcal{A}_V(G)$ und U eine Untergruppe von V. Dann gilt:*

$$C_A([U, A]) \in \mathcal{A}_V(G) \quad \text{und} \quad C_V(C_A([U, A])) = [U, A] C_V(A).$$

Überdies ist $[V, C_A([U, A])] \neq 1$ im Falle $[V, A] \neq 1$.

Beweis.   Wegen $A \in \mathcal{A}_V(G)$ gilt für $A^* := C_A([U, A])$ wie eben die Alternative b) aus 9.2.1:

$$|A^*||C_V(A^*)| = |A||C_V(A)| \quad \text{und} \quad C_V(A^*) = [U, A] C_V(A).$$

Insbesondere folgt aus $\mathcal{Q}_1$ für alle $A_0 \leq A^*$

$$|A_0||C_V(A_0)| \leq |A^*||C_V(A^*)|.$$

Damit gilt $A^* \in \mathcal{A}_V(G)$.

---

[4] Siehe auch [38].

Für den Beweis der letzten Behauptung sei $[V, A^*] = 1$, also $A^* \leq C_A(V)$, angenommen. Dann folgt mit 9.2.2

$$|V/C_V(A)| \overset{Q_1}{\leq} |A/A^*| = |[V, A]C_V(A)/C_V(A)|,$$

also $V = [V, A]C_V(A)$, und deshalb $[V, A] = [V, A, A]$. Dies erzwingt $[V, A] = 1$, da $A/C_A(V)$ nach Voraussetzung eine p-Gruppe ist (8.1.4 b auf Seite 159). $\square$

Die Menge der minimalen Elemente der Menge

$$\{A \in \mathcal{A}_V(G) \mid [V, A] \neq 1\}$$

bezeichnen wir mit $\mathcal{A}_V(G)_{\min}$.

9.2.4. *Jede Untergruppe aus $\mathcal{A}_V(G)_{\min}$ operiert quadratisch und nicht-trivial auf V.*

Beweis. Sei $A \in \mathcal{A}_V(G)$. Nach 9.2.3 liegt $A^* := C_A([V, A])$ ebenfalls in $\mathcal{A}_V(G)$ und genügt $[V, A^*] \neq 1$. Aus der Minimalität von A folgt $A^* = A$, also $[V, A, A] = 1$. $\square$

Bisher haben wir nur Kandidaten für quadratisch operierende Untergruppen von G diskutiert, konnten aber nie ganz ausschließen, daß diese Untergruppen trivial operieren (Beispiel auf Seite 202). In diesem Zusammenhang folgt aus 9.2.4:

9.2.5. *G operiere p-stabil auf V, und es gelte $O_p(G/C_G(V)) = 1$. Dann operiert jedes Element aus $\mathcal{A}_V(G)$ trivial auf V.* $\square$

Die Eigenschaft

$$(*) \qquad\qquad O_p(G/C_G(V)) = 1$$

ist nicht nur im Hinblick auf p-Stabilität eine sehr nützliche Eigenschaft, sie wird uns auch später noch begegnen. Zum Beispiel ist sie erfüllt, wenn G irreduzibel auf V operiert (8.1.5 auf Seite 159). Eine allgemeinere hinreichende Bedingung für $(*)$ ist:

9.2.6. *Sei $V = \langle C_V(S) \mid S \in \mathrm{Syl}_p\, G \rangle$. Dann ist $O_p(G/C_G(V)) = 1$.*

Beweis. Sei S eine p-Sylowuntergruppe von G; wir setzen

$$Z := C_V(S) \quad \text{und} \quad C := C_G(V).$$

Da alle p-Sylowuntergruppen unter G konjugiert sind, gilt

$$V = \langle Z^G \rangle.$$

Sei $C \leq D \leq G$ mit $D/C = O_p(G/C)$. Dann ist $D \cap S \in \mathrm{Syl}_p D$, $D = C(D \cap S)$ (3.2.5) und (Frattiniargument)

$$G = CN_G(D \cap S).$$

Es folgt

$$V = \langle Z^{N_G(D \cap S)} \rangle,$$

also $[V, D \cap S] = 1$. Dies bedeutet $D \cap S \leq C$ und $D = C$. $\qquad\square$

Die folgende Anwendung von 9.2.6 wird besonders häufig benutzt:

9.2.7.   *Sei G eine Gruppe und $C_G(O_p(G)) \leq O_p(G)$. Dann ist*

$$V := \langle \Omega(Z(S)) \mid S \in \mathrm{Syl}_p G \rangle$$

ein elementarabelscher p-Normalteiler von G, für den $O_p(G/C_G(V)) = 1$ gilt.

Beweis.   Sei $S \in \mathrm{Syl}_p G$. Wegen $C_G(O_p(G)) \leq O_p(G) \leq S$ liegt $\Omega(Z(S))$, also auch V, in dem elementarabelschen p-Normalteiler $\Omega(Z(O_p(G)))$. Außerdem gilt $\Omega(Z(S)) = C_V(S)$. Damit folgt die Behauptung aus 9.2.6.
$\qquad\square$

Im folgenden interessieren wir uns für Bedingungen, die die Existenz von Elementen aus $\mathcal{A}_V(G)$ garantieren, die nichttrivial auf V operieren. Dabei betrachten wir, wie schon in 9.2.7, eine Situation, die bei fast allen Anwendungen im Mittelpunkt steht. Von nun an gelte:

- V ist ein elementarabelscher p-Normalteiler von G, und

- G operiert auf V durch Konjugation.

Grundlegend für die folgenden Untersuchungen ist eine Untergruppe von G, die von THOMPSON zuerst benutzt wurde und seinen Namen trägt. Zur Definition dieser Untergruppe sei p eine Primzahl und $\mathcal{E}(G)$ die Menge aller elementarabelschen p-Untergruppen von G. Sei

$$
\begin{aligned}
m &:= \max\{|A| \mid A \in \mathcal{E}(G)\}, \\
\mathcal{A}(G) &:= \{A \in \mathcal{E}(G) \mid |A| = m\} \text{ und} \\
J(G) &:= \langle A \mid A \in \mathcal{A}(G) \rangle.
\end{aligned}
$$

$J(G)$ heißt die **Thompson-Untergruppe** von G bezüglich p. Aus dem Zusammenhang wird immer hervorgehen, welches p bei der Definition der Thomson-Untergruppe gemeint ist.

Bevor wir wieder auf quadratische Operation zurückkommen, seien einige elementare Eigenschaften der THOMPSON-Untergruppe angegeben, die direkt aus der Definition folgen:

9.2.8.   a) $J(G)$ *ist eine charakteristische Untergruppe von* G*, die im Falle* $p \in \pi(G)$ *nichttrivial ist.*

b)   *Ist* $J(G) \leq U \leq G$*, so gilt* $J(G) = J(U)$*.*

c) $J(G) = \langle J(S) \mid S \in \mathrm{Syl}_p\, G \rangle$*.*

d)   *Ist* $x \in C_G(J(G))$ *mit* $o(x) = p$*, so liegt* x *in* $Z(J(G))$*.*

e)   *Für* $\mathcal{B} \subseteq \mathcal{A}(G)$ *gilt* $J(\langle \mathcal{B} \rangle) = \langle \mathcal{B} \rangle$*.* $\square$

Folgende Aussage klärt den Zusammenhang zwischen $\mathcal{A}(G)$ und $\mathcal{A}_V(G)$:

9.2.9.   a) $\mathcal{A}(G) \subseteq \mathcal{A}_V(G)$*.*

b)   *Ist* $V \not\leq Z(J(G))$*, so existiert* $A \in \mathcal{A}(G)$ *mit* $[V, A] \neq 1$*.*

Beweis.   a) Sei A^* eine Untergruppe von $A \in \mathcal{A}(G)$. Dann liegt auch $A^* C_V(A^*)$ in $\mathcal{E}(G)$; es folgt

$$|A| \geq |A^* C_V(A^*)| = \frac{|A^*||C_V(A^*)|}{|A^* \cap V|} \geq \frac{|A^*||C_V(A^*)|}{|C_V(A)|},$$

also $\mathcal{Q}_1$.

Die Aussage b) ist offensichtlich. $\square$

Wir können nun unsere vorigen Ergebnisse auf $\mathcal{A}(G)$ anwenden und erhalten:

9.2.10.   **Satz.** *Sei* $A \in \mathcal{A}(G)$ *und* $A_0 := [V, A] C_A([V, A])$*.*

a) A_0 *liegt in* $\mathcal{A}(G)$ *und operiert quadratisch auf* V*.*

b)   *Ist* $[V, A] \neq 1$*, so ist auch* $[V, A_0] \neq 1$*.*

Beweis.   Sei $X := [V, A]$ und $A^* := C_A(X)$, also $A_0 = A^* X$. Mit A ist auch A_0 eine elementarabelsche p-Gruppe, und nach Definition gilt

$$[V, A_0, A_0] \leq [V, A, A_0] = 1;$$

A_0 operiert also quadratisch. Für den Beweis von $A_0 \in \mathcal{A}(G)$ genügt es, $|A| = |A_0|$ zu zeigen. Aus der Maximalität von $A \in \mathcal{A}(G)$ ergibt sich

$$C_V(A) = V \cap A = V \cap A^*,$$

und aus der Definition von A^*

$$X \cap A = X \cap A^*.$$

Es folgt

$$|A||A \cap V| = |A||C_V(A)| \stackrel{9.2.2}{=} |A^*||X C_V(A)|,$$

also mit 1.1.6

$$|A| = \frac{|A^*||XC_V(A)|}{|C_V(A)|} = \frac{|A^*||X|}{|X \cap C_V(A)|} = \frac{|A^*||X|}{|X \cap A^*|} = |A^*X| = |A_0|.$$

Dies ergibt a), und b) folgt dann aus 9.2.3.   □

Eine weitere Eigenschaft, die zu nichttrivialer quadratischer Operation führt, ergibt sich aus der Beobachtung, daß aus $\mathcal{Q}_1$ die Bedingung

$\mathcal{Q}_1'$ $|A/C_A(V)| \geq |V/C_V(A)|$

folgt, wenn man $\mathcal{Q}_1$ für die Untergruppe $A^* := C_A(V)$ auswertet.

9.2.11.   *Sei $\mathcal{B}$ die Menge aller Untergruppen $A \leq G$, für die $\mathcal{Q}_1'$ gilt und $A/C_A(V)$ eine abelsche p-Gruppe ist.*

Sei $A \in \mathcal{B}$. Es gelte

(m) $|A^*/C_{A^*}(V)||C_V(A^*)| \leq |A/C_A(V)||C_V(A)|.$

für alle Untergruppen $A^* \leq A$, die in $\mathcal{B}$ liegen. Dann ist $A \in \mathcal{A}_V(G)$.

Beweis.   Es ist $\mathcal{Q}_1$ zu verifizieren: Sei $A^* \leq A$. Gilt $\mathcal{Q}_1'$ nicht für A^*, liegt also A^* nicht in $\mathcal{B}$, so ist

$$|A^*/C_{A^*}(V)||C_V(A^*)| < |V|.$$

Wegen $\mathcal{Q}_1'$ ist

$$|A/C_A(V)||C_V(A)| \geq |V|.$$

Es folgt

$$|A/C_A(V)||C_V(A)| \;\geq\; |A^*/C_{A^*}(V)||C_V(A^*)|$$
$$\overset{1.2.6}{=} |A^*C_A(V)/C_A(V)||C_V(A^*)|.$$

Diese Ungleichung ist auch richtig, wenn A^* in $\mathcal{B}$ liegt — dies besagt (m). Damit gilt

$$|A^*||C_V(A^*)| \leq |A^*C_A(V)||C_V(A^*)| \leq |A||C_V(A)|,$$

also $\mathcal{Q}_1$.   □

Gibt es in $\mathcal{B}$ eine Untergruppe A, die nichttrivial auf V operiert, so wählen wir A zusätzlich noch so, daß

$$|A/C_A(V)||C_V(A)|$$

maximal ist. Dann gilt (m) in 9.2.11 für A, d.h. $A \in \mathcal{A}_V(G)$ und $\mathcal{A}_V(G)_{\min} \neq \emptyset$. Nun liefert 9.2.4 Untergruppen, die quadratisch und nichttrivial auf V operieren.

Sei S eine p-Sylowuntergruppe von G. Dann heißt G **Thompson-faktorisierbar** bezüglich p, wenn

$$G = O_{p'}(G)\, C_G\big(\Omega(Z(S))\big)\, N_G(J(S))$$

gilt. In $\overline{G} := G/O_{p'}(G)$ ist $\overline{S}$ eine p-Sylowuntergruppe. Das Frattiniargument liefert (siehe 3.2.8 auf Seite 61)

$$N_{\overline{G}}(J(\overline{S})) = \overline{N_G(J(S))} \quad \text{und} \quad C_{\overline{G}}(\Omega(Z(\overline{S}))) = \overline{C_G(\Omega(Z(S)))}.$$

Daher ist G genau dann Thompson-faktorisierbar, wenn $\overline{G}$ es ist.

9.2.12. *Sei $O_{p'}(G) = 1$ und $V := \langle \Omega(Z(S)) \mid S \in \mathrm{Syl}_p\, G \rangle$. Genau dann ist G Thompson-faktorisierbar, wenn $J(G) \le C_G(V)$ gilt.*

Beweis. Sei $S \in \mathrm{Syl}_p\, G$ und $C := C_G(V)$. Ist G Thompson-faktorisierbar, so erhält man mit dem Satz von Sylow

$$V = \langle \Omega(Z(S))^g \mid g \in G \rangle = \langle \Omega(Z(S))^g \mid g \in N_G(J(S)) \rangle.$$

Wegen $\Omega(Z(S)) \le Z(J(S))$ ist dann $V \le Z(J(S))$ und damit $J(G) \le C$ (9.2.8 c).

Sei $J(G) \le C$, also insbesondere $J(S) \le C \cap S$. Wegen

$$J(S) \text{ char } C \cap S \in \mathrm{Syl}_p\, C$$

und $\Omega(Z(S)) \le Z(J(S))$ liefert das Frattiniargument die Faktorisierung

$$G = C N_G(C \cap S) = C_G(\Omega(Z(S))) N_G(J(S)).$$

$\square$

9.3 Quadratische Operation in p-separablen Gruppen

In diesem Abschnitt untersuchen wir p-separable Gruppen, die bezüglich p nicht Thompson-faktorisierbar sind. Ausgangspunkt ist die folgende Beobachtung:

9.3.1. *Sei G eine p-separable Gruppe, die bezüglich p nicht Thompson-faktorisierbar ist, und $O_{p'}(G) = 1$. Sei außerdem*

$$V := \langle \Omega(Z(S)) \mid S \in \mathrm{Syl}_p\, G \rangle \quad \text{und} \quad H := J(G) C_G(V)/C_G(V).$$

Dann gilt:

S_1 $C_H(O_{p'}(H)) \le O_{p'}(H).$

S_2 V *ist eine elementarabelsche p-Gruppe, auf der H treu operiert.*

S_3 $H = \langle A \mid A \in \mathcal{A}_V(H) \rangle \neq 1.$

Beweis.   Nach 6.4.3 ist $C_G(O_p(G)) \leq O_p(G)$. Wegen 9.2.7 gilt dann S_2 und $O_p(G/C_G(V)) = 1$, also auch $O_p(H) = 1$. Da H p- und damit auch p'-separabel ist, ergibt 6.4.3 auch S_1. Aus 9.2.9 und 9.2.12 folgt nun $H \neq 1$ und S_3.   □

Statt der p-Separabilität von G benutzen wir im folgenden nur die Eigenschaften S_1–S_3.

Wir beginnen mit einem Beispiel, das typisch ist, wie sich in 9.3.7 zeigen wird. Seien $V_1, \ldots, V_r$ elementarabelsche p-Gruppen der Ordnung p^2, die wir als $\mathbb{F}_p$-Vektorräume auffassen. Dann operiert

$$E_i := \mathrm{SL}(V_i), \quad i = 1, \ldots, r,$$

in natürlicher Weise auf V_i, und es ist (vergleiche 8.6.4 auf Seite 192)

$$\mathcal{A}_{V_i}(E_i) = \{ A \mid A \in \mathrm{Syl}_p E_i \};$$

E_i und V_i erfüllen also S_2 und S_3. Im Falle $p = 2$ oder $p = 3$ ist E_i auflösbar. Dann gilt auch S_1, siehe 8.6.10 auf Seite 195. Sei nun

$$H := E_1 \times \cdots \times E_r \quad \text{und} \quad V := V_1 \times \cdots \times V_r.$$

Die Gruppe H operiert komponentenweise auf V, d.h. E_i operiert als $\mathrm{SL}(V_i)$ auf V_i, und es ist $[V_j, E_i] = 1$ für $i \neq j$. Es ist

$$\mathcal{A}_{V_i}(E_i) = \mathcal{A}_V(E_i) \subseteq \mathcal{A}_V(H),$$

und deshalb besitzen H und V für $p \in \{2,3\}$ die Eigenschaften S_1, S_2, S_3. Sei im folgenden (V, H) ein Paar, für das S_1, S_2 und S_3 gelten.

9.3.2.   *Sei $1 \neq A \in \mathcal{A}_V(H)$.*

a) $|A| = |V/C_V(A)|.$

b)   *Es existieren $A_1, \ldots, A_k \in \mathcal{A}_V(H)_{\min}$ mit $A = A_1 \times \cdots \times A_k$.*

c)   *Für alle $B \in \mathcal{A}_V(H)_{\min}$ gilt $p = |B| = |[V, B]| = |V/C_V(B)|.$*

Beweis.   Die Voraussetzung $A \in \mathcal{A}_V(H)$ garantiert

$(*)$ $|A_i||C_V(A_i)| \leq |A||C_V(A)|$

für alle Untergruppen $A_i \leq A$. Sei zunächst $|A| = p$. Dann liegt A in $\mathcal{A}_V(H)_{\min}$; b) ist also trivial, und a) folgt aus $(*)$ mit $A_i = 1$. Daraus ergibt sich auch die Aussage c) für $B = A$; beachte $V/C_V(a) \cong [V, a] = [V, A]$ für $a \in A^{\#}$ (8.4.1 auf Seite 176).

Im folgenden sei $|A| > p$ und $\mathcal{B}$ die Menge aller maximalen Untergruppen $A_i \leq A$, d.h.

$$|A/A_i| = p.$$

Sei $Q := O_{p'}(H)$. Wir wenden den Erzeugungssatz 8.3.4 c) auf Seite 172 auf A und Q an. Dann gilt

$$1 \neq [Q, A] = \langle [C_Q(A_i), A] \mid A_i \in \mathcal{B} \rangle.$$

Also existieren $A_1, A_2 \in \mathcal{B}$, $A_1 \neq A_2$, mit

$$Q_i := [C_Q(A_i), A] \neq 1, \quad i = 1, 2,$$

und $Q_i = [Q_i, A]$ (8.2.7 auf Seite 167). Im Falle $C_V(A_i) = C_V(A)$ operiert deshalb Q_i trivial auf $C_V(A_i)$. Dann liefert das $P \times Q$-Lemma (angewandt auf $Q_i \times A_i$ und V) $[V, Q_i] = 1$, also $Q_i = 1$, ein Widerspruch.

Damit gilt $C_V(A_i) \neq C_V(A)$, also $|C_V(A_i)/C_V(A)| \geq p$, und deshalb

$$|A||C_V(A)| \leq |A_i||C_V(A_i)| \quad (i = 1, 2).$$

Aufgrund von $(*)$ hat man auch die umgekehrte Ungleichung, es folgt

$(')$ $\qquad\qquad |A||C_V(A)| = |A_i||C_V(A_i)| \quad (i = 1, 2).$

Deshalb liegen auch A_1 und A_2 in $\mathcal{A}_V(H)$. Per Induktion nach $|A|$ gelten nun die Behauptungen a) und b) für A_i an Stelle von A. Aus $(')$ folgt dann a) und aus $A = A_1 A_2$ auch b). Insbesondere gilt $|B| = p$ für alle $B \in \mathcal{A}_V(H)_{\min}$, also auch c). $\qquad\qquad\qquad\qquad\qquad\qquad\qquad\qquad\qquad\qquad\qquad\square$

9.3.3. *Sei $A \in \mathcal{A}_V(H)_{\min}$. Für $x \in O_{p'}(H)$ mit $[x, A] \neq 1$ seien*

$$E_x := \langle A, A^x \rangle, \quad Q_x := E_x \cap O_{p'}(H) \quad \text{und} \quad V_x := [V, E_x].$$

Dann gilt $p \in \{2, 3\}$ und

a) $\quad |V_x| = p^2$,

b) $\quad E_x = \mathrm{SL}(V_x)$, *also $E_x \cong \mathrm{SL}_2(p)$.*

Daher operiert Q_x irreduzibel auf V_x, und es gilt

$$Q_x \cong \begin{cases} C_3 \\ Q_8 \end{cases} \text{falls} \quad \begin{matrix} p = 2 \\ p = 3 \end{matrix} \quad .$$

Beweis.   Wegen

$$1 \neq [x, A] \leq E_x \cap O_{p'}(H) = Q_x$$

sind A und A^x zwei verschiedene p-Sylowuntergruppen von E_x, also unter Q_x konjugiert. Es folgt

$(')$ $[Q_x, A] \neq 1$.

Da E_x trivial auf $V/[V, A][V, A^x]$ operiert, gilt

$$V_x = [V, A][V, A^x].$$

Nach 9.3.2 ist $|A| = p$ und $|[V, A]| = p$, also $|V_x| \leq p^2$. Weil die p'-Gruppe Q_x und damit auch die nichtabelsche Gruppe $E_x = Q_x A$ treu auf V_x operiert (8.2.2), folgt $|V_x| = p^2$. Aus der nichttrivialen Operation von A auf Q_x und 8.6.12 auf Seite 196 erhalten wir $p = 2$ oder $p = 3$. Aufgrund der Struktur der Gruppen $\mathrm{SL}_2(2)$ bzw. $\mathrm{SL}_2(3)$ gilt $E_x = \mathrm{SL}(V_x) \cong \mathrm{SL}_2(p)$ $(p \in \{2, 3\})$; siehe 8.6.10 auf Seite 195.   □

9.3.4.   *Sei $A \in \mathcal{A}_V(H)_{\min}$. Dann ist $[O_{p'}(H), A]$ im Falle $p = 2$ ein 3-Normalteiler und im Falle $p = 3$ ein nichtabelscher 2-Normalteiler von $O_{p'}(H)$. Insbesondere ist die Untergruppe Q_x aus 9.3.3 subnormal in $O_{p'}(H)$.*

Beweis. $[O_{p'}(H), A]$ ist ein Normalteiler von $O_{p'}(H)$. Sei r ein Primteiler von $|O_{p'}(H)|$ und R eine A-invariante r-Sylowuntergruppe von $O_{p'}(H)$ (8.2.3 auf Seite 165). Im Falle $[R, A] \neq 1$ besagt 9.3.3 mit $x \in R$, $[x, A] \neq 1$, daß die r-Gruppe $Q_x \neq 1$ eine Quaternionengruppe (im Falle $p = 3$) bzw. eine 3-Gruppe (im Falle $p = 2$) ist. Es folgt $r = 2$ bzw. $r = 3$ und $O_{p'}(H) = RC_{O_{p'}(H)}(A)$. Damit liegt $[O_{p'}(H), A]$ in R (8.1.1 auf Seite 158).   □

In der Situation von 9.3.4 ist nun folgender Hilfssatz wesentlich:

9.3.5.   *Die Gruppe E operiere treu auf der elementarabelschen p-Gruppe V. Seien E_1, E_2 zwei Subnormalteiler von E und*

$$V_i := [V, E_i], \quad i = 1, 2.$$

Weiter gelte:

1) $E = \langle E_1, E_2 \rangle$ *und* $O_p(E) = 1$.

2) E_i *operiert irreduzibel auf* V_i, $i = 1, 2$.

3) $V_1 \not\leq V_2$ *und* $V_2 \not\leq V_1$.

4) $|E_1| > 2$ *und* $|E_2| > 2$.

Dann ist $E = E_1 \times E_2$ und $[V, E] = V_1 \times V_2$.

Beweis.   Es ist $[V, E] = V_1 V_2$, und E operiert trivial auf $V/V_1 V_2$. Wegen 8.2.2 b) ist dann $C_E(V_1 V_2)$ eine p-Gruppe, also

$$C_E(V_1 V_2) \leq O_p(E) = 1$$

wegen 1). Genauso ist $C_{E_i}(V_i) \leq O_p(E_i) = 1$, da E_i subnormal in E ist (6.3.1). Aus der Irreduzibilität von V_i folgt nun $V_i = [V_i, E_i]$. Damit erfüllen auch $V_1 V_2$ und E die Voraussetzungen, und es genügt den Fall

$$V = V_1 V_2$$

zu betrachten.

Sei zunächst $V_1^E = V_1$ angenommen. Dann ist $V_1 \cap V_2$ unter E_2 invariant, also $V_1 \cap V_2 = 1$ wegen 2) und 3). Es folgt $V = V_1 \times V_2$ und damit

$$[V, E_1, E_2] = [V_1, E_2] \leq V_1 \cap V_2 = 1.$$

Nach 9.1.5 gilt $[E_1, E_2] \leq O_p(E) = 1$. Daher ist auch $V_2^E = V_2$. Nun zeigt ein symmetrisches Argument auch $[V_2, E_1] = 1$. Damit wird V von $E_1 \cap E_2$ zentralisiert. Die treue Operation von E auf V ergibt $E_1 \cap E_2 = 1$, d.h. $E = E_1 \times E_2$.

Im folgenden können wir daher annehmen, daß weder V_1 noch V_2 von E normalisiert werden. Insbesondere ist

$$K := N_{E_2}(V_1) < E_2.$$

Sei die Numerierung so gewählt, daß

$$|V_1| \geq |V_2|.$$

Wähle $x \in E_2 \setminus K$, und setze $E^* := \langle E_1, E_1^x \rangle$. Dann ist E^* subnormal in E (6.7.1 auf Seite 141), also $O_p(E^*) \leq O_p(E) = 1$. Die Voraussetzungen gelten auch für (E_1, E_1^x, V_1, V_1^x) an Stelle von (E_1, E_2, V_1, V_2). Überdies ist $E^* \neq E$ aufgrund von $E \neq E_1 \trianglelefteq\trianglelefteq E$. Per Induktion nach $|E|$ können wir daher

$$E^* = E_1 \times E_1^x \quad \text{und} \quad V_1 \cap V_1^x = 1$$

annehmen. Insbesondere ist

$$[V_1^x, E_1] = 1.$$

Aus $V = V_1 V_2 \geq V_1 \times V_1^x$ und $|V_1| \geq |V_2|$ folgt

$$|V_1| = |V_2| \quad \text{und} \quad V = V_1 \times V_2 = V_1 \times V_1^x.$$

Im Falle $|E_2 : K| > 2$ existiert ein $y \in E_2 \setminus K$ mit $V_1^x \neq V_1^y$. Mit dem gleichen Argument wie eben — diesmal auch angewandt auf $(E_1^x, E_1^y, V_1^x, V_1^y)$ — erhalten wir

$$V = V_1 \times V_1^y = V_1^x \times V_1^y,$$

also $[V_1^y, E_1] = 1$. Aber dann ist $[V, E_1] = 1$, ein Widerspruch.

Damit ist $|E_2 : K| = 2$, also $K \trianglelefteq E_2$ und $V_1^{xK} = V_1^x$. Es folgt

$$[V_1, K] \leq V_1 \cap V_2 = 1 \quad \text{und} \quad [V_1^x, K] \leq V_1^x \cap V_2 = 1,$$

also $[V, K] = 1$, d.h. $K = 1$ und $|E_2| = 2$, im Widerspruch zu 4).   □

9.3.6.   *Sei* $A \in \mathcal{A}_V(H)_{\min}$ *und*

$$E := [O_{p'}(H), A]A \quad \textit{sowie} \quad F := C_H([V, E]).$$

a) $E \cong \mathrm{SL}_2(p)$ *und* $p \in \{2, 3\}$.

b) $V = [V, E] \times C_V(E)$ *und* $|[V, E]| = p^2$.

c) $H = E \times F$ *und* $\mathcal{A}_V(H)_{\min} = \mathcal{A}_V(E) \cup \mathcal{A}_V(F)_{\min}$.

d) $[V, F] \leq C_V(E)$ *und* $\mathcal{A}_V(F) = \mathcal{A}_{C_V(E)}(F)$.

Beweis.   Nach 9.3.2 c) ist

(') $$|A| = |[V, A]| = p.$$

Sei $Q := [O_{p'}(H), A]$, und seien E_x, Q_x, V_x für $x \in Q \setminus C_Q(A)$ wie in 9.3.3. Wegen $[x, A] \leq Q$ ist

$$E = \langle E_x \mid x \in Q \setminus C_Q(A) \rangle.$$

Seien $x, y \in Q \setminus C_Q(A)$. Dann sind Q_x und Q_y subnormal in $O_{p'}(H)$ (9.3.4). Im Falle $V_x \neq V_y$ sind daher die Voraussetzungen von 9.3.5 erfüllt. Es folgt $V_x \cap V_y = 1$, im Widerspruch zu $[V, A] \leq V_x \cap V_y$.

Damit gilt $V_x = V_y$ für alle $x, y \in Q \setminus C_Q(A)$. Insbesondere ist $[V, E] = V_x$, also

$$[V, Q] = [V, E] \cong C_p \times C_p,$$

und E operiert trivial auf V/V_x. Wegen $|A| = p$ ist $O_p(E) = 1$. Aus 8.2.2 folgt daher

$$E = \mathrm{SL}(V_x) = E_x.$$

Nun ergibt 9.3.3 Aussage a).

Wegen $|[V, A]| = p$ ist

$$[V, E] = [V, Q] \quad \text{und} \quad C_V(E) = C_V(Q).$$

Außerdem ist wegen 8.4.2

$\mathcal{Z}$ $$V = [V, Q] \times C_V(Q).$$

Dies ist b).

Die Zerlegung $\mathcal{Z}$ ist unter $O_{p'}(H)$ invariant, da Q Normalteiler von H ist. Sei $B \in \mathcal{A}_V(H)_{\min}$ und

$$\widetilde{Q} = [O_{p'}(H), B].$$

Wie oben für A und Q ist dann

$$\|[V, \widetilde{Q}]\| = p^2 \quad \text{und} \quad C_V(\widetilde{Q}) = C_V(B).$$

Die Invarianz von $\mathcal{Z}$ unter $\widetilde{Q}$ ergibt

$$[V, Q] = [V, \widetilde{Q}] \quad \text{und} \quad C_V(Q) = C_V(\widetilde{Q})$$

oder

$$[V, Q] \le C_V(\widetilde{Q}) \quad \text{und} \quad [V, \widetilde{Q}] \le C_V(Q).$$

In beiden Fällen ist $\mathcal{Z}$ unter B, also wegen 9.3.2 b) auch unter H invariant. Sei

$$E_0 := C_H(C_V(Q)).$$

Wegen (') und der H-Invarianz von $\mathcal{Z}$ ist

$$\mathcal{A}_V(H)_{\min} \subseteq \mathcal{A}_V(E_0) \cup \mathcal{A}_V(F).$$

Zusammen mit 8.2.2 und 9.3.2 b) folgt daraus $E = E_0$ und c), und die Invarianz von $\mathcal{Z}$ unter F ergibt auch d). $\qquad\square$

9.3.7.   Satz (Glauberman [51]). *Seien $E_1, \ldots, E_r$ die verschiedenen Untergruppen der Form $[O_{p'}(H), A]A$, $A \in \mathcal{A}_V(H)_{\min}$. Dann gilt:*

a) $p \in \{2, 3\}$.

b) $H = E_1 \times \cdots \times E_r$ *und* $V = C_V(H) \times [V, E_1] \times \cdots \times [V, E_r]$. *Insbesondere operiert E_i trivial auf $[V, E_j]$, $j \ne i$, und treu auf $[V, E_i]$.*

c) $\|[V, E_i]\| = p^2$ *und* $E_i = \mathrm{SL}([V, E_i]) \cong \mathrm{SL}_2(p)$ *für* $i = 1, \ldots, r$.

d)   *Für alle $A \in \mathcal{A}_V(H)$ gilt* $A = \underset{i=1}{\overset{n}{\times}}(A \cap E_i)$ *und* $|A||C_V(A)| = |V|$.

Beweis.   Nach 9.3.6 ist $H = E_1 \times H_1$ für $H_1 := C_H([V, E_1])$, und $(H_1, C_V(E_1))$ erfüllt die Voraussetzungen $\mathcal{S}_1$–$\mathcal{S}_3$. Nun folgen a)–c) mit einer einfachen Induktion aus 9.3.6. Aussage d) ist 9.3.2 b). $\qquad\square$

Gemäß 9.3.1 können wir 9.3.7 auf p-separable Gruppen anwenden:

9.3.8.   *Sei G eine p-separable Gruppe mit $O_{p'}(G) = 1$, die nicht Thompson-faktorisierbar bezüglich p ist. Sei*

$$V = \langle \Omega(Z(S)) \mid S \in \mathrm{Syl}_p G \rangle.$$

Dann gelten für $H := J(G)C_G(V)/C_G(V)$ die Aussagen a)–d) von 9.3.7. $\square$

Wir ziehen noch zwei Folgerungen, die wir in Kapitel 12 bzw. 11 benötigen.

9.3.9. *Sei G eine p-separable Gruppe und V ein elementarabelscher p-Normalteiler von G mit $O_p(G/C_G(V)) = 1$. Dann gilt für $C := C_G(V)$*

$$[\Omega(Z(J(C))), J(G)] \leq V.$$

Beweis.[5]   Sei $H = J(G)C/C$. Ist $H = 1$, so ist wegen 9.2.8 b) $J(C) = J(G)$ und damit

$$[\Omega(Z(J(C))), J(G)] = 1.$$

Wir können deshalb $H \neq 1$ annehmen. Für (V, H) gilt $\mathcal{S}_2$ und, da H p-separabel ist, auch $\mathcal{S}_1$ (6.4.3). Aus 9.2.9 a) folgt außerdem $\mathcal{S}_3$. Wir wenden nun 9.3.2 a) an. Also ist für $A \in \mathcal{A}(G)$

$$|A/C_A(V)| = |AC/C| = |V/C_V(A)|.$$

Die Maximalität von A liefert $C_V(A) = A \cap V$ und

$$|A| \geq |VC_A(V)| = |V/V \cap A| |C_V(A)| = |A|.$$

Es folgt

(') $VC_A(V) \in \mathcal{A}(C) \subseteq \mathcal{A}(G).$

V liegt in $V_0 := \Omega(Z(J(C)))$, und wegen (') ist $C_A(V) = C_A(V_0)$. Wegen 9.2.9 a) können wir die Beziehung $\mathcal{Q}'_1$ auf Seite 212 auf A und V_0 anwenden:

$$\begin{aligned} |A/C_A(V)| &= |V/C_V(A)| = |VC_{V_0}(A)/C_{V_0}(A)| \leq |V_0/C_{V_0}(A)| \\ &\leq |A/C_A(V_0)| = |A/C_A(V)|. \end{aligned}$$

Dies liefert $V_0 = VC_{V_0}(A)$, also $[V_0, A] \leq V$ für $A \in \mathcal{A}(G)$. Es folgt $[V_0, J(G)] \leq V$. $\square$

9.3.10. *Die elementarabelsche q-Gruppe X (q Primzahl) operiere auf der p-separablen q'-Gruppe G und sei $O_{p'}(G) = 1$.*

a) $G = \langle N_G(J(S)), C_G(\Omega(Z(S))), C_G(X) \rangle$ *für* $S \in \mathrm{Syl}_p G$.

b)   *Ist G nicht Thompson-faktorisierbar bezüglich p, so ist $p = 2$ oder $p = 3$, und es existieren Untergruppen W und D von $C_G(X)$ mit*

$$W \cong C_p \times C_p, \quad W^D = W \quad \text{und} \quad D/C_D(W) \cong \mathrm{SL}_2(p).$$

---

[5] Der Beweis benutzt ein Argument von B. Baumann; siehe [26].

Beweis.   Ist G Thompson-faktorisierbar, so gilt a) trivialerweise. Sei G nicht Thompson-faktorisierbar und S eine X-invariante p-Sylowuntergruppe von G (8.2.3). Wie schon früher setzen wir

$$V := \langle \Omega(Z(S)))^G \rangle, \quad C := C_G(V) \quad \text{und} \quad H := J(G)C/C.$$

Man beachte, daß auch das semidirekte Produkt XG auf V operiert. Wegen 9.3.1 können wir 9.3.7 auf H anwenden. Seien die E_i und V_i, $i = 1, \ldots, r$, wie dort definiert.

X operiert auf $\mathcal{A}(G)$ und damit auch auf $\{E_1, \ldots, E_r\}$. Seien die Bezeichnungen so gewählt, daß $\{E_1, \ldots, E_k\}$ eine Bahn unter X ist. Wegen $\pi(E_i) = \{2,3\}$ und $(q, |G|) = 1$ ist $q \geq 5$. Deshalb operiert der Stabilisator $N_X(E_1)$ trivial auf E_1; beachte $|E_1| = 6$ bzw. $|E_1| = 24$.

Sei $N := J(G)C$, sowie $T := N \cap S$ ($\in \mathrm{Syl}_p N$) und $P := (TC/C) \cap E_1$ ($\in \mathrm{Syl}_p E_1$). Wegen $E_1 = \langle P^{E_1} \rangle$ können wir nun 8.1.6 auf Seite 160 anwenden und erhalten

$$E_1 \times \cdots \times E_k \leq \langle C_H(X), P^X \rangle.$$

Entsprechendes gilt für jede Bahn von X auf $\{E_1, \ldots, E_r\}$. Da P^X in TC/C liegt, folgt

$$H = \langle C_H(X), TC/C \rangle, \quad \text{also} \quad N = \langle C_N(X), T \rangle C.$$

Nun liefert das Frattiniargument

$$G = N_G(T)N \overset{9.2.8b}{=} N_G(J(S))N = \langle N_G(J(S)), C, C_G(X) \rangle,$$

also a).

Zum Beweis von b) bemerken wir $N_X(V_i) = N_X(E_i)$ und betrachten

$$\langle V_1{}^X \rangle = V_1 \times \cdots \times V_k, \quad \langle E_1{}^X \rangle = E_1 \times \cdots \times E_k.$$

Ist $\mathcal{S}$ ein Schnitt von $N_X(E_1)$ in X, so gilt (8.1.6 a auf Seite 160)

$$W := \{ \prod_{s \in \mathcal{S}} v^s \mid v \in V_1 \} \leq C_G(X).$$

Auch für die entsprechende „Diagonale" in $\langle E_1{}^X \rangle$ gilt

$$\overline{D} := \{ \prod_{s \in \mathcal{S}} e^s \mid e \in E_1 \} \leq C_H(X).$$

Dabei operiert $\overline{D}$ auf W wie E_1 auf V_1; es ist also $W \cong V_1$ und $\overline{D} = \mathrm{SL}(W)$. Die teilerfremde Operation von X auf $\overline{D}$ liefert nun eine Untergruppe D von $C_N(X)$ mit $DC/C = \overline{D}$. Es folgt die Behauptung. $\square$

9.4 Eine charakteristische Untergruppe

Sei p eine Primzahl, G eine Gruppe mit $O_{p'}(G) = 1$ und $S \in \mathrm{Syl}_p G$. Nach Definition ist G Thompson-faktorisierbar bezüglich p, wenn gilt

$$G = N_G(J(S)) \, C_G(\Omega(Z(S))).$$

Wir gehen hier der Frage nach, ob man im Falle

$$C_G(O_p(G)) \leq O_p(G)$$

eine charakteristische Untergruppe $W(S) \neq 1$ von S finden kann, die normal in G ist.

Die wichtigste und bekannteste Antwort auf diese Frage ist der ZJ-Satz von GLAUBERMAN [50]. Er besagt, daß

$$G = N_G(Z(J(S)))$$

für alle Gruppen G mit $C_G(O_p(G)) \leq O_p(G)$ gilt, sofern die Operation von G auf allen Hauptfaktoren von G, die in $O_p(G)$ liegen, p-stabil ist. Man beachte dabei, daß die Definition von $Z(J(S))$ von S, nicht aber von G abhängt. In diesem Abschnitt beweisen wir ein Analogon zum ZJ-Satz von GLAUBERMAN, gehen aber einen anderen Weg. Statt von einer vorgegebenen charakteristischen Untergruppe zu zeigen, daß sie die gewünschte Eigenschaft besitzt, werden wir eine solche Untergruppe konstruieren, indem wir sie durch geeignete Untergruppen von $Z(J(S))$ „approximieren".

Sei im folgenden S eine p-Gruppe. Mit $\mathcal{C}_J(S)$ sei die Klasse aller Paare (τ, H) bezeichnet, für die folgende vier Aussagen gelten:[6]

$\mathcal{C}_1$ H ist eine Gruppe mit $C_H(O_p(H)) \leq O_p(H)$, und τ ist ein Monomorphismus von S in H.

$\mathcal{C}_2$ S^τ ist eine p-Sylowuntergruppe von H.

$\mathcal{C}_3$ $J(S^\tau)$ ist Normalteiler von H.

$\mathcal{C}_4$ H operiert p-stabil auf jedem Normalteiler von H, der in $\Omega\big(Z(J(S^\tau))\big)$ liegt.

Offenbar liegt (id, S) in $\mathcal{C}_J(S)$.

Zur Abkürzung seien für eine p-Gruppe P

$$A(P) := \Omega(Z(P)) \quad \text{und} \quad B(P) := \Omega\big(Z(J(P))\big)$$

gesetzt. Dann gilt $A(P^\eta) = A(P)^\eta$ und $B(P^\eta) = B(P)^\eta$ für jeden Isomorphismus η von P.

---

[6] $(\tau, H) \in \mathcal{C}_J(S)$ bedeutet also, daß (τ, H) die Eigenschaften $\mathcal{C}_1$–$\mathcal{C}_4$ besitzt.

Wir definieren nun rekursiv eine Untergruppe $W(S)$ und beginnen mit

$$W_0 := A(S) \leq B(S).$$

Für ein $i \geq 1$ seien die Untergruppen $W_0, W_1, \ldots, W_{i-1}$ mit

$$A(S) = W_0 < W_1 < \cdots < W_{i-1} \leq B(S)$$

bereits definiert. Gilt $W_{i-1}{}^\tau \trianglelefteq H$ für alle $(\tau, H) \in \mathcal{C}_J(S)$, so sei $W(S) := W_{i-1}(S)$ gesetzt. Anderenfalls wählen wir $(\tau_i, H_i) \in \mathcal{C}_J(S)$, so daß $W_{i-1}{}^{\tau_i}$ nicht normal in H_i ist, und setzen

$$W_i := \langle ((W_{i-1}{}^{\tau_i})^{H_i})^{\tau_i^{-1}} \rangle;$$

man beachte

$$A(S^{\tau_i}) \leq W_{i-1}{}^{\tau_i} \leq B(S^{\tau_i}) \stackrel{\mathcal{C}_3}{\trianglelefteq} H_i,$$

also

$$A(S) \leq W_{i-1} < W_i \leq B(S).$$

Da $B(S)$ endlich ist, existiert eine natürliche Zahl m, für welche diese rekursive Definition abbricht. Sei

$$W(S) := W_m.$$

Dann ist

$\mathcal{R}$ $\qquad A(S) = W_0 < \cdots < W_i < \cdots < W_m = W(S) \leq B(S)$

und

$(')$ $\qquad\qquad W(S)^\tau \trianglelefteq H \quad$ für alle $(\tau, H) \in \mathcal{C}_J(S).$

Zunächst scheint die Konstruktion von $W(S)$ von der Wahl der Paare (τ_i, H_i) abhängig zu sein. Definiert man jedoch analog

$$W_0 = \tilde{W}_0 < \cdots < \tilde{W}_{\tilde{m}} =: \tilde{W}(S)$$

für geeignete Paare $(\tilde{\tau}_i, \tilde{H}_i)$, $i = 0, \ldots, \tilde{m}$, so folgt wegen $(')$ $\tilde{W}(S) \leq W(S)$. Genauso gilt natürlich $W(S) \leq \tilde{W}(S)$, also $W(S) = \tilde{W}(S)$.

Sei η ein Isomorphismus von S. Die Zuordnung

$$(\tau, H) \mapsto (\eta^{-1}\tau, H)$$

erklärt eine Bijektion von $\mathcal{C}_J(S)$ auf $\mathcal{C}_J(S^\eta)$. Dabei geht (τ_i, H_i) in $(\eta^{-1}\tau_i, H_i)$ und die Reihe $\mathcal{R}$ in die Reihe

$$A(S^\eta) = A(S)^\eta = W_0{}^\eta < \cdots < W_m{}^\eta = W(S)^\eta \leq B(S)^\eta = B(S^\eta)$$

über. Es folgt:

9.4.1.   *Ist η ein Isomorphismus von S, so gilt $W(S^\eta) = W(S)^\eta$. Insbesondere ist $W(S)$ eine charakteristische Untergruppe von S, für die gilt*

$$W(S) \neq 1 \iff S \neq 1.$$ □

Letzteres folgt aus $\Omega(Z(S)) \leq W(S)$ und $Z(S) \neq 1$ für $S \neq 1$.

9.4.2.   *Sei $x \in S$ mit $[W(S), x, x] = 1$. Dann ist $[W(S), x] = 1$.*

Beweis.   Für W_0 in $\mathcal{R}$ gilt $[W_0, x] = 1$ für alle $x \in S$. Ist die Behauptung falsch, so existiert ein $i \in \{1, \dots, m\}$, so daß die Implikation

$$[W_i, x, x] = 1, \quad x \in S \quad \Rightarrow \quad [W_i, x] = 1$$

nicht gilt. Ist i minimal mit dieser Eigenschaft gewählt, so gilt $i \geq 1$ und

$(+)$ $$[W_{i-1}, x] \neq 1, \quad x \in S \quad \Rightarrow \quad [W_{i-1}, x, x] \neq 1.$$

Sei $y \in S$ mit $[W_i, y, y] = 1$, aber $[W_i, y] \neq 1$. Dann folgt für $a := y^{\tau_i}$

$$[W_i^{\tau_i}, a] \neq 1, \quad \text{aber} \quad [W_i^{\tau_i}, a, a] = 1,$$

also mit $\mathcal{C}_4$ und $C := C_{H_i}(W_i^{\tau_i})$ — dabei ist (τ_i, H_i) das bei der Konstruktion von W_i benutzte Paar —

$$aC \in O_p(H_i/C).$$

Sei $C \leq L \leq H_i$ mit $L/C = O_p(H_i/C)$. Dann ist $P := S^{\tau_i} \cap L$ eine p-Sylowuntergruppe von L mit $L = CP$; das Frattiniargument liefert also $H_i = N_{H_i}(P)L = N_{H_i}(P)C$. Es folgt

$$W_i^{\tau_i} = \langle (W_{i-1}^{\tau_i})^{N_{H_i}(P)} \rangle.$$

Daher existiert ein $h \in N_{H_i}(P)$ mit

$$[(W_{i-1}^{\tau_i})^h, a] \neq 1.$$

Dann folgt für $x := (a^{h^{-1}})^{\tau_i^{-1}}$

$$[W_{i-1}, x] \neq 1,$$

im Widerspruch zu $(+)$, denn

$$[W_{i-1}, x, x] = [(W_{i-1}^{\tau_i})^h, a, a]^{h^{-1}\tau_i^{-1}} \leq [W_i^{\tau_i}, a, a]^{h^{-1}\tau_i^{-1}} = 1.$$ □

Aus beweistechnischen Gründen betrachten wir neben $\mathcal{C}_J(S)$ auch die Klasse $\mathcal{C}_0(S)$ aller Paare (τ, H), für welche die folgenden vier Aussagen gelten:

$\mathcal{C}_0 1$ H ist eine Gruppe mit $C_H(O_p(H)) \le O_p(H)$, und $\tau: S \to H$ ist ein Monomorphismus.

$\mathcal{C}_0 2$ S^τ ist eine p-Sylowuntergruppe von H.

$\mathcal{C}_0 3$ $J(S^\tau)$ ist nicht normal in H und $(\tau, N_H(J(S^\tau))) \in \mathcal{C}_J(S)$.

$\mathcal{C}_0 4$ H operiert p-stabil auf jedem elementarabelschen p-Normalteiler von H und auf $O_p(H)/\Phi(O_p(H))$.

9.4.3.   *Für $(\tau, H) \in \mathcal{C}_0(S)$ ist $W(S)^\tau$ ein Normalteiler von H.*

Beweis.   Sei $(\tau, H) \in \mathcal{C}_0(S)$ und

$$W := W(S)^\tau.$$

Aus $O_p(H)^{\tau^{-1}} \le S$ und $W(S) \trianglelefteq S$ folgt $[O_p(H), W] \le W \cap O_p(H)$, d.h.

(1) $[O_p(H), W, W] = 1.$

Damit gilt für $V := O_p(H)/\Phi(O_p(H))$ wegen $\mathcal{C}_0 4$

$$W C_H(V)/C_H(V) \le O_p(H/C_H(V)),$$

also $W \le O_p(H)$ aufgrund von $\mathcal{C}_0 1$ und 8.2.9 b) auf Seite 168. Infolge von $W^{\tau^{-1}} \le O_p(H)^{\tau^{-1}}$ und $W^{\tau^{-1}} \trianglelefteq S$ hat man sogar $W \trianglelefteq O_p(H)$ und somit $W^h \trianglelefteq O_p(H)$ für alle $h \in H$. Damit folgt

$$[W, W^h, W^h] = 1 \quad \text{und} \quad [W(S), (W^h)^{\tau^{-1}}, (W^h)^{\tau^{-1}}] = 1;$$

also ergibt 9.4.2

$$[W(S), (W^h)^{\tau^{-1}}] = 1 \quad \text{und} \quad [W, W^h] = 1.$$

Deshalb ist

$$W^* := \langle W^H \rangle$$

elementarabelsch.

Sei zunächst $[W^*, J(S^\tau)] = 1$ angenommen. Dann gilt auch $[W^*, J(S^\tau)^h] = 1$ für $h \in H$, also $[W^*, J(H)] = 1$. Wegen $J(S^\tau) \le J(H)$ existiert ein $T \in \mathrm{Syl}_p J(H)$ mit $J(S^\tau) = J(T)$. Das Frattiniargument liefert

$$H = J(H)N_H(T) = J(H)N_H(J(S^\tau)) = C_H(W^*)N_H(J(S^\tau)),$$

also $W^* = \langle W^{N_H(J(S^\tau))} \rangle$. Wegen $\mathcal{C}_0 3$ gilt $(\tau, N_H(J(S^\tau))) \in \mathcal{C}_J(S)$, und daher $W = W(S)^\tau \trianglelefteq N_H(J(S^\tau))$. Es folgt $W^* = W$, und W ist normal in H.

Die Annahme $[W^*, J(S^\tau)] \ne 1$ führen wir zu einem Widerspruch: Sei $C_H(W^*) \le L \le H$ mit

$$L/C_H(W^*) = O_p(H/C_H(W^*))$$

und $P := S^\tau \cap L$. Das Frattiniargument liefert

$$H = LN_H(P) = C_H(W^*)N_H(P)$$

und damit

(') $$W^* = \langle W^{N_H(P)} \rangle.$$

Wegen $\mathcal{C}_0 4$ und 9.2.10 existiert $A^* \in \mathcal{A}(S^\tau)$ mit $[W^*, A^*] \neq 1$ und $A^* \leq P$. Dann gilt $A^* \leq J(P) \leq J(S^\tau)$, also $[W, J(P)] = 1$. Mit (') folgt somit

$$[W^*, A^*] \leq [W^*, J(P)] = 1,$$

im Widerspruch zu $[W^*, A^*] \neq 1$. $\qquad\qquad\qquad\qquad\qquad\qquad\square$

Eine Gruppe G (mit $S \in \mathrm{Syl}_p G$) nennen wir p-**stabil**, wenn folgende zwei Aussagen gelten:

- G operiert p-stabil auf jedem elementarabelschen p-Normalteiler von G und auf $O_p(G)/\Phi(O_p(G))$.

- $N_G(J(S))$ operiert p-stabil auf jedem Normalteiler V von $N_G(J(S))$ der in $\Omega(Z(J(S)))$ liegt.

9.4.4.   Satz [85]. *Sei S eine p-Gruppe. Dann existiert eine charakteristische Untergruppe $W(S)$ von S mit folgenden Eigenschaften:*

a) $\Omega(Z(S)) \leq W(S) \leq \Omega(Z(J(S)))$.

b)   *Ist G eine p-stabile Gruppe mit $C_G(O_p(G)) \leq O_p(G)$, und S eine p-Sylowuntergruppe von G, so ist $W(S)$ ein Normalteiler von G.*

c)   *Ist η ein Isomorphismus von S, so gilt $W(S^\eta) = W(S)^\eta$.*

Beweis.   Sei $W(S)$ wie vorher konstruiert. Aufgrund von 9.4.1 ist nur b) zu zeigen. Ist G wie in b), so liegt (id, G) in $\mathcal{C}_J(S)$, sofern $J(S)$ normal in G ist. Nach Konstruktion ist dann $W(S)$ normal in G. Ist $J(S)$ nicht normal in G, so liegt (id, G) in $\mathcal{C}_0(S)$, und b) folgt aus 9.4.3. $\qquad\square$

Das Wesentliche an diesem Satz ist die Tatsache, daß die charakteristische Untergruppe $W(S)$ nur von S abhängt, und nicht von der Gruppe G in b). So liegen zum Beispiel in einer Gruppe Y mit $S \in \mathrm{Syl}_p Y$ alle p-stabilen Untergruppen M mit

$$S \leq M \quad \text{und} \quad C_M(O_p(M)) \leq O_p(M)$$

in der Untergruppe $N_Y(W(S))$.

Zum Konzept der p-Stabilität sei zusammengefaßt (siehe 8.6.12 auf Seite 196):

9.4.5. *Sei $p \neq 2$. Eine Gruppe G ist p-stabil, falls eine der folgenden Aussagen gilt:*

1) G *ist p-separabel und $p \geq 5$.*

2) G *ist von ungerader Ordnung.*

3) G *besitzt abelsche 2-Sylowuntergruppen.* □

Benutzt man den nach 8.6.13 auf Seite 197 zitierten Satz von DICKSON, so führt dieselbe Argumentationskette — vergleiche die Fußnote zu 8.6.12 auf Seite 196 — zu der Aussage, daß die Bedingung 3) in 9.4.5 durch die schärfere Bedingung

3') Kein Abschnitt von G ist isomorph zu $\mathrm{SL}_2(p)$.

ersetzt werden kann.

Wir wir schon vor 9.1.1 auf Seite 202 bemerkt haben, ist p-Stabilität nur für $p \neq 2$ interessant. Wenn man aber p-Stabilität durch die Eigenschaft (3') ersetzt (z.B. in 9.4.4 b), so erhält man auch für $p = 2$ nichttriviale Ergebnisse; siehe [53] und [88][7].

Beispielhaft und zum späteren Gebrauch sei formuliert:

9.4.6. *Sei G eine p-separable Gruppe und $S \in \mathrm{Syl}_p\, G$. Ist $p \geq 5$, so gilt $G = O_{p'}(G)N_G(W(S))$.*

Beweis. Sei $\overline{G} := G/O_{p'}(G)$. Dann gilt $\overline{S} \in \mathrm{Syl}_p\, \overline{G}$ und (9.4.4 c)

$$W(\overline{S}) = \overline{W(S)}.$$

Aus 9.4.4 b) folgt mit 9.4.5 1) und 6.4.4 a) auf Seite 121, daß $\overline{W(S)}$ ein Normalteiler von $\overline{G}$ ist, d.h.

$$O_{p'}(G)W(S) \trianglelefteq G.$$

Nun liefert das Frattiniargument die Behauptung. □

Zum Schluß dieses Abschnittes stellen wir einen Satz von THOMPSON vor, dessen Beweis mit einigem Recht der Beginn der neueren Gruppentheorie genannt wurde, und der die Entwicklungen in diesem Kapitel schon im Kern enthält; wir verweisen den interessierten Leser auf die Originalarbeit [92]. Die ursprüngliche Version dieses Satzes unterscheidet sich von der hier gegebenen, da damals der ZJ-Satz oder ein Analogon noch nicht verfügbar war.

---

[7] Diese Arbeit benutzt die gleiche Beweisidee wie im Beweis von 9.4.4.

9.4.7.   p-Komplementsatz von Thompson. *Sei $p \neq 2$ und S eine p-Sylowuntergruppe der Gruppe G. Dann besitzt G ein normales p-Komplement, sofern die Untergruppe $N_G(W(S))$ ein solches besitzt.*

Beweis.   Wir weisen zunächst darauf hin, daß Untergruppen und Faktorgruppen von Gruppen, die ein normales p-Komplement besitzen, ebenfalls ein solches besitzen.

Sei nun G ein minimales Gegenbeispiel. Die Menge aller Untergruppen von G, die ein normales p-Komplement besitzen, sei mit $\mathcal{K}$ bezeichnet. Die minimale Wahl von G impliziert zunächst

(1) $$S \leq G_1 < G \quad \Rightarrow \quad G_1 \in \mathcal{K}$$

und

(2) $$O_{p'}(G) = 1.$$

Für den Nachweis von (2) sei $N := O_{p'}(G) \neq 1$ angenommen und $\overline{G} := G/N$. Dann ist $\overline{S}$ eine zu S isomorphe p-Sylowuntergruppe von $\overline{G}$, also $W(\overline{S}) = \overline{W(S)}$. Das Frattiniargument ergibt (siehe 3.2.8 auf Seite 61)

$$N_{\overline{G}}(W(\overline{S})) = \overline{N_G(W(S))}.$$

Also besitzt auch $N_{\overline{G}}(W(\overline{S}))$ ein normales p-Komplement. Dann liefert die Induktionsannahme ein solches für $\overline{G}$, und damit auch für G, da N ein p'-Normalteiler ist. Es folgt (2).

Nach dem p-Komplementsatz von FROBENIUS (7.2.4 auf Seite 153) ist die Menge $\mathcal{W}$ aller p-Untergruppen $W \neq 1$ mit $N_G(W) \notin \mathcal{K}$ nicht leer. Sei $P \in \mathcal{W}$ so gewählt, daß $|N_G(P)|_p$ maximal ist. Wir zeigen

(3) $$P \trianglelefteq G; \text{ insbesondere ist } O_p(G) \neq 1.$$

Andernfalls ist $G_1 := N_G(P) \neq G$. Nachdem wir P geeignet konjugiert haben, können wir davon ausgehen, daß $T := N_G(P) \cap S$ eine p-Sylowuntergruppe von G_1 ist. Dann ist $T \neq S$ wegen (1), also $T < N_S(T)$ (3.1.10 auf Seite 56). Für jede charakteristische Untergruppe U von T, speziell für $U = W(T)$, gilt daher $T < N_S(T) \leq N_G(U)$. Aus der maximalen Wahl von $|N_G(P)|_p$ folgt $N_G(W(T)) \in \mathcal{K}$, also auch $N_{G_1}(W(T)) \in \mathcal{K}$. Aber dann besitzt G_1 ein normales p-Komplement, da G ein minimales Gegenbeispiel ist. Dies widerspricht $P \in \mathcal{W}$, und (3) ist bewiesen.

Sei nun

$$\overline{G} := G/O_p(G)$$

und N das Urbild von $N_{\overline{G}}(W(\overline{S}))$ in G. Wegen (3) ist $|\overline{G}| < |G|$. Andererseits ist $\overline{N} < \overline{G}$, da $O_p(\overline{G}) = 1$ und $W(\overline{S}) \neq 1$, und damit auch $N < G$. Wegen (1) besitzt N und deshalb auch $\overline{N}$ ein normales p-Komplement. Da G ein minimales Gegenbeispiel ist, folgt daraus, daß auch $\overline{G}$ ein normales p-Komplement hat. Zusammen mit (2) erhalten wir:

(4) G ist p-separabel, $C_G(O_p(G)) \le O_p(G)$, und $\overline{G}$ besitzt ein normales p-Komplement $\overline{K}$.

Ist nun G p-stabil, so können wir 9.4.4 anwenden und erhalten $G = N_G(W(S))$, im Widerspruch zu $G \notin \mathcal{K}$. Sei G nicht p-stabil. Dann hat $\overline{K}$ nach 9.4.5 nichtabelsche 2-Sylowuntergruppen. Infolge der Teilerfremdheit von $\overline{S}$ und $\overline{K}$ existiert eine $\overline{S}$-invariante 2-Sylowuntergruppe $\overline{T}$ von $\overline{K}$ (8.2.3). Aber dann ist auch $Z(\overline{T})$ $\overline{S}$-invariant.

Sei U das Urbild von $Z(\overline{T})\overline{S}$. Da T nicht abelsch ist, gilt $U \ne G$. Infolge (1) hat U ein normales p-Komplement $U_0 \ne 1$. Wegen

$$[U_0, O_p(G)] \le U_0 \cap O_p(G) = 1$$

ergibt dies $U_0 \le C_G(O_p(G)) \not\le O_p(G)$, ein Widerspruch zu (4).   □

9.5 Fixpunktfreie Operation

Da wir nun über 9.4.7 verfügen, können wir, wie schon in **8.1** angekündigt, beweisen, daß eine Gruppe nilpotent ist, wenn sie einen fixpunktfreien Automorphismus von Primzahlordnung besitzt. Wir nehmen dies dann zum Anlaß, fixpunktfreie Operation in einem allgemeineren Rahmen zu betrachten, und diskutieren einen *Postklassifikationssatz*[8], der besagt, daß eine Gruppe auflösbar ist, wenn sie einen fixpunktfreien Automorphismus besitzt.

Wir weisen darauf hin, daß dieser Abschnitt unabhängig von den vorigen Abschnitten dieses Kapitels gelesen werden kann, wenn man Satz 9.4.7 übernimmt.

9.5.1.   Satz (Thompson [90]). *Besitzt eine Gruppe einen fixpunktfreien Automorphismus von Primzahlordnung, so ist sie nilpotent.*

Beweis.   Sei G eine Gruppe und a ein fixpunktfreier Automorphismus von Primzahlordnung p von G. Dann ist G eine p'-Gruppe (8.1.4 auf Seite 159). Sei nun G ein Gegenbeispiel minimaler Ordnung. Dann folgen

(1)   Ist $N < G$ mit $N^a = N$, so ist N nilpotent.

(2)   Ist $N \ne G$ ein nichttrivialer a-invarianter Normalteiler von G, so ist G/N nilpotent, also G auflösbar (6.1.2 auf Seite 110).

---

[8] D.h. einen Satz, dessen Beweis auf der Klassifikation aller einfachen Gruppen beruht.

Zu (2) sei bemerkt, daß $\langle a \rangle$ auch auf G/N fixpunktfrei operiert (8.2.2 oder 8.1.11 c).

Sei zunächst G als auflösbar vorausgesetzt. Dann besitzt G einen minimalen a-invarianten Normalteiler V, der eine elementarabelsche q-Gruppe ist.[9] Da G/V nilpotent ist (2), aber G nicht, gilt $C_G(V) \neq G$ (5.1.2 auf Seite 91). In der a-invarianten, und deshalb auf Grund unserer Induktionsannahme nilpotenten Gruppe

$$\overline{G} := G/C_G(V)$$

findet sich nun ein Primteiler r mit

$$\overline{G}_1 := O_r(\overline{G}) \neq 1.$$

Nach 8.1.5 auf Seite 159 ist hier $r \neq q$, und außerdem $C_V(\overline{G}_1) = 1$, da $C_V(\overline{G}_1)$ ein a-invarianter Normalteiler von G ist. Wegen $o(a) = p$ operiert jede nichttriviale Potenz von a fixpunktfrei auf $\overline{G}_1$. Das semidirekte Produkt $\langle a \rangle \overline{G}_1$ ist daher eine Frobeniusgruppe mit Frobeniuskomplement $\langle a \rangle$ (8.1.12 auf Seite 163). Wir können also 8.3.5 anwenden und erhalten den Widerspruch $1 \neq C_V(a)$.

Das Gegenbeispiel G ist also nicht auflösbar. Wegen (1) und (2) besitzt deshalb G keinen echten nichttrivialen a-invarianten Normalteiler; es gilt also:

(3)   Für $1 \neq U < G$ mit $U^a = U$ ist $N_G(U)$ nilpotent.

Da G nicht auflösbar ist, findet sich ein ungerader Primteiler q von $|G|$ und dazu eine a-invariante q-Sylowuntergruppe Q von G (8.2.3). Dann normalisiert a auch jede charakteristische Untergruppe W von Q und damit auch $N_G(W)$. Ist $W \neq 1$, so besitzt die nach (3) nilpotente Gruppe $N_G(W)$ ein normales q-Komplement. Aus dem p-Komplement-Satz von Thompson 9.4.7 (hier für q statt p) ergibt sich nun die Existenz eines normalen q-Komplements von G, welches charakteristisch in G, also unter a invariant ist. Dies widerspricht (3).   □

Aus 8.1.12 auf Seite 163 folgt als Korollar (unter Verwendung des Satzes von Frobenius 4.1.6):

9.5.2.   *Der Frobeniuskern einer Frobeniusgruppe ist nilpotent.*   □

Es lassen sich unschwer auflösbare Gruppen G konstruieren, die einen fixpunktfreien Automorphismus zusammengesetzter Ordnung besitzen, aber nicht nilpotent sind. Die Vermutung, daß jede Gruppe mit einem fixpunktfreien Automorphismus *auflösbar* ist, konnte erst mit Hilfe der Klassifikation

---

[9] V ist ein minimaler Normalteiler des semidirekten Produktes $\langle a \rangle G$, der in G liegt.

aller einfachen Gruppen bestätigt werden. Als Beispiel für einen typischen *Postklassifikationssatz* sei dieser Zusammenhang im folgenden diskutiert.

Zunächst sei bemerkt, daß wegen 8.1.11 die Operation eines fixpunktfreien Automorphismus mit einer teilerfremden Operation wesentliche Eigenschaften gemeinsam hat.

Sei $\mathcal{E}$ die Klasse aller einfachen Gruppen E mit folgender Eigenschaft:

Es existiert ein $p \in \pi(E)$, so daß E eine zyklische p-Sylowuntergruppe besitzt.

Sei $\mathcal{K}$ die Klasse aller Gruppen, deren Kompositionsfaktoren aus $\mathcal{E}$ sind.

Aus der Klassifikation aller einfachen Gruppen folgt, daß *jede* einfache Gruppe in $\mathcal{E}$ liegt; die Klasse $\mathcal{K}$ besteht daher aus allen (endlichen) Gruppen. Unsere angesprochene Vermutung wird also durch folgende Aussage bestätigt.

9.5.3.   *Die Gruppe A operiere fixpunktfrei auf G; es gelte also $C_G(A) = 1$. Ist A nicht zyklisch, so operiere A teilerfremd auf G.[10] Dann ist G auflösbar, sofern G in $\mathcal{K}$ liegt.[11]*

Beweis.   Sei G ein minimales Gegenbeispiel. Besitzt G einen A-invarianten Normalteiler N mit $1 \neq N \neq G$, so können wir wegen 8.1.11 auf Seite 162 bzw. 8.2.2 unsere Induktionsannahme auf N und G/N anwenden. Dann sind N und G/N auflösbar, aus 6.1.2 folgt somit ein Widerspruch.

G ist also ein nichtauflösbarer minimaler Normalteiler des semidirekten Produkts AG. Nach 1.7.3 auf Seite 35 existiert eine nichtauflösbare einfache Gruppe E mit

$$G = E_1 \times \cdots \times E_n \quad \text{und} \quad E^A = \{E_1, \ldots, E_n\}.$$

Die fixpunktfreie Operation von A auf G impliziert nun nach 8.1.6 auf Seite 160 eine fixpunktfreie Operation von $N_A(E_1)$ auf E_1. Im Falle $E_1 \neq G$ liefert unsere Induktionsannahme daher die Auflösbarkeit von E_1, ein Widerspruch.

Deshalb ist $G = E_1$ eine einfache Gruppe aus $\mathcal{E}$. Es existiert somit ein $p \in \pi(G)$, so daß $P \in \mathrm{Syl}_p G$ zyklisch ist. Aufgrund von 8.1.11 b) bzw. 8.2.3 auf Seite 165 können wir $P^A = P$ annehmen. Dann operiert A auf $N_G(P)/C_G(P)$, und zwar trivial, da die Automorphismengruppe einer zyklischen Gruppe abelsch ist. Die fixpunktfreie Operation von A auf $N_G(P)/C_G(P)$ (8.1.11 c) und 8.2.3 auf Seite 165) erzwingt deshalb

$$N_G(P) = C_G(P).$$

Der Satz von BURNSIDE (7.2.1 auf Seite 152) besagt nun, daß G ein normales p-Komplement besitzt — im Widerspruch zur Einfachheit von G. $\square$

---

[10] Im Sinne von **8.2**.

[11] Die Voraussetzung $(|G|, |A|) = 1$ im nichtzyklischen Fall ist wesentlich: Zum Beispiel operiert jede Gruppe G mit $Z(G) = 1$ fixpunktfrei auf sich.

10. Einbettungen p-lokaler Untergruppen

Sei p eine Primzahl und G eine Gruppe.

Eine Untergruppe $M \leq G$ heißt p-**lokale** Untergruppe von G, wenn es eine p-Untergruppe $1 \neq P \leq G$ mit $N_G(P) = M$ gibt. Es ist dann

$$1 \neq P \leq O_p(M).$$

Wir haben schon häufiger — etwa im Satz von GRÜN und in den p-Komplementsätzen von FROBENIUS und THOMPSON — gesehen, daß die Struktur p-lokaler Untergruppen in engem Zusammenhang mit der Struktur von G steht. Dieser Zusammenhang ist nun Hauptthema der letzten drei Kapitel dieses Buches.

Im ersten Abschnitt dieses Kapitels untersuchen wir p-lokale Untergruppen mit der Methode der quadratischen Operation, die wir im vorigen Kapitel kennengelernt haben. Im zweiten Abschnitt verwenden wir einen Teil der so gefundenen Ergebnisse in exemplarischer Weise im Beweis des $p^a q^b$-Satzes von BURNSIDE. Im letzten Abschnitt stellen wir eine Methode vor, die *Amalgam-Methode*, bei der Gruppen anhand ihrer Operation auf geeigneten Nebenklassengraphen studiert werden.

Eine Gruppe M hat **Charakteristik** p, wenn gilt:

$$C_M(O_p(M)) \leq O_p(M).$$

Nach 6.5.8 auf Seite 130 ist dies äquivalent zu

$$F^*(M) = O_p(M),$$

und für p-separables M zu (6.4.3 auf Seite 121)

$$O_{p'}(M) = 1.$$

Sei M eine echte Untergruppe von G und $p \in \pi(M)$. Dann heißt M **stark** p-**eingebettet** in G, falls gilt:[1]

$$|M \cap M^g|_p = 1 \quad \text{für alle } g \in G \setminus M.$$

---

[1] Für $n \in \mathbb{N}$ ist n_p die größte p-Potenz, die n teilt.

Wir werden (insbesondere für $p = 2$) Aussagen über die Struktur von p-lokalen Untergruppen M der Charakteristik p gewinnen, wenn sie in G *nicht stark p-eingebettet* sind. Gruppen mit stark 2-eingebetteten Untergruppen wurden von BENDER klassifiziert. Sein Ergebnis gehört zu den fundamentalen Sätzen der Gruppentheorie [29]; siehe Anhang.

10.1 Primitive Paare

Eine echte Untergruppe M von G nannten wir in **6.6** primitiv, wenn $M = N_G(A)$ für jeden Normalteiler $A \neq 1$ von M gilt. Sind M_1, M_2 zwei primitive Untergruppen von G, so folgt für $\{i, j\} = \{1, 2\}$

$$\mathcal{P} \qquad 1 \neq A \trianglelefteq M_i, \quad A \leq M_1 \cap M_2 \quad \Rightarrow \quad N_{M_j}(A) = M_1 \cap M_2,$$

und diese elementare Eigenschaft nehmen wir zum Anlaß für folgende Definition:

Sind M_1, M_2 zwei verschiedene — nun nicht notwendig primitive — Untergruppen von G, so nennen wir (M_1, M_2) ein **primitives Paar** von G, wenn $\mathcal{P}$ für $\{i, j\} = \{1, 2\}$ gilt.

Sei (M_1, M_2) ein primitives Paar. Dann heißt (M_1, M_2) **auflösbar**, wenn M_1 und M_2 auflösbar sind; (M_1, M_2) hat **Charakteristik** p, wenn M_1 und M_2 Charakteristik p haben *und* zusätzlich gilt:

$$O_p(M_1) O_p(M_2) \leq M_1 \cap M_2.$$

Zunächst sei bemerkt:

10.1.1. *Die Gruppe M habe Charakteristik p. Für $U \leq M$ gelte $U \trianglelefteq\trianglelefteq M$ oder $O_p(M) \leq U$. Dann hat U Charakteristik p.*

Beweis. Im Falle $O_p(M) \leq U$ ist dies klar, und im Falle $U \trianglelefteq\trianglelefteq M$ folgt dies aus 6.5.7 b) auf Seite 130. $\qquad\qquad\qquad\qquad\qquad\qquad \square$

Die folgende Aussage zeigt, wie man primitive Paare der Charakteristik p erhält.

10.1.2. *Seien M_1, M_2 verschiedene maximale p-lokale Untergruppen von G der Charakteristik p. Besitzen M_1 und M_2 eine gemeinsame p-Sylowuntergruppe, so ist (M_1, M_2) ein primitives Paar der Charakteristik p.*

Beweis.   Sei $1 \neq A \trianglelefteq M_1$ und $A \leq M_1 \cap M_2$. Wegen 10.1.1 ist $1 \neq O_p(A)$ ($\trianglelefteq M_1$), und infolge der Maximalität von M_1 ist

$$M_1 = N_G(O_p(A)).$$

Es folgt $N_{M_2}(A) = M_1 \cap M_2$, also $\mathcal{P}$. Sei S eine gemeinsame p-Sylowuntergruppe von M_1 und M_2. Dann ist $O_p(M_1)O_p(M_2) \leq S \leq M_1 \cap M_2$. □

10.1.3.   *Sei $p \in \pi(G)$. Hat jede p-lokale Untergruppe von G Charakteristik p und ist $O_p(G) = 1$, so gilt eine der folgenden Aussagen:*

a)   *In G existiert ein primitives Paar der Charakteristik p.*

b)   *Jede maximale p-lokale Untergruppe M von G ist stark p-eingebettet in G.*

Beweis.   Sei M eine maximale p-lokale Untergruppe von G. Dann ist $M \neq G$. Aus $O_p(M) \neq 1$ folgt

$$N_G(M) \leq N_G(O_p(M)) = M,$$

also $M^g \neq M$ für alle $g \in G \setminus M$. Mit M ist auch M^g maximal p-lokal.

Unter den von M verschiedenen maximalen p-lokalen Untergruppen $L \leq G$ wählen wir L so, daß $|M \cap L|_p$ maximal ist.

Im Falle $|M \cap L|_p = 1$ folgt b) für M. Sei $|M \cap L|_p \neq 1$ und

$$T \in \mathrm{Syl}_p(M \cap L), \qquad U := N_G(T).$$

Da U p-lokal ist, findet sich eine maximale p-lokale Untergruppe H von G mit $U \leq H$. Damit ist $H \neq L$ oder $H \neq M$. Sei $H \neq M$ angenommen (der Fall $H = M$ folgt mit einem symmetrischen Argument mit L an Stelle von M), und sei $T \leq S \in \mathrm{Syl}_p M$. Im Falle $T < S$ ist (3.1.10 auf Seite 56)

$$T < N_S(T) \leq H \cap M,$$

entgegen der Maximalität von $|M \cap L|_p$. Es folgt

(') $T \in \mathrm{Syl}_p M.$

Gilt auch $T \in \mathrm{Syl}_p L$, so folgt (a) aus 10.1.2. Wir können deshalb

$$T < S_1 \in \mathrm{Syl}_p L$$

annehmen. Dann existiert nach 3.1.10 auf Seite 56 ein $g \in S_1 \setminus T \subseteq G \setminus M$ mit $T^g = T$ und $M \neq M^g$. Nun folgt wieder mit 10.1.2, daß (M, M^g) ein primitives Paar der Charakteristik p ist.   □

Eine Variante des folgenden Satzes wird auch als Satz von THOMPSON-WIELANDT bezeichnet.

10.1.4.   Satz (Bender [28]). *Sei* (M_1, M_2) *ein primitives Paar von* G. *Es gelte* $F^*(M_1) \leq M_2$ *und* $F^*(M_2) \leq M_1$. *Dann existiert eine Primzahl* p, *so daß* (M_1, M_2) *Charakteristik* p *hat.*

Beweis.   Nach Voraussetzung gilt

$$F^*(M_1)\, F^*(M_2) \trianglelefteq M_1 \cap M_2.$$

Eine Komponente K von M_1 ist daher eine Komponente von $M_1 \cap M_2$ und normalisiert $F^*(M_2)$. Im Falle $[F^*(M_2), K] = 1$ folgt $K \leq Z(F^*(M_2))$ aus 6.5.8, im Widerspruch zu $K' = K$. Nach 6.5.2 ist daher $K \leq F^*(M_2)$, also

$$K \trianglelefteq\trianglelefteq F^*(M_2) \trianglelefteq M_2.$$

Damit ist K auch eine Komponente von M_2. Es folgt $E(M_1) \leq E(M_2)$ und genauso $E(M_2) \leq E(M_1)$, d.h. $E(M_1) = E(M_2)$. Die Primitivität von (M_1, M_2) erzwingt nun $E(M_1) = E(M_2) = 1$, also

$$F^*(M_i) = F(M_i), \quad i = 1, 2.$$

Damit ist $F^*(M_1)F^*(M_2)$ nilpotent. Sei $p \in \pi(F(M_1))$. Da $O_p(M_1)$ jeden p'-Normalteiler von $M_1 \cap M_2$ zentralisiert, ist (6.1.4 auf Seite 110)

$$\pi(F(M_1)) = \pi(F(M_2)).$$

Wir nehmen nun an, daß die Behauptung falsch ist. Dann existiert ein

$$q \in \pi(F(M_1)), \quad q \neq p.$$

Sei

$$Y_1 := [M_1, O_p(M_2), O_p(M_2)] \quad \text{und} \quad Y_2 := [M_2, O_p(M_1), O_p(M_1)].$$

Ist

$$(') \qquad\qquad Y_1 Y_2 \leq M_1 \cap M_2,$$

so wird $O_p(M_1)$ von Y_2 normalisiert; wir haben also in

$$O_p(M_1) \trianglelefteq O_p(M_1)Y_2 \overset{1.5.5}{\trianglelefteq} O_p(M_1)[M_2, O_p(M_1)] \overset{1.5.5}{\trianglelefteq} M_2$$

eine Subnormalreihe, die uns $O_p(M_1) \leq O_p(M_2)$ garantiert. Ein symmetrisches Argument, mit $O_p(M_2)$ und Y_1 an Stelle von $O_p(M_1)$ und Y_2, liefert auch $O_p(M_2) \leq O_p(M_1)$, also $O_p(M_1) = O_p(M_2)$. Dies widerspricht der Primitivität von (M_1, M_2).

Zum Beweis von $(')$ beachte man

$$O_p(M_1) \leq C_{M_2}(O_{p'}(F(M_2))) \quad \text{und} \quad O_q(M_1) \leq C_{M_2}(O_{q'}(F(M_2))).$$

Deshalb gilt $X := [M_2, O_p(M_1)] \leq C_{M_2}(O_{p'}(F(M_2)))$ und

$$[X, O_q(M_1)] \leq C_{M_2}(O_{p'}(F(M_2))) \cap C_{M_2}(O_{q'}(F(M_2))) = Z(F(M_2))$$
$$\leq M_1 \cap M_2 \leq M_1.$$

Nun folgt

$$[X, O_q(M_1), O_p(M_1)] \leq O_p(M_1) \cap F(M_2) \leq O_p(M_2),$$

also infolge $[O_p(M_1), O_q(M_1), X] = 1$ mit dem Drei-Untergruppen-Lemma

$$[Y_2, O_q(M_1)] \leq [X, O_p(M_1), O_q(M_1)] \leq O_p(M_2).$$

Dies bedeutet

$$Y_2 \leq N_{M_2}(O_q(M_1)O_p(M_2)) = N_{M_2}(O_q(M_1) \times O_p(M_2)).$$

Deshalb ist $Y_2 \leq N_{M_2}(O_q(M_1)) = M_1 \cap M_2$. Mit einem symmetrischen Argument folgt $Y_1 \leq M_1 \cap M_2$ und damit $(')$. $\qquad \square$

Im folgenden untersuchen wir ein primitives Paar (M_1, M_2) der Charakteristik p von G. Wir setzen

$$B := O_p(M_1)O_p(M_2) \quad (\trianglelefteq M_1 \cap M_2).$$

Für $i = 1,2$ sei S_i eine p-Sylowuntergruppe von M_i, die B enthält. Sei

$$Z_i := \Omega(Z(S_i)) \quad \text{und} \quad V_i := \langle Z_i^{M_i} \rangle;$$

man beachte $V_i \leq \Omega(Z(O_p(M_i)))$ und

$$(+) \qquad\qquad O_p(M_i/C_{M_i}(V_i)) = 1$$

(9.2.7 auf Seite 210). Vor allem sei darauf hingewiesen, daß M_i nicht p-stabil auf V_i operiert, wenn eine nichttriviale Untergruppe von $M_i/C_{M_i}(V_i)$ quadratisch auf V_i operiert. Schließlich sei für $\{i, j\} = \{1, 2\}$

$$W_i := \langle V_j^{M_i} \rangle.$$

Die Untersuchung von (M_1, M_2) unterteilen wir in drei Fälle:

I) $V_i \not\leq O_p(M_j)$ *für ein* $i \in \{1, 2\}$, *und* $j \neq i$.

II) $V_1 V_2 \leq O_p(M_1) \cap O_p(M_2)$, *und* W_i *ist nicht abelsch für ein* $i \in \{1, 2\}$.

III) W_1 *und* W_2 *sind abelsch*.

10.1.5.   *Sei* (M_1, M_2) *ein primitives Paar der Charakteristik* p *von* G. *Dann existiert ein* $i \in \{1, 2\}$, *so daß einer der folgenden Fälle gilt:*

a)   *Die Operation von M_i auf V_i oder auf $O_p(M_i)/\Phi(O_p(M_i))$ ist nicht p-stabil.*

b)   *W_i ist elementarabelsch, und M_i operiert nicht p-stabil auf W_i.*

Beweis.   Wir unterscheiden die Fälle I), II) und III).

Fall I): Sei die Numerierung so gewählt, daß $V_1 \not\leq O_p(M_2)$. Da V_1 normal in B ist, gilt

$$[O_p(M_2), V_1, V_1] \leq [V_1, V_1] = 1.$$

Damit operiert V_1 auf der elementarabelschen Gruppe

$$W := O_p(M_2)/\Phi(O_p(M_2))$$

quadratisch. Es ist $C_{M_2}(W) = O_p(M_2)$ (8.2.9 auf Seite 168), also $O_p(M_2/C_{M_2}(W)) = 1$. Wegen $V_1 \not\leq O_p(M_2)$ ist daher die Operation von M_2 auf W nicht p-stabil.

Fall II): Sei die Numerierung so gewählt, daß W_2 nicht abelsch ist. Dann existiert ein $x \in M_2$ mit

$$[V_1, V_1^x] \neq 1 \quad \text{und} \quad V_1^x \leq M_1,$$

letzteres wegen $V_1 \leq O_p(M_2) \leq M_1$. Da mit V_1 auch V_1^x normal in $O_p(M_2)$ ist, gilt

$$[V_1, V_1^x, V_1^x] \leq [V_1^x, V_1^x] = 1.$$

Damit ist die Operation von V_1^x auf V_1 quadratisch und nichttrivial, also infolge (+) die Operation von M_1 auf V_1 nicht p-stabil.

Fall III): Hier kommt die Thompson-Untergruppe $J(B)$ ins Spiel. Gilt $J(B) \leq O_p(M_i)$ für $i = 1, 2$, so ist

$$J(B) = J(O_p(M_i)) \trianglelefteq M_i,$$

entgegen der Primitivität von (M_1, M_2). Unsere Numerierung können wir daher so wählen, daß gilt:

$$J(B) \not\leq O_p(M_2).$$

Sei

$$D/C_{M_2}(W_2) = O_p(M_2/C_{M_2}(W_2)) \quad \text{mit} \quad C_{M_2}(W_2) \leq D \trianglelefteq M_2.$$

Die Primitivität von (M_1, M_2) liefert $C_{M_2}(W_2) \leq C_{M_2}(V_1) \leq M_1$, also $J(B) \trianglelefteq BC_{M_2}(W_2)$. Daraus folgt

$$J(B) \cap C_{M_2}(W_2) \leq O_p(C_{M_2}(W_2)) \leq O_p(M_2),$$

also $[W_2, J(B)] \neq 1$. Nach 9.2.10 auf Seite 211 existiert ein $A \in \mathcal{A}(B)$ mit

$(')$ $$[W_2, A] \neq 1 = [W_2, A, A].$$

Wir nehmen nun an, daß die Operation von M_2 auf W_2 p-stabil ist. Dann liegt A in $D \cap B$. Andererseits gilt

$$B \cap D \trianglelefteq (B \cap D)C_{M_2}(W_2) \trianglelefteq\trianglelefteq D \trianglelefteq M_2,$$

also $A \le B \cap D \le O_p(M_2)$. Wegen $[W_2, A] \ne 1$ existiert ein $x \in M_2$ mit $[V_1{}^x, A] \ne 1$. Aus

$$A \le O_p(M_2) \le M_1{}^x$$

und $(')$ folgt, daß A nichttrivial und quadratisch auf $V_1{}^x$ operiert. Infolge $(+)$ ist dann die Operation von $M_1{}^x$ auf $V_1{}^x$, also auch die Operation von M_1 auf V_1 nicht p-stabil. $\qquad\square$

10.1.6.   Satz. *Sei (M_1, M_2) ein primitives Paar der Charakteristik p von G. Dann hat M_1 oder M_2 nichtabelsche 2-Sylowuntergruppen. Insbesondere existiert in einer Gruppe ungerader Ordnung zu keinem $p \in \mathbb{P}$ ein primitives Paar der Charakteristik p.*

Beweis.   Für $p \ne 2$ folgt dies aus 10.1.5 und 9.4.5 auf Seite 227. Sei $p = 2$, und seien die 2-Sylowuntergruppen von M_1 und M_2 abelsch. Dann ist $O_2(M_1) = O_2(M_2)$, also $M_1 = M_2$, ein Widerspruch. $\qquad\square$

Es sei darauf hingewiesen, daß wir für den Beweis des $p^a q^b$-Satzes im nächsten Abschnitt zwar 10.1.6 (in zentraler Weise) benutzen, nicht aber die weiteren Untersuchungen dieses Abschnitts.

Da im Falle $p = 2$ jede Involution quadratisch operiert (**9.1**), liefert 10.1.5 für $p = 2$ keinen weiteren Hinweis auf die Struktur von M_1 und M_2. In diesem Fall muß man die „Qualität" der quadratischen Operation auf geeignete Weise ins Spiel bringen.

Für die Untersuchung von primitiven Paaren der Charakteristik 2 benötigen wir vier Hilfssätze, die wir zunächst beweisen.

10.1.7.   *Sei M eine p-separable Gruppe und A eine p-Untergruppe von M mit*

$$\Phi(A) \le O_p(M) \quad und \quad A \nleq O_p(M).$$

Dann existiert ein $x \in O_{pp'}(M)$, so daß für $L := \langle A, A^x \rangle$ gilt:

a) $x \in O^p(L) \le O_{pp'}(M)$.

b) $[O^p(L), A] = O^p(L)$.

c) $|A/A \cap O_p(L)| = p \;\; und \;\; [A \cap O_p(L), L] \le O_p(M)$.

Beweis.   Nach 6.4.11 auf Seite 126 existiert ein L mit der Eigenschaft a), so daß L keine p-Gruppe ist. Sei L auf diese Weise minimal gewählt. Dann folgt b). Wir setzen

$$\overline{L} := L/O_p(L) \quad \text{und} \quad \overline{Q} := O_{p'}(\overline{L}).$$

Wegen $\Phi(A) \le O_p(M) \cap L \le O_p(L)$ ist $\overline{A}$ eine elementarabelsche p-Gruppe. Sei $\mathcal{B}$ die Menge aller maximalen Untergruppen von A. Nach 8.3.4 auf Seite 172 gilt

$$\overline{Q} = \langle C_{\overline{Q}}(\overline{U}) \mid U \in \mathcal{B} \rangle.$$

Da A nichttrivial auf $\overline{Q}$ operiert, existiert ein $U \in \mathcal{B}$ mit $[C_{\overline{Q}}(\overline{U}), A] \ne 1$. Infolge der minimalen Wahl von L ist dann $C_{\overline{Q}}(\overline{U}) = \overline{Q}$. Es folgt $\overline{U}\,\overline{Q} = \overline{U} \times \overline{Q}$, also $U = A \cap O_p(L)$ und

$$[U, O^p(L)] \le O_p(L) \cap O_{pp'}(M) \le O_p(M)$$

und damit c). $\qquad\qquad\qquad\qquad\qquad\qquad\qquad\qquad\qquad\qquad\qquad\quad \square$

10.1.8.   *Sei M eine Gruppe der Charakteristik 2. Besitzt M einen zu S_3 isomorphen Abschnitt, so besitzt M auch einen zu S_4 isomorphen Abschnitt.*

Beweis.   Sei M ein minimales Gegenbeispiel. Wegen $O_2(S_3) = 1$ besitzt auch $M/O_2(M)$ einen zu S_3 isomorphen Abschnitt. Sei

$$O_2(M) \le N \trianglelefteq X \le M \quad \text{mit} \quad X/N \cong S_3.$$

Die minimale Wahl von M impliziert $X = M$ (10.1.1). Sei

$$\overline{M} := M/N \quad (\cong S_3)$$

und $D \in \mathrm{Syl}_3\, M$. Dann ist $\overline{D}\ (\cong C_3)$ ein Normalteiler von $\overline{M}$, der von jeder Involution aus $\overline{M}$ invertiert wird. Nach dem Frattiniargument ist $M = N_M(D)N$; es existieren also 2-Elemente, die nichttrivial auf der 3-Gruppe D operieren. Sei $t \in N_M(D)$ ein solches 2-Element, dessen Ordnung minimal ist. Dann operiert t als Involution auf D. Nun liefert 8.1.8 auf Seite 161 ein $d \in D$ mit $o(d) = 3$ und

$$d^t = d^{-1},$$

also $\langle d, t \rangle / \langle t^2 \rangle \cong S_3$. Infolge der minimalen Wahl von M ist nun

$$M = O_2(M)\langle d, t \rangle, \quad t^2 \in O_2(M),$$

$$\Phi(O_2(M)) = 1$$

(8.2.9 auf Seite 168) und schließlich

$$C_{O_2(M)}(d) = 1$$

(8.4.2 auf Seite 176). Nun folgt $t^2 = 1$. Sei $1 \ne z \in C_{O_2(M)}(t)$ (8.1.4 auf Seite 159) und $V := \langle z, z^d, z^{d^2} \rangle$. Dann ist $|V| \le 8$, und es gilt $C_V(d) \ne 1$ im Fall $|V| = 8$. Also ist $V \cong C_2 \times C_2$ und $V\langle d, t \rangle \cong S_4$. $\qquad\quad \square$

10.1.9.   *Sei M eine Gruppe, die auf der elementarabelschen 2-Gruppe V treu operiert, und sei A eine elementarabelsche 2-Untergruppe von M. Es gelte* $C_M(O_{2'}(M)) \leq O_{2'}(M)$ *und*

$$(*) \qquad\qquad |V/C_V(A)| < |A|^2.$$

Dann besitzt M einen Abschnitt isomorph zu S_3.

Beweis.   Unter den elementarabelschen 2-Untergruppen A von M, für die $(*)$ gilt, sei A minimal gewählt.

Sei $|A| = 2$. Dann besagt $(*)$, daß A in $\mathcal{A}_V(M)$ liegt; die Behauptung folgt daher aus 9.3.7 auf Seite 219.

Sei $|A| > 2$. Infolge der Voraussetzung $C_M(O_{2'}(M)) \leq O_{2'}(M)$ operiert A nichttrivial auf $O_{2'}(M)$. Sei $Q \leq O_{2'}(M)$ minimal bezüglich $Q^A = Q$ und $[Q, A] \neq 1$. Aus 8.5.2 auf Seite 182 folgt, daß

$$A_0 := C_A(Q)$$

eine maximale Untergruppe von A ist, und QA/A_0 treu auf $C_V(A_0)$ operiert. Nach dem schon im Falle $|A| = 2$ Bewiesenen — angewandt auf das Paar $(C_V(A_0), QA/A_0)$ — folgt dann die Behauptung, wenn

$$|C_V(A_0)/C_V(A)| < |A/A_0|^2 = 4$$

ist. Doch dies ergibt sich aus der Minimalität von A:

$$|V/C_V(A)| < |A|^2 = 4|A_0|^2 \leq 4|V/C_V(A_0)|.$$

$\square$

Für den nächsten Hilfssatz benötigen wir zwei Bezeichnungen. Sei X eine Gruppe, die auf der elementarabelschen p-Gruppe Z operiert.

$$\mathcal{Q}(Z, X) := \{A \leq X \mid [Z, A, A] = 1 \neq [Z, A]\},$$

$q(Z, X) := 0$, falls $\mathcal{Q}(Z, X) = \emptyset$, und sonst:

$$q(Z, X) := \min\{e \in \mathbb{R} \mid |A/C_A(Z)|^e = |Z/C_Z(A)|, \ A \in \mathcal{Q}(Z, X)\}.$$

10.1.10.   *Sei V ein elementarabelscher p-Normalteiler der Gruppe M, und sei* $Z \leq V$ *mit*
$$V = \langle Z^M \rangle \quad \text{und} \quad Z \trianglelefteq O_p(M).$$

Ist $A \leq O_p(M)$ *mit* $[V, A, A] = 1$, *so gilt für* $q := q(Z, O_p(M))$
$$|A/C_A(V)|^q \leq |V/C_V(A)|.$$

Beweis.   Sei $Z^M = \{Z_1, \ldots, Z_k\}$. Mit Z ist auch Z_i unter $O_p(M)$ invariant. Sei die Reihe

$$A := A_0 \geq \cdots \geq A_{i-1} \geq A_i \geq \cdots \geq A_k$$

definiert durch

$$A_i := C_{A_{i-1}}(Z_i) \text{ für } i = 1, \ldots, k.$$

Wegen $V = \langle Z^M \rangle$ ist

$$A_k = C_A(V),$$

und wegen $[V, A, A] = 1$ ist auch

$$[Z_i, A_{i-1}, A_{i-1}] = 1 \text{ für } i = 1, \ldots, k.$$

Im Falle $[Z_i, A_{i-1}] = 1$ ist $A_{i-1} = A_i$. Im Falle $[Z_i, A_{i-1}] \neq 1$ gilt nach Definition von q

$$|A_{i-1}/A_i|^q \leq |Z_i/C_{Z_i}(A_{i-1})| = |Z_i C_V(A_{i-1})/C_V(A_{i-1})|$$
$$\leq |C_V(A_i)/C_V(A_{i-1})|.$$

Multipliziert man die Ungleichungen für $i = 1, \ldots, k$, so folgt

$$|A/C_A(V)|^q \leq \prod_{i=1}^{k} |C_V(A_i)/C_V(A_{i-1})| = |V/C_V(A)|.$$

$\square$

Nach diesen Vorbemerkungen sind wir in der Lage, auflösbare primitive Paare der Charakteristik 2 zu untersuchen. Wir zeigen:

10.1.11.   Satz. *Sei (M_1, M_2) ein auflösbares primitives Paar der Charakteristik 2 von G. Dann besitzt M_1 oder M_2 einen Abschnitt isomorph zu S_4.*

Beweis.   Wie im Beweis von 10.1.5 unterscheiden wir die Fälle I), II) und III) (Seite 237; die Bezeichnungen sind wie dort gewählt). Wegen 10.1.8, 10.1.9 und (+) auf Seite 237 können wir annehmen, daß für $i \in \{1, 2\}$ gilt:

$(\times)$ $|A/C_A(V_i)|^2 \leq |V_i/C_{V_i}(A)|$ für alle $A \leq B$ mit $\Phi(A) \leq C_B(V_i)$.

Fall I): Sei o.B.d.A. $V_1 \nleq O_2(M_2)$. Wir wenden 10.1.7 mit V_1 und M_2 an Stelle von A und M an. Seien x und L wie dort, also

$$L := \langle V_1, V_1^x \rangle \quad (x \in O_{22'}(M_2)), \quad [V_1 \cap O_p(L), L] \leq O_p(M_2),$$

und

(1) $$|V_1 : V_1 \cap O_2(L)| = 2.$$

Sei

$$W := (V_1 \cap O_2(L))(V_1{}^x \cap O_2(L))$$

und

$$W_0 := V_1 \cap V_1{}^x \quad (\leq W).$$

Offenbar ist $W_0 \leq Z(L)$, sogar

(2) $\qquad W_0 = Z(L) \cap W = C_{V_1{}^x \cap O_2(L)}(V_1) = C_{V_1 \cap O_2(L)}(V_1{}^x),$

da $x \in L$. Weil V_1 normal in $O_2(M_2)V_1$ ist, gilt

$$[W, V_1] \leq V_1 \cap O_2(L) \leq W$$

und genauso $[W, V_1{}^x] \leq W$, also

$$W \trianglelefteq L.$$

Wegen $[O_2(M_2), V_1] \leq V_1 \cap O_2(L) \leq W$ und $[O_2(M_2), V_1{}^x] \leq W$ ist $[O_2(M_2), L] \leq W$. Die nichttriviale Operation von $O^2(L)$ auf $O_2(M_2)$ impliziert daher eine nichttriviale Operation von L auf W und damit auf W/W_0 (8.2.2 auf Seite 165). Wir betrachten nun die Operation von

$$A := V_1{}^x \cap O_2(L)$$

auf V_1. Wegen

$$|A/C_A(V_1)| \overset{(2)}{=} |A/W_0| \overset{(1)}{=} \tfrac{1}{2}|V_1/W_0| \overset{(2)}{\geq} \tfrac{1}{2}|V_1/C_{V_1}(A)|$$

folgt

$$|A/C_A(V_1)|^2 > |V_1/C_{V_1}(A)| \quad \text{oder} \quad |A/W_0| = 2.$$

Der erste Fall widerspricht $(\times)$. Im zweiten Fall folgt $|W/W_0| = 4$. Da $O^2(L)$ nichttrivial auf W/W_0 operiert, ist

$$L/C_L(W) \cong \mathrm{SL}_2(2) \cong S_3.$$

Nach 10.1.8 besitzt dann M_2 einen Abschnitt isomorph zu S_4.

Fall II): Wir argumentieren ähnlich wie im Beweis von 10.1.5; sei wie dort $W_2' \neq 1$ angenommen. Dann existiert ein $x \in M_2$ mit

$$[V_1, V_1{}^x] \neq 1 \quad \text{und} \quad V_1{}^x \leq O_2(M_2) \leq M_1 \cap M_1{}^x.$$

Infolge der Symmetrie zwischen (V_1, M_1) und $(V_1{}^x, M_1{}^x)$ können wir — möglicherweise nach Vertauschung der Bezeichnungen — annehmen, daß

$$|V_1/C_{V_1}(V_1{}^x)| \leq |V_1{}^x/C_{V_1{}^x}(V_1)|$$

gilt. Mit $A = V_1{}^x$ und $V_i = V_1$ widerspricht dies $(\times)$.

Fall III): Wie im Beweis von 10.1.5 kommt hier wieder die Thompson-Untergruppe ins Spiel. Wie dort folgt — wenn wir $J(B) \not\leq O_2(M_2)$ annehmen — die Existenz eines $A \in \mathcal{A}(B)$ mit

$$[W_2, A] \neq 1 = [W_2, A, A].$$

Nach 9.2.9 auf Seite 211 liegt A in $\mathcal{A}_{V_1}(M_1)$; es ist also

$$|A/C_A(V_1)| \geq |V_1/C_{V_1}(A)|$$

(dies ist Eigenschaft $\mathcal{Q}_1'$ in 9.2 auf Seite 212). Damit folgt aus $(\times)$

(3) $[V_1, A] = 1.$

Sei $A \leq O_2(M_2)$ angenommen. Wegen $[W_2, A] \neq 1$ existiert ein $x \in M_2$ mit $[V_1{}^x, A] \neq 1$. Dann ist

$$A \leq O_2(M_2) = O_2(M_2)^x \leq M_1{}^x,$$

also $[V_1, A^{x^{-1}}] \neq 1$ und $A^{x^{-1}} \leq B$. Wegen $A^{x^{-1}} \in \mathcal{A}_{V_1}(B)$ liefert uns die Definition von $\mathcal{A}_{V_1}(B)$

$$|A^{x^{-1}}/C_{A^{x^{-1}}}(V_1)| \geq |V_1/C_{V_1}(A^{x^{-1}})|,$$

im Widerspruch zu $(\times)$.

Sei $A \not\leq O_2(M_2)$ angenommen, und sei L wie in 10.1.7 bezüglich A und $M = M_2$. Dann ist

$$A_0 := A \cap O_2(L)$$

eine maximale Untergruppe von A. Sei weiter

$$Q := O^2(L), \quad U := \langle V_1{}^L \rangle \quad \text{und} \quad \overline{U} := U/C_U(Q).$$

Im Fall $[U, Q] = 1$ liegt Q in $C_G(V_1) \cap M_2 \leq M_1 \cap M_2$. Dann ist wegen $A \leq B \leq O_2(M_1 \cap M_2)$

$$Q = [Q, A] \leq O_2(M_1 \cap M_2),$$

ein Widerspruch. Es gilt also

$$[U, Q] \neq 1 \overset{8.2.2}{\neq} [\overline{U}, Q].$$

Wegen $O_2(L) \leq A_0 O_2(M_2)$ wird V_1 von $O_2(L)$ normalisiert, d.h. $O_2(L)U \leq B$. Wir wenden nun 10.1.10 auf das Tripel (LU, V_1, U) an Stelle von (M, Z, V) an. Wegen $(\times)$ ist dabei $q \geq 2$. Es folgt

$$|A_0/C_{A_0}(U)|^2 \leq |U/C_U(A_0)|.$$

Da A in $\mathcal{A}(L)$ $(\subseteq \mathcal{A}_U(L))$ liegt, hat man andererseits

(+) $|A/C_A(U)| \geq |U/C_U(A)|.$

Wegen $|A/A_0| = 2$ folgt (1.5.4 auf Seite 23)

$$|A/C_A(U)|^2 \leq 2^2 |A_0/C_{A_0}(U)|^2 \leq 4|U/C_U(A_0)| \leq 4|U/C_U(A)|$$
$$\leq 4|A/C_A(U)|,$$

also $|A/C_A(U)| \leq 4$, d.h. wegen (+)

(4) $|A_0/C_{A_0}(U)| = 2$ und

(5) $|U/C_U(A)| = 4$.

Sei $C_U(Q) < W \leq U$, so daß L irreduzibel auf $\overline{W}$ operiert. Dann operiert Q und daher auch A nichttrivial auf $\overline{W}$. Wir nehmen zunächst an, daß Q nichttrivial auf U/W operiert. Dann operiert auch A nichttrivial auf U/W; es ist also $|U/WC_U(A)| \neq 1$. Aus (5) folgt somit $|\overline{W}/C_{\overline{W}}(A)| = 2$. Dies impliziert $\overline{W} \cong C_2 \times C_2$ (beachte $L = \langle A, A^x \rangle$) und damit $L/C_L(\overline{W}) \cong S_3$. Nun liefert wieder 10.1.8 einen zu S_4 isomorphen Abschnitt von M_2.

Wir können daher

$$[U, Q] \leq W$$

annehmen. Wegen $L = AQ$, $V_1^A = V_1$ und $U = \langle V_1^L \rangle$ ist dann

$$\overline{U} = \overline{W} \, \overline{V}_1.$$

Mit $O_2(L)$ operiert auch A_0 trivial auf dem L-Hauptfaktor $\overline{W}$; aus (3) folgt $[\overline{U}, A_0] = 1$. Sei

$$P := [\langle A_0^L \rangle, Q] \quad (\leq O_2(L)).$$

Da mit A_0 auch $\langle A_0^L \rangle$ trivial auf $\overline{U}$ operiert, gilt $[U, P] \leq C_U(Q)$, also

$$[U, P, P] = 1.$$

Im Fall $[U, P] = 1$ operiert PA_0 trivial auf V_1 und damit auch trivial auf $U = \langle V_1^L \rangle$, da PA_0 normal in $L = QA$ ist. Doch dies widerspricht (4). Es folgt

(6) $[U, P] \neq 1$.

Da P auch quadratisch auf V_1 $(\leq U)$ operiert und normal in L ist, gilt $[U, \Phi(P)] = 1$. Wir verfügen demnach über die Ungleichung $(\times)$ für P statt A. Wie vorher liefert dann 10.1.10 die analoge Ungleichung

$$|P/C_P(U)|^2 \leq |U/C_U(P)| \overset{(5)}{\leq} 4^2.$$

Es folgt $|P/C_P(U)| \leq 4$. Operiert $Q = O^2(L)$ trivial auf $P/C_P(U)$, so operiert Q auch trivial auf $\langle A_0^L \rangle/C_P(U)$ (8.2.2). Doch dann ist $P = C_P(U)$, im Widerspruch zu (6). Es ist also $P/C_P(U) \cong C_2 \times C_2$ und

$$L/C_L(P/C_P(U)) \cong S_3.$$

Einen zu S_4 isomorphen Abschnitt von M_2 erhalten wir wieder mit 10.1.8.

$\square$

Zum Schluß dieses Abschnittes fassen wir 10.1.3 und 10.1.11 zusammen und erhalten:

10.1.12.   Satz. *Sei G eine Gruppe gerader Ordnung mit $O_2(G) = 1$. Für jede 2-lokale Untergruppe $M \leq G$ gelte:*

1)   *M hat Charakteristik 2 und ist auflösbar.*

2)   *M besitzt keinen Abschnitt isomorph zu S_4.*

Dann ist jede maximale 2-lokale Untergruppe von G stark 2-eingebettet in G.   □

10.2 Der $p^a q^b$-Satz

Wir beweisen hier:

10.2.1.   Satz von Burnside. *Jede Gruppe der Ordnung $p^a q^b$ $(p, q \in \mathbb{P})$ ist auflösbar.*

BURNSIDE benutzt für seinen Beweis ein kurzes und elegantes Argument aus der Charaktertheorie endlicher Gruppen.[2] Sein Ergebnis und das von FRO-BENIUS über den Kern einer Frobeniusgruppe (4.1.6 auf Seite 73) trugen wesentlich dazu bei, die Charaktertheorie als Hilfsmittel bei der Untersuchung endlicher Gruppen zu etablieren. Erst etwa 60 Jahre später gelangen BENDER [30], GOLDSCHMIDT [54] und MATSUYAMA [80] von der Charaktertheorie unabhängige, aber auch längere Beweise dieses Satzes von BURNSIDE.

Bei einem Versuch, den Satz von BURNSIDE ohne Charaktertheorie zu beweisen, kommt man fast zwangsläufig auf Begriffe und Konzepte, die uns schon in diesem und früheren Kapiteln begegnet sind, wie etwa

- primitive maximale Untergruppen,

- die Fittinguntergruppe p-lokaler Untergruppen,

- teilerfremde und p-stabile Operation.

Außerdem kann man einen weiteren Begriff erahnen, welcher im nächsten Kapitel im Mittelpunkt stehen wird:

- die Menge der nichttrivialen q-Untergruppen einer Gruppe, die von einer vorgegebenen nilpotenten q'-Untergruppe normalisiert werden.

---

[2] siehe [4], S. 321 oder z.B. in einer neueren Darstellung [9].

Alle diese Konzepte (und ihre Verallgemeinerungen) sind durch Arbeiten von THOMPSON, GORENSTEIN, GLAUBERMAN und BENDER in den 60er Jahren in den Mittelpunkt des Interesses gerückt, und ihr Zusammenwirken bei der Untersuchung endlicher Gruppen macht einen Großteil des Fortschrittes der letzten 30 Jahre aus.

Man fragt sich unwillkürlich, wie die Entwicklung der Gruppentheorie ausgesehen hätte, wenn BURNSIDE nicht dieser wunderschöne charaktertheoretische Beweis gelungen wäre und er und seine Zeitgenossen statt dessen intensiver mit der gruppentheoretischen Analyse der Situation begonnen hätten.

Wir beginnen nun mit dem Beweis des Satzes von BURNSIDE. Sei G ein Gegenbeispiel minimaler Ordnung.

Für $U \leq G$ sei U_p bzw. U_q immer eine p- bzw. q-Sylowuntergruppe von U.

Nach 1.1.6 auf Seite 6 haben wir die Faktorisierung

$$G = G_p G_q.$$

Infolge der minimalen Wahl von G ist jede echte Untergruppe von G und jede Faktorgruppe G/N, $1 \neq N \trianglelefteq G$, eine auflösbare Gruppe. Da G nicht auflösbar ist, folgt aus 6.1.2 auf Seite 110, daß G eine nichtabelsche einfache Gruppe ist. Insbesondere gilt

$$1 \neq U < G \quad \Rightarrow \quad N_G(U) \text{ ist auflösbar.}$$

Wir analysieren im folgenden die lokale Struktur von G. Ein wesentliches Hilfsmittel ist dabei 8.2.12 auf Seite 169:

(1)   *Sei M eine maximale Untergruppe von G und P eine p-Untergruppe von M. Dann ist $O_q(C_M(P)) \leq O_q(M)$.*

Sei $\mathcal{M}$ die Menge der maximalen Untergruppen von G und

$$\begin{aligned}
\mathcal{M}_p &:= \{M \in \mathcal{M} \mid M \text{ hat Charakteristik } p\}, \\
\mathcal{M}_q &:= \{M \in \mathcal{M} \mid M \text{ hat Charakteristik } q\}, \\
\mathcal{M}_0 &:= \mathcal{M} \setminus (\mathcal{M}_p \cup \mathcal{M}_q).
\end{aligned}$$

Man beachte

$$F(M) = O_p(M) \times O_q(M) \quad (M \in \mathcal{M})$$

und

$$M \in \mathcal{M}_p \iff F(M) = O_p(M); \quad M \in \mathcal{M}_q \iff F(M) = O_q(M).$$

(2)   *Sei $M \in \mathcal{M}$ mit $G_p \leq M$. Dann ist $M \in \mathcal{M}_p$.*

Beweis.   Sei $Q := O_q(M) \leq G_q$. Es folgt

$$\langle Q^G \rangle = \langle Q^{G_p G_q} \rangle = \langle Q^{G_q} \rangle \leq G_q,$$

also $\langle Q^G \rangle = 1 = Q$ infolge der Einfachheit von G. $\square$

(3)   *Sei $M \in \mathcal{M}_0$. Dann ist M die einzige maximale Untergruppe von G, die $Z(F(M))$ enthält. Insbesondere gilt $C_G(a) \leq M$ für alle $a \in Z(F(M))^{\#}$.*

Beweis.   Für $A := Z(F(M))$ hat man wegen $M \in \mathcal{M}_0$ die Zerlegung

$$A = A_p \times A_q, \quad A_p \neq 1 \neq A_q.$$

Aus der Maximalität von M folgt

$$A_q \leq O_q(C_M(A_p)) = O_q(C_G(A_p)).$$

Sei $A \leq H \in \mathcal{M}$. Dann liegt A_q auch in $O_q(C_H(A_p))$; mit (1) folgt $1 \neq A_q \leq O_q(H)$ und genauso (mit p und q vertauscht) $1 \neq A_p \leq O_p(H)$. Damit gilt

$$O_q(H) \leq C_G(A_p) \leq M \quad \text{und} \quad O_p(H) \leq C_G(A_q) \leq M,$$

also $F(H) \leq M$. Mit H und M vertauscht folgt genauso $F(M) \leq H$. Im Falle $M \neq H$ ist (M, H) ein primitives Paar. Mit 10.1.4 folgt, daß $M \in \mathcal{M}_p$ oder $M \in \mathcal{M}_q$ ist, ein Widerspruch zu $M \in \mathcal{M}_0$.   □

(4)   *Sei $M \in \mathcal{M}_0$. Dann existieren $x \in G \setminus M$ und M_p mit*

$$M_p = M_p{}^x \quad (\leq M \cap M^x).$$

Beweis.   Ist $M_p \leq G_p$, so folgt $M_p < G_p$ aus (2). Deshalb existiert ein

$$x \in G_p \setminus M_p \subseteq G \setminus M.$$

mit $M_p{}^x = M_p$.   □

(5) $\mathcal{M}_0 = \emptyset$.

Beweis.   Sei $\mathcal{M}_0 \neq \emptyset$ und $M \in \mathcal{M}_0$. Wir wählen die Bezeichnungen so, daß $p > q$ gilt. Sei wie im Beweis von (3)

$$A_p := Z(O_p(M)) \quad \text{und} \quad A_q := Z(O_q(M)),$$

und sei $x \in G \setminus M$ wie in (4). Dann ist

$$A_p A_p{}^x \leq M \cap M^x.$$

Sei A_q, also auch $A_q{}^x$ zyklisch. Die Operation von A_p auf $A_q{}^x$ ($\trianglelefteq M^x$) ist wegen $p > q$ trivial (2.2.5 auf Seite 46). Dann folgt $A_q{}^x \leq M$ aus (3), also $Z(F(M^x)) \leq M$. Nun ergibt (3) $M = M^x$, im Widerspruch zu $N_G(M) = M$. A_q ist deshalb nicht zyklisch. Nach (4) existieren M_q und $y \in G \setminus M$ mit

$$A_q A_q{}^y \leq M_q = M_q{}^y \leq M \cap M^y.$$

Dann liegt A_q in M^y, und A_q operiert auf $P := A_p{}^y$ ($\trianglelefteq M^y$). Aus dem Zerlegungssatz 8.3.4 folgt

$$P = \langle C_P(a) \mid a \in A_q{}^\# \rangle \overset{(3)}{\leq} M,$$

also $Z(F(M^y)) = A_p{}^y A_q{}^y \leq M$. Wie eben ergibt (3) den Widerspruch $M = M^y$. $\qquad\qquad\square$

(6)   *Für $M \in \mathcal{M}$ gelte $Z(G_q) \cap M \neq 1$. Dann ist $M \in \mathcal{M}_q$.*

Beweis.   Anderenfalls ist wegen (5) $M \in \mathcal{M}_p$, also

$$C_M(O_p(M)) \leq O_p(M) =: P.$$

Sei $P \leq G_p$. Wegen der Maximalität von M ist

$$Z := Z(G_p) \leq N_G(P) \leq M$$

und damit $Z \leq P$. Sei $Y := Z(G_q) \cap M$. Dann ist $\langle Z^Y \rangle$ ($\leq P$) eine p-Gruppe. Zu $g \in G$ existieren $x \in G_p$, $y \in G_q$ mit $g = xy$. Dann ist

$$Z^{gY} = Z^{yY} = Z^{Yy},$$

also auch $\langle Z^{gY} \rangle$ eine p-Gruppe. Nach dem Lemma von MATSUYAMA 6.7.8 auf Seite 144 existiert daher ein $T \in \mathrm{Syl}_p G$, so daß

$$R := \mathrm{wcl}_G(Z, T)$$

von Y normalisiert wird. Es ist $G = G_q T$ und deshalb $Y^G = Y^T$. Aus der Einfachheit von G ergibt sich $\langle Y^T \rangle = G = \langle Y, T \rangle$. Aber dann ist R ein nichttrivialer p-Normalteiler von G, ein Widerspruch. $\qquad\qquad\square$

(7)   *Sei L eine p-lokale Untergruppe von G.*

   a) $L \cap Z(G_q) = 1$ *für alle $G_q \in \mathrm{Syl}_q G$.*

   b)   *L hat Charakteristik p.*

Beweis.   Sei $1 \neq R \leq G_p$ mit $L = N_G(R)$. Dann ist $Z(G_p) \leq L$.

a) Sei $L \cap Z(G_q) \neq 1$ angenommen. Ist M eine maximale Untergruppe von G, die L enthält, so ist $M \cap Z(G_q) \neq 1 \neq M \cap Z(G_p)$. Dies widerspricht (6).

b) Anderenfalls ist $Q := O_q(L) \neq 1$. Dann ist $N_G(Q)$ eine q-lokale Untergruppe von G, die L, also $Z(G_p)$ enthält. Dies widerspricht a) (mit p und q vertauscht). $\qquad\qquad\square$

(8)   *$|G|$ ist ungerade.*

Beweis.   Anderenfalls sei $q = 2$ und t eine Involution, die in $Z(G_2)$ liegt (3.1.11 auf Seite 56). Aus dem Satz von BAER (6.7.5 auf Seite 144) folgt die Existenz eines p-Elementes $y \neq 1$ von G mit $y^t = y^{-1}$. Dann ist $L = N_G(\langle y \rangle)$ eine p-lokale Untergruppe von G mit $t \in L$, im Widerspruch zu (7a).   □

Aus 10.1.6 auf Seite 239 folgt nun wegen (8), daß in G kein primitives Paar der Charakteristik p existiert. Wegen (7b) verfügen wir auch über die Aussage von 10.1.3 auf Seite 235. Somit gilt für jede maximale p-lokale Untergruppe M von G

$$|M \cap M^g|_p = 1 \quad \text{für alle } g \in G \setminus M.$$

Dabei können wir M so wählen, daß $G_p \leq M$ gilt. Es folgt $G_p \cap G_p{}^g = 1$ für $g \in G \setminus M$, also (1.1.6 auf Seite 6)

$$|G_p|^2 = |G_p G_p{}^g| \leq |G|.$$

Genauso folgt $|G_q|^2 \leq |G|$. Dies ist wegen $|G_p| \neq |G_q|$ ein Widerspruch zu $|G| = |G_p||G_q|$.   □

10.3 Die Amalgam-Methode

In diesem Abschnitt stellen wir eine Methode vor, die besonders dazu geeignet ist, primitive Paare (M_1, M_2) der Charakteristik p zu untersuchen. Sie wurde Ende der 70er Jahre von GOLDSCHMIDT [58] eingeführt und ist seitdem zu einem festen Bestandteil der lokalen Strukturtheorie endlicher Gruppen geworden[3]. Der Name *Amalgam-Methode* hat sich eingebürgert, da diese Methode schon im *amalgamierten Produkt* von M_1 und M_2 angewandt werden kann. Wir werden aber in unserer Darstellung keine amalgamierten Produkte benutzen.

Sei G eine Gruppe, und seien P_1, P_2 zwei verschiedene Untergruppen von G. Wir werden in diesem Abschnitt nicht benötigen, daß G eine *endliche* Gruppe ist; es genügt, die Untergruppen P_1 und P_2 als endlich vorauszusetzen.

Sei Γ die Menge der Rechtsnebenklassen von P_1 und P_2 in G. Die Elemente von Γ heißen **Ecken**. Zwei Ecken $P_i x, P_j y \in \Gamma$ heißen **benachbart**, wenn gilt:

$$P_i x \cap P_j y \neq \emptyset \quad \text{und} \quad P_i x \neq P_j y;$$

in diesem Fall ist $\{P_i x, P_j y\}$ eine **Kante** von Γ.

Somit ist Γ ein **Graph**, der **Nebenklassengraph** von G bezüglich P_1 und P_2.

---

[3] Siehe [7].

Man beachte, daß für eine Kante $\{P_i x, P_j y\}$ immer $i \neq j$ gilt, und daß $\{P_1, P_2\}$ eine Kante ist, da $1 \in P_1 \cap P_2$.

Für $\alpha \in \Gamma$ sei $\Delta(\alpha)$ die Menge aller zu α benachbarten Ecken.

G operiert durch Rechtsmultiplikation

$$g: \Gamma \to \Gamma \quad \text{mit} \quad P_i x \mapsto P_i x g \quad (g \in G)$$

auf Γ. Wie üblich schreiben wir α^g für das Bild von α unter g und nennen α^g eine zu α **konjugierte Ecke**. Wegen

$$z \in P_i x \cap P_j y \quad \Rightarrow \quad zg \in P_i xg \cap P_j yg$$

werden durch g Kanten auf Kanten abgebildet, g ist also ein Automorphismus des Graphen Γ.

Zunächst stellen wir einfache Eigenschaften dieser Operation zusammen.

10.3.1.   a)   *Die Operation von G auf Γ zerfällt in zwei Bahnen; dabei ist P_1 ein Repräsentant der einen und P_2 ein Repräsentant der anderen Bahn. Jeder Eckenstabilisator G_α, $\alpha \in \Gamma$, ist zu P_1 oder P_2 konjugiert.*

b)   *Die Operation von G auf den Kanten ist transitiv. Jeder Kantenstabilisator ist zu $P_1 \cap P_2$ konjugiert.*

c)   *G_α operiert transitiv auf $\Delta(\alpha)$, $\alpha \in \Gamma$; insbesondere ist $|\Delta(\alpha)| = |G_\alpha : G_\alpha \cap G_\beta|$ für $\beta \in \Delta(\alpha)$.*

d)   *$(P_1 \cap P_2)_G$ ist der Kern der Operation von G auf Γ.[4]*

Beweis.   a) Man beachte, daß für $i \in \{1, 2\}$ und $P_i x \in \Gamma$, $g \in G$ gilt:

$$P_i xg = P_i x \iff P_i g^{x^{-1}} = P_i \iff g \in P_i^x.$$

b) Sei $\{P_1 x, P_2 y\}$ eine Kante; es existiert also ein $z \in P_1 x \cap P_2 y$. Dann gilt

$$P_1 x = P_1 z \quad \text{und} \quad P_2 y = P_2 z.$$

Das Element z^{-1} überführt die Kante $\{P_1 x, P_2 y\}$ in die Kante $\{P_1, P_2\}$. Der Stabilisator von $\{P_1 z, P_2 z\}$ ist wegen a) die Untergruppe $P_1^z \cap P_2^z = (P_1 \cap P_2)^z$.

c) Wegen a) können wir $\alpha = P_1$ annehmen. Dann ist

$$\Delta(\alpha) = \{P_2 y \mid P_2 y \cap P_1 \neq \emptyset\} = \{P_2 y \mid y \in P_1\}.$$

Danach operiert P_1 transitiv auf $\Delta(\alpha)$.

d) Ein Normalteiler von G, der in P_1 und P_2 liegt, stabilisiert wegen a) jede Ecke von Γ.   □

---

[4] $(P_1 \cap P_2)_G$ ist der größte Normalteiler von G, der in $P_1 \cap P_2$ liegt.

Ein $(n+1)$-Tupel $(\alpha_0, \alpha_1, \ldots, \alpha_n)$ von Ecken heißt **Weg** der **Länge** n von α_0 nach α_n, wenn gilt

$$\alpha_i \in \Delta(\alpha_{i+1}) \text{ für } i = 0, \ldots, n-1 \quad \text{und} \quad \alpha_i \neq \alpha_{i+2} \text{ für } i = 0, \ldots, n-2.$$

Mit Hilfe von Wegen können wir für $\alpha, \beta \in \Gamma$ den **Abstand** $d(\alpha, \beta)$ zwischen α und β definieren. Dabei ist $d(\alpha, \beta) = \infty$, falls in Γ kein Weg zwischen α und β existiert, und sonst ist $d(\alpha, \beta)$ die Länge eines kürzesten Weges zwischen α und β.

Die Teilmenge

$$\{\beta \in \Gamma \mid d(\alpha, \beta) < \infty\}$$

heißt die **Zusammenhangskomponente** von Γ, in der α liegt; in ihr sind je zwei Ecken durch einen Weg verbunden. Verschiedene Zusammenhangskomponenten sind disjunkt. Γ heißt **zusammenhängend**, wenn Γ nur eine Zusammenhangskomponente besitzt.

Es ist nicht sofort ersichtlich, warum die Einführung neuer Objekte (und einer neuen Sprache) zur Vereinfachung der Untersuchung der Struktur von G (genauer der von P_1 und P_2) beitragen kann. Der wesentliche Grund liegt in der Tatsache, daß in der graphentheoretischen Sprache die gruppentheoretischen Eigenschaften, die wir hier untersuchen, besonders einfach zu beschreiben sind. Dies sollte sich natürlich aus den folgenden Beweisen ergeben, auf zwei Dinge sei aber hier schon hingewiesen:

- Aussage 10.3.2 weiter unten zeigt, daß Γ genau dann zusammenhängend ist, wenn G von P_1 und P_2 erzeugt wird. Damit wird aus der ziemlich unhandlichen Erzeugniseigenschaft eine elementare graphentheoretische Eigenschaft, die sich in Beweisen und Definitionen einfach verwenden läßt; zum Beispiel in 10.3.3 und bei der Definition eines kritischen Paares.

- Mit Hilfe des oben definierten Abstandsbegriffs lassen sich eine Vielzahl von Normalteilern der Eckenstabilisatoren definieren; zum Beispiel für $i \in \mathbb{N}$

$$G_\alpha^{[i]} := \bigcap_{\substack{\delta \in \Gamma \\ d(\alpha, \delta) \leq i}} G_\delta.$$

Man versuche für $\alpha = P_1$ (also $G_\alpha = P_1$), diese Normalteiler von P_1 ohne Hilfe des Graphen zu definieren.

Natürlich sind diese Normalteiler nicht alle verschieden, da P_1 und P_2 endlich sind; es ist genau die wesentliche Idee der Amalgam-Methode, Identitäten zwischen diesen Normalteilern zu zeigen.

10.3.2. *Genau dann ist Γ zusammenhängend, wenn $G = \langle P_1, P_2 \rangle$ gilt.*

Beweis.   Sei $G = \langle P_1, P_2 \rangle$, und sei Δ die Zusammenhangskomponente von Γ, in der P_1 liegt. Da P_1 und P_2 benachbart sind, gilt auch $P_2 \in \Delta$. Weil die Elemente von G Zusammenhangskomponenten auf Zusammenhangskomponenten abbilden, folgt

$$\Delta = \Delta^{\langle P_1, P_2 \rangle} = \Delta^G,$$

also $\Delta = \Gamma$ wegen 10.3.1 a).

Sei nun Γ zusammenhängend. Wir setzen $G_0 := \langle P_1, P_2 \rangle$ und bilden dazu den Nebenklassengraph

$$\Gamma_0 := \{P_1 x \mid x \in G_0\} \cup \{P_2 x \mid x \in G_0\},$$

der nach dem bereits Bewiesenen zusammenhängend ist. Im Falle $\Gamma = \Gamma_0$ ist $G = G_0$. Andernfalls existiert — da Γ zusammenhängend ist — eine Kante $\{\alpha, \beta\}$ mit $\alpha \in \Gamma_0$ und $\beta \in \Gamma \setminus \Gamma_0$. Wegen 10.3.1 a) (angewandt auf G_0 und Γ_0) liegt G_α in G_0. Da G_α transitiv auf $\Delta(\alpha)$ operiert (10.3.1 c), liegt mit β auch jedes weitere Element von $\Delta(\alpha)$ in $\Gamma \setminus \Gamma_0$. In Γ_0 ist α also zu keiner Ecke aus Γ_0 benachbart. Im Widerspruch dazu ist Γ_0 zusammenhängend. $\square$

Ein wesentliches Hilfsmittel bei der Untersuchung von Nebenklassengraphen ist folgende elementare Aussage:

10.3.3.   *Sei $G = \langle P_1, P_2 \rangle$, $\{\alpha, \beta\}$ Kante von Γ und $U \leq G_\alpha \cap G_\beta$. Es gelte eine der folgenden Aussagen:*

1) $N_{G_\delta}(U)$ *operiert transitiv auf* $\Delta(\delta)$ *für* $\delta \in \{\alpha, \beta\}$.

1') $U \trianglelefteq G_\alpha$ *und* $U \trianglelefteq G_\beta$.

Dann operiert U trivial auf Γ.

Beweis.   Aus der Voraussetzung 1') folgt mit 10.3.1 c) die Voraussetzung 1). Sei 1) vorausgesetzt, und sei Γ_0 die Menge aller $\gamma \in \Gamma$ der Form

$$\gamma = \delta^g \text{ mit } g \in N_G(U) \text{ und } \delta \in \{\alpha, \beta\}.$$

Für ein solches $\gamma = \delta^g$ ist

$$N_{G_\gamma}(U) = N_{G_\delta}(U)^g.$$

Wegen 1) ist nun $N_{G_\gamma}(U)$ transitiv auf $\Delta(\delta^g) = \Delta(\gamma)$. Da Γ_0 mit $\{\alpha^g, \beta^g\}$ auch einen Nachbarn von γ enthält, ist $\Delta(\gamma) \subseteq \Gamma_0$. Daraus folgt $\Gamma = \Gamma_0$, denn Γ ist wegen 10.3.2 zusammenhängend. Damit stabilisiert U jede Ecke von Γ. $\square$

Wir stellen nun die Amalgam-Methode vor, indem wir sie auf eine Situation anwenden, der wir in Kapitel 12 begegnen werden. Für den Rest dieses Abschnittes setzen wir voraus:

$\mathcal{A}$ *Sei G eine Gruppe, die von zwei endlichen Untergruppen P_1, P_2 erzeugt wird. Sei $T := P_1 \cap P_2$. Für $i = 1, 2$ gelte:*

$\mathcal{A}_1$ $C_{P_i}(O_2(P_i)) \leq O_2(P_i)$.

$\mathcal{A}_2$ $T \in \mathrm{Syl}_2 P_i$.

$\mathcal{A}_3$ $T_G = 1$.

$\mathcal{A}_4$ $P_i / O_2(P_i) \cong S_3$.

$\mathcal{A}_5$ $[\Omega(Z(T)), P_i] \neq 1$.

Ziel unserer Untersuchungen ist zu zeigen, daß $\mathcal{A}$ die folgende Aussage $\mathcal{B}$ impliziert:

$\mathcal{B}$ $P_1 \cong P_2 \cong S_4$ *oder* $P_1 \cong P_2 \cong C_2 \times S_4$.

Im folgenden sei $\mathcal{A}$ vorausgesetzt und Γ der Nebenklassengraph von G bezüglich P_1 und P_2. Aufgrund von 10.3.2 ist Γ zusammenhängend, und aus 10.3.1 d), sowie $\mathcal{A}_3$ folgt, daß G treu auf Γ operiert.

Sei $\{\alpha, \beta\}$ eine Kante von Γ. Da $\{\alpha, \beta\}$ nach 10.3.1 b) konjugiert ist zur Kante $\{P_1, P_2\}$, gelten $\mathcal{A}_1, \ldots, \mathcal{A}_5$ auch für G_α und G_β an Stelle von P_1 und P_2. In diesem Sinne werden wir $\mathcal{A}_1, \ldots, \mathcal{A}_5$ auf beliebige Eckenstabilisatoren G_α und Kanten $\{\alpha, \beta\}$ anwenden.

10.3.4.   *Sei $\{\alpha, \beta\}$ Kante von Γ.*

a)   *$G_\alpha \cap G_\beta$ hat Index 3 in G_α und ist eine 2-Sylowuntergruppe von G_α. Insbesondere ist $G_\alpha = \langle G_\alpha \cap G_\beta, t \rangle$ für alle $t \in G_\alpha \setminus G_\beta$.*

b)   *$|\Delta(\alpha)| = 3$ und*

$$O_2(G_\alpha) = \bigcap_{\delta \in \Delta(\alpha)} (G_\alpha \cap G_\delta) \quad (= G_\alpha^{[1]}).$$

c)   *G_α operiert 2-transitiv auf $\Delta(\alpha)$.*

Beweis.   Nach dem eben Gesagten folgt a) aus $\mathcal{A}_4$ und b), c) aus 10.3.1 c) und a).   □

Für $\alpha \in \Gamma$ sei

$$
\begin{aligned}
Q_\alpha &:= O_2(G_\alpha), \\
Z_\alpha &:= \langle \Omega(Z(Y)) \mid Y \in \mathrm{Syl}_2 G_\alpha \rangle.
\end{aligned}
$$

10.3.5.   *Sei $\alpha \in \Gamma$, $V \trianglelefteq G_\alpha$ und $T \in \mathrm{Syl}_2\, G_\alpha$. Es gelte*

$$\Omega(Z(T)) \leq V \leq \Omega(Z(Q_\alpha)) \quad und \quad |V : \Omega(Z(T))| = 2.$$

Dann ist

$$V = C_V(G_\alpha) \times W \quad mit \quad W := [V, G_\alpha].$$

Außerdem ist $W \cong C_2 \times C_2$ und $C_{G_\alpha}(W) = Q_\alpha$, also $G_\alpha/C_{G_\alpha}(W) \cong S_3$.

Beweis.   Sei $D \in \mathrm{Syl}_3\, G_\alpha$. Nach 8.4.2 hat man die Zerlegung

$$V = C_V(D) \times W \quad mit \quad W := [V, D].$$

Aus $\mathcal{A}_5$ und $G_\alpha = DT$ folgt $W \neq 1$, also $|W| \geq 4$. Sei $d \in D^\#$. Nach Voraussetzung ist

$$|V/\Omega(Z(T))| = 2 = |V/\Omega(Z(T^d))|.$$

Wegen $G_\alpha = \langle T, T^d \rangle$ folgt daraus $|V/C_V(G_\alpha)| \leq 4$. Also ist $C_V(G_\alpha) = C_V(D)$ und $|W| = 4$. Die anderen Behauptungen ergeben sich aus $\mathcal{A}_4$. $\Box$

10.3.6.   *Sei $\{\alpha, \beta\}$ Kante von Γ.*

a) $Z_\alpha \leq \Omega(Z(Q_\alpha))$.

b) $Q_\alpha Q_\beta = G_\alpha \cap G_\beta \in Syl_2\, G_\alpha$.

c) $C_{G_\alpha}(Z_\alpha) = Q_\alpha$; *insbesondere sind die 2-Sylowuntergruppen von G_α nicht abelsch.*

d) $Z_\alpha Z_\beta$ *ist genau dann normal in G_α, wenn es ein $\gamma \in \Delta(\alpha) \setminus \{\beta\}$ gibt mit $Z_\alpha Z_\beta = Z_\alpha Z_\gamma$.*

Beweis.   a) Für $Y \in \mathrm{Syl}_2\, G_\alpha$ ist $Q_\alpha \leq Y$ und wegen $\mathcal{A}_1$ dann $\Omega(Z(Y)) \leq Z(Q_\alpha)$.

b) Im Falle $Q_\alpha = Q_\beta$ folgt $Q_\alpha = 1$ aus 10.3.3 und 10.3.4, da G treu auf Γ operiert. Dies widerspricht $\mathcal{A}_1$. Also ist $Q_\alpha \neq Q_\beta$ und somit $Q_\alpha Q_\beta = G_\alpha \cap G_\beta$, da Q_α Index 2 in $G_\alpha \cap G_\beta$ hat (10.3.4 und $\mathcal{A}_4$).

c) Nach $\mathcal{A}_5$ ist Z_α nicht zentral in G_α, und daher auch nicht zentral in $Y \in \mathrm{Syl}_2\, G_\alpha$, da $G_\alpha = \langle T \mid T \in \mathrm{Syl}_2\, G_\alpha \rangle$. Im Falle $Q_\alpha < C_{G_\alpha}(Z_\alpha)$ enthält $C_{G_\alpha}(Z_\alpha)$ eine Untergruppe D der Ordnung 3, für die $G_\alpha = DY$ gilt ($\mathcal{A}_4$). Dann ist $\Omega(Z(Y))$ aber zentral in G_α, ein Widerspruch zu $\mathcal{A}_5$.

d) Im Falle $Z_\alpha Z_\beta \trianglelefteq G_\alpha$ gilt auch $Z_\alpha Z_\beta = Z_\alpha Z_\gamma$ für alle $\gamma \in \Delta(\alpha)$, da G_α transitiv auf $\Delta(\alpha)$ operiert. Gilt umgekehrt $Z_\alpha Z_\beta = Z_\alpha Z_\gamma$ für ein $\gamma \in \Delta(\alpha)$, $\gamma \neq \beta$, so wird $Z_\alpha Z_\beta$ von den Untergruppen $G_\alpha \cap G_\beta$ und $G_\alpha \cap G_\gamma$ normalisiert, also von deren Erzeugnis G_α ($\mathcal{A}_4$). $\Box$

Zur Motivation des Folgenden sei zunächst bewiesen:

10.3.7.   *Sei $\{\alpha, \beta\}$ eine Kante von Γ. Äquivalent sind:*

(i)   *Es gilt $\mathcal{B}$.*

(ii) $Z_\alpha \not\leq Q_\beta.$

Beweis.   Es gelte $\mathcal{B}$, also für $\delta \in \{\alpha, \beta\}$ (10.3.1 b)

$$G_\delta \cong S_4 \qquad \text{und} \quad Q_\delta \cong C_2 \times C_2$$
$$\text{oder}$$
$$G_\delta \cong S_4 \times C_2 \quad \text{und} \quad Q_\delta \cong C_2 \times C_2 \times C_2.$$

Dann ist $Z_\delta = Q_\delta$ für $\delta \in \{\alpha, \beta\}$; und aus 10.3.6 b) folgt $Z_\alpha \not\leq Q_\beta$.
Sei umgekehrt $Z_\alpha \not\leq Q_\beta$ angenommen. Sei $\delta \in \{\alpha, \beta\}$ und

$$T := Q_\alpha Q_\beta, \quad \text{sowie} \quad E := Q_\alpha \cap Q_\beta.$$

Wegen 10.3.6 b) ist $T \in \mathrm{Syl}_2\, G_\delta$ und $|T/Q_\delta| = 2$. Daraus folgt

(1) $|Q_\alpha : E| = 2 = |Q_\beta : E|,$

sowie

(2) $T = Q_\beta Z_\alpha \quad \text{und} \quad Q_\alpha = E Z_\alpha.$

Nach 10.3.6 c) ist nun $[Z_\alpha, Z_\beta] \neq 1$, also auch

$$Z_\beta \not\leq Q_\alpha.$$

Mit dem gleichen Argument wie eben gilt daher auch

(3) $T = Q_\alpha Z_\beta \quad \text{und} \quad Q_\beta = E Z_\beta.$

Da Z_δ eine elementarabelsche Untergruppe von $Z(Q_\delta)$ ist, folgt mit 5.2.5 aus (2) und (3)

$$\Phi(Q_\alpha) = \Phi(E) = \Phi(Q_\beta),$$

d.h. $\Phi(E)$ ist charakteristisch in Q_δ. Deshalb ist $\Phi(E)$ normal in G_α und G_β, also wegen 10.3.3 trivial. Es folgt

(4) Q_α und Q_β sind elementarabelsch

und infolge $T = Q_\alpha Q_\beta$

(5) $E = Z(T).$

Sei $W_\delta := [Q_\delta, G_\delta]$. Nach (1) können wir 10.3.5 auf $V = Q_\delta$ anwenden und erhalten

(6) $Q_\delta = Z(G_\delta) \times W_\delta \quad \text{mit} \quad W_\delta \cong C_2 \times C_2.$

Wegen (2) und (3) existiert eine Involution t_δ in $T \setminus Q_\delta$, und diese operiert nichttrivial auf $O^2(G_\delta)/W_\delta$. Deshalb gilt

$$X_\delta := O^2(G_\delta) \langle t_\delta \rangle \cong S_4.$$

Sei $Z(G_\alpha) = 1$ angenommen. Dann ist $|T| = 8$, also auch $Z(G_\beta) = 1$ infolge (5) und (6). Daher sind $G_\alpha = X_\alpha$ und $G_\beta = X_\beta$ wie in $\mathcal{B}$.

Sei $Z(G_\alpha) \neq 1$. Dann folgt auch $Z(G_\beta) \neq 1$ aus (5) und (6). Andererseits gilt $Z(G_\beta) \cap Z(G_\alpha) = 1$ wegen 10.3.3. Da $Z(G_\alpha)$ und $Z(G_\beta)$ in $Z(T) = E$ liegen, folgt mit (6) $Z(G_\alpha) \cong C_2 \cong Z(G_\beta)$. Dies ist die zweite Möglichkeit in $\mathcal{B}$. $\qquad\square$

Sei $\{\alpha, \beta\}$ Kante. Um zu beweisen, daß $\mathcal{B}$ aus $\mathcal{A}$ folgt, genügt es wegen 10.3.7 zu zeigen, daß die Annahme $Z_\alpha \leq Q_\beta$ zu einem Widerspruch führt. Wesentlich dabei ist folgende Begriffsbildung:

Sei μ Ecke. Weil Z_μ treu auf Γ operiert, findet sich ein $\lambda \in \Gamma$ mit $Z_\mu \not\leq G_\lambda$, also auch $Z_\mu \not\leq Q_\lambda$. Da Γ zusammenhängend ist, existiert

$$b := \min\{d(\mu, \lambda) \mid \mu, \lambda \in \Gamma, \; Z_\mu \not\leq Q_\lambda\}.$$

Dabei ist $b \geq 1$ wegen $Z_\mu \leq Q_\mu$. Ein Paar (α, α') von Ecken nennen wir **kritisches Paar**, wenn

$$Z_\alpha \not\leq Q_{\alpha'} \quad \text{und} \quad d(\alpha, \alpha') = b.$$

Damit haben wir für zwei Ecken $\mu, \lambda \in \Gamma$ mit $d(\mu, \lambda) < b$ immer die Beziehung

$$Z_\mu \leq Q_\lambda \quad \text{und} \quad Z_\lambda \leq Q_\mu.$$

Nach 10.3.7 ist $b = 1$ äquivalent zur Aussage $\mathcal{B}$.

Im folgenden sei (α, α') ein kritisches Paar und γ ein Weg der Länge b von α nach α'. Wir numerieren die Ecken von γ entweder durch

$$\gamma = (\alpha, \alpha+1, \alpha+2, \dots, \alpha') \quad \text{oder} \quad \gamma = (\alpha, \dots, \alpha'-2, \alpha'-1, \alpha'),$$

d.h. $\alpha' - i = \alpha + (b - i)$ für $1 \leq i \leq b - 1$. Wir setzen

$$R := [Z_\alpha, Z_{\alpha'}].$$

10.3.8.   a) (α', α) *ist ebenfalls ein kritisches Paar.*

b) $G_\alpha \cap G_{\alpha+1} = Z_{\alpha'} Q_\alpha$ *und* $G_{\alpha'-1} \cap G_{\alpha'} = Z_\alpha Q_{\alpha'}$.

c) $R \leq Z(G_\alpha \cap G_{\alpha+1}) \cap Z(G_{\alpha'-1} \cap G_{\alpha'})$ *und*
$R = [Z_\alpha, G_{\alpha+1} \cap G_\alpha] = [Z_{\alpha'}, G_{\alpha'-1} \cap G_{\alpha'}]$.

d) $|R| = 2$.

e) $Z_\alpha = [Z_\alpha, G_\alpha] \times \Omega(Z(G_\alpha))$ *und* $[Z_\alpha, G_\alpha] \cong C_2 \times C_2$.

f)   *Für $Y \in \mathrm{Syl}_2 G_\alpha$ ist $|Z_\alpha : \Omega(Z(Y))| = 2$.*

Beweis.   Aufgrund der Minimalität von b hat man

$$Z_\alpha \leq Q_{\alpha'-1} \leq G_{\alpha'-1} \cap G_{\alpha'} \quad \text{und} \quad Z_{\alpha'} \leq Q_{\alpha+1} \leq G_\alpha \cap G_{\alpha+1}.$$

$Z_\alpha \not\leq Q_{\alpha'}$ impliziert

$$G_{\alpha'-1} \cap G_{\alpha'} = Z_\alpha Q_{\alpha'},$$

da $Q_{\alpha'}$ Index 2 in $G_{\alpha'-1} \cap G_{\alpha'}$ hat (10.3.4 und $\mathcal{A}_4$). Wegen $Z_{\alpha'} \trianglelefteq G_{\alpha'}$ operiert Z_α auf $Z_{\alpha'}$, und zwar nicht trivial (10.3.6 c); es folgt

$$R \neq 1.$$

Da umgekehrt $Z_{\alpha'}$ auch Z_α normalisiert, hat man deshalb auch $Z_{\alpha'} \not\leq Q_\alpha$ und

$$G_\alpha \cap G_{\alpha+1} = Z_{\alpha'} Q_\alpha.$$

Es folgen a) und b) und auch c), da $R \leq Z_\alpha \cap Z_{\alpha'}$. Wegen $Z_{\alpha'} \leq Z(Q_{\alpha'})$ gilt

$$|Z_\alpha : C_{Z_\alpha}(Z_{\alpha'})| \leq 2;$$

die Operation von $Z_{\alpha'}$ auf Z_α liefert also d) (siehe 8.4.1 auf Seite 176). Wegen b) ist außerdem $C_{Z_\alpha}(Z_{\alpha'}) = \Omega(Z(G_\alpha \cap G_{\alpha+1}))$. Daraus folgt f). Nun können wir 10.3.5 anwenden und erhalten e). $\square$

10.3.9.   *Sei $\alpha - 1 \in \Delta(\alpha) \setminus \{\alpha + 1\}$, und sei $(\alpha - 1, \alpha' - 1)$ kein kritisches Paar.*

a) $Z_\alpha Z_{\alpha+1} = Z_\alpha Z_{\alpha-1} \trianglelefteq G_\alpha$.

b) $Q_\alpha \cap Q_\beta \trianglelefteq G_\alpha$ *für alle $\beta \in \Delta(\alpha)$.*

c)   *α und α' sind konjugiert; b ist also gerade.*

Beweis.   Da $(\alpha - 1, \alpha' - 1)$ nicht kritisch ist, hat man

$$Z_{\alpha-1} \leq Q_{\alpha'-1} \quad (\leq G_{\alpha'-1} \cap G_{\alpha'}),$$

also $Z_{\alpha-1} \leq Z_\alpha Q_{\alpha'}$ (10.3.8 b). Es folgt

$$[Z_{\alpha-1}, Z_{\alpha'}] \leq [Z_\alpha, Z_{\alpha'}] \leq Z_\alpha.$$

Deshalb wird die in $G_{\alpha-1} \cap G_\alpha$ normale Untergruppe $Z_{\alpha-1} Z_\alpha$ von $Z_{\alpha'}$ und damit auch von G_α normalisiert, denn $G_\alpha = \langle G_\alpha \cap G_{\alpha-1}, Z_{\alpha'} \rangle$. Daher folgt mit 10.3.1 c) die Aussage a).

Nun erhält man b) aus

$$C_{G_\alpha}(Z_\alpha Z_{\alpha+1}) \overset{10.3.6\ c}{=} Q_\alpha \cap Q_{\alpha+1}$$

und der Transitivität von G_α auf $\Delta(\alpha)$.

Ist c) falsch, so sind α und $\alpha' - 1$ konjugiert (10.3.1 a), also auch G_α und $G_{\alpha'-1}$. Somit folgt aus b)

$$Q_{\alpha'-2} \cap Q_{\alpha'-1} = Q_{\alpha'-1} \cap Q_{\alpha'}.$$

Dann ist $Z_\alpha \leq Q_{\alpha'}$, im Widerspruch zu $Z_\alpha \not\leq Q_{\alpha'}$.   □

10.3.10. *Es existiere ein $\alpha - 1 \in \Delta(\alpha) \setminus \{\alpha + 1\}$, so daß $(\alpha - 1, \alpha' - 1)$ ein kritisches Paar ist. Dann ist $b = 1$.*

Beweis. Sei $b > 1$. Dann ist $Z_\alpha \leq Q_{\alpha+1}$ und $Z_{\alpha'} \leq Q_{\alpha'-1}$. Da das Paar $(\alpha - 1, \alpha' - 1)$ als kritisch vorausgesetzt ist, verfügen wir über 10.3.8 mit $(\alpha - 1, \alpha' - 1)$ an Stelle von (α, α'). Es folgt

$$|R_1| = 2 \quad \text{für} \quad R_1 := [Z_{\alpha-1}, Z_{\alpha'-1}] = [Z_{\alpha-1}, G_{\alpha-1} \cap G_\alpha],$$

und $R_1 \leq Z(G_{\alpha-1} \cap G_\alpha) \cap Z(G_{\alpha'-2} \cap G_{\alpha'-1})$, also insbesondere auch $R_1 \leq Z(Q_{\alpha'-1})$ und somit $[R_1, Z_{\alpha'}] = 1$. Wegen $G_\alpha = \langle G_{\alpha-1} \cap G_\alpha, Z_{\alpha'} \rangle$ (10.3.8 b) impliziert dies

(1) $R_1 \leq Z(G_\alpha).$

Sei $\alpha - 2 \in \Delta(\alpha - 1) \setminus \{\alpha\}$ (siehe Abbildung).

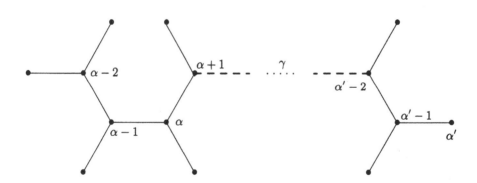

Wir zeigen:

(2) $(\alpha - 2, \alpha' - 2)$ ist ein kritisches Paar.

Ist (2) falsch, so besagt 10.3.9 a), angewandt auf $(\alpha - 1, \alpha' - 1)$ und $\alpha - 2$ an Stelle von (α, α') und $\alpha - 1$, daß $Z_{\alpha-1} Z_\alpha = Z_{\alpha-1} Z_\delta$ für alle $\delta \in \Delta(\alpha - 1)$. Mit 10.3.1 c) folgt daraus[5]

---

[5] Man „drehe" um α, so daß $\alpha - 1$ auf $\alpha + 1$ geht.

$$Z_{\alpha+1}Z_\alpha = Z_{\alpha+1}Z_{\alpha+2}.$$

Die Minimalität von b liefert nun $Z_{\alpha+1}Z_{\alpha+2} \leq Q_{\alpha'}$, also auch $Z_\alpha \leq Q_{\alpha'}$ entgegen der Wahl von (α, α'). Damit ist (2) gezeigt.

Nun sind $(\alpha-1, \alpha'-1)$ und $(\alpha-2, \alpha'-2)$ kritisch; wie unter (1) folgt mit 10.3.8

(3) $R_2 := [Z_{\alpha-2}, Z_{\alpha'-2}] = [Z_{\alpha-2}, G_{\alpha-2} \cap G_{\alpha-1}] \leq Z(G_{\alpha-1})$ und
$|R_2| = 2$.

Nach 10.3.1 c) existieren $y \in G_{\alpha-1}$ und $x \in G_\alpha$ mit

$$(\alpha-2)^y = \alpha \quad \text{und} \quad (\alpha+1)^x = \alpha-1.$$

Deshalb ist

$$[Z_\alpha, G_\alpha \cap G_{\alpha-1}] = [Z_{\alpha-2}, G_{\alpha-2} \cap G_{\alpha-1}]^y = R_2{}^y \leq Z(G_{\alpha-1}),$$

und

$$R^x \stackrel{10.3.8\,c)}{=} [Z_\alpha, G_\alpha \cap G_{\alpha+1}]^x = [Z_\alpha, G_\alpha \cap G_{\alpha-1}] = R_2{}^y \leq Z(G_{\alpha-1}).$$

Es folgt

(4) $$R \leq Z(G_{\alpha+1}).$$

Mit (1) hat man wegen 10.3.3

(5) $$R \cap R_1 = 1.$$

Wir zeigen als nächstes

(6) $$b = 2.$$

Dazu sei $b > 2$ angenommen. Dann liegt $Z_{\alpha'}$ in $Q_{\alpha'-2}$, d.h. $[R_2, Z_{\alpha'}] = 1$. Wegen (3) wird R_2 von $G_{\alpha-1}$ und $Q_\alpha Z_{\alpha'} = G_\alpha \cap G_{\alpha+1}$, also auch von G_α, zentralisiert. Nun erzwingt 10.3.3, daß $R_2 = 1$ ist, ein Widerspruch zu $|R_2| = 2$.

Um den Fall $b = 2$ zu behandeln, betrachten wir

$$V_\alpha := \langle Z_\beta \mid \beta \in \Delta(\alpha) \rangle \quad (\trianglelefteq G_\alpha)$$

und auch

$$V_{\alpha+1} := \langle Z_\beta \mid \beta \in \Delta(\alpha+1) \rangle \quad (\trianglelefteq G_{\alpha+1}).$$

Dabei beachte man $V_\alpha \leq Q_\alpha$ und $V_{\alpha+1} \leq Q_{\alpha+1}$, da $b > 1$. Außerdem gilt

$$Z_\alpha = \langle \Omega(Z(G_\alpha \cap G_{\alpha+1}))^{G_\alpha} \rangle \leq V_\alpha,$$

da V_α normal in G_α ist, und genauso $Z_{\alpha+1} \leq V_{\alpha+1}$, also

(7) $$Z_\alpha Z_{\alpha+1} \leq V_\alpha \cap V_{\alpha+1}.$$

Wegen $R_1 = [Z_{\alpha-1}, Z_{\alpha+1}] \leq Z(G_\alpha)$ und $|R_1| = 2$ folgt aus der 2-transitiven Operation von G_α auf $\Delta(\alpha)$ (10.3.4 c)

$$V'_\alpha = R_1 \leq Z(G_\alpha),$$

d.h. $|V'_\alpha| = 2$. Im Widerspruch dazu zeigen wir im folgenden, daß V_α abelsch ist.

Da V_α von Involutionen erzeugt wird, ist V_α/R_1 elementarabelsch, also

$$R_1 = \Phi(V_\alpha).$$

Genauso folgt mit (4)

$$R = \Phi(V_{\alpha+1}).$$

Sei

$$\overline{V}_\alpha := V_\alpha/Z_\alpha.$$

Wegen 10.3.8 f) ist $|Z_\beta/Z_\alpha \cap Z_\beta| = 2$, also $|\overline{Z}_\beta| = 2$ für alle $\beta \in \Delta(\alpha)$. Da die elementarabelsche Gruppe $\overline{V}_\alpha$ von den 3 Untergruppen $\overline{Z}_\beta$, $\beta \in \Delta(\alpha)$, erzeugt wird, ist

$$|\overline{V}_\alpha| \leq 8.$$

Sei

$$W := V_\alpha \cap V_{\alpha+1} \quad (\trianglelefteq G_\alpha \cap G_{\alpha+1}).$$

Nach (7) liegt $Z_\alpha Z_{\alpha+1}$ in W; infolge der Definition von V_α gilt daher

(8) $$V_\alpha = \langle W^{G_\alpha} \rangle.$$

Außerdem ist (5.2.5 auf Seite 97)

$$\Phi(W) \leq \Phi(V_\alpha) \cap \Phi(V_{\alpha+1}) = R_1 \cap R \overset{(5)}{=} 1,$$

also W elementarabelsch. Aus $V'_\alpha \neq 1$ folgt daher $|V_\alpha/W| \geq 2$.

Wir betrachten nun die Operation von G_α auf $\overline{V}_\alpha$. Wegen $[G_{\alpha-1} \cap G_\alpha, Z_{\alpha-1}] = R_1 \leq Z_\alpha$ liegt Q_α im Kern dieser Operation. Sei

$$\overline{V}_0 := [\overline{V}_\alpha, O^2(G_\alpha)].$$

Im Falle $\overline{V}_0 = 1$ ist W normal in G_α und $V'_\alpha = 1$. Deshalb ist $\overline{V}_0 \neq 1$ und wegen $|\overline{V}_\alpha| \leq 8$

(9) $$|\overline{V}_0| = 4.$$

Sei $|V_\alpha/W| = 2$ angenommen, und sei $x \in G_\alpha$ mit $W^x \neq W$. Dann ist $V_\alpha = WW^x$, also $W \cap W^x = Z(V_\alpha)$ und $|V_\alpha/W \cap W^x| = 4$. Sei $D \in \mathrm{Syl}_3 G_\alpha$. Die nichttriviale Operation von D auf $\overline{V}_\alpha$ impliziert eine nichttriviale Operation von D auf $V_\alpha/W \cap W^x$. Damit sind alle maximalen Untergruppen von V_α, die

$W \cap W^x$ enthalten, unter D zu der elementarabelschen Gruppe W konjugiert. Damit ist jedes Element aus $V_\alpha{}^\#$ eine Involution und V_α elementarabelsch, ein Widerspruch zu $V_\alpha' \neq 1$.

Es folgt

$$|V_\alpha/W| \geq 4.$$

Wegen (7) und $|\overline{V}_\alpha| \leq 8$ ist dann

(10) $$|\overline{V}_\alpha| = 8, \quad W = Z_\alpha Z_{\alpha+1} \quad \text{und} \quad |\overline{W}| = 2.$$

$Z_{\alpha'} \leq G_\alpha$ und $Z_{\alpha'} \not\leq Q_\alpha$ ergeben $[\overline{V}_0, Z_{\alpha'}] \neq 1$. Andererseits ist $b = 2$ und deshalb

$$[V_\alpha, Z_{\alpha'}] \leq [V_\alpha, V_{\alpha+1}] \leq W,$$

also $\overline{W} = [\overline{V}_0, Z_{\alpha'}]$. Dann ist $\langle \overline{W}^{G_\alpha} \rangle = \overline{V}_0$, im Widerspruch zu (8), (9) und (10). $\square$

10.3.11.   Satz. *Es gelte $\mathcal{A}$. Dann ist entweder*

$$P_1 \cong P_2 \cong S_4 \quad \text{oder} \quad P_1 \cong P_2 \cong C_2 \times S_4.$$

Beweis.   Wir nehmen an, daß die Behauptung falsch ist. Unter allen Quadrupeln (G, P_1, P_2, T), die $\mathcal{A}$, aber nicht $\mathcal{B}$ erfüllen, wählen wir (G, P_1, P_2, T) so, daß $|T|$ minimal ist. Es ist $b > 1$ (10.3.7) und $(\alpha - 1, \alpha' - 1)$ ist für alle

$$\alpha - 1 \in \Delta(\alpha) \setminus \{\alpha + 1\}$$

nicht kritisch (10.3.10); wir verfügen also über 10.3.9. Somit gilt

(1) $$b \equiv 0 \pmod 2 \quad \text{und} \quad X := Q_\alpha \cap Q_{\alpha+1} \trianglelefteq G_\alpha.$$

Zudem hat man $|Q_\alpha : X| = |Q_{\alpha+1} : X| = 2$ (10.3.3 b) und 10.3.4 a); es ist also

$$\overline{G}_\alpha := G_\alpha/X$$

eine Gruppe der Ordnung 12. Sei

$$D \in \mathrm{Syl}_3 G_\alpha.$$

Dann ist $\overline{D Q}_\alpha = \overline{D} \times \overline{Q}_\alpha$, also $\overline{D}$ normal in $\overline{G}_\alpha$; wir können daher die Gruppe

$$\overline{L} := \overline{D Q}_{\alpha+1}, \quad X \leq L \leq G_\alpha$$

bilden. Es folgen:

(2a) L ist ein Normalteiler vom Index 2 in G_α,

(2b) $\overline{L} \cong S_3$,

(2c) $\mathrm{Syl}_2 L = \{Q_\beta \mid \beta \in \Delta(\alpha)\}$,

(2d) $O_2(L) = X = Q_\alpha \cap Q_\beta$ für alle $\beta \in \Delta(\alpha)$,

(2e) $Q_{\alpha+1} = Z_{\alpha'} O_2(L)$ (10.3.8 b),

(2f) $C_L(O_2(L)) \leq O_2(L)$.

Bezüglich der letzten Behauptung sei bemerkt, daß Z_α ($\trianglelefteq G_\alpha$) in $Q_{\alpha+1}$ liegt, also in $O_2(L)$. Es ist

$$C_L(O_2(L)) \leq C_L(Z_\alpha) \overset{10.3.6}{\leq} Q_\alpha \cap L \leq O_2(L).$$

Wegen $\mathcal{A}_4$ existiert ein Element $t \in G_{\alpha+1} \setminus Q_{\alpha+1}$ mit

$$\alpha^t = \alpha + 2 \quad \text{und} \quad t^2 \in Q_{\alpha+1}.$$

Damit ist $Q_{\alpha+1} = (Q_{\alpha+1})^t$ eine 2-Sylowuntergruppe von L ($\leq G_\alpha$) und L^t ($\leq G_{\alpha+2}$). Wir zeigen zunächst:

(3) $O_2(L)$ ist nicht elementarabelsch.

Sei (3) falsch. Dann sind $A_1 := O_2(L)$ und $A_2 := O_2(L^t)$ wegen (2b, 2d) zwei elementarabelsche Untergruppen vom Index 2 in $Q_{\alpha+1}$. Im Falle $A_1 = A_2$ gilt

$$A_1 \trianglelefteq \langle G_\alpha, G_{\alpha+2} \rangle \geq \langle G_\alpha, G_\alpha \cap G_{\alpha+1}, G_{\alpha+1} \cap G_{\alpha+2} \rangle = \langle G_\alpha, G_{\alpha+1} \rangle = G,$$

ein Widerspruch zu $\mathcal{A}_3$ und (2f). Also ist $A_1 \neq A_2$. Zusammen mit (2f) folgt daraus

$$A := A_1 \cap A_2 = Z(Q_{\alpha+1}) \quad \text{und} \quad |Q_{\alpha+1}/A| = 4.$$

Operiert $O^2(G_{\alpha+1})$ trivial auf $Q_{\alpha+1}/A$, so gilt

$$\langle G_\alpha, O^2(G_{\alpha+1}) \rangle \leq N_G(A_1),$$

im Widerspruch zu 10.3.3. Daher operiert $O^2(G_{\alpha+1})$ transitiv auf $(Q_{\alpha+1}/A)^\#$. Also ist jedes Element von $Q_{\alpha+1}^\#$ eine Involution, und $Q_{\alpha+1}$ ist elementarabelsch, ein Widerspruch zu $A = Z(Q_{\alpha+1})$ und $A_1 \neq A_2$. Damit ist (3) bewiesen.

Wir bilden nun die Gruppe

$$G_0 := \langle L, L^t \rangle,$$

und bezeichnen mit Q den größten Normalteiler von G_0, der in $Q_{\alpha+1}$ liegt. Man beachte, daß $G_0^t = G_0$ und damit auch $Q^t = Q$ gilt. Wir zeigen:

(4) $[Q, D] \neq 1$.

Für den Beweis von (4) sei

$$\widetilde{G}_0 := G_0/Q.^6$$

Wegen $Q_{\alpha+1} \in \mathrm{Syl}_2\, L \cap \mathrm{Syl}_2\, L^t$ und (2) erfüllt das Quadrupel

$$(\widetilde{G}_0, \widetilde{L}, \widetilde{L}^t, \widetilde{Q}_{\alpha+1})$$

die Voraussetzungen $\mathcal{A}_2, \mathcal{A}_3, \mathcal{A}_4$. Ist nun $[Q, D] = 1$, und dies nehmen wir an, so folgt mit 10.3.6 c) und 8.2.2 auf Seite 165

$$\widetilde{W} := [\widetilde{Z}_\alpha, \widetilde{D}] \neq 1, \quad Q \leq W \leq O_2(L),$$

und $C_{\widetilde{L}}(O_2(\widetilde{L})) \leq O_2(\widetilde{L})$, also auch $\mathcal{A}_1$ und $\mathcal{A}_5$. Nun kommt die Minimalität von $|T|$ ins Spiel. Wegen $|Q_{\alpha+1}| < |T|$ folgt

$$\widetilde{L} \cong S_4 \quad \text{oder} \quad \widetilde{L} \cong C_2 \times S_4.$$

Insbesondere gilt nach 10.3.5

$$\widetilde{W} = [O_2(\widetilde{L}), O^2(\widetilde{L})] \not\leq O_2(\widetilde{L}^t).$$

Aus $\widetilde{W} \leq \widetilde{Z}_\alpha$ folgt $Z_\alpha \not\leq O_2(L^t)$, und mit (2b)

$$O_2(L) = (O_2(L) \cap O_2(L^t))\, Z_\alpha.$$

Wegen $Z_\alpha \leq \Omega(Z(O_2(L)))$ ist

$$\Phi(O_2(L)) = \Phi(O_2(L) \cap O_2(L^t)).$$

Konjugation mit t liefert $\Phi(O_2(L)) = \Phi(O_2(L^t))$. Nun ist wie im Beweisschritt (3) $\Phi(O_2(L))$ normal in $\langle G_\alpha, G_{\alpha+2}\rangle = G$, und $\mathcal{A}_3$ ergibt $\Phi(O_2(L)) = 1$, was (3) widerspricht. Damit ist (4) bewiesen.

Der zweite Teil unseres Beweises besteht darin, (4) zu widerlegen.

(5)   Sei $\beta \in \Delta(\alpha)$ und $\gamma \in \Delta(\beta) \setminus \{\alpha\}$. Dann ist $\langle Z_\alpha, Z_\gamma\rangle$ kein Normalteiler von L.

Dazu sei $\Delta(\beta) = \{\alpha, \gamma, \delta\}$ und

$$V_\beta := \langle Z_\alpha, Z_\gamma, Z_\delta\rangle \quad (\trianglelefteq G_\beta).$$

Jedes x aus $Q_\alpha \setminus Q_\beta$ vertauscht γ mit δ und normalisiert L wegen (2a). Ist nun $\langle Z_\alpha, Z_\gamma\rangle$ normal in L, so ist auch $\langle Z_\alpha, Z_\delta\rangle = \langle Z_\alpha, Z_\gamma{}^x\rangle$ normal in L. Dann ist aber V_β normal in L ($\not\leq G_\alpha \cap G_\beta$) im Widerspruch zu 10.3.3. Es folgt (5).

(6)   Sei $b \geq 4$, $\alpha - 1 \in \Delta(\alpha) \setminus \{\alpha + 1\}$ und $\alpha - 2 \in \Delta(\alpha - 1) \setminus \{\alpha\}$. Dann ist $(\alpha - 2, \alpha' - 2)$ ein kritisches Paar.

---

[6] Schlange- statt Strichkonvention

Andernfalls gilt $Z_{\alpha-2} \le Q_{\alpha'-3} \cap Q_{\alpha'-2}$. Da $\alpha'-2$ wegen (1) zu α konjugiert ist, folgt

$$Z_{\alpha-2} \le Q_{\alpha'-3} \cap Q_{\alpha'-2} \overset{(1)}{=} Q_{\alpha'-2} \cap Q_{\alpha'-1} \le G_{\alpha'-1} \cap G_{\alpha'} \overset{10.3.8 \text{ b}}{=} Z_{\alpha}Q_{\alpha'},$$

also $[Z_{\alpha-2}, Z_{\alpha'}] \le [Z_{\alpha}, Z_{\alpha'}] \le Z_{\alpha}$. Damit wird $Z_{\alpha-2}Z_{\alpha}$ $(\le Q_{\alpha} \cap Q_{\alpha-1})$ von $Z_{\alpha'}$ normalisiert und auch von $Q_{\alpha-1}$ $(\le G_{\alpha-2} \cap G_{\alpha})$. Nach (2) ist dann $Z_{\alpha-2}Z_{\alpha}$ normal in L, im Widerspruch zu (5).

Im folgenden sei $\alpha - 1 \in \Delta(\alpha) \setminus \{\alpha+1\}$ und $x \in L$ $(\le G_{\alpha})$ mit $(\alpha+1)^x = \alpha - 1$. Dann ist

$$\alpha - 2 := (\alpha+2)^x$$

ein Nachbar von $\alpha - 1$, verschieden von α und auch von $\alpha + 2$. Sei $b \ge 4$. Da $(\alpha - 2, \alpha' - 2)$ nach (6) kritisch ist, hat man mit 10.3.8

$$R_2 := [Z_{\alpha-2}, Z_{\alpha'-2}] \le Z(G_{\alpha-2} \cap G_{\alpha-1}) \cap Z_{\alpha'-2}$$

und natürlich auch $R_2 \ne 1$. Es ist $[R_2, Q_{\alpha-1}] = 1$ und auch $[R_2, Z_{\alpha'}] = 1$, da $Z_{\alpha'} \le Q_{\alpha'-2}$. Dann folgt $[R_2, L] = 1$ aus (2), also wegen $x \in L$ auch

$$R_2 \le Z(G_{\alpha+2} \cap G_{\alpha+1}).$$

Da auch (α', α) ein kritisches Paar ist (10.3.8 a), erhält man genauso die Existenz eines $\alpha' + 2$ mit $d(\alpha', \alpha' + 2) = 2$, so daß $(\alpha' + 2, \alpha + 2)$ ein kritisches Paar ist.

Sei nun $b > 4$. Dann ist $Z_{\alpha'+2} \le Q_{\alpha'-2}$ und deshalb

$$[R_2, Z_{\alpha'+2}] = 1,$$

denn $R_2 \le Z_{\alpha'-2}$. Damit wird auch

$$G_{\alpha+2} \cap G_{\alpha+3} \overset{10.3.8 \text{ b}}{=} Q_{\alpha+2}Z_{\alpha'+2}$$

von R_2 zentralisiert. Es gilt also $R_2 \le Z(G_{\alpha+2})$ und auch $R_2 \le Z(G_{\alpha-2})$, vermöge der Konjugation mit $x \in L$. Dies widerspricht der Operation von $Z_{\alpha'-2}$ auf $Z_{\alpha-2}$; beachte wiederum 10.3.8 b), e) und f).

Wir sind jetzt bei dem Fall

(7) $$b \le 4$$

angelangt und sind nun in der Lage, Aussage (4), also $[Q, D] \ne 1$, zu widerlegen.

Aufgrund von $Q \le O_2(L^t) \le Q_{\alpha+2}$ gilt zunächst

(') $$[Q, Z_{\alpha+2}] = 1.$$

Wir unterscheiden die Fälle $Z_{\alpha+2} \not\le O_2(L)$ und $Z_{\alpha+2} \le O_2(L)$.

Im ersten Fall ist $Q_{\alpha+1} = O_2(L)Z_{\alpha+2}$ und

$$L = \langle Z_{\alpha+2}^L \rangle O_2(L) = C_L(Q)\, O_2(L).$$

Daraus folgt $O^2(L) \leq C_L(Q)$, da Q normal in L ist; insbesondere ist $[Q,D] = 1$.

Sei $Z_{\alpha+2} \leq O_2(L)$. Dann ist $Z_{\alpha+2} \leq Q_\alpha$, also $b = 4$ infolge (7) und (1). Somit gilt wegen (6)

$$Z_{\alpha+2} \not\leq Q_{\alpha-2} = Q_{(\alpha+2)^x}.$$

Nun ist L^{tx} ein Normalteiler vom Index 2 in $G_{\alpha-2}$. Die Untergruppe

$$\langle (Z_{\alpha+2})^{L^{tx}} \rangle \quad (\leq G_0)$$

enthält eine 3-Sylowuntergruppe D_2 von $G_{\alpha-2}$, für die wie oben $[Q,D_2] = 1$ gilt wegen (') und $Q \trianglelefteq G_0$. Da D_2 in G_0 zu D konjugiert ist, folgt auch $[Q,D] = 1$.

Damit ist der Satz bewiesen. $\qquad\qquad\qquad\qquad\qquad\qquad\qquad\qquad\qquad$ $\square$

Zum Schluß dieses Abschnitts geben wir zwei konkrete Beispiele von Gruppen an, in denen $\mathcal{A}$, also auch $\mathcal{B}$, gilt — und diese beiden Gruppen sind zugleich Beispiele für die zwei Alternativen in $\mathcal{B}$.

1) Sei G die symmetrische Gruppe S_6 und

$$a := (1\,2), \quad b := (1\,2)\,(3\,4)\,(5\,6),$$

und sei

$$P_1 := C_G(a), \quad P_2 := C_G(b).$$

Genau dann ist $x \in P_1$, wenn $\{1,2\}^x = \{1,2\}$ oder äquivalent $\{3,4,5,6\}^x = \{3,4,5,6\}$ gilt. Deshalb ist

$$P_1 = \langle a \rangle \times G_{1,2} \cong C_2 \times S_4, \quad ^7$$

sowie

$$O_2(P_1) = \langle a \rangle \times \langle (3\,4)\,(5\,6) \rangle \times \langle (3\,5)\,(4\,6) \rangle \text{ und}$$

$$T := O_2(P_1)\,\langle (3\,4) \rangle \in \mathrm{Syl}_2\, P_1.$$

Genau dann ist $x \in P_2$, wenn $\Omega^x = \Omega$ für

$$\Omega := \{\, \{1,2\}, \{3,4\}, \{5,6\} \,\}.$$

Somit operiert P_2 auf Ω. Der Kern dieser Operation ist

$$N := \langle (1\,2) \rangle \times \langle (3\,4) \rangle \times \langle (5\,6) \rangle,$$

---

^{7} $G_{1,2} := \{x \in G \mid 1^x = 1 \text{ und } 2^x = 2\}$.

und es gilt

$$P_2/N \cong S_\Omega \cong S_3.$$

Also ist $N = O_2(P_2)$ und

$$N \langle (3\,5)\,(4\,6) \rangle = T$$

eine 2-Sylowuntergruppe von P_2. Es ist $P_1 \neq P_2$ und $|P_1 : T| = 3 = |P_2 : T|$, also $P_1 \cap P_2 = T$. Damit gilt $\mathcal{A}$ für das Tripel $(\langle P_1, P_2 \rangle, P_1, P_2)$. Dabei ist $G = \langle P_1, P_2 \rangle$, weil

$$|G : \langle P_1, P_2 \rangle| \leq \frac{|G|}{|P_1 P_2|} = \frac{6!}{3 \cdot 48} = 5$$

und P_1 nicht in der einfachen Gruppe A_6 liegt (vergleiche 3.1.2 auf Seite 53).

Es sei bemerkt, daß das Tripel $(A_6, P_1 \cap A_6, P_2 \cap A_6)$ ein Beispiel für die andere Alternative in $\mathcal{B}$ ist.

2) Sei $G := \mathrm{GL}_3(2)$ die Gruppe aller invertierbaren 3×3-Matrizen über $\mathbb{F}_2$. Sei P_1 die Menge aller $x \in G$ der Form

$$x = \begin{pmatrix} a & b & c \\ 0 & d & e \\ 0 & f & g \end{pmatrix},$$

und P_2 die Menge aller $x \in G$ der Form

$$x = \begin{pmatrix} a & b & c \\ d & e & f \\ 0 & 0 & g \end{pmatrix},$$

$a, b, c, d, e, f, g \in \mathbb{F}_2$. Dann sind P_1 und P_2 Untergruppen von G. Die Abbildungen

$$\varphi_1 \colon P_1 \to \mathrm{SL}_2(2) \ \text{mit} \ x \mapsto \begin{pmatrix} d & e \\ f & g \end{pmatrix},$$

$$\varphi_2 \colon P_2 \to \mathrm{SL}_2(2) \ \text{mit} \ x \mapsto \begin{pmatrix} a & b \\ d & e \end{pmatrix}$$

sind Epimorphismen. Dabei ist

$$\mathrm{Kern}\,\varphi_1 = \left\{ \begin{pmatrix} 1 & b & c \\ 0 & 1 & 0 \\ 0 & 0 & 1 \end{pmatrix} \mid b, c \in \mathbb{F}_2 \right\} \cong C_2 \times C_2,$$

$$\mathrm{Kern}\,\varphi_2 = \left\{ \begin{pmatrix} 1 & 0 & c \\ 0 & 1 & f \\ 0 & 0 & 1 \end{pmatrix} \mid c, f \in \mathbb{F}_2 \right\} \cong C_2 \times C_2.$$

Da offenbar $\mathrm{Kern}\,\varphi_i \ (i = 1, 2)$ ein Komplement in P_i besitzt und P_i auf $\mathrm{Kern}\,\varphi_i$ nichttrivial operiert, folgt

$$P_1 \cong S_4 \cong P_2.$$

Es ist

$$P_1 \cap P_2 = \left\{ \begin{pmatrix} 1 & a & b \\ 0 & 1 & c \\ 0 & 0 & 1 \end{pmatrix} \mid a, b, c \in \mathbb{F}_2 \right\}$$

eine Untergruppe der Ordnung 8, also eine 2-Sylowuntergruppe von P_1 und P_2. Somit gilt $\mathcal{A}$ für das Tripel $(\langle P_1, P_2 \rangle, P_1, P_2)$. Dabei ist $G = \langle P_1, P_2 \rangle$, weil

$$|G : \langle P_1, P_2 \rangle| \leq \frac{|G|}{|P_1 P_2|} = \frac{168}{72} \leq 3 .$$

und die Ordnung von G nicht durch 9 teilbar ist.

11. Signalisator-Funktoren

In den letzten Kapiteln ist an einigen Stellen deutlich geworden, daß p-lokale Untergruppen, d.h. Normalisatoren nichttrivialer p-Untergruppen, für die Struktur endlicher Gruppen von besonderer Bedeutung sind. In diesem Kapitel stellen wir einen weiteren wichtigen Begriff vor, der in gewisser Weise das Konzept des „Normalisierens" dualisiert.

Sei A eine Untergruppe der Gruppe G. Während es beim Begriff des *Normalisators* von A um Untergruppen U geht, für die $A^U = A$ gilt, betrachten wir hier Untergruppen U, für die $U^A = U$ gilt.

Diese Dualisierung des Normalisator-Begriffs ist eine fundamentale Idee im Beweis des Satzes von FEIT-THOMPSON. Es war dann der große Verdienst von GORENSTEIN, daraus das allgemeine Konzept eines Signalisator-Funktors zu entwickeln [60].

Ziel dieses Kapitels ist der Beweis des Vollständigkeitssatzes von GLAUBER-MAN [52]. Zwei wichtige Spezialfälle dieses Satzes (rg $A \geq 4$ bzw. $p = 2$) wurden schon vorher von GOLDSCHMIDT ([56] bzw. [55]) bewiesen. Ein weiterer Beweis stammt von BENDER [31]. Sein Beweis wurde später von ASCHBACHER [1] zu einem neuen Beweis des Vollständigkeitssatzes verallgemeinert.

In diesem Kapitel ist A immer eine p-Gruppe, während die betrachteten A-invarianten Untergruppen U meist p'-Untergruppen sind. Deshalb benutzen wir im folgenden ständig elementare Eigenschaften teilerfremder Operation, wie 8.2.2, 8.2.3, 8.2.6 und 8.2.7. Auf diese Aussagen verweisen wir mit dem Kürzel (tf).

Es ist zweckmäßig, A nicht als Untergruppe von G, sondern als Gruppe zu betrachten, die auf G operiert.

11.1 Definitionen und einfache Eigenschaften

Im folgenden sei p eine Primzahl und A eine elementarabelsche p-Gruppe, die auf der Gruppe G operiert. Dann sind alle *Fixpunktgruppen* $C_G(a)$, $a \in A$, unter A invariant, da A abelsch ist.

Sei U eine A-invariante p'-Untergruppe von G. Ist $r(A) \geq 2$, so gilt nach dem Erzeugungssatz (8.3.4 auf Seite 172)

$$(+) \qquad U = \langle\, C_U(a) \,|\, a \in A^\# \,\rangle,$$

und dies ist der Ausgangspunkt der folgenden Überlegungen.

Sei θ eine Abbildung, die jedem $a \in A^\#$ eine A-invariante und *auflösbare* p'-Untergruppe von $C_G(a)$ zuordnet.[1] Diese Untergruppe bezeichnen wir mit $\theta(C_G(a))$, d.h.

$$\theta(C_G(a)) := a^\theta.$$

Mit $\mho_\theta(A)$ bezeichnen wir die Menge aller A-invarianten, auflösbaren p'-Untergruppen U von G mit

$$C_G(a) \cap U \leq \theta(C_G(a)) \text{ für alle } a \in A^\#.$$

Die Abbildung θ heißt **auflösbarer A-Signalisator-Funktor** auf G, wenn gilt:

$$\mathcal{S} \qquad \theta(C_G(a)) \cap C_G(b) \leq \theta(C_G(b)) \ \text{ für alle } a,b \in A^\#,$$

oder äquivalent

$$\mathcal{S}' \qquad \theta(C_G(a)) \in \mho_\theta(A) \ \text{ für alle } a \in A^\#.$$

θ heißt **vollständig**, wenn $\mho_\theta(A)$ genau ein maximales Element[2] besitzt. Ist θ vollständig, so wird das maximale Element von $\mho_\theta(A)$ mit $\theta(G)$ bezeichnet.

Sei θ ein auflösbarer A-Signalisator-Funktor und

$$E := \langle\, \theta(C_G(a)) \,|\, a \in A^\# \,\rangle.$$

Ist $r(A) \geq 2$, so folgt aus $(+)$, daß θ genau dann vollständig ist, wenn E in $\mho_\theta(A)$ liegt. In diesem Fall ist $E = \theta(G)$. Das Hauptziel dieses Kapitels ist es zu zeigen, daß θ im Falle $r(A) \geq 3$ vollständig ist — dies ist der Vollständigkeitssatz von GLAUBERMAN.

Für eine A-invariante Untergruppe H von G ist

$$\theta_H : a \mapsto \theta_H(C_H(a)) := \theta(C_G(a)) \cap H \quad (a \in A^\#)$$

die **Einschränkung** von θ auf H. Dabei ist

$$\mho_{\theta_H}(A) = \{ U \in \mho_\theta(A) \,|\, U \leq H \}.$$

Ist θ vollständig, so ist auch θ_H vollständig und

$$\theta_H(H) = \theta(G) \cap H.$$

---

[1] Vieles in diesem Abschnitt gilt auch ohne den Zusatz *auflösbar*.
[2] bzgl. Inklusion

Ist θ_H vollständig, so bezeichnen wir das maximale Element $\theta_H(H)$ von $\mathcal{N}_{\theta_H}(A)$ mit $\theta(H)$.

Die Bedingung $\mathcal{S}'$ besagt, daß die Einschränkung $\theta_{C_G(a)}$, $a \in A^{\#}$, vollständig ist mit maximalem Element $\theta(C_G(a))$. Offenbar ist dann auch $\theta_{C_G(B)}$ für jede Untergruppe $B \neq 1$ von A vollständig und

$$\theta(C_G(B)) = \theta(C_G(a)) \cap C_G(B) = \bigcap_{b \in B^{\#}} \theta(C_G(b)) \quad (a \in B^{\#}).$$

Bevor wir in diesem Abschnitt Eigenschaften von Signalisator-Funktoren zusammenstellen, sei zunächst ein typisches Beispiel vorgestellt:

11.1.1.   *Sei p eine Primzahl und*

$$\theta: a \mapsto O_{p'}(C_G(a)) \quad (a \in A^{\#}).$$

a)   *Sei $C_G(a)$ auflösbar für alle $a \in A^{\#}$. Dann ist θ ein auflösbarer A-Signalisator-Funktor auf G.*

b)   *Sei G auflösbar und $r(A) \geq 2$. Dann ist θ vollständig und $\theta(G) = O_{p'}(G)$.*

Beweis.   a) Für $a, b \in A^{\#}$ gilt nach 8.2.12 auf Seite 169

$$O_{p'}(C_G(a)) \cap C_G(b) \leq O_{p'}(C_{C_G(b)}(a)) \leq O_{p'}(C_G(b)),$$

und damit $\mathcal{S}$.

b) Wieder mit 8.2.12 gilt

$$\theta(C_G(a)) = O_{p'}(G) \cap C_G(a),$$

also $O_{p'}(G) \in \mathcal{N}_\theta(A)$. Wegen $r(A) \geq 2$ folgt aus dem Erzeugungssatz

$$O_{p'}(G) = \langle \theta(C_G(a) \mid a \in A^{\#} \rangle \in \mathcal{N}_\theta(A).$$

Daher ist θ vollständig und $\theta(G) = O_{p'}(G)$. $\square$

Im folgenden sei θ ein auflösbarer A-Signalisator-Funktor auf G. Zur Abkürzung setzen wir:

$C_a := \theta(C_G(a))$ für $a \in A^{\#}$,

$C_B := \theta(C_G(B))$ für $1 \neq B \leq A$,

$\mathcal{N}_\theta^*(A)$: Menge der maximalen Elemente von $\mathcal{N}_\theta(A)$,

und für eine Primzahlmenge π

$\mathcal{N}_\theta(A, \pi) := \{U \in \mathcal{N}_\theta(A) \mid U \text{ ist } \pi\text{-Gruppe}\}$,

$\mathcal{N}_\theta^*(A, \pi)$: Menge der maximalen Elemente von $\mathcal{N}_\theta(A, \pi)$.

11.1.2.   *Seien $X, Y \in \mathbb{M}_\theta(A)$ mit $XY = YX$. Es gelte*

1) $Y \leq N_G(X)$,   *oder*

1')   *XY ist auflösbar.*

Dann liegt XY in $\mathbb{M}_\theta(A)$.

Beweis.   Auch im Falle 1) ist XY auflösbar (6.1.2 auf Seite 110). Für alle $a \in A^\#$ folgt mit 8.2.11 auf Seite 168

$$C_{XY}(a) = C_X(a)\, C_Y(a) \leq C_a,$$

also $XY \in \mathbb{M}_\theta(A)$.   □

11.1.3.   *Sei N ein A-invarianter p'-Normalteiler von G und $\overline{G} := G/N$. Dann ist die Abbildung*

$$\overline{\theta}\colon a \mapsto \overline{\theta}(C_{\overline{G}}(a)) := \overline{C}_a \quad (a \in A^\#)$$

ein auflösbarer A-Signalisator-Funktor auf $\overline{G}$.

Beweis.   Seien $a, b \in A^\#$ und $M := NC_a$, also

$$\overline{M} = \overline{\theta}(C_{\overline{G}}(a)) \quad \text{und} \quad C_{\overline{M}}(b) \overset{\text{(tf)}}{=} \overline{C_M(b)}.$$

Es folgt

$$C_M(b) \overset{8.2.11}{=} C_N(b)\, C_{C_a}(b) = C_N(b)\,(C_a \cap C_G(b)) \leq N\,\theta(C_G(b)),$$

und damit

$$\overline{\theta}(C_{\overline{G}}(a)) \cap C_{\overline{G}}(b) = C_{\overline{M}}(b) \leq \overline{\theta}(C_{\overline{G}}(b)).$$ □

11.1.4.   *In 11.1.3 sei zusätzlich $N \in \mathbb{M}_\theta(A)$. Genau dann ist θ vollständig, wenn $\overline{\theta}$ vollständig ist.*

Beweis.   Wegen $N \in \mathbb{M}_\theta(A)$ liegt N in jedem $H \in \mathbb{M}_\theta^*(A)$ (11.1.2), und nach Definition von $\overline{\theta}$ gilt $\overline{H} \in \mathbb{M}_{\overline{\theta}}(A)$. Es genügt deshalb, folgende Implikation zu zeigen:

$$N \leq U \leq G, \quad \overline{U} \in \mathbb{M}_{\overline{\theta}}(A) \quad \Rightarrow \quad U \in \mathbb{M}_\theta(A).$$

Für $a \in A^\#$ gilt

$$\overline{C_U(a)} \overset{\text{(tf)}}{=} C_{\overline{U}}(a) \leq \overline{\theta}(C_{\overline{G}}(a)) = \overline{C}_a = C_a N/N,$$

also

$$C_U(a) \leq NC_a \cap C_G(a) = C_N(a)\, C_a \leq C_a,$$

d.h. $U \in \mathbb{M}_\theta(A)$.   □

Wir setzen nun

$$\pi(\theta) := \bigcup_{a \in A^\#} \pi(C_a),$$

und bemerken:

11.1.5.   *Ist* $r(A) \geq 2$ *und* $U \in \mathcal{V}_\theta(A)$, *so gilt* $\pi(U) \subseteq \pi(\theta)$.

Beweis.   Für jedes $q \in \pi(U)$ existiert wegen (tf) eine A-invariante q-Sylowuntergruppe Q von U. Es gilt also $1 \neq Q \in \mathcal{V}_\theta(A, q)$. Da A nicht zyklisch ist, folgt aus dem Erzeugungssatz

$$Q = \langle\, C_Q(a) \,|\, a \in A^\# \,\rangle,$$

also mit $C_Q(a) \leq C_a$ die Behauptung. $\square$

Durch die Einschränkung von θ auf Untergruppen sowie durch 11.1.3 lassen sich neue auflösbare Signalisator-Funktoren bilden, die bei Beweisen mittels Induktion eine Rolle spielen. Genauso wichtig ist in diesem Zusammenhang, daß man auch $\pi(\theta)$ verkleinern kann, wie wir im folgenden erklären.

Sei π eine Primzahlmenge mit $p \notin \pi$.[3] Wir wenden 8.2.6 d) auf die auflösbare und A-invariante p'-Gruppe $C_a = \theta(C_G(a))$ an $(a \in A^\#)$; beachte $C_{C_a}(A) = C_A$. Danach besitzt C_a eine eindeutig bestimmte maximale AC_A-invariante π-Untergruppe[4], die wir mit $\theta_\pi(C_G(a))$ bezeichnen.

Für jedes $b \in A^\#$ ist $\theta_\pi(C_G(a)) \cap C_G(b)$ eine AC_A-invariante π-Untergruppe von $\theta(C_G(b))$. Damit ist

$$\theta_\pi : a \mapsto \theta_\pi(C_G(a))$$

ein auflösbarer A-Signalisator-Funktor auf G, für den gilt:

$$\pi(\theta_\pi) \subseteq \pi \quad \text{und}$$

$$\{ U \in \mathcal{V}_\theta(A, \pi) \,|\, U^{C_A} = U \} \subseteq \mathcal{V}_{\theta_\pi}(A).$$

Für den Beweis des folgenden Satzes benötigen wir ein Argument, das auch sonst von Nutzen ist:

11.1.6.   *Die elementarabelsche p-Gruppe A operiere auf der Gruppe X. Sei $p \neq q \in \pi(X)$, und seien Q_1 und Q_2 zwei A-invariante q-Untergruppen von X mit*

$$Q_1 \nleq Q_2, \quad Q_2 \nleq Q_1.$$

Ist $r(A) \geq 3$, so existiert ein $a \in A^\#$, so daß für $D := Q_1 \cap Q_2$ gilt:

$$N_G(D) \cap C_{Q_i}(a) \nleq D \quad \text{für } i = 1, 2.$$

---

[3] In diesem Zusammenhang ist 1 die einzige π-Untergruppe für $\pi = \emptyset$.
[4] AC_A-invariant bedeutet A-invariant und C_A-invariant.

Beweis.   Zunächst gilt aufgrund von $Q_1 \neq D \neq Q_2$

$$D < N_{Q_i}(D) =: N_i, \quad i \in \{1,2\}.$$

Nach dem Erzeugungssatz wird N_i von den Untergruppen $C_{N_i}(B)$ mit $B \leq A$ und $r(A/B) \leq 1$ erzeugt. Für $i = 1,2$ existiert daher eine maximale Untergruppe B_i von A, so daß

$$C_{N_i}(B_i) \not\leq D.$$

Wegen $r(A) \geq 3$ ist $B_1 \cap B_2 \neq 1$. Wähle $a \neq 1$ aus $B_1 \cap B_2$. $\square$

Ein erstes allgemeines Resultat ist:

11.1.7.   Transitivitätssatz. *Sei θ ein auflösbarer A-Signalisator-Funktor auf G und $q \in \pi(\theta)$. Ist $r(A) \geq 3$, so sind alle Elemente aus $\mathcal{M}_\theta^*(A,q)$ unter $\theta(C_G(A))$ konjugiert.*

Beweis.   Wir nehmen an, daß die Behauptung falsch ist und wählen unter allen Elementen aus $\mathcal{M}_\theta^*(A,q)$, die nicht unter $C_A = \theta(C_G(A))$ konjugiert sind, Q_1 und Q_2 so, daß

$$D := Q_1 \cap Q_2$$

maximal ist. Sei

$$N := N_G(D) \quad \text{und} \quad N_a := N \cap C_a \ (a \in A^{\#}).$$

Wegen $Q_i \in \mathcal{M}_\theta(A)$ liegt $C_{Q_i}(a)$ in C_a. Nach 11.1.6 findet sich ein $a \in A^{\#}$ mit

$$N_a \cap Q_1 \not\leq D \quad \text{und} \quad N_a \cap Q_2 \not\leq D.$$

Da N_a eine A-invariante p'-Gruppe ist, existiert nach 8.2.3 b) und c) ein $c \in C_{N_a}(A) \ (\leq C_A)$, so daß

$$E := \langle (N_a \cap Q_1)^c, N_a \cap Q_2 \rangle$$

eine A-invariante q-Untergruppe von N_a ist. Weil nach 11.1.2 auch DE in $\mathcal{M}_\theta(A,q)$ liegt, existiert ein $Q_3 \in \mathcal{M}_\theta^*(A,q)$ mit $DE \leq Q_3$. Dann gilt

$$D < D(N_a \cap Q_1)^c \leq Q_1^c \cap Q_3 \quad \text{und} \quad D < D(N_a \cap Q_2) \leq Q_2 \cap Q_3.$$

Also erzwingt die Maximalität von D, daß Q_1^c und Q_3 bzw. Q_3 und Q_2 unter C_A konjugiert sind. Dann ist auch Q_1 zu Q_2 unter C_A konjugiert, entgegen unserer Annahme. $\square$

Zwei Folgerungen sind:

11.1.8.   *Sei $r(A) \geq 3$ und $Q \in \mathcal{M}_\theta^*(A,q)$, $q \in \pi(\theta)$.*

a)   *Zu jedem $H \in \mathcal{M}_\theta(A)$ existiert ein $c \in C_A$, so daß $Q^c \cap H$ eine A-invariante q-Sylowuntergruppe von H ist.*

b)   *Für $1 \neq B \leq A$ ist $C_Q(B)$ eine A-invariante q-Sylowuntergruppe von C_B.*

Beweis.   a) Eine A-invariante q-Sylowuntergruppe Q_1 von H liegt in $\mathcal{M}_\theta(A, q)$, also in einem maximalen Element $Q_2 \in \mathcal{M}_\theta^*(A, q)$. Nach 11.1.7 existiert ein $c \in C_A$ mit $Q_2 = Q^c$. Es folgt $Q^c \cap H = Q_1$.

b) folgt aus a) mit $H := C_B$; beachte $C_A \leq C_B$.   □

11.1.9.   *Gilt $|\pi(\theta)| \leq 1$ und $r(A) \geq 3$, so ist θ vollständig.*

Beweis.   Im Falle $\pi(\theta) = \emptyset$ ist $\theta(G) = 1$. Im Falle $\pi(\theta) = \{q\}$ ist $\mathcal{M}_\theta(A) = \mathcal{M}_\theta(A, q)$. Ist $Q \in \mathcal{M}_\theta^*(A)$ mit $C_A \leq Q$, so ist Q nach 11.1.7 das einzige Element von $\mathcal{M}_\theta^*(A, q)$.   □

Wir schließen diesen Abschnitt mit einem Beispiel, das zeigt, daß man auf die Voraussetzung $r(A) \geq 3$ im Satz von GLAUBERMAN (11.3.2) nicht verzichten kann.

Sei q eine Primzahl $\neq 2$ und V eine elementarabelsche q-Gruppe der Ordnung q^2 mit Erzeugenden v, w, d.h.

$$V = \langle v \rangle \times \langle w \rangle \cong C_q \times C_q.^5$$

Seien $x, t, z \in \operatorname{Aut} V$ definiert durch

$$
\begin{aligned}
(v^x, w^x) &:= (v, vw), \\
(v^t, w^t) &:= (v^{-1}, w), \\
(v^z, w^z) &:= (v^{-1}, w^{-1}),
\end{aligned}
$$

und sei U die von x, t, z erzeugte Untergruppe in $\operatorname{Aut} V$. Es gilt

$$[t, z] = [z, x] = 1 \quad \text{und} \quad x^t = x^{-1}.$$

Sei H das semidirekte Produkt von U mit V. Wir identifizieren U und V mit den entsprechenden Untergruppen in H. Dann ist

$$G := V\langle x \rangle$$

ein nichtabelscher Normalteiler der Ordnung q^3 und $A := \langle t, z \rangle$ eine elementarabelsche Untergruppe der Ordnung 4 von H. Es gilt:

(') $C_G(A) = 1$,

(") $G = \langle x, w \rangle = \langle C_G(z), C_G(t) \rangle$,

---

[5] V ist — additiv geschrieben — ein Vektorraum über $\mathbb{F}_q$ mit Basis v, w.

$(''')$ $\langle v \rangle^A = \langle v \rangle \leq C_G(tz).$

Wir definieren nun

$$\theta(C_G(t)) := C_G(t), \quad \theta(C_G(z)) := C_G(z) \quad \text{und} \quad \theta(C_G(tz)) := 1.$$

Wegen $(')$ ist θ ein auflösbarer A-Signalisator auf G.

Ist θ vollständig auf G, so ist G nach $('')$ das maximale Element in $\mathsf{M}_\theta(A)$. Aber dann ist $C_G(tz) = \theta(C_G(tz)) = 1$, was $(''')$ widerspricht. Also ist θ nicht vollständig.

11.2 Faktorisierungen

Sei wie im vorigen Abschnitt A eine elementarabelsche p-Gruppe, die auf G operiert, und θ ein auflösbarer A-Signalisator-Funktor auf G.

Im Beweis des schon erwähnten Vollständigkeitssatzes von GLAUBERMAN zeigt sich, daß — ähnlich wie in früheren Beweisen — eine *globale* Eigenschaft, hier die Vollständigkeit von θ, aus *lokalen* Eigenschaften (die mittels Induktion verfügbar sind) hergeleitet werden kann. An die Stelle der p-lokalen Untergruppen, die im vorigen Kapitel die lokalen Eigenschaften einer Gruppe repräsentierten, treten hier „θ-lokale Untergruppen", d.h. Normalisatoren von nichttrivialen Untergruppen aus $\mathsf{M}_\theta(A)$. Wir führen dazu folgende Bezeichnung ein:

Für $q \in \pi(\theta)$ sei $\theta_{q'} := \theta_{\pi(\theta) \setminus \{q\}}$.

θ heißt **lokal vollständig** auf G, falls gilt:

- $\theta_{N_G(U)}$ ist vollständig für alle Untergruppen $U \neq 1$ aus $\mathsf{M}_\theta(A)$.

- $\theta_{q'}$ ist vollständig für alle $q \in \pi(\theta)$.

Eigentlich ist dieser Begriff überflüssig, da sich im dritten Abschnitt dieses Kapitels zeigen wird, daß im Falle $r(A) \geq 3$ lokal vollständige A-Signalisator-Funktoren vollständig sind. Aus zwei Gründen haben wir diesen Begriff trotzdem eingeführt: Zum einen soll er die Bedeutung lokaler Eigenschaften für die Beweise hervorheben; zum anderen ermöglicht es er, in einfacher Weise einen an sich langen Beweis in unabhängige Teilergebnisse zu gliedern.

In diesem Abschnitt behandeln wir den Fall $\pi(\theta) \neq \{2, 3\}$, also insbesondere den Fall $p = 2$. Wir zeigen, daß in diesem Fall jeder lokal vollständige A-Signalisator-Funktor θ mit $r(A) \geq 3$ vollständig ist.

Ein elementares, aber wesentliches Hilfsmittel, das ständig gebraucht wird, ist die Aussage 8.2.6 e) auf Seite 167:

(tf)   Sei G eine auflösbare p'-Gruppe, H eine A-invariante π-Hallunter-
gruppe von G und U eine $AC_G(A)$-invariante Untergruppe von G.
Dann ist $H \cap U$ eine π-Halluntergruppe von U.

Wir benötigen:

11.2.1.   Sei G eine p'-Gruppe, $r(A) \geq 2$, und seien X und Y A-invariante
Untergruppen von G. Es gelte

1) $C_G(a) = C_X(a) C_Y(a)$ für alle $a \in A^\#$, und

2) X ist $C_G(A)$-invariant.

Dann ist $G = XY$.

Beweis.   Sei zunächst G eine nichttriviale q-Gruppe, also $Z(G) \neq 1$. Da A
nicht zyklisch ist, existiert ein $a \in A^\#$ mit

$$N := C_{Z(G)}(a) \neq 1.$$

Dann ist N ein A-invarianter Normalteiler von G, und die Voraussetzungen
vererben sich auf $\overline{G} := G/N$ bezüglich $\overline{X}, \overline{Y}$; beachte $C_{\overline{G}}(a) = \overline{C_G(a)}$ (tf).
Eine Induktion liefert $\overline{G} = \overline{X}\,\overline{Y}$, also

$$G = XYN = XNY = XC_G(a)Y \overset{1)}{=} XY.$$

Den allgemeinen Fall führen wir auf den eben behandelten zurück.

Sei $a \in A^\#$. Wir erweitern eine A-invariante q-Sylowuntergruppe von $C_Y(a)$
zu einer von Y und dann zu einer von G (8.2.3 c auf Seite 165). Demnach
existiert eine A-invariante q-Sylowuntergruppe Q von G mit

$$Q \cap Y \in \mathrm{Syl}_q Q \quad \text{und} \quad Q \cap C_Y(a) \in \mathrm{Syl}_q C_Y(a).$$

Aus Voraussetzung 2) und der vorher unter (tf) gemachten Bemerkung folgt

$$C_X(a) \cap Q \in \mathrm{Syl}_q C_X(a), \quad X \cap Q \in \mathrm{Syl}_q X \quad \text{und}$$
$$Q \cap C_G(a) = C_Q(a) \in \mathrm{Syl}_q C_G(a),$$

denn $C_G(A) \leq C_G(a)$. Nun ist

$$
\begin{aligned}
|C_Q(a)| &= |C_G(a)|_q = |C_X(a) C_Y(a)|_q \\
&= |C_X(a) \cap Q|\,|C_Y(a) \cap Q|\,|C_{X \cap Y}(a)|_q^{-1} \\
&\leq |C_X(a) \cap Q|\,|C_Y(a) \cap Q|\,|C_{X \cap Y}(a) \cap Q|^{-1} \\
&= |C_{X \cap Q}(a) C_{Y \cap Q}(a)|,
\end{aligned}
$$

also $C_Q(a) = C_{X \cap Q}(a) C_{Y \cap Q}(a)$. Da auch $Q \cap X$ unter $C_Q(A)$ invariant
ist, hat man nach dem schon Bewiesenen $Q = (Q \cap X)(Q \cap Y)$. Damit ist
$|G|_q = |Q|$ ein Teiler von $|XY|$ für jedes $q \in \pi(G)$. Es folgt $G = XY$. $\square$

Die Bezeichnungen sind nun wieder wie in **11.1**. Insbesondere ist

$$C_a := \theta(C_G(a)) \text{ für } a \in A^\# \quad \text{und} \quad C_B := \theta(C_G(B)) \text{ für } 1 \neq B \leq A.$$

11.2.2. *Sei $r(A) \geq 2$, θ lokal vollständig auf G und $\pi(\theta) = \{q,r\}$, $q \neq r$. Sei $M \in \mathbb{W}_\theta^*(A)$ und $F \leq F(M)$ mit*

$$F^A = F \quad \text{und} \quad O_r(F) \neq 1 \neq O_q(F).$$

Dann ist M das einzige Element von $\mathbb{W}_\theta^*(A)$, das F enthält.

Beweis. Sei das Paar (F, M) ein Gegenbeispiel, so daß F maximal ist. Sei

$$F_q := O_q(F), \quad F_r := O_r(F) \quad \text{und} \quad N := N_G(F_q).$$

Wegen $F_q \in \mathbb{W}_\theta(A)$ ist θ_N vollständig. Sei

$$\theta(N) \leq L \in \mathbb{W}_\theta^*(A).$$

Ist $F_q = O_q(M)$, so ist $M \leq \theta(N)$ und wegen der Maximalität von M dann $\theta(N) = M = L$. Im Falle $F_q < O_q(M)$ ist

$$F_q < N_{O_q(M)}(F_q) =: E_q.$$

Mit F_q und $O_q(M)$ ist auch E_q und somit

$$\widetilde{F} := E_q \times O_r(M)$$

unter A invariant, d.h. $(\widetilde{F}, M)$ erfüllt die Voraussetzungen, ist aber kein Gegenbeispiel. Es folgt also auch hier $M = L$. Mit dem entsprechenden Argument für r anstelle von q erhalten wir

$(')$ Für $s \in \{q, r\}$ ist $\{M\} = \{L \in \mathbb{W}_\theta^*(A) \mid \theta(N_G(F_s)) \leq L\}$.

Sei nun

$$F \leq H \in \mathbb{W}_\theta^*(A).$$

Es ist

$$F_r \leq O_{q'}(N_M(F_q)) \cap H \overset{(')}{=} O_{q'}(\theta(N_G(F_q))) \cap H \leq O_{q'}(N_H(F_q)).$$

Aus 8.2.13 auf Seite 169 folgt deshalb $F_r \leq O_{q'}(H) = O_r(H)$ und mit r und q vertauscht auch $F_q \leq O_{r'}(H) = O_q(H)$, also

$$F \leq F(H).$$

Damit genügt das Paar (F, H) den Voraussetzungen und $(')$ ist auch für H an Stelle von M richtig. Es folgt $H = M$. $\square$

Die folgende Bemerkung beschreibt eine Situation, die wir in den nächsten Beweisen antreffen werden.

11.2.3.   *Sei G eine p'-Gruppe und*

$$\theta(C_G(a)) = C_G(a) \quad \text{für alle } a \in A^\#.$$

a) $\mathsf{M}_\theta(A)$ *ist die Menge aller A-invarianten auflösbaren Untergruppen von G. Insbesondere liegen die A-invarianten Sylowuntergruppen von G in $\mathsf{M}_\theta(A)$.*

b)   *θ ist genau dann vollständig, wenn G auflösbar ist. Ist θ vollständig, so ist $G = \theta(G)$.*

c)   *Sei θ lokal vollständig auf G. Dann gilt:*

$$1 \neq U \in \mathsf{M}_\theta(A) \quad \Rightarrow \quad N_G(U) \in \mathsf{M}_\theta(A). \qquad \square$$

Im folgenden betrachten wir eine Faktorisierung von G

$$G = KQ \quad \text{mit } K, Q \in \mathsf{M}_\theta(A).$$

Dann ist G eine p'-Gruppe, und es gilt für $a \in A^\#$

$$C_G(a) \overset{8.2.11}{=} C_K(a)C_Q(a) = \theta(C_G(a)).$$

Wir haben daher die Situation von 11.2.3.

11.2.4.   *Sei θ lokal vollständig, aber nicht vollständig auf G, $q \in \pi(\theta)$ und*

$$G = KQ \quad \text{mit } K \in \mathsf{M}_\theta(A, q') \text{ und } Q \in \mathsf{M}_\theta(A, q).$$

a)   *Q normalisiert keine nichttriviale q'-Untergruppe von G.*

b)   *$F(U) \leq Q$ für alle $Q \leq U \in \mathsf{M}_\theta(A)$.*

c)   *Sei Q abelsch. Dann ist $U \leq N_G(Q)$ für alle $Q \leq U \in \mathsf{M}_\theta(A)$.*

Beweis.   Da θ nicht vollständig, aber lokal vollständig ist, existiert kein nichttrivialer Normalteiler von G in $\mathsf{M}_\theta(A)$. Insbesondere ist

$$\bigcap_{g \in G} K^g = \bigcap_{g \in Q} K^g = 1.$$

a) Sei X eine q'-Untergruppe, die von Q normalisiert wird. Wegen (tf) existiert zu jedem $r \in \pi(X)$ eine Q-invariante Sylowuntergruppe von X. Zum Beweis von a) können wir deshalb annehmen, daß X eine r-Gruppe ist. Infolge $G = KQ$ ist jede r-Sylowuntergruppe von G unter Q zu einer aus K konjugiert. Deshalb ist $X \leq K$ und

$$X \leq \bigcap_{g \in G} K^g = \bigcap_{g \in Q} K^g = 1.$$

b) folgt direkt aus a), da K eine q'-Gruppe ist. Zum Beweis von c) beachte man, daß Q eine q-Sylowuntergruppe von G ist. Aus a) folgt deshalb $F(U) \leq Q$, also $Q \leq C_U(F(U)) \leq F(U)$ mit 6.1.4. Nun ist $Q = F(U)$ und $U \leq N_G(Q)$. $\qquad\qquad\Box$

11.2.5.   *Sei θ lokal vollständig auf G und $q \in \pi(\theta)$. Es gelte*

$$G = KQ \quad \text{mit} \quad K := \theta_{q'}(G) \quad \text{und} \quad Q \in \mathcal{M}_\theta(A, q).$$

Ist Q abelsch und $r(A) \geq 3$, so ist θ vollständig.

Beweis. Im Falle $Q = 1$ oder $K = 1$ ist die Behauptung trivial. Sei $Q \neq 1 \neq K$. Insbesondere gilt dann

$$\emptyset \neq \pi(\theta) \setminus \{q\}.$$

Mit r sei immer eine Primzahl aus $\pi(\theta) \setminus \{q\}$ bezeichnet, für die $O_{r'}(K) \neq 1$ gilt. Sei

$$L := N_G(Q) \quad \text{und}$$

$$Q_B := Q \cap C_B \text{ für } 1 \neq B \leq A, \quad Q_a := Q \cap C_a \text{ für } a \in A^{\#}.$$

Wegen $G = KQ$ ist G eine p'-Gruppe, für die 11.2.3 und 11.2.4 gilt. Insbesondere ist

$$C_a = C_G(a) \quad \text{und} \quad C_B = C_G(B) \quad \text{für } a \in A^{\#}, \ 1 \neq B \leq A.$$

Da Q eine A-invariante q-Sylowuntergruppe von G ist, folgt aus $C_A \leq N_G(C_B)$ mit 11.1.8 b):

(1) $Q_B \in \mathrm{Syl}_q C_B$ für $1 \neq B \leq A$.

Wir nehmen nun an, daß θ nicht vollständig ist.

Sei $Q \leq \theta_{r'}(G)$. Aus 11.2.4 c) folgt $\theta_{r'}(G) \leq L$; insbesondere ist $1 \neq O_{r'}(K) \leq L$. Die Faktorisierung von G ergibt

$$O_{r'}(K) \leq \bigcap_{g \in K} L^g = \bigcap_{g \in G} L^g =: D,$$

d.h. D ist ein nichttrivialer Normalteiler von G in $\mathcal{M}_\theta(A)$. Aus der lokalen Vollständigkeit von θ folgt nun, daß θ vollständig ist, im Widerspruch zur Annahme. Damit gilt

(2) $Q \not\leq \theta_{r'}(G)$.

Ist Q^* eine nichttriviale A-invariante Untergruppe von Q, so gilt

$$U := N_G(Q^*) \in \mathcal{M}_\theta(A),$$

da θ lokal vollständig ist, und $Q \leq U$, da Q abelsch ist. Aus 11.2.4 c) folgt $U \leq L$, also

(3) $N_G(Q^*) \leq L$ für alle A-invarianten Untergruppen $1 \neq Q^* \leq Q$; insbesondere ist $N_G(Q^*)$ q-abgeschlossen.

Aus (3) folgt:

(4)   Sei $1 \neq B \leq A$. Dann ist $U \cap Q_B \in \mathrm{Syl}_q U$ für alle A-invarianten Untergruppen $U \leq C_B$.

Sei $1 \neq B \leq A$. Da C_A in C_B liegt, ist Q_B eine abelsche q-Sylowuntergruppe von C_B. Zusammen mit dem Frattiniargument folgt aus (3) und (4):

(5) $C_B = O_{q'}(C_B)(C_B \cap L)$ für alle $1 \neq B \leq A$.

Als nächstes zeigen wir:

(6) $T \in \mathrm{Syl}_r O_{q'}(C_A)$, $\Rightarrow$ $T \not\leq L$.

Wir nehmen $T \leq L$ an. Sei $a \in A^{\#}$ und H eine A-invariante r'-Halluntergruppe von C_a, die Q_a enthält (tf). Dann ist $H \cap O_{q'}(C_A)$ eine r'-Halluntergruppe von $O_{q'}(C_A)$; beachte 11.1.8 b). Es folgt

$$O_{q'}(C_A) = T(H \cap O_{q'}(C_A))$$

und mit (5)

$$C_A = (H \cap O_{q'}(C_A))(C_A \cap L).$$

Da Q_a von $C_A \cap L$ normalisiert wird, impliziert dies

$$X := \langle Q_a^{C_A} \rangle \leq \langle Q_a^H \rangle \leq H.$$

Insbesondere ist X eine AC_A-invariante r'-Untergruppe von C_a, d.h.

$$Q_a \leq \theta_{r'}(G) \quad \text{für alle } a \in A^{\#}.$$

Wegen $r(A) \geq 3$ liefert der Zerlegungssatz $Q \leq \theta_{r'}(G)$, ein Widerspruch zu (2). Damit ist (6) gezeigt.

(7)   Sei $1 \neq B \leq A$ mit $Q_B \neq 1$, und sei V eine A-invariante r-Sylowuntergruppe von $O_{q'}(C_B)$. Dann gilt

$$[V, Q_B] \neq 1.$$

Denn im Falle $[V, Q_B] = 1$ liegt V nach (3) in $C_B \cap L$. Andererseits ist wegen (tf) $V \cap C_A$ eine A-invariante q-Sylowuntergruppe von $O_{q'}(C_B) \cap C_A = O_{q'}(C_A)$, was (6) widerspricht.

Sei $\mathcal{B}$ die Menge der maximalen Untergruppen von A. Wegen $r(A) \geq 3$ gilt $r(B) \geq 2$ für alle $B \in \mathcal{B}$.

Sei $B \in \mathcal{B}$; wir setzen

$$K_B := \bigcap_{x \in Q_B} K^x,$$

und zeigen:

(8) $O_{r'}(K) \leq K_B$.

Zum Beweis können wir $Q_B \neq 1$ annehmen. Sei V eine AQ_B-invariante r-Sylowuntergruppe von $O_{q'}(C_B)$. Da $O_{q'}(C_B)$ in K liegt, wird

$$X := O_{r'}(K)$$

von V und

$$W := [V, Q_B]$$

normalisiert. Wegen (tf) haben wir die Zerlegungen

$$X = C_X(W)[X, W] \quad \text{und} \quad X = \langle X \cap C_a \mid a \in B^\# \rangle$$

und mit 8.3.4 c) auf Seite 172

$$[X, W] = \langle [C_X(a), W] \mid a \in B^\# \rangle.$$

Für $a \in B^\#$ gilt $Q_B \leq Q_a \in \mathrm{Syl}_q C_a$. Da Q_a abelsch ist, liegt die q'-Gruppe $W = [W, Q_B]$ in $O_{q'}(C_a)$. Damit gilt für alle $a \in B^\#$

$$[C_a, W] \leq O_{q'}(C_a) \leq K_B,$$

also

$$[X, W] \leq K_B.$$

Um $C_X(W) \leq K_B$ zu zeigen, gehen wir wieder von der Zerlegung

$$C_X(W) = \langle C_X(W) \cap C_a \mid a \in B^\# \rangle$$

aus und zeigen $C_X(W) \cap C_a \leq O_{q'}(C_a)$ für $a \in B^\#$. Die Untergruppe

$$S := C_G(W) \cap C_a$$

ist AQ_B-invariant, und aus (4) folgt $S \cap Q_a \in \mathrm{Syl}_q S$. Ist $S \cap Q_a \neq 1$, so erzwingt (3) $W \leq L$, was $[W, Q_B] \neq 1$ widerspricht. Also ist S eine q'-Gruppe, und wir haben die Zerlegung

$$S = C_S(Q_B)[S, Q_B].$$

Liegt nun $[S, Q_B]$ in K_B, so hat man mit der Dedekindidentität

$$S \cap X \leq S \cap K = (C_S(Q_B) \cap K)\,[S, Q_B],$$

wobei nun auch der erste Faktor in K_B liegt.

Wir müssen also $[S, Q_B] \leq K_B$ zeigen. Wegen

$$[S, Q_B] \leq [S, Q_a] \leq O_{q'q}(C_a)$$

folgt, daß $[S, Q_B]$ in $O_{q'}(C_a)$ und damit in K_B liegt. Damit ist (8) bewiesen.

Sei nun $r_0 \in \pi(K)$ so gewählt, daß

$$K_0 := O_{r_0}(K) \neq 1.$$

Im Falle $\pi(K) = \{r_0\}$ ist G nach dem $p^a q^b$-Satz auflösbar, also θ vollständig. Daher ist $\pi(K) \neq \{r_0\}$. Aus (8) folgt

$$K_0 \leq O_{r'}(K) \leq K_B \text{ für } r \in \pi(K) \setminus \{r_0\},$$

d.h. $K_0 \leq O_{r_0}(K_B)$. Damit ist $\langle K_0{}^{Q_B} \rangle$ eine AQ_B-invariante r_0-Untergruppe von G.

Unter allen AQ_B-invarianten r_0-Untergruppen von G, die K_0 enthalten und von zu K_0 konjugierten Untergruppen erzeugt werden, sei R maximal gewählt. Als auflösbare A-invariante Untergruppe liegt R in $\mathit{l\!l}_\theta(A)$. Deshalb ist auch

$$M := N_G(R)$$

auflösbar. Sei

$$Q_B \leq Q_0 \in \mathrm{Syl}_q M.$$

Wegen (3) und $1 \neq Q_B \trianglelefteq Q$ liegt Q_0 in Q. Zu $g \in G$ existieren $x \in K$, $y \in Q$ mit $g = xy$. Also ist

$$\langle K_0{}^{gQ_0} \rangle = \langle K_0{}^{yQ_0} \rangle = \langle K_0{}^{Q_0} \rangle^y;$$

insbesondere gilt:

$$\langle K_0{}^{gQ_0} \rangle \text{ ist für jedes } g \in G \text{ eine } r_0\text{-Gruppe.}$$

Sei $K_1 := K_0{}^g \leq M$. Aus dem Lemma von MATSUYAMA (6.7.8 auf Seite 144), angewandt auf (M, K_1, Q_0) an Stelle von (G, Z, Y), folgt die Existenz einer r_0-Sylowuntergruppe T_1 von M mit $K_1 \leq T_1$, so daß

$$R_1 := \mathrm{wcl}_H(K_1, T_1)$$

von Q_0 normalisiert wird. Wegen 6.4.4 liegt R_1 in

$$N := O_{q'}(M)$$

und damit auch $\operatorname{wcl}_G(K_0, M)$. Infolge der teilerfremden Operation von AQ_B auf N findet sich eine A-invariante r_0-Sylowuntergruppe T von M mit

$$R \leq T \cap N \quad \text{und} \quad (T \cap N)^{Q_B} = T \cap N.$$

Die maximale Wahl von R erzwingt nun

$$R = \operatorname{wcl}_G(K_0, T \cap N) = \operatorname{wcl}_G(K_0, T).$$

Aus $M = N_G(R)$ folgt nun $T \in \operatorname{Syl}_{r_0} G$. Wir haben gezeigt:

(9)   Zu jedem $B \in \mathcal{B}$ existiert eine A-invariante r_0-Sylowuntergruppe T von G mit $K_0 \leq T$, so daß $\operatorname{wcl}_G(K_0, T)$ unter AQ_B invariant ist.

Beweisschluß: Sei $B \in \mathcal{B}$ mit $Q_B \neq 1$, und sei T wie in (9). Wir setzen

$$R_0 := \operatorname{wcl}_G(K_0, T) \quad \text{und} \quad H := N_G(R_0).$$

Dann ist $1 \neq R_0 \leq O_{r_0}(H)$, also $Q \not\leq H$ infolge 11.2.4. Wegen

$$Q = \prod_{B_1 \in \mathcal{B}} Q_{B_1}$$

existiert ein $B_1 \in \mathcal{B}$ mit

$$Q_1 := Q_{B_1} \not\leq H.$$

Gemäß (9) findet sich eine A-invariante r_0-Sylowuntergruppe T_1 von G, so daß

$$R_1 := \operatorname{wcl}_G(K_0, T_1)$$

AQ_1-invariant ist. Sei $c \in C_A$ mit $T_1{}^c = T$. Dann gilt $R_1{}^c = R_0$ und $Q_1{}^c \leq H$. Sei

$$Q_0 := Q \cap H.$$

Wegen $1 \neq Q_B \leq Q_0$ folgt aus (3), daß Q_0 eine q-Sylowuntergruppe von H ist. Vermöge einer Konjugation mit einem Element aus $C_A \cap H$ können wir daher $Q_1{}^c \leq Q_0$ annehmen. Dann folgt

$$Q_1{}^c \leq C_{Q_0}(B_1) \leq Q_1,$$

also $Q_1{}^c = Q_1$, im Widerspruch zu $Q_1 \not\leq H$. □

Wir benötigen nun eine Version von 3.2.9 auf Seite 61, die auf die in diesem Abschnitt betrachtete Situation zugeschnitten ist.

11.2.6. *Sei θ lokal vollständig auf G und $q \in \pi(\theta)$. Seien $L, M \in \mathbb{M}_\theta(A)$, $W \in \mathbb{M}_\theta(A, q)$ und*

$$U := \theta(N_G(W)).$$

Es gelte

$$W \leq M = O_{q'}(M)(L \cap M) \quad \text{und} \quad U = O_{q'}(U)(U \cap M).$$

Dann existiert ein $c_1 \in C_A \cap M$, so daß gilt

$$U = O_{q'}(U)(U \cap L^{c_1}).$$

Beweis. Aus der Faktorisierung $M = O_{q'}(M)(L \cap M)$ und (tf) folgt, daß $L \cap M$ eine A-invariante q-Sylowuntergruppe von M besitzt. Es existiert deshalb ein $c_1 \in C_A \cap M$ mit

$$W \leq (L \cap M)^{c_1} \quad \text{und} \quad M = O_{q'}(M)(L \cap M)^{c_1} = O_{q'}(M)(L^{c_1} \cap M).$$

Setzt man in 3.2.9 auf Seite 61

$$(M, q, O_{q'}(M), L^{c_1} \cap M, W) \text{ an die Stelle von } (G, p, N, H, P),$$

so erhält man

$$U \cap M = (U \cap O_{q'}(M))(U \cap (L^{c_1} \cap M)),$$

also

$$U = O_{q'}(U)(U \cap O_{q'}(M))(U \cap (L^{c_1} \cap M)).$$

Da der dritte Faktor den mittleren q'-Faktor normalisiert, liegt dieser in $O_{q'}(U)$. Es folgt die Behauptung. $\square$

11.2.7. *Sei θ lokal vollständig auf G, $r(A) \geq 3$ und $q \in \pi(\theta)$. Es existiere ein $M \in \mathbb{M}_\theta(A)$ mit folgender Eigenschaft:*

(*)   *Zu jedem $W \in \mathbb{M}_\theta(A, q)$, $W \neq 1$, existiert ein $c \in C_A$ mit*

$$\theta(N_G(W)) = O_{q'}(\theta(N_G(W)))(N_G(W) \cap M^c).$$

Dann ist θ vollständig auf G.

Beweis. Wir nehmen an, daß θ nicht vollständig ist. Sei Q_0 eine A-invariante q-Sylowuntergruppe von $O_{q'q}(M)$. Wegen $q \in \pi(\theta)$ ist $\mathbb{M}_\theta(A, q) \neq \{1\}$, also M wegen (*) keine q'-Gruppe, d.h. $Q_0 \neq 1$. Sei

$$Q := Z(Q_0), \quad L := \theta(N_G(Q)) \quad \text{und} \quad K := \theta_{q'}(G).$$

Aus dem Frattiniargument und aus 8.2.11 folgt

(1) $M = O_{q'}(M)(M \cap L)$ und $M \cap C_a = (O_{q'}(M) \cap C_a)(M \cap L \cap C_a)$ für $a \in A^\#$.

Wir zeigen:

(2) $C_a = O_{q'}(C_a)(C_a \cap L)$ für $a \in A^\#$.

Dazu sei W_a eine A-invariante q-Sylowuntergruppe von $O_{q'q}(C_a)$. Zum Beweis von (2) können wir $W_a \neq 1$ annehmen. Dann gilt für $U := \theta(N_G(W_a))$

$$C_a = O_{q'}(C_a)(U \cap C_a)$$

und wegen ($*$)

$$U = O_{q'}(U)(U \cap M^c) \text{ für ein } c \in C_A.$$

Insbesondere ist $W_a \leq M^c$. Mit (1) und 11.2.6, angewandt auf $M^c = O_{q'}(M^c)(M^c \cap L^c)$, folgt die Existenz eines $c_1 \in C_A \cap M^c$, so daß

$$U = O_{q'}(U)(U \cap L^{cc_1}).$$

Damit gilt

$$\begin{aligned}
C_a &= O_{q'}(C_a)(U \cap C_a) \overset{8.2.11}{=} O_{q'}(C_a)(O_{q'}(U) \cap C_a)(U \cap L^{cc_1} \cap C_a) \\
&= O_{q'}(C_a)(C_a \cap L^{cc_1}) = O_{q'}(C_a)(C_a \cap L),
\end{aligned}$$

da $cc_1 \in C_A$. Es folgt (2).

Die Menge aller maximalen Untergruppen von A bezeichnen wir mit $\mathcal{B}$, und für $B \in \mathcal{B}$ setzen wir

$$Q_B := C_Q(B) \quad \text{und} \quad K_B := \langle O_{q'}(C_a) \mid a \in B^\# \rangle.$$

Sei $B \in \mathcal{B}$. Man beachte, daß K_B unter A und Q_B invariant ist. Aus (2) folgt

$$C_a = (C_a \cap K_B)(C_a \cap L) \text{ für alle } a \in B^\#,$$

und wegen $K_B \leq K$ dann

$$C_a \cap K = (C_a \cap K_B)(K \cap L \cap C_a) \text{ für alle } a \in B^\#.$$

Daraus ergibt sich mit 11.2.1

(3) $K = K_B(K \cap L)$ für $B \in \mathcal{B}$,

und mit (2)

$$C_a = (K \cap C_a)(L \cap C_a) \text{ für } a \in B^\#.$$

Eine weitere Anwendung von 11.2.1 liefert

(4) $G = KL$.

Da K_B von Q_B normalisiert wird, folgt aus (3)

$$Q_B K = Q_B K_B (L \cap K) = K_B Q_B (L \cap K)$$

$$\subseteq K_B Q (L \cap K) = K_B (L \cap K) Q \overset{(3)}{=} KQ,$$

also

$$QK = \prod_{B \in \mathcal{B}} Q_B K \subseteq KQ.$$

Damit ist

$$G_0 := KQ$$

eine A-invariante p'-Untergruppe, auf die wir 11.2.5 anwenden können. Also gilt

(5) θ_{G_0} ist vollständig. Insbesondere gilt $\theta(G_0) = G_0$ und $G_0 \neq G$.

Wegen $r(A) \geq 3$ ergibt der Zerlegungssatz

$$L = \langle C_L(B) \mid B \in \mathcal{B} \rangle.$$

Sei

$$G_1 := [G_0, Q]Q.$$

Dann ist $G_1 = [K, Q]Q$, $G_1 \trianglelefteq G_0$ und $G_1 \in \mathcal{M}_\theta(A)$ (11.1.2). Nun folgt für $B \in \mathcal{B}$

$$[K, Q] = [Q, K] \overset{(3)}{=} [Q, K_B(K \cap L)] \overset{1.5.4}{=} [Q, K_B][Q, K \cap L] = [Q, K_B]Q,$$

also

$$G_1 = [K_B, Q]Q.$$

Daher wird G_1 von $\langle C_L(B) \mid B \in \mathcal{B} \rangle = L$ normalisiert. Wegen (4) ist G_1 Normalteiler von G. Die lokale Vollständigkeit von θ und $G_1 \in \mathcal{M}_\theta(A)$ ergeben nun die Vollständigkeit von θ, ein Widerspruch. $\square$

11.2.8.   *Sei θ lokal vollständig auf G, $r(A) \geq 3$ und $\pi(\theta) \neq \{2, 3\}$. Dann ist θ vollständig auf G.*

Beweis.   Im Falle $|\pi(\theta)| \leq 1$ folgt die Behauptung aus 11.1.9. Deshalb können wir annehmen, daß ein $q \in \pi(\theta)$ existiert mit

$$q \geq 5.$$

Sei $S \in \mathcal{M}_\theta^*(A, q)$ und $Q := W(S)$, wobei $W(S)$ die in **9.4** definierte nicht-triviale charakteristische Untergruppe von S ist. Wir setzen

$$L := \theta(N_G(W(S))).$$

Dann folgt die Vollständigkeit von θ aus 11.2.7, wenn wir zeigen:

(∗)   Zu jedem $W \in \mathit{VI}_\theta(A, q)$, $W \neq 1$, existiert ein $c \in C_A$ mit

$$\theta(N_G(W)) = O_{q'}(\theta(N_G(W)))(N_G(W) \cap L^c).$$

Zum Beweis von (∗) sei $W \in \mathit{VI}_\theta(A, q)$ ein Gegenbeispiel sowie

$$U := \theta(N_G(W)) \quad \text{und} \quad T \in \mathrm{Syl}_q U \text{ mit } T^A = T.$$

Wir wählen das Gegenbeispiel W so, daß $|T|$ maximal ist. Dann ist $T \neq 1$ und $T \in \mathit{VI}_\theta(A, q)$. Also existiert

$$M := \theta(N_G(W(T)))$$

und $S^* \in \mathit{VI}_\theta^*(A, q)$ mit

$$T \leq S^*.$$

Nach 9.4.6 auf Seite 227 gilt

(1) $U = O_{q'}(U)(U \cap M)$.

Sei zunächst $T = S^*$ angenommen. Infolge des Transitivitätssatzes existiert ein $c \in C_A$ mit $S^c = T$. Dann gilt $L^c = M$ (beachte 9.4.1), und wegen (1) ist W kein Gegenbeispiel.

Sei nun $T < S^*$ angenommen. Dann gilt

$$T < N_{S^*}(W(T)) \leq M.$$

Infolge der maximalen Wahl von T gilt nun (∗) für $W(T)$ anstelle von W:

$$M = O_{q'}(M)(M \cap L^c) \text{ für ein } c \in C_A.$$

Somit folgt aus 11.2.6

$$U = O_{q'}(U)(M \cap L^{cc_1}), \quad c_1 \in C_A.$$

Dann ist W kein Gegenbeispiel. Dieser Widerspruch beweist (∗).   □

Aus 11.2.8 folgt ein wichtiger Spezialfall des Vollständigkeitssatzes, nämlich der schon in der Einleitung dieses Kapitels erwähnte Satz von GOLDSCHMIDT [55].

11.2.9.   *Sei $p = 2$ und θ ein auflösbarer A-Signalisator-Funktor auf G mit $r(A) \geq 3$. Dann ist θ vollständig.*

Beweis.   Sei (G, A, θ) ein Gegenbeispiel, so daß $|G| + |\pi(\theta)|$ minimal ist. Dann besitzt G keinen nichttrivialen Normalteiler N mit $N \in \mathit{VI}_\theta(A)$. Ist nämlich N ein solcher, so ist $\overline{\theta}$ wie in 11.1.3 ein auflösbarer A-Signalisator auf $\overline{G} := G/N$, der wegen der Minimalität von $|G| + |\pi(\theta)|$ vollständig ist. Nach 11.1.4 ist dann auch θ vollständig, ein Widerspruch. Für $1 \neq U \in \mathit{VI}_\theta(A)$ ist somit $N_G(U) < G$. Wieder wegen der Minimalität von $|G| + |\pi(\theta)|$ ist θ auf G lokal vollständig. Nun zeigt 11.2.8, daß θ vollständig ist, ein Widerspruch.   □

11.3 Der Vollständigkeitssatz von GLAUBERMAN

Wie bisher sei A eine elementarabelsche p-Gruppe, die auf der Gruppe G operiert. Die Bezeichnungen sind wie in **11.1** und **11.2**. Mit $\mathcal{B}$ bezeichnen wir die Menge aller maximalen Untergruppen von A.

Wir benötigen folgende Bemerkung:

11.3.1.   *Sei $r(A) \geq 2$ und G eine auflösbare p'-Gruppe, und sei $q \in \pi(G)$. Ist U eine q'-Untergruppe von G, für die auch $[U, C_G(B)]$ für jedes $B \in \mathcal{B}$ eine q'-Gruppe ist, so liegt U in $O_{q'}(G)$.*

Beweis.   Wegen (tf) können wir $O_{q'}(G) = 1$ annehmen. In der auflösbaren Gruppe G gilt

$$C_G(Q) \leq Q \quad \text{für} \quad Q := O_q(G),$$

also nach Voraussetzung $[U, C_Q(B)] = 1$ für alle $B \in \mathcal{B}$. Da nach dem Erzeugungssatz

$$Q = \langle C_Q(B) \mid B \leq A, \ |A/B| = p \rangle$$

gilt, folgt $U = 1$ und damit die Behauptung. $\square$

11.3.2.   **Vollständigkeitssatz von Glauberman.**   *Sei θ ein auflösbarer A-Signalisator-Funktor auf G. Ist $r(A) \geq 3$, so ist θ vollständig.*

Beweis.   Wir führen den Beweis mittels Induktion nach $|G| + |\pi(\theta)|$. Sei (G, A, θ) ein Gegenbeispiel, so daß $|G| + |\pi(\theta)|$ minimal ist. Wie im Beweis von 11.2.9 schließt man:

(1)   *θ ist lokal vollständig.*

Somit folgt aus 11.2.8:

(2) $\pi(\theta) = \{2, 3\}$.

Im folgenden seien q und r die zwei Primzahlen in $\pi(\theta)$, also

$$\pi(\theta) = \{q, r\} = \{2, 3\}.$$

Wir setzen

$$\mathsf{W} := \mathsf{W}_\theta(A), \quad \mathsf{W}^* := \mathsf{W}_\theta^*(A), \quad \text{und} \quad \mathsf{W}_q := \mathsf{W}_\theta(A, q), \quad \mathsf{W}_q^* := \mathsf{W}_\theta^*(A, q).^6$$

Der Transitivitätssatz 11.1.7 besagt

$$\mathsf{W}_q^* = S^{C_A} \quad \text{und} \quad \mathsf{W}_r^* = R^{C_A} \quad \text{für} \quad S \in \mathsf{W}_q^* \quad \text{und} \quad R \in \mathsf{W}_r^*,$$

und dies benutzen wir nun ständig.

Zunächst zeigen wir:

---
[6] und W_r, W_r^* analog.

(3)   *Sei $S \in \mathsf{M}_q^*$. Dann liegt S in genau einem Element aus M^*.*

Wegen $q \in \pi(\theta)$ ist $S \neq 1$. Sei

$$S \leq M_1 \cap M_2 \quad \text{für} \quad M_1, M_2 \in \mathsf{M}^*.$$

Wir zeigen $M_1 = M_2$. Für $i = 1, 2$ existieren A-invariante r-Sylowunter-gruppen R_i von M_i mit $M_i = SR_i$. Sei $R_i \leq \hat{R}_i \in \mathsf{M}_r^*$ und $c \in C_A$ mit $\hat{R}_1^c = \hat{R}_2$. Wegen 11.1.8 gilt $C_A \cap \hat{R}_i \in \mathrm{Syl}_r C_A$ und $C_A \cap S \in \mathrm{Syl}_q C_A$, also $C_A = (\hat{R}_i \cap C_A)(S \cap C_A)$. Daher läßt sich c aus $S \cap C_A$ wählen. Es folgt

$$R_1{}^c S = (R_1 S)^c = (SR_1)^c = SR_1{}^c.$$

Deshalb ist

$$M^* := S\langle R_1{}^c, R_2 \rangle$$

eine A-invariante Untergruppe. Wegen $\langle R_1{}^c, R_2 \rangle \leq \hat{R}_2$ gilt $\pi(M^*) = \{q, r\}$. Damit ist M^* auflösbar ($p^a q^b$-Satz) und liegt nach 11.1.2 in M. Die Maximalität von M_1 und M_2 erzwingt nun wegen $M_2 \leq M^*$ und $c \in S$

$$M_2 = M^* = M_1{}^c = M_1.$$

Dies beweist (3).

(4)   *Sei $S \in \mathsf{M}_q^*$ und $S \leq M \in \mathsf{M}^*$. Dann besitzt S eine A-invariante Untergruppe $Q \neq 1$, so daß gilt:*

(4a) $\theta(N_G(Q))$ *ist nicht Thompson-faktorisierbar.*

(4b) $\theta(N_G(Q)) \cap C_A \not\leq M$. *Insbesondere ist $C_A \not\leq M$.*

Zunächst folgt aus 11.2.7 und $S^{C_A} = \mathsf{M}_q^*$, daß S eine A-invariante Untergruppe $Q \neq 1$ besitzt, für die gilt

$$U := \theta(N_G(Q)) \neq O_{q'}(U)(U \cap M).$$

Sei Q so gewählt, daß $|U \cap M|_q$ maximal ist, und sei T eine A-invariante q-Sylowuntergruppe von $U \cap M$ mit $T \leq S$. Wegen (3) ist $T < S$ und deshalb

$$T < N_S(T) \leq N_G(J(T)).$$

Aus der Wahl von Q folgt

$$U_1 := \theta(N_G(J(T))) = O_{q'}(U_1)(U_1 \cap M).$$

Andererseits ist $Q \leq T$ und damit $\Omega(Z(S)) \leq \Omega(Z(T)) \leq J(T)$, also wegen (3)

$$O_{q'}(U_1) \leq \theta(C_G(\Omega(Z(T)))) \leq \theta(C_G(\Omega(Z(S)))) \leq M.$$

Daraus folgt $U_1 \leq M$. Wir haben gezeigt:

$(*)$ $$E := \langle \theta(C_G(\Omega(Z(T)))), \theta(N_G(J(T))) \rangle \leq M.$$

Insbesondere folgt $\theta(N_G(T)) \leq M$ und daher

$$T \in \mathrm{Syl}_q U.$$

Ist U Thompson-faktorisierbar, so hat man nun

$$U = O_{q'}(U)\, N_U(J(T))\, C_U(\Omega(Z(T))) = O_{q'}(U)(U \cap M),$$

ein Widerspruch. Deshalb ist U nicht Thompson-faktorisierbar; jedoch gilt nach 9.3.10 a) auf Seite 220

$$U = \langle E \cap U, C_U(A) \rangle.$$

Es folgt $C_U(A) = C_A \cap U \nleq M$, also Behauptung (4b).

(5) *Es existieren elementarabelsche Untergruppen der Ordnung 9 und 8 in C_A.*

Denn wegen (4) können wir 9.3.10 b) anwenden. Danach existieren Untergruppen D und W in C_A mit

$$W \cong C_q \times C_q \quad \text{und} \quad D/C_D(W) \cong \mathrm{SL}_2(q).$$

Sei $q = 3$. Dann hat W die gewünschte Eigenschaft. Außerdem existiert in $C_A/O_{2'}(C_A)$ ein Element der Ordnung 6, da es in $D/C_D(W) \cong \mathrm{SL}_2(3)$ ein solches gibt (siehe 8.6.10 auf Seite 195 und beachte $O_{2'}(\mathrm{SL}_2(3)) = 1$).

Sei nun $q = 2$ und $\overline{C}_A := C_A/O_{2'}(C_A)$. Dann operiert ein 3-Element $d \in D \setminus C_D(W)$ fixpunktfrei auf W. Deshalb erfüllt $\overline{C}_A$ die Voraussetzungen von 8.5.6 auf Seite 186, und die Behauptung folgt.

Nun kommen wieder die maximalen Untergruppen von A ins Spiel. Für $q \in \pi(\theta)$ sei

$$K := \theta_{q'}(G),$$
$$K_\vee(B) := \langle O_{q'}(C_a) \mid a \in B^\# \rangle, \quad B \in \mathcal{B},$$
$$K_\wedge(B) := \bigcap_{a \in B^\#} O_{q'}(C_a), \quad B \in \mathcal{B},$$
$$K_{\mathcal{B}} := \langle K_\wedge(B) \mid B \in \mathcal{B} \rangle.$$

Alle vier Gruppen sind unter C_A invariant, sie liegen also in K. Außerdem gilt

$$K_\wedge(B_1) \leq O_{q'}(C_a) \leq K_\vee(B) \quad \text{für alle } B, B_1 \in \mathcal{B} \text{ und } a \in (B \cap B_1)^\#.$$

Es folgt

$$K_\wedge(B) \leq K_{\mathcal{B}} \leq K_\vee(B) \quad \text{für alle } B \in \mathcal{B}.$$

(6)   (6a) $K_B \cap H \leq O_{q'}(H)$ *für alle* $H \in \mathcal{U}$.

(6b)   *Ist* $H \in \mathcal{U}$ *mit*

$$H \cap C_a \leq O_{q'}(C_a) \, \text{für alle } a \in A^\#,$$

so gilt $H \leq K_B$.

(6c)   *Ist* $F \leq C_A$ *eine nichtzyklische abelsche q-Gruppe, so gilt*

$$K_B = \langle \, O_{q'}(\theta(C_G(f))) \mid f \in F^\# \, \rangle;$$

insbesondere ist $\theta(C_G(F)) \leq N_G(K_B)$.

Beweis.   a) Sei $B \in \mathcal{B}$. Es gilt $K_B \cap H \leq K_\vee(B) \cap H$, wobei $K_\vee(B) \cap H$ eine $H \cap C_B$-invariante q'-Untergruppe von H ist. Damit ist $[K_B \cap H, H \cap C_B]$ eine q'-Gruppe für jedes $B \in \mathcal{B}$. Die Behauptung folgt somit aus 11.3.1.

b) Hier gilt

$$H \cap C_B = C_H(B) = \bigcap_{a \in B^\#} (H \cap C_a) \leq K_\wedge(B),$$

also $H = \langle H \cap C_B \mid B \in \mathcal{B} \rangle \leq K_B$.

c) Wir setzen $C_f := \theta(C_G(f))$ für $f \in F^\#$. Da K_B unter C_A invariant ist, operiert auch die nichtzyklische abelsche q-Gruppe F auf der q'-Gruppe K_B:

$$K_B = \langle K_B \cap C_f \mid f \in F^\# \rangle.$$

Sei $f \in F^\#$. Nach a) gilt $K_B \cap C_f \leq O_{q'}(C_f)$. Umgekehrt gilt für $a \in A^\#$ nach 8.2.12

$$C_a \cap O_{q'}(C_f) \leq O_{q'}(C_a),$$

also wegen b) $O_{q'}(C_f) \leq K_B$. Es folgt $K_B \cap C_f = O_{q'}(C_f)$ und damit die Behauptung. $\square$

(7)   *Für alle* $q \in \pi(\theta)$ *ist* $K_B = 1$.

Beweis.   Sei $K_B \neq 1$ angenommen und

$$N := \theta(N_G(K_B)).$$

Dann liegt C_A in N, und aus (3) und (4) folgt

$(')$ $S \not\leq N \, \text{für alle } S \in \mathcal{U}_q^*$.

Nach (5) existiert ein $E \leq C_A \; (\leq N)$ mit

$$E \cong \begin{cases} C_q \times C_q & \text{für } \quad q = 3 \\ C_q \times C_q \times C_q & \text{für } \quad q = 2. \end{cases}$$

Sei Q eine A-invariante q-Sylowuntergruppe von N mit $E \leq Q$. Dann gilt

$('')$ *Jede Q-invariante q'-Gruppe aus $\mathsf{M}_{q'}$ liegt in $K_{\mathcal{B}}$.*

Bevor wir $('')$ verifizieren, zeigen wir, daß aus $(')$ und $('')$ ein Widerspruch folgt. Dazu sei Q_1 eine A-invariante q-Sylowuntergruppe von $\theta(N_G(Q))$. Insbesondere gilt $Q^{Q_1 \cap C_B} = Q$ für jedes $B \in \mathcal{B}$. Wegen

$$K_B \leq K_V(B) \quad \text{und} \quad Q_1 \cap C_B \leq \theta(N_G(K_V(B)))$$

ist daher $\langle K_B^{Q_1 \cap C_B} \rangle$ eine Q-invariante q'-Untergruppe aus M. Aus $('')$ folgt $K_B^{Q_1 \cap C_B} = K_B$, also $Q_1 \cap C_B \leq N$ und

$$Q_1 = \langle Q_1 \cap C_B \mid B \in \mathcal{B} \rangle \leq N$$

und damit $Q = Q_1$ wegen $Q \leq Q_1$. Dies hat $Q \in \mathsf{M}_q^*$ zur Folge, im Widerspruch zu $(')$.

Für den Beweis von $('')$ sei $U \neq 1$ eine Q-invariante Untergruppe aus $\mathsf{M}_{q'}$. Sei zunächst $q = 2$, also $|E| = 8$. Dann folgt

$$U = \langle C_U(F) \mid F \leq E, \ |F| = 4 \rangle \overset{(6c)}{\leq} N,$$

sogar $U \leq O_{q'}(N)$ wegen $Q \in \mathrm{Syl}_q N$.

Sei $F \leq E$ mit $|F| = 4$. Da $\theta(N_G(F))$ nach $(6c)$ in N liegt, gilt

$$C_U(F) \leq O_{q'}(N) \cap \theta(N_G(F)) \leq O_{q'}(\theta(C_G(F))).$$

Mit 8.2.12 folgt für alle $f \in F^{\#}$

$$C_U(F) \leq O_{q'}(\theta(C_G(F))) \leq O_{q'}(\theta(C_G(f))) \overset{(6c)}{\leq} K_{\mathcal{B}}$$

und damit $U \leq K_{\mathcal{B}}$.

Sei nun $q = 3$, also $|E| = 9$. Für $a \in A^{\#}$ ist E $(\leq C_A)$ eine q-Untergruppe von C_a. Sei S_0 eine A-invariante q-Sylowuntergruppe von

$$C_a \cap \theta(C_G(E)) = C_{C_a}(E).$$

Da E im Zentrum von S_0 liegt, folgt

(z) $$Z(S_0) \in \mathrm{Syl}_q C_{C_a}(S_0).$$

Nach $(6c)$ liegt S_0 in N. Deshalb existiert ein $d \in C_A$ mit $S_0 \leq Q^d$, also

$$S_0 \leq C_a \cap Q^d = (C_a \cap Q)^d.$$

Die q'-Gruppe $T := (U \cap C_a)^d \leq C_a$ wird von der q-Gruppe S_0 normalisiert. Sei

$$\overline{C}_a := C_a/O_{q'}(C_a) \quad \text{und} \quad \overline{X} := O_q(\overline{C}_a).$$

Das semidirekte Produkt S_0T operiert auf der q-Gruppe $\overline{X}$. Dabei gilt

$$C_{\overline{X}}(S_0) \overset{\text{(tf)}}{=} \overline{C_X(S_0)} \overset{\text{(z)}}{\leq} \overline{Z(S_0)} \quad \text{und} \quad [\overline{Z(S_0)}, T] = 1.$$

Aus 8.5.3 folgt $[\overline{X}, T] = 1$. Deshalb gilt $T \leq O_{q'}(C_a)$ und damit $U \cap C_a \leq O_{q'}(C_a)$, da $d \in C_a$. Nun folgt ($''$) aus (6b) mit $H = U$. $\square$

(8)   *Ist $M \in \mathcal{M}^*$ mit $C_A \leq M$, so ist $F(M) = O_q(M)$ für ein $q \in \pi(\theta)$.*

Andernfalls ist $O_2(M) \neq 1 \neq O_3(M)$ wegen (2). Es sei $E \leq C_A$ eine elementarabelsche q-Untergruppe wie in (5), also $r(E) \geq 2$. Dann ist $C_{O_q(M)}(E) \neq 1$, und es existiert ein $e \in E^\#$ mit $O_{q'}(M) \cap \theta(C_G(e)) \neq 1$, da $r(E) \geq 2$. Es folgt

$$C_{O_2(M)}(e) \neq 1 \neq C_{O_3(M)}(e).$$

Nach 11.2.2 auf Seite 278 ist dann M die einzige Untergruppe in $\mathcal{M}^*$, die $C_{F(M)}(e)$ enthält. Insbesondere ist $\theta(C_G(e)) \leq M$. Es folgt

$$O_{q'}(M) \cap \theta(C_G(e)) \leq O_{q'}(\theta(C_G(e))) \overset{\text{(6c)}}{\leq} K_{\mathcal{B}} \overset{\text{(7)}}{=} 1,$$

ein Widerspruch.

Beweisabschluß: Sei $S \in \mathcal{M}_2^*$. Es existiert ein $B \in \mathcal{B}$ mit

$$Z_B := Z(S) \cap C_B \neq 1.$$

Andererseits ist nach (7) $K_{\mathcal{B}} = 1$ für $q = 3$. Somit findet sich ein $b \in B^\#$ mit

$$Z_B \not\leq O_{3'}(C_b) = O_2(C_b).$$

Sei $M \in \mathcal{M}^*$ mit $C_b \leq M$. Wegen $C_A \leq C_b$ gilt

$$C_A \leq M,$$

also mit 11.1.8 $S \cap M \in \mathrm{Syl}_2\, M$. Wegen $O_2(M) \cap C_b \leq O_2(C_b)$ ist außerdem $Z_B \not\leq O_2(M)$. Andererseits ist $O_2(M) \leq S \cap M$ und damit $[O_2(M), Z_B] = 1$. Aus (8) folgt

$$F(M) = O_3(M) \quad \text{und} \quad [O_3(M), Z_B] \neq 1.$$

Wegen $O_3(M) = \langle C_{\widetilde{B}} \cap O_3(M) \mid \widetilde{B} \in \mathcal{B} \rangle$ findet sich ein $\widetilde{B} \in \mathcal{B}$ mit

$$O_3(M) \cap C_{\widetilde{B}} \not\leq C_G(Z_B).$$

Also gilt

($'$) $[C_{\widetilde{B}}, Z_B]$ *ist keine 2-Gruppe.*

Mit dem gleichen Argument existieren für $T \in \mathcal{M}_3^*$ Untergruppen $D, \widetilde{D} \in \mathcal{B}$ mit $Z(T) \cap C_D \neq 1$ und

$('')$ $\qquad\qquad [C_{\widetilde{D}}, Z(T) \cap C_D]$ *ist keine 3-Gruppe.*

Wegen $|A| \geq p^3$ ist $\widetilde{B} \cap \widetilde{D} \neq 1$. Sei $1 \neq w \in \widetilde{B} \cap \widetilde{D}$ und

$$C_w \leq H \in \mathcal{M}^*.$$

Nach (8) ist $F(H) = O_2(H)$ oder $F(H) = O_3(H)$. Sei $F(H) = O_2(H)$ angenommen. Dann gilt $H = \theta(N_G(O_2(H)))$. Da $S \cap H$ eine 2-Sylowuntergruppe von H ist (11.1.8), folgt $O_2(H) \leq S \cap H$, also

$$Z_B \leq Z(S) \leq C_H(O_2(H)) \leq O_2(H).$$

Wegen $C_{\widetilde{B}} \leq H$ ist dann $[C_{\widetilde{B}}, Z_B]$ eine 2-Gruppe, im Widerspruch zu $(')$.

Ist $F(H) = O_3(H)$, so führt ein analoges Argument mit T an Stelle von S auf einen Widerspruch zu $('')$. $\qquad\qquad\qquad\qquad\qquad\qquad\qquad\square$

Wir wenden den Vollständigkeitssatz im nächsten Kapitel an. Hier sei eine einfache Folgerung erwähnt:

11.3.3. *Sei A eine elementarabelsche p-Gruppe mit $r(A) \geq 3$, die auf der p'-Gruppe G operiert. Es gelte*

$$C_G(a) \text{ ist auflösbar für alle } a \in A^\#.$$

Dann ist G auflösbar.

Beweis. Durch

$$\theta(C_G(a)) := C_G(a), \quad a \in A^\#,$$

wird auf G ein auflösbarer A-Signalisator-Funktor definiert, der nach dem Satz von GLAUBERMAN vollständig ist. Aus dem Zerlegungssatz folgt, daß G das maximale Element von $\mathcal{M}_\theta(A)$ ist, d.h. G ist auflösbar. $\qquad\square$

12. N-Gruppen

In diesem Kapitel verwenden wir die Ergebnisse der vorigen Kapitel in exemplarischer Weise dazu, die Struktur von N-Gruppen zu untersuchen. Dabei verstehen wir unter einer **N-Gruppe** eine Gruppe G, für die gilt:

$\mathcal{N}$ G hat gerade Ordnung, und jede 2-lokale Untergruppe von G ist auflösbar.

Diese Bezeichnung weicht etwas von der allgemein üblichen ab. In der Literatur versteht man unter einer N-Gruppe G eine Gruppe, die $\mathcal{N}$ nicht nur für 2, sondern für jede Primzahl $p \in \pi(G)$ erfüllt. Alle nichtauflösbaren Gruppen, die dieser stärkeren Bedingung genügen, wurden von THOMPSON [93] bestimmt. Später haben dann GORENSTEIN-LYONS [61], JANKO [73] und F. SMITH [83] das Ergebnis von THOMPSON auf Gruppen verallgemeinert, die $\mathcal{N}$ erfüllen und die wir hier als N-Gruppen bezeichnen. THOMPSONs Arbeit wurde in den 70er Jahren zu einem Modell für die Klassifikation der endlichen einfachen Gruppen.

Eine vollständige Behandlung der N-Gruppen würde bei weitem den Rahmen dieses Buches sprengen. Wir machen deshalb die folgende zusätzliche Voraussetzung:

$\mathcal{Z}$ $C_G(\Omega(Z(S))) \leq N_G(S)$ für $S \in \mathrm{Syl}_2\, G$.

Dann ist $C_G(\Omega(Z(S)))$, also auch $N_G(\Omega(Z(S)))$, 2-abgeschlossen. Somit ist $\mathcal{Z}$ äquivalent zu

$$N_G(\Omega(Z(S))) \leq N_G(S) \text{ für } S \in \mathrm{Syl}_2\, G.$$

Diese Voraussetzung ist zum Beispiel in einfachen Gruppen erfüllt, in denen der Normalisator einer 2-Sylowuntergruppe eine maximale Untergruppe ist. Auch die Untersuchung dieses Spezialfalles zeigt schon die für viele Klassifikationsprobleme typischen Beweisschritte:

- Reduktion auf Gruppen der lokalen Charakteristik 2,
- Bestimmung der 2-lokalen Struktur der Gruppe,

- Identifikation der Gruppe an Hand ihrer 2-lokalen Struktur.

Die ersten beiden Schritte werden wir im Fall von Gruppen, die $\mathcal{N}$ und $\mathcal{Z}$ genügen, durchführen; bei der Identifikation werden wir dann auf die einschlägige Literatur verweisen.

Eine in G stark 2-eingebettete Untergruppe von G (zur Definition siehe Seite 233) nennen wir in diesem Kapitel **stark eingebettet** in G.

Eine Gruppe G hat **lokale Charakteristik 2**, falls G gerade Ordnung hat und außerdem gilt:

$\mathcal{L}$ $C_L(O_2(L)) \leq O_2(L)$ für alle 2-lokalen Untergruppen L von G.

Ist G eine N-Gruppe, so ist $\mathcal{L}$ wegen 6.4.4 a) auf Seite 121 äquivalent zu:

$O_{2'}(L) = 1$ für alle 2-lokalen Untergruppen L von G.

Wir zeigen in diesem Kapitel:

Satz 1. *Sei G eine N-Gruppe mit $O_{2'}(G) = 1 = O_2(G)$, und sei $S \in$ $\mathrm{Syl}_2\, G$ sowie $Z := \Omega(Z(S))$. Es gelte $\mathcal{Z}$. Dann gilt für*

$$H := O^2(G) \quad \textit{und} \quad R := S \cap H$$

einer der folgenden Fälle:

a)   *H besitzt eine stark eingebettete Untergruppe.*

b)   *R ist eine Dieder- oder Semidiedergruppe.*

c)   *$Z \cap R \cong C_2$ und $Z \cap R$ ist schwach abgeschlossen in R bezüglich H.*

d)   *$\Omega(R) = Z \cong C_2 \times C_2$.*

In allen Fällen von Satz 1 stehen Sätze zur Verfügung, in denen die Gruppen mit der entsprechenden Eigenschaft bestimmt werden:

- Satz von BENDER über Gruppen mit stark eingebetteter Untergruppe,

- Satz von GORENSTEIN-WALTER über Gruppen mit Diedergruppen als 2-Sylowuntergruppen,

- Satz von ALPERIN-BRAUER-GORENSTEIN über Gruppen mit Semidiedergruppen als 2-Sylowuntergruppen,

- Z^*-Satz von GLAUBERMAN (im Fall c),

- Satz von GOLDSCHMIDT über Gruppen mit einer stark abgeschlossenen abelschen 2-Untergruppe (im Fall d).

Wir haben gerade diese Sätze ausgewählt, weil sie — über diese spezielle Anwendung hinaus — in der Theorie der endlichen Gruppen von grundlegender Bedeutung sind. Sie sind im Anhang formuliert.

Der erste Schritt im Beweis von Satz 1 (Abschnitt **12.1**) beschreibt die Gruppen, die nicht lokale Charakteristik 2 haben. Dabei kommen wir mit einer Voraussetzung aus, die etwas schwächer ist als $\mathcal{N}$, nämlich:

$\mathcal{C}$ G hat gerade Ordnung, und für jede Involution $t \in G$ ist $C_G(t)$ auflösbar.

Wir nennen eine solche Gruppe **$\mathcal{C}$-Gruppe**. Mit Hilfe des Vollständigkeitssatzes von GLAUBERMAN beweisen wir in **12.1**:

Satz 2. *Sei G eine $\mathcal{C}$-Gruppe mit $O_{2'}(G) = 1 = O_2(G)$. Es gelte $\mathcal{Z}$. Dann gilt einer der Fälle* a)*,* c) *oder* d) *aus Satz 1, oder $O^2(G)\Omega(Z(S))$ hat lokale Charakteristik 2.*

Der zweite Teil des Beweises von Satz 1 (Abschnitte **12.2** und **12.3**) untersucht die 2-lokale Struktur von Gruppen mit lokaler Charakteristik 2. Nach einer umfangreichen Analyse der 2-lokalen Struktur, bei der vor allem die Ergebnisse aus Kapitel 9 und 10 zum Tragen kommen, erhält man ein überraschend einfaches Resultat:

Satz 3. *Sei G eine N-Gruppe der lokalen Charakteristik 2 mit $O_2(G) = 1$. Es gelte $\mathcal{Z}$. Dann existiert eine stark eingebettete Untergruppe von G, oder es existieren zwei maximale 2-lokale Untergruppen M_1 und M_2 von $O^2(G)$ mit*

$\mathcal{A}$ $M_1 \cong S_4 \cong M_2$ *und* $M_1 \cap M_2 \in \mathrm{Syl}_2 M_2$.

Interessant ist, daß stark eingebettete Untergruppen sowohl in Satz 2 als auch in Satz 3 vorkommen. Dies ist typisch für das Auftreten stark eingebetteter Untergruppen in Beweisen von Klassifikationsproblemen; und es unterstreicht die fundamentale Bedeutung des Satzes von BENDER. In Satz 2 treten stark eingebettete Untergruppen als Normalisatoren nichttrivialer Untergruppen ungerader Ordnung auf, in Satz 3 als Normalisatoren nichttrivialer 2-Untergruppen, also als 2-lokale Untergruppen.

Ein elementares Argument zeigt, daß $\mathcal{A}$ in Satz 3 den Fall b) von Satz 1 impliziert. Dies schließt dann den Beweis von Satz 1 ab.

12.1 Eine Anwendung des Vollständigkeitssatzes

Hintergrund der folgenden Ausführungen ist der Zusammenhang zwischen der Existenz nichttrivialer Signalisator-Funktoren und der Existenz stark eingebetteter Untergruppen.

Bevor wir uns der Situation in Satz 2 zuwenden, seien zwei davon unabhängige Hilfssätze formuliert.

12.1.1.   Transfer-Lemma von Thompson.[1] *Sei S eine 2-Sylowuntergruppe der Gruppe G und U eine maximale Untergruppe von S. Ist $t \in S$ eine Involution mit $t^G \cap U = \emptyset$, so liegt t nicht in $O^2(G)$.*

Beweis. G operiert durch Rechtsmultiplikation auf der Menge Ω der Nebenklassen Ug, $g \in G$. Sei $n := |\Omega| = |G : U|$ und φ der Homomorphismus von G in S_n, der die Operation von G auf Ω beschreibt. Es ist

$$n = 2|G : S| \quad \text{und} \quad |G : S| \text{ ungerade.}$$

Für $Ug \in \Omega$ gilt

$$(Ug)t = Ug \iff gtg^{-1} \in U.$$

Die Voraussetzung $U \cap t^G = \emptyset$ besagt somit, daß die Involution $t^\varphi \in S_n$ keinen Fixpunkt auf $\{1, \ldots, n\}$ besitzt, also Produkt von $\frac{n}{2}$ Transpositionen ist. Dabei ist $\frac{n}{2} = |G : S|$ ungerade. Damit liegt t^φ nicht in A_n, also t nicht in $N := A_n^{\varphi^{-1}}$. Infolge von $|S_n/A_n| = 2$ gilt aber $|G/N| = 2$, also $O^2(G) \leq N$.   □

12.1.2.   *Sei G eine C-Gruppe. Für jede Involution $t \in G$ gelte $O_{2'}(C_G(t)) = 1$. Dann hat G lokale Charakteristik 2.*

Beweis.   Sei L eine 2-lokale Untergruppe von G mit

$$C_L(O_2(L)) \not\leq O_2(L).$$

Nach 6.5.8 auf Seite 130 ist dann

$$F^*(L) \neq O_2(L).$$

Sei t eine Involution aus $Z(O_2(L))$; dann ist $F^*(L) \leq C_G(t)$. Da $C_G(t)$ nach Voraussetzung auflösbar ist, folgt $F^*(L) = F(L)$, also

$$O_{2'}(L) \neq 1.$$

Wendet man 8.2.13 auf Seite 169 an mit

$$(2, L, C_G(t), O_{2'}(L)) \quad \text{statt} \quad (p, N_G(P), L, U),$$

so folgt $1 \neq O_{2'}(L) \leq O_{2'}(C_G(t))$, im Widerspruch zu unserer Voraussetzung.   □

---

[1] „Transfer" ist die englische Bezeichnung für „Verlagerung". Allerdings tritt im Beweis von 12.1.1 die Signumsabbildung an die Stelle der Verlagerungsabbildung.

Wir treten nun in den Beweis von Satz 2 ein und betrachten daher folgende Situation:

S
$\quad$ G ist eine Gruppe gerader Ordnung mit $O_2(G) = 1 = O_{2'}(G)$.

$\quad$ G ist eine C-Gruppe, und es gilt $\mathcal{Z}$ für G.

$\quad$ $H := O^2(G)$.

$\quad$ $S \in \mathrm{Syl}_2\, G$, $T := S \cap H \in \mathrm{Syl}_2\, H$ und $Z := \Omega(Z(S))$.

$\mathcal{B}(G)$ sei die Menge der maximalen abelschen 2-Untergruppen von G, die eine elementarabelsche Untergruppe der Ordnung 8 enthalten.[2]

In der C-Gruppe G definiert nach 11.1.1 auf Seite 271 jede elementarabelsche 2-Untergruppe A von G durch

$$\theta_A \colon a \mapsto O_{2'}(C_G(a)), \quad a \in A^{\#}.$$

einen auflösbaren A-Signalisator-Funktor θ_A auf G.

Sei $B \in \mathcal{B}(G)$ und $B_0 := \Omega(B)$. Wegen $|B_0| \geq 8$ besagt der Vollständigkeitssatz von GLAUBERMAN (11.3.2 auf Seite 289), daß θ_{B_0} vollständig ist. Das maximale Element von $\mathcal{W}_{\theta_{B_0}}(G)$ sei mit $\theta_B(G)$ bezeichnet. Man beachte, daß gilt

$$\theta_{B^g}(G) = \theta_B(G)^g, \quad g \in G.$$

Außerdem folgt für $R := \theta_B(G)$:

$$C_R(a) = O_{2'}(C_G(a)) \text{ für } a \in B^{\#},$$

$$C_R(A_0) = O_{2'}(C_G(A_0)) \text{ für } 1 \neq A_0 \leq B,$$

$$R = \langle O_{2'}(C_G(a)) \mid a \in B^{\#} \rangle,$$

$$N_G(B) \leq N_G(R).$$

12.1.3. *Es gelte S. Sei $B \in \mathcal{B}(G)$ und R eine B-invariante $2'$-Untergruppe von G. Dann gilt*

$$R \leq \theta_B(G).$$

Beweis. Sei $b \in B^{\#}$. Nach geeigneter Konjugation können wir

(1) $\qquad\qquad B \leq C_G(b) \cap S \in \mathrm{Syl}_2\, C_G(b)$

annehmen. Wegen $B \in \mathcal{B}(G)$ hat man

(2) $\qquad\qquad\qquad C_S(B) = B.$

Es folgt $Z \leq B$ und $R^Z = R$. Damit gilt für $X := C_R(b)$ die Zerlegung

---

[2] Hier ist die Maximalität bezüglich der Inklusion gemeint.

$$X = C_X(Z)[X, Z].$$

Nach 6.4.4 auf Seite 121 ist $Z \le O_{2'2}(C_G(b))$; der zweite Faktor liegt also in $O_{2'2}(C_G(b))$, sogar in $O_{2'}(C_G(b))$, da $[X, Z]$ ungerade Ordnung hat. Für den ersten Faktor

$$Q := C_X(Z)$$

gilt $S^Q = S$ wegen Z. Da Q unter B invariant ist, folgt $QB = Q \times B$, also mit dem $P \times Q$-Lemma und (2)

$$[S, Q] = 1.$$

Dies bedeutet insbesondere $[Q, S \cap C_G(b)] = 1$. Die Behauptung $Q \le O_{2'}(C_G(b))$ folgt also mit (1) aus 6.4.4 b) auf Seite 121. □

12.1.4. *Es gelte S. Seien $A, B \in \mathcal{B}(G)$ mit $A, B \le S$. Dann ist $\theta_A(G) = \theta_B(G)$. Insbesondere gilt $N_G(S) \le N_G(\theta_B(G))$ für alle $B \in \mathcal{B}(G)$ mit $B \le S$.*

Beweis. Sei $R := \theta_B(G)$ und $M := N_G(R)$. Dann gilt

$$B \le S \cap M =: S_0.$$

Für $x \in N_S(S_0)$ ist $B \le S_0 \le N_G(R^x)$, also wegen 12.1.3 $R = R^x$ und $x \in M \cap S = S_0$. Damit ist $N_S(S_0) = S_0$ und deshalb $S = S_0 \le M$. Insbesondere folgt $A \le M$ und mit 12.1.3

$$R = \theta_B(G) \le \theta_A(G).$$

Ein symmetrisches Argument ergibt $\theta_A(G) \le \theta_B(G)$, also die Gleichheit. Da $N_G(S)$ auf $\mathcal{B}(S)$ operiert, gilt wegen

$$\theta_{B^g}(G) = \theta_B(G)^g = \theta_B(G), \quad g \in N_G(S),$$

auch der Zusatz. □

12.1.5. *Es gelte S. Dann gilt einer der folgenden Fälle:*

a)   *Jede Involution von TZ liegt in einer Untergruppe B aus $\mathcal{B}(G)$.*

b)   *$Z \cong C_2$, und alle Involutionen von H sind in H zu der Involution in Z konjugiert.*

c)   *$\Omega(T) = Z \cong C_2 \times C_2$.*

d)   *$Z \cap T \cong C_2$, und $Z \cap T$ ist schwach abgeschlossen in T bezüglich H.*

Beweis.   Sei $\mathcal{N}(S)$ die Menge aller nichttrivialen elementarabelschen Normalteiler von S. Als erstes nehmen wir an, daß ein $X \in \mathcal{N}(S)$ mit $r(X) \geq 3$ existiert. Dann gilt für jede Involution t von S

$$r(C_X(t)) \geq 2,$$

da t quadratisch auf X operiert (Beispiel b in **9.1** auf Seite 201 und 9.1.1 b). Also ist $|C_X(t)\langle t\rangle| \geq 8$, und $C_X(t)\langle t\rangle$ liegt in einem Element aus $\mathcal{B}(G)$; dies ist a). Wir können nun annehmen:

(1) $r(X) \leq 2$ für alle $X \in \mathcal{N}(S)$.

Sei als nächstes $r(X) = 1$ für alle $X \in \mathcal{N}(S)$. Dann folgt aus 5.3.9 auf Seite 105, daß S eine maximale Untergruppe enthält, die zyklisch ist. Deshalb besitzt auch T eine zyklische maximale Untergruppe U, die Z im Falle $U \neq 1$ enthält; beachte $r(Z) = 1$. Nun folgt b) aus dem Transfer-Lemma von THOMPSON (12.1.1), angewandt auf H und T.

Wir können nun annehmen:

(2)   Es existiert ein $V \in \mathcal{N}(S)$ mit $V \cong C_2 \times C_2$.

Sei $S_0 := C_S(V)$. Dann ist $|S : S_0| \leq 2$. Im Falle $V < \Omega(S_0)$ liegt jede Involution von S_0, also infolge des Transfer-Lemmas von THOMPSON auch jede Involution aus $T \setminus S_0$ in einer Untergruppe $B \in \mathcal{B}(G)$. Daraus folgt a), denn nach (1) ist entweder $V = Z$ und $S = S_0$ oder $|Z| = 2$ und $Z \leq T$. Also können wir annehmen:

(3) $V = \Omega(S_0)$.

Existiert $B \in \mathcal{B}(G)$ mit $B \leq S$, so folgt $B \not\leq S_0$ und $V \leq B \cap S_0$ aus (3), also $B \leq C_S(V) = S_0$, ein Widerspruch. Es folgt:

(4) $\mathcal{B}(G) = \emptyset$.

Wegen (3) und (4) gilt $Z \leq V$. Sei $Z \not\cong C_2$ und $Z_0 := Z \cap T$. Dann ist $Z = V$ und $S_0 = S$. Aus (3) folgt c) im Falle $Z \leq T$, und anderenfalls $Z_0 = \Omega(T) \cong C_2$ und d). Da T Normalteiler von S ist, können wir nun annehmen:

$$Z \cong C_2 \quad \text{und} \quad Z \leq T.$$

Insbesondere ist $Z < V$, also

$$|S : S_0| = 2.$$

Wir nehmen nun an, daß Aussage d) nicht gilt. Dann existiert wegen $Z \cong C_2$ ein $g \in G$ mit $Z \neq Z^g \leq S$. Sei

$$W := ZZ^g \quad (\cong C_2 \times C_2), \quad M := N_G(W) \quad \text{und} \quad D := S \cap S^g.$$

Aus der Voraussetzung $\mathcal{Z}$ folgt

$$C_G(W) = N_G(S) \cap N_G(S^g) \quad \text{und} \quad C_S(W) = D.$$

Außerdem ist nach (4)

(5) $W = \Omega(D)$.

Wegen $D \neq S$ ist $D < N_S(W)$ und $D < N_{S^g}(W)$. Damit ist $M/C_G(W)$ nicht 2-abgeschlossen. Es folgt

$$M/C_M(W) \cong S_3 \quad \text{und} \quad (S \cap M)/D \cong C_2.$$

Insbesondere sind alle Involutionen in W unter $O^2(M)$ konjugiert.

Im Falle $S \leq M$ ist D eine maximale Untergruppe von S. Dann ist nach 12.1.1 jede Involution aus T in H zu einer Involution aus $D \cap T$ konjugiert. Diese liegt in $W \cap T$, ist also zu der in Z (unter $O^2(M)$) konjugiert — dies ist die Behauptung b).

Sei $S \not\leq M$. Dann existiert ein $x \in N_S(S \cap M)$ mit $W^x \neq W$. Wegen $|(S \cap M) : D| = 2$ und (5) ist

$$S \cap M = W^x D = W D^x \quad \text{und} \quad D = W(D \cap D^x).$$

Daraus folgt

$$\Phi(D) = \Phi(D \cap D^x).$$

Sei $\Phi(D) \neq 1$, also $W \cap \Phi(D) \neq 1$. Wegen $D = O_2(M)$ ist $W \cap \Phi(D)$ unter M invariant. Die transitive Operation von M auf $W^{\#}$ impliziert

$$W \leq \Phi(D) = \Phi(D \cap D^x) \leq D^x,$$

im Widerspruch zu $\Omega(D^x) = W^x \neq W$.

Also ist $\Phi(D) = 1$ und deshalb $D = W$. Andererseits ist wegen $|V/Z| = 2$ und $V \trianglelefteq S$

$$[V, W] \leq Z \leq W,$$

also

$$V \leq S \cap M = W W^x.$$

Wegen $D = C_S(W)$ und $Z \leq W^x \not\leq D$ ist $W W^x$ nicht abelsch und damit eine Diedergruppe der Ordnung 8, in der W und W^x die zwei elementarabelschen Untergruppen der Ordnung 4 sind. Es folgt $V = W$ oder $V = W^x$. Da x in S liegt, ist mit V auch W normal in S, ein Widerspruch zu $S \not\leq M$.
□

12.1.6. *Es gelte S und der Fall a) oder b) in 12.1.5. Dann besitzt H eine stark eingebettete Untergruppe, oder HZ hat lokale Charakteristik 2.*

Beweis.   Wir nehmen an, daß HZ nicht lokale Charakteristik 2 hat. Dann existiert nach 12.1.2 eine Involution $t \in HZ$ mit $O_{2'}(C_{HZ}(t)) \neq 1$, also auch

$$O_{2'}(C_G(t)) \neq 1.$$

Sei als erstes b) vorausgesetzt. Dann ist t konjugiert zu der Involution z in Z und $C_G(z) = N_G(S)$ wegen $\mathcal{Z}$ und $|Z| = 2$. Es folgt

$$R := O_{2'}(N_G(S)) = O_{2'}(C_G(z)) \neq 1.$$

Sei $M := N_H(R)$. Es ist $M \neq H$, da $O_{2'}(G) = 1$. Wir zeigen, daß M stark eingebettet in H ist. Andernfalls existiert ein $g \in H \backslash M$, so daß $M \cap M^g$ eine Involution v enthält. Vermöge einer geeigneten Konjugation in M können wir

$$v \in S \cap S^g$$

annehmen. Wegen $[R, S] = 1$ folgt

$$[R, v] = 1 = [R^g, v],$$

also $\langle R, R^g \rangle \leq C_G(v)$. Wegen $R = O_{2'}(C_G(Z))$ und $Z \leq C_G(v)$ können wir 8.2.13 auf Seite 169 auf $C_G(v)$ anwenden und erhalten

$$\langle R, R^g \rangle \leq O_{2'}(C_G(v)) \overset{b)}{=} O_{2'}(N_G(S^y)) = R^y \text{ für ein } y \in G.$$

Es folgt $R = R^g$, im Widerspruch zu $R \neq R^g$. Damit ist M stark eingebettet in H.

Es gelte nun a). Dann existiert ein $B \in \mathcal{B}(G)$ mit $t \in B$, und es ist

(1) $$1 \neq O_{2'}(C_G(t)) \leq \theta_B(G).$$

Anders als vorher setzen wir nun

$$R := \theta_B(G) \quad \text{und} \quad M := N_G(R)$$

und zeigen, daß $M \cap H$ stark eingebettet in H ist. Infolge der Voraussetzung $O_{2'}(G) = 1$ ist $M \cap H \neq H$. Nach 12.1.4 können wir vermöge einer geeigneten Konjugation annehmen

(2) $$B \leq S \leq N_G(S) \leq M.$$

Sei $g \in G \backslash M$. Liegt ein $A \in \mathcal{B}(G)$ in $M \cap M^g$, so folgt wieder mit 12.1.3 und 12.1.4, daß $R = R^g$. Also gilt

(3) $A \not\leq M \cap M^g$ für alle $A \in \mathcal{B}(G)$ und $g \in G \backslash M$. Insbesondere enthält $M \cap M^g$ keine 2-Sylowuntergruppe von G.

Wir zeigen:

(4) $Z \not\leq M \cap M^g$ für alle $g \in G \backslash M$.

Ist (4) falsch, so existiert ein $g \in G \setminus M$, so daß

$$Z \leq M \cap M^g =: D.$$

Nach (2) gilt $S \in \operatorname{Syl}_2 M$, also

$$Z \leq S^{gh} \text{ für ein } h \in M^g.$$

Es folgt $[Z, Z^{gh}] = 1$ und mit (2) und $\mathcal{Z}$ dann $ZZ^{gh} \leq D$. Wegen $gh \in G \setminus M$ können wir deshalb

$$ZZ^g \leq S \cap S^g \leq D$$

annehmen. Sei

$$W := ZZ^g.$$

Mit (2) und $\mathcal{Z}$ ist $Z \neq Z^g$, also $r(W) \geq 2$. Im Falle $r(W) \geq 3$ existiert ein $A \in \mathcal{B}(G)$ mit $W \leq A$. Wegen $\mathcal{Z}$ gilt dann $A \leq S \cap S^g \leq D$ im Widerspruch zu (3). Es folgt

$$W \cong C_2 \times C_2 \quad \text{und} \quad |Z| = 2.$$

Wie im Beweis von 12.1.5 ergibt sich daraus mit (2)

$$N_G(W)/C_G(W) \cong S_3.$$

Insbesondere sind alle Elemente aus $W^{\#}$ konjugiert. Mit $\mathcal{Z}$ erhalten wir für $a \in W^{\#}$

$$C_G(a) = N_G(S^y) \text{ für ein } y \in G.$$

Wegen $R^W = R$ und $W \leq S^y$ folgt

$$[C_R(a), W] \leq R \cap S^y = 1.$$

Nach dem Erzeugungssatz gilt $R = \langle C_R(a) \mid a \in W^{\#} \rangle$, also

$$R \leq C_R(W) \overset{\mathcal{Z}}{\leq} O_{2'}(C_G(Z)) \cap C_G(Z^g).$$

Eine weitere Anwendung von 8.2.13 ergibt

$$R \leq O_{2'}(C_G(Z^g)) \overset{12.1.4}{\leq} R^g,$$

also $R = R^g$, ein Widerspruch. Damit ist (4) bewiesen.

Ist $M \cap H$ nicht stark eingebettet in H — und dies nehmen wir nun an —, so existiert ein $g \in H \setminus M$, so daß $H \cap M \cap M^g$ eine 2-Sylowuntergruppe $Q \neq 1$ besitzt. Nach einer Konjugation in M können wir $Q \leq S$ annehmen. Sei D wie oben definiert. Wegen (2) und (3) existiert ein 2-Element y von $M^g \setminus D$ mit $Q^y = Q$. Nach 8.1.4 auf Seite 159 existiert eine Involution $w \in Z(Q)$ mit $w^y = w$, also

(5) $C := C_G(w) \not\leq M.$

Es existiert ein $x \in G$ mit

$$S \cap C \leq S^x \cap C \in \mathrm{Syl}_2\, C.$$

Wegen $Z \leq S \cap C$ und $S^x \cap C \leq M^x$ folgt aus (4), daß x in M liegt. Nach einer Konjugation in M können wir somit

$$S \cap C \in \mathrm{Syl}_2\, C$$

annehmen. Nach Voraussetzung a) liegt ein $A \in \mathcal{B}(G)$ in $S \cap C$. Nach 12.1.3 und 12.1.4 ist dann $O_{2'}(C) \leq R$, also $O_{2'}(C)(S \cap C) \leq M$. Mit 6.4.4 auf Seite 121 folgt

$$Z \leq O_{2'2}(C) \leq C \cap M.$$

Damit liegt Z in M^x für alle $x \in C$. Aus (4) folgt somit $C \leq M$, im Widerspruch zu (5). $\qquad\square$

Die Fälle c), d) in 12.1.5 entsprechen c), d) aus Satz 1; und die Fälle a), b) sind in 12.1.6 diskutiert. Damit ist Satz 2 bewiesen.

12.2 $J(T)$-Komponenten

In diesem Abschnitt ist G eine Gruppe mit lokaler Charakteristik 2, für die $\mathcal{N}$ und $\mathcal{Z}$ gilt. Außerdem ist T eine nichttriviale 2-Untergruppe von G.

$J(X)$ sei die Thompson-Untergruppe einer Gruppe X zur Primzahl 2. Mit $\mathcal{L}(T)$ bezeichnen wir die Menge aller Untergruppen L von G, für die gelten:

$$T \in \mathrm{Syl}_2\, L, \quad J(T) \not\leq O_2(L) \quad \text{und} \quad C_G(O_2(L)) \leq O_2(L).$$

Aus der letzten Bedingung folgt zum einen $O_{2'}(L) = 1$ und zum anderen

$$Z(S) \leq O_2(L) \text{ für } T \leq S \in \mathrm{Syl}_2\, G,$$

d.h. L erfüllt die Voraussetzung $\mathcal{Z}$.

12.2.1. *Sei L eine 2-lokale Untergruppe von G und $T \in \mathrm{Syl}_2\, L$. Dann gilt:*

$$L \in \mathcal{L}(T) \iff J(T) \not\leq O_2(L).$$

Beweis. Es ist

$(')$ $\qquad\qquad\qquad C_G(O_2(L)) \leq O_2(L)$

zu zeigen. Als 2-lokale Untergruppe hat L die Form

$$L = N_G(Q), \quad 1 \neq Q \leq O_2(L).$$

Also gilt

$$C_G(O_2(L)) \leq C_G(Q) \leq L.$$

Da G lokale Charakteristik 2 hat, folgt $(')$. $\qquad\square$

Für $L \in \mathcal{L}(T)$ setzen wir

$$V := \langle \Omega(Z(T))^L \rangle \quad (\leq \Omega(Z(O_2(L)))),$$
$$C := C_L(V) \quad \text{und}$$
$$\overline{L} := L/C, \text{ sowie } \widetilde{L} := L/O_2(L).^3$$

12.2.2.   *Sei $L \in \mathcal{L}(T)$.*

a) $\widetilde{C} = O_{2'}(\widetilde{C})$ *und* $\widetilde{C}\widetilde{T} = \widetilde{C} \times \widetilde{T}$.

b) $J(T) \not\leq C$.

Beweis.   Wegen $J(T) \not\leq O_2(L)$ folgt b) aus a). Sei $T \leq S \in \mathrm{Syl}_2\, G$. Wie vorher bemerkt, liegt $Z := \Omega(Z(S))$ in $\Omega(Z(T))$ und damit in V. Mit $\mathcal{Z}$ folgt

$$C \leq C_G(Z) \cap L \leq N_L(S) \leq N_L(T).$$

Damit ist C 2-abgeschlossen; es folgt a).   □

Nach 12.2.2 b) und 9.2.12 auf Seite 213 ist $L \in \mathcal{L}(T)$ nicht Thompson-faktorisierbar; wir können daher die Ergebnisse aus **9.3** anwenden. Aus 9.3.8 folgt:

12.2.3.   *Sei $L \in \mathcal{L}(T)$. Dann existieren Untergruppen $E_1, \ldots, E_r$ von L, so daß gilt:*

a) $C \leq E_i \trianglelefteq\trianglelefteq L$,

b) $\{E_1, \ldots, E_r\}^L = \{E_1, \ldots, E_r\}$,

c) $\overline{J(L)} = \overline{E}_1 \times \cdots \times \overline{E}_r$,

d) $V = [V, E_1] \times \cdots \times [V, E_r] \times C_V(\overline{J(L)})$,

e) $[V, E_i] \cong C_2 \times C_2$ *und* $\overline{E}_i \cong \mathrm{SL}_2(2)$ *für* $i = 1, \ldots, r$.   □

Die in 12.2.3 eingeführten Bezeichnungen $E_1, \ldots, E_r$ behalten wir bei und setzen für $i = 1, \ldots, r$

$$K_i := O^2([O^2(E_i), J(T)]) \quad \text{und} \quad W_{K_i} := [\Omega(Z(O_2(K_i))), K_i].$$

Es wird immer aus dem Zusammenhang hervorgehen, für welches $L \in \mathcal{L}(T)$ wir diese Bezeichnungen benutzen.

Nach Konstruktion ist $\overline{K}_i \cong C_3$ die 3-Sylowuntergruppe von $\overline{E}_i \cong \mathrm{SL}_2(2)$. Deshalb folgt aus 12.2.3:

---

[3] also Querstrich- und Schlange-Konvention.

12.2.4. $\overline{J(L)} = (\overline{K}_1 \times \cdots \times \overline{K}_r)\overline{J(T)}$.   □

12.2.5.   *Sei $L \in \mathcal{L}(T)$ und $i \in \{1, \ldots, r\}$.*

a) $K_i \trianglelefteq\trianglelefteq L$.

b) $K_i = O^2(K_i) = [K_i, J(T)]$ und $K_i/O_2(K_i) \cong C_3$.

c) $W_{K_i} = [V, E_i]$.

Beweis.   a) folgt aus 12.2.3 a). Zum Beweis von b) und c) setzen wir

$$(E, V_E, K, W_K) := (E_i, [V, E_i], K_i, W_{K_i}).$$

Für $X := O^2(E)$ gilt wegen 12.2.3 e)

$$\overline{X} = [\overline{X}, J(T)] \cong C_3.$$

$\widetilde{X}$ ist nach 12.2.2 a) eine $2'$-Gruppe, in der

$$C_{\widetilde{X}}(J(T)) = \widetilde{X} \cap \widetilde{C}$$

Index 3 hat. Aus 8.4.4 auf Seite 177 folgt mit 8.2.7

$$[\widetilde{X}, J(T)] \cong C_3.$$

Daher ist $K/O_2(K) \cong C_3$ und $K/[K, J(T)]$ eine 2-Gruppe. Nach Definition von K gilt $K = O^2(K)$; es folgt also auch $K = [K, J(T)]$.

c) Nach Definition von K liegt V_E in W_K. Es genügt daher, $|W_K| \leq 4$ zu zeigen.

Sei $\widehat{\mathcal{A}}(T)$ die Menge aller $A \in \mathcal{A}(T)$, die nichttrivial auf $K/O_2(K)$ operieren. Wegen b) ist $\widehat{\mathcal{A}}(T) \neq \emptyset$. Sei im folgenden $A \in \widehat{\mathcal{A}}(T)$ so gewählt, daß $|C_{W_K}(A)|$ maximal ist. Es existiert ein $d \in K$, so daß $\langle A, A^d \rangle$ eine 3-Sylowuntergruppe D von K enthält. Nach Definition von W_K operiert D fixpunktfrei auf W_K (8.4.2 auf Seite 176). Es folgt:

(1) $C_{W_K}(A) \cap C_{W_K}(A^d) = 1$ und $W_K = [W_K, A]\,[W_K, A^d]$.

Seien

$$A_0 := C_A([W_K, A])[W_K, A] \quad \text{und} \quad A_1 := C_A(K/O_2(K)).$$

Dann ist $|A/A_1| = 2$, und aus 9.2.3 folgt $A_0 \in \mathcal{A}(T)$, sowie

$$[W_K, A_0] \neq 1.$$

Wegen

$$C_A(W_K)[W_K, A] \leq C_{A_0}(W_K)$$

ergibt die Maximalität von $|C_{W_K}(A)|$ entweder $A_0 \leq A_1$ oder $A_0 = A$. Im ersten Fall ist

$$A_0{}^d \leq A_0 O_2(K) \leq C_T([W_K, A]) \cap C_T([W_K, A^d]),$$

und aus (1) folgt $[W_K, A_0] = 1$, im Widerspruch zu $[W_K, A_0] \neq 1$. Im zweiten Fall ist mit dem gleichen Argument wie eben $[W_K, A_1] = 1$ und damit $|A/C_A(W_K)| = 2$. Die Maximalität von $|A|$ ergibt $C_{W_K}(A) = W_K \cap A$ und

$$|A| \geq |W_K C_A(W_K)| = |C_A(W_K)||W_K/C_{W_K}(A)|,$$

also

$$|W_K/C_{W_K}(A)| \leq 2.$$

Nun folgt $|W_K| \leq 4$ aus (1). $\square$

Ausgehend von den in 12.2.5 beschriebenen Untergruppen K_i nennen wir eine Untergruppe K von G eine **$J(T)$-Komponente** von G, falls gilt:

k1) $K = O^2(K) = [K, J(T)]$ und $K/O_2(K) \cong C_3$,

k2) $J(T) = J(\widehat{T})$ für $J(T) \leq \widehat{T} \in \mathrm{Syl}_2(KJ(T))$,

k3) $W_K \cong C_2 \times C_2$ für $W_K := [\Omega(Z(O_2(K))), K]$.

Die Menge aller $J(T)$-Komponenten sei mit $\mathcal{K}(T)$ bezeichnet.

12.2.6.   *Sei $K \in \mathcal{K}(T)$ und Q eine Untergruppe von G mit*

$$KJ(T) \leq N_G(Q) \quad und \quad Q \leq N_G(J(T)).$$

Dann gilt $Q \leq N_G(K)$.

Beweis.   Für $x \in Q$ gilt nach Voraussetzung

$$K^x = [K^x, J(T)^x] \leq [QK, J(T)] \overset{1.5.4}{\leq} KJ(T).$$

Wegen $K = O^2(KJ(T))$ folgt daraus $K^x = K$, also die Behauptung. $\square$

12.2.7.   *Sei $L \in \mathcal{L}(T)$. Dann sind die Untergruppen $K_1, \ldots, K_r$ in 12.2.5 genau die Elemente aus $\mathcal{K}(T)$, die in L liegen. Insbesondere ist jede solche $J(T)$-Komponente K subnormal in L, und es gilt*

$$W_K = [V, K].$$

Beweis.   Aus 12.2.5 b), c) folgt $K_1, \ldots, K_r \in \mathcal{K}(T)$. Sei umgekehrt $K \in \mathcal{K}(T)$ mit $K \leq L$. Da T eine 2-Sylowuntergruppe von L ist, können wir 12.2.6 mit $Q := O_2(L)$ anwenden. Daraus folgt $K \trianglelefteq KO_2(L)$, also

(1) $$K = O^2(KO_2(L)) \quad \text{und} \quad [O_2(L), K] \leq O_2(K).$$

Wegen k1) und 12.2.4 gilt

(2) $$\overline{K} \leq O_3(\overline{J(L)}) = \overline{K}_1 \times \cdots \times \overline{K}_r.$$

Mit 12.2.2 a) folgt daraus

$$O_2(K) \leq O_2(L) \quad \text{und} \quad \overline{K} \neq 1,$$

also mit (1)

$$[V, K] = [V, K, K] = W_K \cong C_2 \times C_2.$$

In der Zerlegung (2) existiert daher genau ein $i \in \{1, \ldots, r\}$, so daß die Projektion von $\overline{K}$ auf $\overline{K}_i$ nichttrivial ist. Dann ist

$$\overline{K} = \overline{K}_i \quad \text{und} \quad W_K = [V, K_i] = [V, E_i].$$

Wegen $K = [K, J(T)]$ gilt nun $KO_2(L) = K_i O_2(L)$. Mit (1) folgt

$$K = O^2(KO_2(L)) = O^2(K_i O_2(L)) = K_i.$$

$\square$

12.2.8.   *Sei $L \in \mathcal{L}(T)$ und $K \in \mathcal{K}(T)$ mit*

$$K \leq L \quad \text{und} \quad Z(T) \cap W_K \neq 1.$$

Dann gilt $K^T = K$.

Beweis.   Nach 12.2.7 existiert ein $i \in \{1, \ldots, r\}$ mit $K = K_i$ und

$$W_K = [V, E_i].$$

Da T durch Konjugation auf $\{E_1, \ldots, E_r\}$ operiert, folgt aus der Voraussetzung $Z(T) \cap W_K \neq 1$

$$[V, E_i]^T = [V, E_i] \quad \text{und} \quad E_i{}^T = E_i.$$

Die Behauptung ergibt sich nun aus der Definition von K_i. $\square$

Wir benötigen ein elementares Argument:

12.2.9.   *Sei F ein Subnormalteiler der Gruppe H mit $O^2(F) = F$. Ist $|H : F|$ eine 2-Potenz, so ist $F = O^2(H)$.*

Beweis.   Im Falle $F \trianglelefteq H_1 \leq H$ gilt $F = O^2(F) = O^2(H_1)$. Da F subnormal in H ist, folgt die Behauptung.   □

Sei $\mathcal{K}_0(T)$ die Menge der $J(T)$-Komponenten $K \in \mathcal{K}(T)$, für die gilt:

(o)   Es existiert ein $T_0 \in \mathrm{Syl}_2\, N_G(W_K)$ mit $J(T) = J(T_0)$.

Zunächst sei festgestellt:

12.2.10.   *Sei $K \in \mathcal{K}_0(T)$ und $L := N_G(W_K)$. Dann gilt:*

a) $L = N_G(K)$.

b)   *K ist eine $J(T^g)$-Komponente für alle $g \in G$ mit $J(T^g) \leq L$.*

Beweis.   a) L ist eine 2-lokale Untergruppe von G, und wegen (o) gilt $K \in \mathcal{K}(T_0)$ für ein $T_0 \in \mathrm{Syl}_2\, L$, also $J(T_0) \not\leq O_2(L)$. Es folgt $L \in \mathcal{L}(T_0)$ und aus 12.2.7
$$K = K_i \quad \text{und} \quad W_K = [V, E_i]$$
für ein $i \in \{1, \ldots, r\}$. Dann ist $[V, E_i]^g = [V, E_i]$ für alle $g \in L$, also $K \trianglelefteq L$. Wegen $N_G(K) \leq N_G(W_K)$ ist dies die Behauptung.

b) Sei $J(T^g) \leq L$. Dann ist $J(T^g)$ in L zu $J(T)$ konjugiert, und b) folgt aus a).   □

12.2.11.   *Sei $g \in G$, $F \in \mathcal{K}_0(T^g)$ und $F \trianglelefteq\trianglelefteq \langle J(T), F \rangle$. Dann liegt F nicht in $N_G(J(T))$.*

Beweis.   Sei $F \leq N_G(J(T))$, d.h. $\langle J(T), F \rangle = FJ(T)$. Aus der Subnormalität von F in $FJ(T)$ und 12.2.9 folgt
$$J(T) \leq N_G(F) \leq N_G(W_F).$$

Wegen 12.2.10 b) ist dann F eine $J(T)$-Komponente, was $F \leq N_G(J(T))$ widerspricht.   □

Wir können nun das Hauptergebnis dieses Abschnitts beweisen.

12.2.12.   *Sei $g \in G$, $F \in \mathcal{K}_0(T^g)$ und $F \leq L \in \mathcal{L}(T)$. Dann gilt:*
$$F \trianglelefteq\trianglelefteq \langle F, J(T) \rangle \quad \Rightarrow \quad F \trianglelefteq\trianglelefteq L.$$

Beweis.   Sei F subnormal in
$$L_0 := \langle F, J(T) \rangle.$$

Dann folgt mit 12.2.11

(') $F \not\leq N_G(J(T))$.

Sei $S \in \mathrm{Syl}_2\, G$ mit

$$J(T) \leq S \cap L_0 \quad \text{und} \quad S \cap L \in \mathrm{Syl}_2\, L.$$

Dann ist $L \in \mathcal{L}(T) \cap \mathcal{L}(S \cap L)$ und $J(T) = J(S \cap L)$, also insbesondere

$$Z := \Omega(Z(S)) \leq \Omega(Z(S \cap L)) \leq V \cap Z(J(T)).$$

Es folgt

$$Z \leq \Omega(Z(O_2(L_0))) \cap V.$$

Nach 12.2.9 ist $O_2(L_0) \leq N_G(F)$, also

$$[Z, F] \leq [\Omega(Z(O_2(L_0))), F] \leq W_F.$$

Ist $[Z, F] = 1$, so gilt

$$F \leq C_L(Z) \overset{z}{\leq} N_L(S \cap L) \leq N_L(J(T)),$$

im Widerspruch zu (').

Sei nun $[Z, F] \neq 1$. Dann ist $[Z, F] = W_F$, da $[Z, F]$ unter F invariant ist. Es folgt $W_F \leq V$ und

$$O_2(L) \leq N_L(W_F) \overset{12.2.10}{=} N_G(F).$$

Insbesondere gilt nun wie oben für $O_2(L_0)$

$$[V, F] = [Z, F] = W_F.$$

Sei $E \in \{E_1, \ldots, E_r\}$ und $V_E := [V, E]$. Dann ist $V_E W_F$ unter F invariant. Andererseits ist $|V_E W_F| \leq 2^4$, und nach 12.2.3 d) existieren höchstens 2 Konjugierte von V_E in $V_E W_F$. Wegen $F/O_2(F) \cong C_3$ gilt deshalb $F \leq N_L(V_E) = N_L(E)$ und $W_F = V_E$ oder $[V_E, F] = 1$.

Im Fall $W_F = V_E$ folgt $F \leq E$ und wieder mit 12.2.10

$$F \trianglelefteq E \trianglelefteq\trianglelefteq L,$$

also $F \trianglelefteq\trianglelefteq L$.

Sei nun $[V_E, F] = 1$ für alle $E \in \{E_1, \ldots, E_r\}$. Dann gilt

$$[J(T), V, F] = 1 = [V, F, J(T)],$$

und mit dem Drei-Untergruppen-Lemma $[F, J(T)] \leq C$. Damit wird $CJ(T)$ von F normalisiert. Nach 12.2.2 ist $CJ(T)$ 2-abgeschlossen und deshalb $F \leq N_G(J(T))$. Dies widerspricht ('). $\square$

Unabhängig vom Vorigen benötigen wir am Ende des nächsten Abschnitts eine Aussage über die Struktur der $J(T)$-Komponenten:

12.2.13. *Sei $K \in \mathcal{K}(T)$. Dann gilt für $Z_0 := \Omega(Z(J(T)))$:*

$$Z_0 = (Z_0 \cap Z(KJ(T)))(Z_0 \cap W_K) \quad \text{und} \quad |Z_0 \cap W_K| = 2.$$

Beweis. Sei $L := KJ(T)$. Wegen k2) können wir annehmen, daß T eine 2-Sylowuntergruppe von L ist. Sei

$$V := \langle \Omega(Z(T))^L \rangle \quad (\leq Z(O_2(L))).$$

Aus $W_K \trianglelefteq L$ folgt $W_K \cap V \neq 1$ und dann $W_K \leq V$. Wegen $K \trianglelefteq L$ und $[V, K, K] = [V, K]$ ist nun

(1) $W_K = [V, K]$.

Insbesondere gilt:

(2) $C_L(V) = O_2(L)$.

Sei $A \in \mathcal{A}(T)$ mit $A \not\leq O_2(L)$. Nach 9.3.2 auf Seite 214 gilt

$$|A/C_A(V)| = |V/C_V(A)|.$$

Die Maximalität von A liefert $A \cap V = C_V(A)$, also $|A| = |V C_A(V)|$. Aus (2) folgt

(3) $\mathcal{A}(O_2(L)) \subseteq \mathcal{A}(T)$,

und daher

$$Z_0 \leq Z(J(O_2(L))).$$

Nach 9.3.9 auf Seite 220 gilt $[Z_0, K] \leq V$, also mit (1)

(4) $[Z_0, K] = [Z_0, K, K] = W_K$ und $Z_0 W_K \trianglelefteq KT = L$.

Sei $d \in K \setminus T$ und $L_0 = \langle J(T), J(T)^d \rangle$. Wegen $|L : T| = 3$ und $L \neq N_L(T)$ ist L_0 keine 2-Gruppe und $L = TL_0$. Damit gilt

$$L_0 \geq \langle J(T)^{L_0} \rangle = \langle J(T)^{TL_0} \rangle = \langle J(T)^L \rangle \geq [J(T), K] = K,$$

also

$$L = \langle J(T), J(T)^d \rangle.$$

Sei $X := Z_0 \cap Z_0{}^d$. Dann ist $X \leq Z(L)$ und deshalb

$$W_K \cap X \leq W_K \cap Z(L) = 1.$$

Andererseits ist mit (4) $|Z_0 W_K/Z_0| = |W_K/W_K \cap Z_0| = 2$. Dies ergibt $|Z_0 W_K/X| \leq 4$ und damit

$$Z_0 W_K = X \times W_K.$$

Daraus folgt die Behauptung. $\square$

12.3 *N*-Gruppen mit lokaler Charakteristik 2

In diesem Abschnitt sei G eine N-Gruppe mit lokaler Charakteristik 2, für die $\mathcal{Z}$ und $O_2(G) = 1$ gilt. Sei außerdem S eine 2-Sylowuntergruppe von G und M eine 2-lokale Untergruppe von G mit der Eigenschaft

$$N_G(J(S)) \leq M.$$

Da $J(S)$ charakteristisch in S ist, folgt mit dem Frattiniargument

$$M \neq M^x \text{ für alle } x \in G \setminus M.$$

Mit $T(M)$ bezeichnen wir die Menge aller nichttrivialen 2-Untergruppen T von M, für die gilt:

(+) Es existiert eine 2-lokale Untergruppe L von G mit $T \leq L$ und $L \not\leq M$.

Dann folgt:

12.3.1. *M ist genau dann stark eingebettet in G, wenn $T(M)$ leer ist.*

Beweis. Sei M stark eingebettet in G und $T(M) \neq \emptyset$ angenommen. Dann gilt für $T \in T(M)$

(1) $$N_G(T) \leq M,$$

da M stark eingebettet ist. Ist nun T aus $T(M)$ so gewählt, daß $|T|$ maximal ist, und ist L wie in (+), so folgt aus (1) $T \in \mathrm{Syl}_2 L$. Damit gilt $O_2(L) \leq T \leq M$, also $O_2(L) \in T(M)$. Mit $O_2(L)$ an Stelle von T ergibt (1)

$$L \leq N_G(O_2(L)) \leq M,$$

ein Widerspruch.

Sei $T(M) = \emptyset$ und $x \in G$, so daß $M \cap M^x$ gerade Ordnung hat. Sei $T \in \mathrm{Syl}_2(M \cap M^x)$ und $L := N_G(T)$. Wegen $T(M) = \emptyset$ ist $L \leq M$. Genauso folgt $L \leq M^x$ mit $T^{x^{-1}}$ anstelle von T, also

$$T \in \mathrm{Syl}_2 M \cap \mathrm{Syl}_2 M^x.$$

Danach existiert ein $y \in M$ mit $T^y = T^{x^{-1}}$ ($\in \mathrm{Syl}_2 M$). Es folgt $yx \in N_G(T) \leq M$, also $x \in M$. $\qquad\Box$

Im folgenden untersuchen wir die Menge $T(M)$, um Informationen über die lokale Struktur von G zu erhalten.

Für eine 2-Gruppe T sei

$$a(T) := |A|, \quad A \in \mathcal{A}(T).$$

Sei $T^*(M)$ die Menge aller $T \in T(M)$, die maximal im folgenden Sinn sind:

- Ist $T_0 \in \mathcal{T}(M)$, so ist $a(T_0) \leq a(T)$.

- Ist $T_0 \in \mathcal{T}(M)$ mit $a(T_0) = a(T)$, so ist $|J(T_0)| \leq |J(T)|$.

- Ist $T_0 \in \mathcal{T}(M)$ mit $a(T) = a(T_0)$ und $|J(T_0)| = |J(T)|$, so ist $|T_0| \leq |T|$.

12.3.2. *Für $T \in \mathcal{T}^*(M)$ gilt $N_G(J(T)) \leq M$.*

Beweis. Nach Konjugation in M können wir $T \leq S$ annehmen. Im Falle $T = S$ folgt die Behauptung aus der Wahl von M. Im Falle $T < S$ ist

$$T < N_S(J(T)) \leq M.$$

Die maximale Wahl von T erzwingt nun $N_G(J(T)) \leq M$. $\square$

12.3.3. *Sei $T \in \mathcal{T}^*(M)$, und sei L eine 2-lokale Untergruppe von G mit $J(T) \leq Y \in \mathrm{Syl}_2 L$ und $L \not\leq M$. Dann gilt:*

a) $J(T) = J(Y)$.

b) $Y \leq M$.

c) $J(Y) \not\leq O_2(L)$.

d) $L \in \mathcal{L}(Y)$.

Beweis. Sei

$$J(T) \leq T_0 \in \mathrm{Syl}_2 L \cap M.$$

Aus der Maximalität von T folgt $J(T) = J(T_0)$ und aus 12.3.2 $N_L(J(T_0)) \leq M$. Deshalb gilt

$$T_0 \in \mathrm{Syl}_2 L \quad \text{und} \quad J(T) \not\leq O_2(L).$$

Es folgen a), b), c). Wegen 12.2.1 gilt auch d). $\square$

Wegen 12.3.3 d) können wir nun die Ergebnisse aus **12.2** anwenden.

12.3.4. *Sei $T \in \mathcal{T}^*(M)$, und L sei eine 2-lokale Untergruppe von G mit $T \leq L \not\leq M$. Dann gilt $L \in \mathcal{L}(T)$. Insbesondere ist $\mathcal{K}(T) \neq \emptyset$ und $T \in \mathrm{Syl}_2 L$.*

Beweis. Wegen 12.2.1 und 12.3.3 c) ist nur $T \in \mathrm{Syl}_2 L$ zu begründen. Doch dies folgt wieder aus der Maximalität von T, beachte 12.3.3 b). $\square$

Es kommt nun die Menge $\mathcal{K}_0(T)$ ins Spiel, die wir in **12.2** auf Seite 312 eingeführt haben.

Für $T \in \mathcal{T}^*(M)$ sei $\mathcal{K}_M(T)$ die Menge aller $K \in \mathcal{K}_0(T)$ mit

$$K \not\leq M \quad \text{und} \quad O_2(\langle K, T \rangle) \neq 1.$$

12.3.5. $\mathcal{K}_M(T) \neq \emptyset$ *für alle* $T \in \mathcal{T}^*(M)$.

Beweis.   Sei $T \in \mathcal{T}^*(M)$. Nach 12.3.4 existiert ein $L \in \mathcal{L}(T)$ mit $L \not\leq M$. Aus dem Frattiniargument folgt

$$L = N_L(J(T))J(L),$$

also $J(L) \not\leq M$ wegen 12.3.2. Wir benutzen nun für L die Bezeichnungen von Seite 308. Wegen 12.2.2 ist $C \leq M$, und nach 12.2.4 ist

$$\overline{J(L)} = (\overline{K}_1 \times \cdots \times \overline{K}_r)\overline{J(T)}.$$

Deshalb existiert ein $i \in \{1, \ldots, r\}$ mit

$$K := K_i \not\leq M.$$

Offensichtlich ist $1 \neq O_2(L) \leq O_2(\langle T, K \rangle)$ und nach 12.2.6 $K \in \mathcal{K}(T)$.

Zum Beweis von $K \in \mathcal{K}_M(T)$ bleibt noch $K \in \mathcal{K}_0(T)$ zu zeigen. Dazu sei $\widehat{L} := N_G(W_K)$ und $J(T) \leq Y \leq \mathrm{Syl}_2\,\widehat{L}$. Wegen $K \not\leq M$ ist $\widehat{L} \not\leq M$. Aus 12.3.3 a) folgt daher $J(T) = J(Y)$ und somit $K \in \mathcal{K}_0(T)$. $\square$

12.3.6.   **Eindeutigkeitssatz.** *Sei* $T \in \mathcal{T}^*(M)$ *und* $K \in \mathcal{K}_M(T)$. *Dann existiert genau eine maximale 2-lokale Untergruppe* L *von* G *mit* $KJ(T) \leq L$. *Außerdem gilt* $K \trianglelefteq\trianglelefteq L$ *und* $T \in \mathrm{Syl}_2\,L$.

Beweis.   Sei $\mathcal{L}$ die Menge aller 2-lokalen Untergruppen von G, die $KJ(T)$ enthalten. Dann ist $\mathcal{L}$ nicht leer, denn es gilt $W_K \neq 1$ und $KJ(T) \leq N_G(W_K)$.

Sei $L \in \mathcal{L}$ und $J(T) \leq Y \in \mathrm{Syl}_2\,L$. Aus 12.3.3 folgt

(1) $K \in \mathcal{K}(Y)$ und $L \in \mathcal{L}(Y)$,

also mit 12.2.7

(2) $K \trianglelefteq\trianglelefteq L$ für alle $L \in \mathcal{L}$.

Wir zeigen, daß für $\mathcal{L}$ und K — anstelle von $\mathcal{U}$ und A — die Voraussetzungen 1), 2) und 3) in 6.7.3 auf Seite 142 gelten. Wie in 6.7.3 sei für $L \in \mathcal{L}$

$$\Sigma_L := \{K^g \mid g \in G, \; K^g \trianglelefteq\trianglelefteq L\}.$$

Wegen (2) gilt $K \in \Sigma_L$, also 1).

Sei $\widetilde{L} \in \mathcal{L}$, $K^g \in \Sigma_{\widetilde{L}}$ und $K^g \leq L$. Wegen $J(T) \leq \widetilde{L}$ ist $K^g \trianglelefteq\trianglelefteq \langle K^g, J(T) \rangle$. Somit folgt aus 12.2.12

$$K^g \trianglelefteq\trianglelefteq L;$$

dies ist 2).

Für den Beweis von 3) sei

$$\Sigma := \Sigma_L \cap \Sigma_{\widetilde{L}} \quad \text{und} \quad X := \langle \Sigma \rangle.$$

Dann gilt $K \in \Sigma$ und

$$K \trianglelefteq\trianglelefteq X,$$

da $X \leq L$. Da $J(T)$ durch Konjugation auf Σ_L und $\Sigma_{\widetilde{L}}$ operiert, gilt $J(T) \leq N_G(X)$. Wegen

$$1 \neq O_2(K) \leq O_2(X)$$

liegt $N_G(X)$ in der 2-lokalen Untergruppe $N_G(O_2(X))$, und diese liegt in $\mathcal{L}$. Damit ist auch 3) gezeigt.

Aus 6.7.3 folgt, daß $\mathcal{L}$ genau ein maximales Element L besitzt. Dann ist $T \leq L$. Die Behauptung $T \in \text{Syl}_2 L$ findet sich in 12.3.4. $\qquad \square$

Wir haben M so gewählt, daß $N_G(J(S)) \leq M$ gilt. Ist $Z := \Omega(Z(S))$, so gilt wegen $\mathcal{Z}$

$$C_G(Z) \leq N_G(S) \leq N_G(J(S)) \leq M.$$

Nach 12.3.1 existiert ein $T \in \mathcal{T}^*(M)$ mit $T \leq S$, falls M nicht stark eingebettet in G ist.

12.3.7.   *Seien L, K und T wie in 12.3.6, sei*

$$Z_0 := \Omega(Z(J(T)))$$

und $T \leq S$. Dann ist $Z_0 \cap W_K \neq 1$, und es gilt eine der folgenden Aussagen:

a) $Z = Z_0 \cong C_2$.

b) $Z = Z_0 \cong C_2 \times C_2$ *und* $T = S$.

c) $\Omega(Z(T)) = Z_0 \cong C_2 \times C_2$ *und* $|N_G(Z_0) : C_L(Z_0)| = 2$.

Beweis.   Da T eine 2-Sylowuntergruppe der 2-lokalen Untergruppe L ist, folgt $Z \leq Z(T)$, d.h.

(1) $Z \leq Z_0$.

Sei $Z_K := C_{Z_0}(K)$. Aus 12.2.13 folgt

(2) $|Z_0 : Z_K| = 2$ und $Z \neq Z_K$;

letzteres, da $C_G(Z)$ nach Voraussetzung 2-abgeschlossen ist, aber nicht $KJ(T)$. Im Falle $Z_0 \cong C_2$ gilt a). Sei

(3) $|Z_0| \geq 4$.

Wir behandeln zunächst den Fall

$$N_G(J(T)) \leq L.$$

Dann ist $T = S$ wegen 12.3.2, und L hat die gleiche Eigenschaft wie M. Insbesondere ist $T \in \mathcal{T}^*(L)$, da $M \neq L$. Nach 12.3.5 (mit den Rollen von L und M vertauscht) existiert ein $F \in \mathcal{K}_L(T)$. Sei $Z_F := C_{Z_0}(F)$. Dann folgt wie für Z_K

(4) $|Z_0 : Z_F| = 2$ und $Z \neq Z_F$.

Im Falle $Z_K \cap Z_F \neq 1$ gilt wegen der Eindeutigkeit von L

$$\langle F, K, J(S) \rangle \leq N_G(Z_K \cap Z_F) \leq L,$$

im Widerspruch zu $F \not\leq L$. Daher ist

$$Z_K \cap Z_F = 1,$$

und aus (2), (3) und (4) folgen

$$Z_0 \cong C_2 \times C_2 \quad \text{und} \quad Z_K \cong Z_F \cong C_2.$$

Ist b) falsch, so hat Z wegen (1), (2) und (4) Ordnung 2 und ist nicht konjugiert zu Z_K und Z_F, da $C_G(Z)$ 2-abgeschlossen ist. Wegen $Z < Z_0 \trianglelefteq S$ folgt daraus, daß ein $x \in S$ existiert mit $Z_K{}^x = Z_F$. Dann gilt

$$\langle F, K^x, J(S) \rangle \leq N_G(Z_F).$$

Mit K liegt auch K^x in $\mathcal{K}_M(T)$; beachte $T = S$ und $x \in S \leq M$. Wegen $K^x J(T) \leq L$ folgt nun aus dem Eindeutigkeitssatz $F \leq L$, ein Widerspruch zu $F \not\leq L$.

Sei nun

$$N_G(J(T)) \not\leq L$$

vorausgesetzt und $g \in N_G(J(T)) \setminus L$. Ist $Z_K \cap (Z_K)^g \neq 1$, so folgt

$$K J(T) \leq N_G(Z_K \cap (Z_K)^g) \leq L$$

aus dem Eindeutigkeitssatz, und genauso mit (K^g, M^g, L^g) anstelle von (K, M, L)

$$N_G(Z_K \cap (Z_K)^g) \leq L^g.$$

Damit gilt $K J(T) \leq L^g$, also $L^g = L$. Da L eine maximale 2-lokale Untergruppe ist, folgt $g \in L$, ein Widerspruch. Daher ist $Z_K \cap (Z_K)^g = 1$ und wie vorher wegen (2)

$$Z_0 \cong C_2 \times C_2.$$

Wir zeigen

(5) $Z_0 \leq Z(T)$.

Andernfalls existiert ein $t \in T$ mit $[Z_0, t] \neq 1$. Dann ist $Z < Z_0$. Wie vorher sind nun Z_K, $(Z_K)^g$ und Z die drei Untergruppen der Ordnung 2 von Z_0, und Z ist weder zu Z_K noch zu $(Z_K)^g$ konjugiert. Es folgt $Z_K{}^t = (Z_K)^g$ und

$$tg^{-1} \in N_G(Z_K) \leq L,$$

ein Widerspruch zu $g \notin L$. Damit gilt (5).

Aus $\Omega(Z(T)) \leq Z_0$ folgt nun

$$Z_0 = \Omega(Z(T)).$$

Wegen der Eindeutigkeit von L ist

$$C_G(Z_0) \leq C_G(Z_K) \leq L.$$

Ist $Z = Z_0$, so folgen $S = T$ und b). Ist $Z \neq Z_0$, so ist $T < S$, also $T < N_S(Z_0)$ und

$$|N_S(Z_0)/C_S(Z_0)| = 2.$$

Da Z weder zu Z_K noch zu $(Z_K)^g$ in $N_G(Z_0)$ konjugiert ist, und $N_G(Z_0)/C_G(Z_0)$ zu einer Untergruppe von S_3 isomorph ist, folgt c).   □

12.3.8.   *Sei $T \in \mathcal{T}^*(M)$ und $K \in \mathcal{K}_M(T)$. Dann ist K ein Normalteiler von $\langle K, T \rangle$.*

Beweis.   Vermöge Konjugation in M können wir $T \leq S$ annehmen. $\langle K, T \rangle$ liegt nach dem Eindeutigkeitssatz in genau einer maximalen 2-lokalen Untergruppe L. In dieser ist K eine $J(T)$-Komponente, auf die wir 12.2.7 und 12.3.7 anwenden können. Danach gilt

$$T \in \mathrm{Syl}_2 L \quad \text{und} \quad Z(T) \cap W_K \neq 1.$$

Die Behauptung folgt somit aus 12.2.8.   □

12.3.9.   *Sei $T \in \mathcal{T}^*(M)$. Dann existieren $K_1, K_2 \in \mathcal{K}(T)$, so daß für $P_i := \langle K_i, T \rangle$, $i = 1, 2$, gilt:*

a) $C_G(O_2(P_i)) \leq O_2(P_i)$.

b) $T \in \mathrm{Syl}_2 P_i$.

c) $P_i/O_2(P_i) \cong S_3$.

d) $[\Omega(Z(T)), P_i] \neq 1$.

e) $O_2(\langle P_1, P_2 \rangle) = 1$.

Außerdem liegt P_i in genau einer maximalen 2-lokalen Untergruppe L_i von G, und es gilt $T \in \mathrm{Syl}_2 L_i$.

Beweis. Nach 12.3.5 existiert ein $K_1 \in \mathcal{K}_M(T)$, und wegen des Eindeutigkeitssatzes liegt P_1 in genau einer maximalen 2-lokalen Untergruppe L von G. Außerdem gilt $T \in \mathrm{Syl}_2 P_1$. Es folgt

$$C_G(O_2(P_1)) \leq C_G(O_2(L)) \leq O_2(L) \leq O_2(P_1).$$

Nach 12.3.7 ist $Z(T) \cap W_K \neq 1$, also insbesondere $[\Omega(Z(T)), K_1] \neq 1$. Außerdem ist K_1 nach 12.3.8 normal in P_1, d.h. $P_1 = K_1 T$. Es folgen a)–d) für $i = 1$.

Sei zunächst $N_G(T) \not\leq L$ angenommen, und sei $g \in N_G(T) \setminus L$ sowie $K_2 := K_1{}^g$. Dann ist P_2 zu P_1 konjugiert, hat also auch die Eigenschaften a)–d). Außerdem ist L^g die einzige maximale 2-lokale Untergruppe von G, die P_2 enthält. Daraus folgt e), denn sonst wäre $L = L^g$ und $g \in L$.

Sei nun $N_G(T) \leq L$. Dann gilt $T \in \mathrm{Syl}_2 G$, und nach einer Konjugation in M können wir

$$T = S$$

annehmen. Nach 12.3.7 ist $Z = Z_0$, Z_0 wie in 12.3.7, und deshalb

$$N_G(J(S)) \leq N_G(Z_0) \overset{Z}{\leq} N_G(S) \leq L.{}^4$$

Damit hat L die gleiche Eigenschaft wie M. Wie im Beweis von 12.3.7 existiert ein $K_2 \in \mathcal{K}_L(T)$. Mit L an Stelle von M folgt nun wie oben, daß P_2 die Eigenschaften a)–d) besitzt.

Zum Beweis von e) sei $O_2(\langle P_1, P_2 \rangle) \neq 1$. Dann ist $P_2 \leq L$ wegen des Eindeutigkeitssatzes für K_1. Das widerspricht $K_2 \not\leq L$. □

Nun fließen die Ergebnisse aus **10.3** ein, die wir mit Hilfe der *Amalgam-Methode* gewonnen haben.

12.3.10. *Sei $T \in \mathcal{T}^*(M)$. Dann existieren zwei verschiedene maximale 2-lokale Untergruppen P_1 und P_2 von G, so daß gilt:*

$$T \in \mathrm{Syl}_2 P_i, \ i = 1, 2, \quad und$$

$$P_1 \cong P_2 \cong S_4 \quad oder \quad P_1 \cong P_2 \cong S_4 \times C_2.$$

Beweis. Seien $P_1 \leq L_1$ und $P_2 \leq L_2$ wie in 12.3.9 beschrieben. Insbesondere ist

$$T \in \mathrm{Syl}_2 L_1 \cap \mathrm{Syl}_2 L_2.$$

---

[4] Beachte die zu $\mathcal{Z}$ äquivalente Formulierung auf Seite 297.

Aus 10.3.11 folgt die angegebene Struktur von P_i. Es bleibt noch $P_i = L_i$ für $i = 1, 2$ zu zeigen. Dazu wählen wir i fest und setzen

$$(L, K, P) \quad \text{für} \quad (L_i, K_i, P_i).$$

Es gilt

$$Z(T) \le O_2(L) \le O_2(P) \le T \in \mathrm{Syl}_2 L.$$

Außerdem ist $\langle Z(T)^P \rangle = O_2(P)$. Daraus folgt

$$O_2(L) = O_2(P).$$

Wegen 12.2.3 und 12.3.6 ist K die einzige $J(T)$-Komponente von L, denn $|O_2(L)| \le 8$. Deshalb ist, wieder mit 12.2.3 und 12.2.7, W_K normal in L und $|O_2(L)/W_K| \le 2$. Mit 8.2.2 auf Seite 165 ist $C_L(W_K)$ eine 2-Gruppe, also $C_L(W_K) = O_2(L)$. Aus $L/C_L(W_K) \cong S_3$ folgt $L = P$.   □

Wir sind nun in der Lage, die in der Einleitung dieses Kapitels formulierten Sätze 1 und 3 zu beweisen.[5]

Beweis von Satz 3: Sei $H := O^2(G)$ und M wie am Anfang dieses Abschnitts eingeführt. Wir nehmen an, daß M nicht stark eingebettet in G ist. Aus 12.3.1 folgt dann $T(M) \ne \emptyset$, also auch $T^*(M) \ne \emptyset$, und wir können 12.3.10 anwenden. Seien P_1, P_2, T wie dort beschrieben und

$$M_i := H \cap P_i \quad (i = 1, 2).$$

Weiter sei für $i = 1, 2$

$$Z_i := Z(P_i),$$
$$Q_i := O_2(O^2(P_i)) \quad (\le H \cap T) \text{ und}$$
$$T_0 := \langle Q_1, Q_2 \rangle.$$

Wegen $P_1 \ne P_2$ ist $Q_1 \ne Q_2$, also T_0 eine Diedergruppe der Ordnung 8. Da T_0 in M_i liegt, gilt für $i = 1, 2$

$$M_i \cong S_4 \quad \text{oder} \quad M_i = P_i.$$

Sei als erstes $M_i \cong S_4$, und sei L eine maximale 2-lokale Untergruppe von H, die M_i enthält. Es ist $N_G(Q_i) = P_i$, also

$$N_{O_2(L)}(Q_i) \le O_2(L) \cap P_i \cap H = O_2(L) \cap M_i = Q_i.$$

Es folgt $O_2(L) \le Q_i$. Die Operation von M_i auf Q_i ergibt $Q_i = O_2(L)$, also $L = M_i$.

---

[5] Satz 2 haben wir in **12.2** bewiesen.

Um Satz 3 zu beweisen, genügt es deshalb, $M_1 \cong S_4 \cong M_2$ zu zeigen. Wir führen dazu den anderen Fall

$$M_i = P_i \cong C_2 \times S_4 \quad \text{für } i = 1, 2$$

zum Widerspruch.

Sei $\langle z \rangle := Z(T_0)$ und $\langle z_i \rangle := Z_i$. Dann gilt:

(1) $O_2(P_i) = \langle z_i \rangle \times Q_i$, $Z(T) = \langle z \rangle \times \langle z_i \rangle$ und $\langle z \rangle = Q_1 \cap Q_2$.

(2) $\mathcal{A}(T) = \{ O_2(P_1), O_2(P_2) \}$.

(3) $O_2(P_1) \cup O_2(P_2) = \{ x \in T \mid x^2 = 1 \}$.

Außerdem ist z_i kein Quadrat in P_i.[6] Infolge der Maximalität von P_i gilt $C_G(z_i) = P_i$. Somit ist z_i auch kein Quadrat in G. Andererseits ist z ein Quadrat in T_0, also auch jede Involution in T_0, da diese zu z konjugiert sind (unter $\langle P_1, P_2 \rangle$). Es folgt

(4) $z_i{}^G \cap T_0 = \emptyset$ für $i = 1, 2$.

Sei nun $S \in \mathrm{Syl}_2 \, G$ mit

$$T \leq S \cap H.$$

Im Falle $T = S \cap H$, also $T \in \mathrm{Syl}_2 \, H$, folgt aus dem Transfer-Lemma von THOMPSON, daß z_i zu einer Involution in T_0 konjugiert ist, im Widerspruch zu (4). Damit gilt

$$T < S \cap H.$$

Also ist $T < N_S(T)$. Die Maximalität von P_i und $P_1 \neq P_2$ implizieren nun, daß $N_S(T)$ durch Konjugation transitiv auf den Mengen $\{ Z_1, Z_2 \}$, $\{ Q_1, Q_2 \}$ und $\mathcal{A}(T)$ operiert, und zwar ist T der Kern der jeweiligen Operation. Es folgt $|N_S(T)/T| = 2$ und

(5) $\Omega(C_T(x)) = \langle z \rangle$ für alle $x \in N_S(T) \setminus T$.

Insbesondere ist

$$\langle z \rangle = \Omega(Z(S)) = Z.$$

Da eine Gruppe aus $\mathcal{A}(N_S(T))$ mindestens die Ordnung 8 hat, folgt mit (2) und (5)

$$T = J(T) = J(N_S(T)),$$

und daraus $T \trianglelefteq S$, also

(6) $|S : T| = 2$, $S \in \mathrm{Syl}_2 \, H$ und $J(S) = J(T) = T$.

---

[6] D.h. es existiert kein $x \in P_i$ mit $z_i = x^2$.

Wir nehmen nun an, daß in $S \setminus T$ eine Involution t existiert. Sei $g \in G$ mit

$$C_S(t) \leq C_{S^g}(t) \in \mathrm{Syl}_2\, C_G(t).$$

Ist $C_T(t) = Z$, so ist $C_S(t) = Z\langle t\rangle \cong C_2 \times C_2$ und S nach 5.3.10 eine Dieder- oder Semidiedergruppe. Dies widerspricht der Existenz von elementarabelschen Untergruppen der Ordnung 8 von S. Daher ist $Z < C_T(t)$. Wegen (5) ist z Quadrat in T, also auch in S^g. Wegen $|S^g : T^g| = 2$ folgt

$$z \in T^g.$$

Nach (3), angewandt auf T^g, existiert ein $A \in \mathcal{A}(T^g)$ mit $|A| = 8$ und $z \in A$. Aus $\mathcal{Z}$ folgt $A \leq C_G(Z) \leq N_G(S)$, also mit (6)

$$A \in \mathcal{A}(T).$$

Andererseits ist t nach dem Transfer-Lemma von THOMPSON zu einer Involution aus T konjugiert. Daher folgt aus (3) die Existenz einer elementarabelschen Untergruppe B von $C_G(t)$ der Ordnung 8, wobei wir $B \leq S^g$ annehmen können. Wieder wegen (6) gilt $B \in \mathcal{A}(T^g)$. Mit (2) folgt $|B \cap A| \geq 4$ und

$$B \cap A \leq C_T(t),$$

im Widerspruch zu (5).

Also gibt es in $S \setminus T$ keine Involutionen. Wir bestimmen nun die fokale Untergruppe $S \cap H'$ (siehe 7.1.3 auf Seite 150). Zum einen ist

(7) $S = S \cap H'$,

da $H = O^2(H)$. Zum anderen ist nach 7.1.3

$$S \cap H' = \{y^{-1}y^g \mid y \in S,\ y^g \in S,\ g \in G\}.$$

Seien $y, y^g \in S$, $g \in G$. Im Falle $o(y) = 2$ liegen die Involutionen y, y^g in T, und damit auch $y^{-1}y^g$. Im Falle $o(y) > 2$ gilt nach (5)

$$\Omega(\langle y\rangle) = Z = \Omega(\langle y^g\rangle).$$

Somit ist $Z = Z^g$, also $g \in N_G(S)$ wegen $\mathcal{Z}$. Da T wegen (6) normal in $N_G(S)$ ist, folgt auch hier $y^{-1}y^g \in T$. Also ist $S \cap H' \leq T$, ein Widerspruch zu (7). $\qquad\square$

Beweis von Satz 1:   Wegen Satz 2 können wir annehmen, daß HZ lokale Charakteristik 2 hat, und haben die Behauptung b) zu zeigen.

Nach Satz 3, angewandt auf HZ, besitzt H eine maximale 2-lokale Untergruppe P, die isomorph zu S_4 ist. Es ist also

$$O_2(P) \cong C_2 \times C_2 \quad \text{und} \quad P = N_H(O_2(P)).$$

Sei D eine 2-Sylowuntergruppe von P, also eine Diedergruppe der Ordnung 8. Nach Konjugation in H können wir

$$D \leq R$$

annehmen. Sei

$$Z^* := \Omega(Z(R)).$$

Dann gilt $Z^* \leq O_2(P)$, und es existiert ein $t \in O_2(P)$ mit

$$O_2(P) = Z^* \times \langle t \rangle \cong C_2 \times C_2.$$

Es ist

$$C_R(t) = C_R(O_2(P)) = O_2(P).$$

Damit folgt aus 5.3.10 auf Seite 106, daß R eine Dieder- oder Semidieder-gruppe ist.   □

Anhang

Wir formulieren hier die Sätze, auf die wir in den Kapiteln 10 und 12 hingewiesen haben. Dabei ist G eine Gruppe und $Z^*(G)$ das Urbild von $Z(G/O_{2'}(G))$ in G.

BRAUER, SUZUKI [32]: *Eine 2-Sylowuntergruppe von G sei eine Quaternionengruppe. Dann ist $Z^*(G)/O_{2'}(G) \cong C_2$.*[1]

GLAUBERMAN (Z^*-**Theorem**) [49]: *Sei S eine 2-Sylowuntergruppe von G und $x \in S$. Dann gilt:*

$$x \in Z^*(G) \iff x^G \cap C_S(x) = \{x\}.$$

GORENSTEIN, WALTER [59]: *Eine 2-Sylowuntergruppe von G sei eine Diedergruppe. Ist $O_{2'}(G) = 1$, so ist G eine 2-Gruppe, oder $F^*(G)$ ist isomorph zu $\mathrm{PSL}_2(q)$, $q \equiv 1 \pmod 2$, oder zu A_7.*

ALPERIN, BRAUER, GORENSTEIN [22]: *Eine 2-Sylowuntergruppe von G sei eine Semidiedergruppe. Ist G einfach, so ist G isomorph zu $\mathrm{PSL}_3(q)$, $q \equiv -1 \pmod 4$, $\mathrm{PSU}_3(q)$, $q \equiv 1 \pmod 4$, oder M_{11}.*

BENDER [29]: *G besitze eine stark eingebettete Untergruppe*[2]. *Dann gilt* (i) *oder* (ii):

(i)   *Eine 2-Sylowuntergruppe von G ist zyklisch oder eine Quaternionengruppe.*

(ii) *G hat eine Reihe von Normalteilern*

$$1 \subseteq M \subseteq L \subseteq G,$$

derart, daß M und G/L ungerade Ordnung haben und L/M zu einer der einfachen Gruppen $\mathrm{PSL}_2(2^n)$, $Sz(2^{2n-1})$, $\mathrm{PSU}_3(2^n)$, $n \geq 2$, isomorph ist.

---

[1] Dann ist eine 2-Sylowuntergruppe von $G/Z^*(G)$ eine Diedergruppe. Die Struktur von $G/Z^*(G)$ wird also durch den Satz von GORENSTEIN-WALTER geklärt.
[2] bzgl. $p = 2$

GOLDSCHMIDT [57]: *Sei T eine 2-Sylowuntergruppe von G und A eine abelsche Untergruppe von T mit der Eigenschaft:*

$$a \in A, \quad a^g \in T \ (g \in G) \quad \Rightarrow \quad a^g \in A.^3$$

Sei $G = \langle A^G \rangle$ und $O_{2'}(G) = 1$. Dann gilt:

$$G = F^*(G), \quad A = O_2(G)\Omega(T),$$

und für jede Komponente K von G ist $K/Z(K)$ zu einer der folgenden Gruppen isomorph:

$\mathrm{PSL}_2(2^n), \ n \geq 2; \ Sz(2^{2n+1}), \ n \geq 1; \ \mathrm{PSU}_3(2^n), \ n \geq 2;$

$\mathrm{PSL}_2(q), \ q \equiv 3,5 \pmod 8; \ J_1; \ R(3^{2n+1}), \ n \geq 1.$

THOMPSON [93]: *Sei G nichtauflösbar. Sind alle p-lokalen Untergruppen für jedes $p \in \pi(G)$ auflösbar, so ist $F^*(G)$ isomorph zu einer der folgenden Gruppen:*

$\mathrm{PSL}_2(q), \ q > 3; \ Sz(2^{2n+1}), \ n \geq 1; \ A_7; \ M_{11}; \ \mathrm{PSL}_3(3); \ \mathrm{PSU}_3(3); \ {}^2F_4(2)'.$

GORENSTEIN-LYONS, JANKO, SMITH ([61], [73], [83]): *Sei G nichtauflösbar und $O_{2'}(G) = 1$. Sind alle 2-lokalen Untergruppen auflösbar, so ist $F^*(G)$ isomorph zu einer der folgenden Gruppen:*

$\mathrm{PSL}_2(q), \ q > 3; \ Sz(2^{2n+1}), \ n \geq 1; \ A_7; \ M_{11}; \ \mathrm{PSL}_3(3); \ \mathrm{PSU}_3(3); \ {}^2F_4(2)';$

$$\text{oder } \mathrm{PSU}_3(2^n), \quad n \geq 2.$$

Klassifikationssatz.[4] *Jede endliche einfache Gruppe ist zu einer der folgenden Gruppen isomorph:*

1. *einer zyklischen Gruppe von Primzahlordnung;*

2. *einer alternierenden Gruppe A_n, $n \geq 5$;*

3. *einer klassischen linearen Gruppe[5]: $\mathrm{PSL}_n(q)$, $\mathrm{PSU}_n(q)$, $\mathrm{PSp}_{2n}(q)$ oder $\mathrm{PO}_n^\varepsilon(q)$;*

4. *einer nichtklassischen Gruppe vom Lietyp[6]: ${}^3D_4(q)$, $E_6(q)$, ${}^2E_6(q)$, $E_7(q)$, $E_8(q)$, $F_4(q)$, ${}^2F_4(2^n)$, $G_2(q)$, ${}^2G_2(3^n)$ oder ${}^2B_2(2^n)$;*

---

[3] A ist **stark abgeschlossen** in T bezüglich G.
[4] Siehe [10] und den Übersichtsartikel [84].
[5] Eine Darstellung dieser Gruppen findet man z.B. in [13] und als Gruppen vom Lie-Typ in [5].
[6] Siehe [5].

5.   *einer sporadischen einfachen Gruppe:*

M_{11}, M_{12}, M_{22}, M_{23}, M_{24} (MATHIEU-*Gruppen*[7]);

J_1, J_2, J_3, J_4 (JANKO-*Gruppen*);

Co_1, Co_2, Co_3 (CONWAY-*Gruppen*);

HS, Mc, Suz;

Fi_{22}, Fi_{23}, $Fi_{24}{}'$ (FISCHER-*Gruppen*);

F_1 (*das Monster*[8]), F_2, F_3, F_5;

He, Ru, Ly, ON.

---

[7] Diese wurden schon um 1860 von MATHIEU angegeben ([77], [78], [79]); die erste durchsichtige Konstruktion stammt von WITT aus dem Jahre 1938 [99]. 1965 wurde von JANKO die erste weitere sporadische Gruppe entdeckt [72], nämlich J_1.

[8] F_1 ist die größte sporadische Gruppe und hat die Ordnung

$$2^{46} \cdot 3^{20} \cdot 5^9 \cdot 7^6 \cdot 11^2 \cdot 13^2 \cdot 17 \cdot 19 \cdot 23 \cdot 29 \cdot 31 \cdot 41 \cdot 47 \cdot 59 \cdot 71.$$

Literatur

Lehrbücher, Monographien

1. ASCHBACHER, M.: *Finite Group Theory*. Cambridge Univ. Press 1986.

2. ASCHBACHER, M.: *Sporadic groups*. Cambridge Univ. Press 1994.

3. BENDER, H., GLAUBERMAN, G.: *Local analysis for the odd order theorem*, Cambridge Univ. Press, 1994.

4. BURNSIDE, W.: *Theory of groups of finite order*, 2nd edn., Cambridge 1911; Dover Publications, 1955.

5. CARTER, R.W.: *Simple groups of Lie-Type*. J. Wiley, 1972.

6. DICKSON, L. E.: *Linear groups with an exposition of the Galois field theory*, Leipzig 1901; Nachdruck New York, 1958.

7. DELGADO, A., GOLDSCHMIDT, D., STELLMACHER, B.: *Groups and graphs: new results and methods*. DMV-Seminar, Bd. 6. Birkhäuser, 1985.

8. DOERK, K., HAWKES, T.: *Finite Soluble Groups*. deGruyter 1992.

9. FEIT, W.: *Charakters of Finite Groups*. Benjamin 1972.

10. GORENSTEIN, D.: *Finite simple groups*. Plenum 1982.

11. GORENSTEIN, D.: *The classification of finite simple groups*. Plenum 1983.

12. GORENSTEIN, W.: *Finite Groups*. Harper & Row 1968.

13. HUPPERT, B.: *Endliche Gruppen I*. Springer 1967.

14. HUPPERT, B., BLACKBURN, N.: *Finite Groups* Bd. 2, Bd. 3. Springer 1982.

15. JORDAN, C.: *Traité des substitutions et dés equationes álgébriques*. Paris 1870.

16. SCHMIDT, R.: *Subgroup Lattices of Groups*. de Gruyter, 1994.

17. SUZUKI, M.: *Group Theory* Bd. I, II. Springer 1982, 1986.

18. WIELANDT, H.: *Finite Permutation Groups*. Academic Press 1964.

19. ZASSENHAUS, H.: *Lehrbuch der Gruppentheorie*. Leipzig 1937.

Zeitschriftenartikel

20. ALPERIN, J. L.: Sylow intersections and fusion, *J. Algebra* **6** (1967), 222–41.

21. ALPERIN, J. L., GORENSTEIN, D.: Transfer and fusion in finite groups, *J. Algebra* **6** (1967), 242–55.

22. ALPERIN, J. L., BRAUER, R., GORENSTEIN, D.: Finite groups with quasi-dihedral and whreathed Sylow 2-subgroups, *Trans. Amer. Math. Soc.* **151** (1970), 1–261.

23. BAER, R.: Groups with abelian central quotient groups, *Trans. Amer. Math. Soc.* **44** (1938), 357–86.

24. BAER, R.: Engelsche Elemente Noetherscher Gruppen, *Math. Ann.* **133** (1957), 256–76.

25. BAUMANN, B.: Überdeckung von Konjugiertenklassen endlicher Gruppen, *Geometrica Dedicata* **5** (1976), 295–305.

26. BAUMANN, B.: Über endliche Gruppen mit einer zu $L_2(2^n)$ isomorphen Faktorgruppe, *Proc. AMS* **74** (1979), 215–22.

27. BENDER, H.: Über den größten p'-Normalteiler in p-auflösbaren Gruppen, *Archiv* **18** (1967), 15–16.

28. BENDER, H.: On groups with abelian Sylow 2-subgroups, *Math. Z.* **117** (1970), 164–76.

29. BENDER, H.: Transitive Gruppen gerader Ordnung, in denen jede Involution genau einen Punkt festläßt, *J. Alg.* **17** (1971), 527–54.

30. BENDER, H.: A group theoretic proof of Burnside's $p^a q^b$-theorem, *Math. Z.* **126** (1972), 327–38.

31. BENDER, H.: Goldschmidt's 2-signalizer functor-theorem, *Israel J. Math.* **22** (1975), 208–13.

32. BRAUER, R., SUZUKI, M.: On finite groups of even order whose 2-Sylowsubgroup is a quaternion group, *Proc. Nat. Acad. Sci.* **45** (1959), 175–9.

33. BRODKEY, J.S.: A note on finite groups with an abelian Sylow group, *Proc. AMS* **14** (1963), 132–3.

34. BURNSIDE, W.: On groups of order $p^a q^b$, *Proc. London Math. Soc.* (2) **1** (1904), 388–92.

35. CAMERON, P.J.: Finite permutation groups and finite simple groups, *Bull. London Math. Soc.* **13** (1981), 1–22.

36. CARTER, R.W.: Nilpotent self-normalizing subgroups of soluble groups, *Math. Z.* **75** (1960/61), 136–9.

37. CAUCHY, A.: Memoire sur le nombre des valeurs on' une function peut acquerir, *ŒUVRES II*, **1**, 64–90.

38. CHERMAK, A., DELGADO, A.L.: A measuring argument for finite groups, *Proc. AMS* **107** (1989), 907–14.

39. CLIFFORD, H.: Representations induced in an invariant subgroup, *Ann. of Math.* **38** (1937), 533–50.

40. DRESS, A.W.M., SIEBENEICHER, CH., YOSHIDA, T.: An application of Burnside rings in elementary finite group theory, *Advances in Math.* **91** (1992), 27–44.

41. DRESS, A.W.M.: Still another proof of the Existence of Sylow p-subgroups, *Beiträge zur Geometrie und Algebra* **35** (1994), 147–8.

42. EULER, L.: *Opera Omnia* I 2. Teubner 1915.

43. FEIT, W., THOMPSON, J. G.: Solvability of groups of odd order, *Pacific J. Math.* **13** (1963), 775–1029.

44. FITTING, H.: Beiträge zur Theorie der endlichen Gruppen, *Jahresbericht DMV* **48** (1938), 77–141.

45. FRATTINI, G.: Intorno alla generazione dei gruppi di operanzoni, *Rend. Atti. Acad. Lincei* **1** (1885), 281–5, 455–77.

46. FROBENIUS, G.: Über auflösbare Gruppen IV, *Sitzungsberichte der königl. Preuß. Akad. d. Wiss. zu Berlin* (1901), 1223–25; oder in *Gesammelte Abhandlungen*, Bd. III, Springer (1968), 189–209.

47. FROBENIUS, G.: Über auflösbare Gruppen V, *Sitzungsberichte der königl. Preuß. Akad. d. Wiss. zu Berlin* (1901), 1324–29; oder in *Gesammelte Abhandlungen*, Bd. III, Springer (1968), 204.

48. GASCHÜTZ, W.: Zur Erweiterungstheorie der endlichen Gruppen, *J. reine angew. Math.* **190** (1952), 93–107.

49. GLAUBERMAN, G.: Central elements in core-free groups, *J. Alg.* **4** (1966), 403–20.

50. GLAUBERMAN, G.: A characteristic subgroup of a p-stable group, *Canadian J. Math.* **20** (1968), 1101–35.

51. GLAUBERMAN, G.: Failure of factorization in p-solvable groups, *Quart. J. Math. Oxford* II. Ser. **24** (1973), 71–7.

52. GLAUBERMAN, G.: On solvable signalizer-functors in finite gorups, *Proc. London Math. Soc.* III. Ser. **33** (1976), 1–27.

53. GLAUBERMAN, G.: *Factorizations in local subgroups of finite groups*. Regional Conference in Mathematics, Vol. 33 (1977).

334   Literatur

54.   GOLDSCHMIDT, D. M.: A group theoretic proof of the $p^a q^b$ theorem for odd primes, *Math. Z.* **113** (1970), 373–5.

55.   GOLDSCHMIDT, D. M.: 2-signalizer functors on finite groups, *J. Alg.* **21** (1972), 321–40.

56.   GOLDSCHMIDT, D. M.: Solvable functors on finite groups, *J. Alg.* **21** (1972), 341–51.

57.   GOLDSCHMIDT, D. M.: Strongly closed 2-subgroups of finite groups, *Ann. of Math.* **99** (1974), 70–117.

58.   GOLDSCHMIDT, D. M.: Automorphisms of trivalent graphs, *Ann. of Math.* **111** (1980), 377–404.

59.   GORENSTEIN, D., WALTER, J.: The characterization of finite groups with dihedral Sylow 2-subgroups, *J. Alg.* **2** (1964), 354–93.

60.   GORENSTEIN, D.: On centralizers of involutions in finite groups, *J. Alg.* **11** (1969), 243–77.

61.   GORENSTEIN, D., LYON, R.: Nonsolvable groups with solvable 2-local subgroups, *J. Alg.* **38** (1976), 453–522.

62.   GRÜN, O.: Beiträge zur Gruppentheorie I, *J. reine angew. Math.* **174** (1935), 1–14.

63.   HALL, P.: A note on soluble groups, *J. London Math. Soc.* **3** (1928), 98–105.

64.   HALL, P.: A contribution to the theory of groups of prime-power order, *Proc. London Math. Soc.* (2) **36** (1934), 29–95.

65.   HALL, P.: A characteristic property of soluble groups, *J. London Math. Soc.* **12** (1937), 188–200.

66.   HALL, P.: On the Sylow systems of a soluble group, *Proc. London Math. Soc.* (2) **43** (1937), 198–200.

67.   HALL, P., HIGMAN, P.: The p-length of a p-soluble group and reduction theorems for Burnside's problem, *Proc. London Math. Soc.* **7** (1956), 1–42.

68.   HÖLDER, O.: Zurückführung einer beliebigen algebraischen Gleichung auf eine Kette von Gleichungen, *Math. Ann.* **34** (1889), 26–56.

69.   HÖLDER, O.: Die Gruppen der Ordnung p^3, pq^2, pqr, p^4, *Math. Ann.* **43** (1893), 301–412.

70.   ITO, N.: Über das Produkt von zwei abelschen Gruppen, *Math. Z.* **62** (1955), 400–1.

71.   IWASAWA, K.: Über die Struktur der endlichen Gruppen, deren echte Untergruppen sämtlich nilpotent sind, *Proc. Phys. Math. Soc. Japan* **23** (1941), 1–4.

72. JANKO, Z.: A new finite simple group with abelian 2-subgroups, *Proc. Nat. Acad. Sci.* **53** (1965), 657–8.

73. JANKO, Z.: Nonsolvable groups all of whose 2-local subgroups are solvable, *J. Alg.* **21** (1972), 458–511.

74. KNOCHE, H.G.: Über den Frobeniusschen Klassenbegriff in nilpotenten Gruppen, *Math. Z.* **55** (1951), 71–83.

75. LAGRANGE, J. L.: Reflexions sur la résulotion algébriques de equations, *Œuvres* t. **3**, Gauthier-Villans (1938), 205–421.

76. MASCHKE, H.: Über den arithmetischen Charakter der Coeffizienten der Substitutionen endlicher linearer Gruppen, *Math. Ann.* **50** (1898), 482–98.

77. MATHIEU, E.: Memoire sur le nombre de valeurs que peut acquerir une fonction quand on y permut ses variables de toutes les manières possibles, *Crelle J.* **5** (1860), 9–42.

78. MATHIEU, E.: Memoire sur l'étude des fonctions de plusieures quantités, sur la manière de les formes et sur les substitutions qui les laissent invariables, *Crelle J.* **6** (1861), 241–323.

79. MATHIEU, E.: Sur la fonction cinq fois transitive des 24 quantités, *Crelle J.* **18** (1873), 25–46.

80. MATSUYAMA, H.: Solvability of groups of order $2^a p^b$, *Osaka J. Math.* **10** (1973), 375–8.

81. O'NAN, M.E.: Normal structure of the one-point stabilizer of a doubly-transitive permutationsgroup, *Trans. Am. Soc.* **217** (1975), 1–74.

82. SCHUR, J.: Untersuchungen über die Darstellungen der endlichen Gruppen durch gebrochen lineare Substitutionen, *J. reine u. angew. Math.* **132** (1907), 85–137.

83. SMITH, F.: Finite simple groups all of whose 2-local subgroups are solvable, *J. Alg.* **34** (1975), 481–520.

84. SOLOMON, R.: On finite simple groups and their classification, *Notices AMS* **42** (1995), 231–9.

85. STELLMACHER, B.: An analogue to Glauberman's ZJ-theorem, *Proc. Am. Math. Soc.* **109** No. 4 (1990), 925–9.

86. STELLMACHER, B.: On Alperin's fusion theorem, *Beitr. Alg. Geom.* **35** (1994), 95–9.

87. STELLMACHER, B.: An application of the amalgam method: The 2-local structure of N-groups of characteristic 2 type, *J. Alg.* **190** (1997), 11–67.

88. STELLMACHER, B.: A characteristic subgroup for Σ_4-free groups, *Israel J. Math.* **94** (1996), 367–79.

89. SYLOW, L.: Théorèmes sur les groupes de substitutions, *Math. Ann.* **5** (1872), 584–94.

90. THOMPSON, J.G.: Finite Groups with fixed-point-free automorphisms of prime order, *Proc. Nat. Acad. Sci. U.S.A.* **45** (1959), 578–81.

91. THOMPSON, J.G.: Normal p-complements for finite groups, *J. Algebra* **1** (1964), 43–6.

92. THOMPSON, J.G.: Fixed point of p-groups acting on p-groups, *Math. Z.* **80** (1964), 12–3.

93. THOMPSON, J. G.: Nonsolvable finite groups all of whose local subgroups are solvable I–VI, *Bull. AMS* **74** (1968), 383–437; *Pacific J. Math.* **33** (1970), 451–536; **39** (1971), 483–534; **48** (1973), 511–92; **50** (1974), 215–97; **51** (1974), 573–630.

94. TIMMESFELD, F.: A remark on Thompson's replacement theorem and a consequence, *Arch. Math.* **38** (1982), 491–9.

95. WIELANDT, H.: Eine Verallgemeinerung der invarianten Untergruppen, *Math. Z.* **45** (1939), 209–44.

96. WIELANDT, H.: Ein Beweis für die Existenz der Sylowgruppen, *Arch. Math.* **10** (1959), 401–2.

97. WIELANDT, H.: Kriterium für Subnormalität in endlichen Gruppen, *Math. Z.* **138** (1974), 199–203.

98. WIELANDT, H.: *Mathematische Werke*, Bd. 1, de Gruyter 1994.

99. WITT, E.: Treue Darstellung Liescher Ringe, *J. reine angew. Math.* **177** (1938), 152–60.

100. WITT, E.: Die 5-fach transitiven Gruppen von MATHIEU, *Abh. Math. Sem. Univ. Hamburg* **12** (1937), 256–64.

101. ZASSENHAUS, H.: Über endliche Fastkörper, *Abh. Math. Sem. Univ. Hamburg* **11** (1935), 187–220.

Index

Druck- und Bindearbeiten: Legoprint, Italien